雷达电子战原理

（第3版）

张永顺　童宁宁　赵国庆　编著

国防工业出版社

·北京·

图书在版编目(CIP)数据

雷达电子战原理／张永顺，童宁宁，赵国庆编著.
—3 版. — 北京：国防工业出版社，2024.8(重印)
ISBN 978－7－118－12195－7

Ⅰ．①雷… Ⅱ．①张…②童…③赵… Ⅲ．①雷达电子对抗 Ⅳ．①TN974

中国版本图书馆 CIP 数据核字(2020)第 187732 号

※

国防工业出版社出版发行
（北京市海淀区紫竹院南路 23 号　邮政编码 100048）
北京虎彩文化传播有限公司印刷
新华书店经售

*

开本 787×1092　1/16　印张 20　字数 460 千字
2024 年 8 月第 3 版第 3 次印刷　印数 3001—4000 册　定价 68.00 元

（本书如有印装错误，我社负责调换）

国防书店：(010)88540777　　书店传真：(010)88540776
发行业务：(010)88540717　　发行传真：(010)88540762

前　言

　　电子战是一个充满挑战的电磁频谱作战领域,作为指挥控制战和信息战的关键要素和手段,在现代战争中具有重要的作用和意义。随着军事电子技术的发展,电子战的内容和作战方式发生了重大的变化,电子战已经从防御性的行动发展为既有防御性又有进攻性的电子作战行动,从只有软杀伤手段发展到既有软杀伤又有硬杀伤的复合手段,从单个系统的对抗发展到系统对抗和体系对抗,目前电子战已成为决定战争胜负的重要因素。

　　电子战由电子支援、电子攻击和电子防护三大部分组成。电子支援指在指挥员授意或直接指挥下对有意或无意的电磁能辐射源的搜索、截获、识别和定位的行动。电子攻击指使用电磁能或定向能,以削弱、压制或瓦解敌方作战能力为目的,对人员、设施和设备的攻击。电子防护指采取行动保护人员、设施和设备,防止敌方利用电子战削弱、压制或瓦解己方战斗力。敌战双方在电子战领域互为对手、互为攻防,持续不断地进行装备研发和技术改进,以争夺电磁频谱的控制权和主动权。

　　电子战涵盖内容十分广泛,包括雷达电子战、通信电子战、光电电子战、声学电子战等。雷达电子战是电子战的重要内容之一,主要指雷达领域的各种电子战战术和技术。雷达电子战的作战对象包括各种雷达,如预警雷达、目标指示雷达、制导雷达、火控雷达以及无线电引信等,其技术体系主要包括对雷达的电子侦察、对雷达的电子干扰、对雷达的反辐射攻击、雷达的反侦察、反干扰、反隐身、反摧毁等。

　　本书将按电子战的三个组成部分进行章节的安排,包括四章内容。第一章主要介绍电子战的基本概念、雷达电子战的基本内容、电子战的历史与教训;第二章介绍雷达电子支援的基本原理和技术,包括雷达侦察概述、侦察的作用距离、对雷达信号频率的测量、对雷达方向侦察的方法和技术、对雷达定位的方法和原理;第三章介绍雷达电子攻击的基本原理和技术,包括对雷达电子攻击的基本概念、干扰方程及有效干扰空间、对雷达的有源干扰、对雷达的无源干扰、对雷达的杀伤性压制、对雷达的隐身技术;第四章介绍雷达电子防护的基本原理和技术,包括雷达反侦察技术、雷达抗干扰技术、导弹武器系统抗干扰技术、雷达对抗反辐射导弹技术、雷达反隐身原理及雷达反低空突防技术。本书可供雷达及电子对抗专业本科生使用,也可供相关专业研究生作为教学参考。

　　本书是在第 2 版的基础上修编而成的,删减了部分旧的内容,补充了部分技术的新发展，增加了一些新技术的介绍，较全面地反映了雷达电子战的全貌。空军工程大学冯存前教授和梁建刚教授审阅了全书并提出了许多宝贵意见，在此表示衷心感谢。

由于雷达电子战涉及多个学科领域，其技术发展日新月异，许多新理论、新技术正在研究和发展之中，因此，本书写作上可能存在一些缺点和不足，敬请专家和读者批评指正。

作 者
2020 年 4 月

目 录

第一章 绪论 1
  1.1 电子战基本概念 1
    1.1.1 电子战定义及内涵 1
    1.1.2 电子战的分类 3
    1.1.3 电子战与信息战及指挥控制战的关系 4
  1.2 雷达电子战的基本内容 6
    1.2.1 雷达电子支援 6
    1.2.2 对雷达的电子攻击 7
    1.2.3 雷达电子防护 8
  1.3 雷达电子战实例及其经验教训 9
    1.3.1 雷达电子战史回顾 9
    1.3.2 历史的经验教训 13
  1.4 电子战概念的新发展 16
    1.4.1 网络中心电子战 16
    1.4.2 联合电子战 16
    1.4.3 电磁频谱管控 18
    1.4.4 赛博空间与舒特系统 19
    1.4.5 电磁频谱战 20
    1.4.6 电磁战 21

第二章 雷达电子支援 23
  2.1 概述 23
    2.1.1 雷达侦察的基本内容 23
    2.1.2 雷达侦察的分类 24
    2.1.3 雷达侦察的特点 24
    2.1.4 雷达侦察设备的基本组成 25
    2.1.5 雷达侦察的信号环境 26
    2.1.6 对现代雷达侦察系统的要求 28
  2.2 侦察作用距离 29
    2.2.1 侦察接收机的灵敏度 29
    2.2.2 侦察作用距离 30

         2.2.3 旁瓣侦察作用距离 ……………………………………………………… 34
         2.2.4 散射侦察 ………………………………………………………………… 36
    2.3 对雷达信号频率的测量 …………………………………………………………… 38
         2.3.1 测频系统的主要技术指标 ……………………………………………… 38
         2.3.2 现代测频技术分类 ……………………………………………………… 40
         2.3.3 频率搜索接收机 ………………………………………………………… 41
         2.3.4 信道化接收机 …………………………………………………………… 42
         2.3.5 比相法瞬时测频接收机 ………………………………………………… 46
         2.3.6 数字测频接收机 ………………………………………………………… 54
    2.4 对雷达方向侦察的方法和技术 …………………………………………………… 56
         2.4.1 测向概述 ………………………………………………………………… 56
         2.4.2 测向的方法 ……………………………………………………………… 58
         2.4.3 振幅法测向 ……………………………………………………………… 58
         2.4.4 相位法测向 ……………………………………………………………… 64
         2.4.5 现代谱估计测向技术 …………………………………………………… 67
    2.5 对雷达定位方法和原理 …………………………………………………………… 69
         2.5.1 单点定位 ………………………………………………………………… 69
         2.5.2 多点定位 ………………………………………………………………… 70
    2.6 雷达侦察中的信号处理 …………………………………………………………… 73
         2.6.1 对雷达信号进行侦察的典型过程 ……………………………………… 73
         2.6.2 信号处理的任务与技术要求 …………………………………………… 74
         2.6.3 脉冲去交错 ……………………………………………………………… 76
         2.6.4 信号处理的基本流程 …………………………………………………… 77
         2.6.5 雷达侦察中的智能化处理技术 ………………………………………… 78

第三章 对雷达的电子攻击 ………………………………………………………………… 83
    3.1 引言 ………………………………………………………………………………… 83
         3.1.1 对雷达电子攻击的概念 ………………………………………………… 83
         3.1.2 雷达干扰分类 …………………………………………………………… 83
    3.2 干扰方程及有效干扰空间 ………………………………………………………… 85
         3.2.1 干扰方程 ………………………………………………………………… 85
         3.2.2 有效干扰区和干扰扇面 ………………………………………………… 88
    3.3 对雷达的有源干扰 ………………………………………………………………… 93
         3.3.1 遮盖性干扰 ……………………………………………………………… 93
         3.3.2 欺骗性干扰 ……………………………………………………………… 110
         3.3.3 复合式干扰 ……………………………………………………………… 126
         3.3.4 干扰机设备 ……………………………………………………………… 134

3.3.5 对雷达的智能化干扰技术 ………………………………………… 149
3.4 对雷达的无源干扰 …………………………………………………………… 156
　　3.4.1 干扰箔条 …………………………………………………………… 156
　　3.4.2 反射器 ……………………………………………………………… 162
　　3.4.3 假目标及雷达诱饵 ………………………………………………… 167
　　3.4.4 地物遮挡与地(海)杂波 …………………………………………… 168
3.5 对雷达的杀伤性压制 ………………………………………………………… 170
　　3.5.1 反辐射导弹 ………………………………………………………… 171
　　3.5.2 定向能武器 ………………………………………………………… 179
3.6 对雷达的隐身技术 …………………………………………………………… 184
　　3.6.1 隐身技术发展水平 ………………………………………………… 185
　　3.6.2 隐身目标探测空域的减缩 ………………………………………… 185
　　3.6.3 对雷达隐身的技术途径 …………………………………………… 186
　　3.6.4 隐身战机 F-22 隐身性能分析 …………………………………… 191

第四章　雷达的电子防护 …………………………………………………………… 195
4.1 雷达反侦察 …………………………………………………………………… 195
　　4.1.1 截获因子 …………………………………………………………… 195
　　4.1.2 雷达反侦察措施 …………………………………………………… 196
4.2 雷达抗干扰技术 ……………………………………………………………… 197
　　4.2.1 波形选择 …………………………………………………………… 197
　　4.2.2 空间选择 …………………………………………………………… 206
　　4.2.3 功率对抗技术 ……………………………………………………… 214
　　4.2.4 频率选择技术 ……………………………………………………… 231
　　4.2.5 接收机内抗干扰技术 ……………………………………………… 243
　　4.2.6 动目标处理技术 …………………………………………………… 252
　　4.2.7 战术抗干扰措施 …………………………………………………… 264
　　4.2.8 雷达智能化抗干扰技术 …………………………………………… 264
4.3 导弹系统抗干扰 ……………………………………………………………… 270
　　4.3.1 制导系统概述 ……………………………………………………… 270
　　4.3.2 导弹下行通道抗干扰 ……………………………………………… 273
　　4.3.3 导弹上行通道的抗干扰 …………………………………………… 275
　　4.3.4 引信抗干扰 ………………………………………………………… 276
4.4 雷达对抗反辐射导弹技术 …………………………………………………… 278
　　4.4.1 抗反辐射导弹的总体设计 ………………………………………… 278
　　4.4.2 对 ARM 的告警、诱偏和摧毁 …………………………………… 280
　　4.4.3 抗反辐射导弹的系统对抗措施 …………………………………… 283

4.5　雷达反隐身技术 ……………………………………………………… 286
　　　　4.5.1　频域扩展反隐身技术 …………………………………………… 286
　　　　4.5.2　空域扩展反隐身技术 …………………………………………… 287
　　　　4.5.3　提高现有雷达潜能的反隐身技术 ……………………………… 290
　　　　4.5.4　其他新体制反隐身技术 ………………………………………… 291
　　4.6　雷达反低空突防技术 ………………………………………………… 292
　　　　4.6.1　平台升空探测预警技术 ………………………………………… 292
　　　　4.6.2　低空目标探测技术 ……………………………………………… 295
　　　　4.6.3　超视距雷达技术 ………………………………………………… 296
习题与思考题 …………………………………………………………………… 300
参考文献 ………………………………………………………………………… 309

第一章 绪 论

现代战争中,雷达对目标的预警、探测、跟踪、制导等,诸兵种协同作战中的指挥、控制、通信、情报等越来越多地依赖于军事电子和信息系统的作战效能。如果作战一方的电子信息系统遭到对方的攻击或破坏,必然造成通信中断、雷达迷茫、指挥失灵、武器失控,作战部队就会失去作战能力,必然沦为战争的失败者。因此,电子战成为作战双方的必争之地。

电子战是敌对双方在电磁频谱领域中广泛进行的一种对抗性军事行动,目前,电磁频谱的应用深入整个战争的各领域,频谱从声波开始一直延伸到无线电波、红外、可见光波,直到紫外和更短波长的全部频域;作战范围从海、陆、空直到太空的广大空域,应用于军兵种武器的各种运载平台。因此,电磁频谱领域的对抗贯穿于战争的整个过程,敌对双方综合电子对抗实力已成为影响战争全局的关键因素。在现代高科技战争中,处于电子战弱势的一方,将失去制电磁谱权,失去制电磁谱权即意味着失去整个战争的指挥权,丧失制空权和制海权。在这种情况下,性能先进的兵器也难以发挥作用,难以在整体上组织起有效的军事行动,将处于被动挨打的地位。人们越来越深刻地认识到,电子战对一个国家的国防是至关重要的,是现代战斗力必不可少的重要组成部分。因此,深入研究雷达电子对抗理论、掌握电子对抗知识、正确运用电子对抗技术和战术对于取得未来战场上的胜利具有重要的意义。

1.1 电子战基本概念

1.1.1 电子战定义及内涵

一、电子战的定义

电子战(Electronic Warfare)是指任何包括使用电磁能和定向能武器来控制电磁频谱或攻击敌方的军事行动,它包括电子战支援、电子攻击和电子防护三个方面,如图 1-1-1 所示。

1. 电子战支援(Electronic Warfare Support,简称电子支援):在指挥员授意或直接指挥下对有意或无意的电磁能辐射源的搜索、截获、识别和定位的行动,主要包括信号情报、战斗告警和战斗测向等。它是实施电子攻击和电子防护的前提和基础,还可为战场指挥员提供态势分析所需的情报支持。

2. 电子攻击(Electronic Attack):使用包括电磁能或定向能,以削弱、压制或瓦解敌方作战能力为目的对人员、设施和设备的攻击,主要包括电子干扰、反辐射攻击、定向能攻击、电子欺骗、隐身等。电子攻击是电子战的一个重要组成部分,被认为是一种新的"火力形式"。

3. 电子防护(Electronic Protection):采取行动保护人员、设施和设备,防止敌(己)方利用电子战削弱、压制或瓦解己方战斗力,主要包括电子抗干扰、电磁加固、频率协调、信号保密、反隐身及其他电子防护技术和方法等。

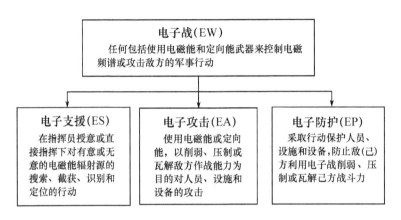

图 1-1-1　电子战术语

二、电子战内涵

(1) 电子战是一种控制电磁频谱或攻击敌方的军事作战行动。任何影响作战的包含电磁频谱在内的设备,如雷达、通信、C^3I系统、导航、敌我识别、精确制导、无线电引信、计算机和光电武器等都是电子战的作战对象,这种军事行动的目的是压制敌方电子设备使其丧失作战能力,或者控制电磁频谱保护己方的设备免受毁伤,使用的手段可以包括所有可能的手段,包括定向能等先进武器。

(2) 电子攻击是一种软硬结合的攻击敌方的军事行动。凡是能够压制或降低敌方电子设备效能的行动都认为是电子攻击,包括硬杀伤和软杀伤手段。硬杀伤是使用激光、微波辐射、粒子束等定向能武器、反辐射导弹和电磁脉冲来摧毁敌方的电子设备和人员,使其在物理上受到永久的毁坏。软杀伤是利用电子干扰、电子欺骗、隐身等压制、消弱敌方电子设备的效能,使其在实施电子攻击过程中丧失正常工作的能力。隐身实际上是一种欺骗干扰,能够改变电磁波在目标上的散射特性,是一种值得大力发展的电子软杀伤技术。在实际作战中,软杀伤和硬杀伤手段可以单独使用,也可以混合使用,只要达到瘫痪敌指挥、控制、雷达和通信等系统的目的即可。

(3) 电子防护不仅包括保护己方单个电子设备(ECCM),也包括保护己方整个电子系统,不仅要对抗软杀伤攻击,包括反干扰、反隐身等,而且要保护设备免受硬杀伤的摧毁,包括防护定向能武器、反辐射导弹和电磁脉冲对设备的毁伤。为了实施电子防护,反侦察是十分重要的,可以采用电磁控制、电磁加固、电子战频谱管理和通信保密等措施,防止己方电磁频谱参数和作战行动被敌方掌握。电子防护不仅可以采取被动的方式,也可以采用主动的方式进行防护,如摧毁敌方携带干扰机的载机、摧毁反辐射导弹、对敌方干扰设备的侦察引导系统进行主动干扰等。

(4) 电子支援是利用各种侦察平台在平时和战时对敌方有意或无意的电磁能辐射源的搜索、截获、识别和定位的行动。平时主要进行情报搜集,用于情报分析,战时主要进行战斗告警、识别、定位等,为电子攻击和电子防护行动提供技术支撑,同时还为指挥员的决策提供情报支持。

（5）电子战是敌我双方在电磁频谱领域展开的博弈,电子进攻与电子防护构成矛与盾的对抗关系,双方都有电子攻击、电子防护、电子支援的设备和运用问题。由于每项电子技术的进展都会引出相应的对抗措施,而这种对抗措施必然会引起一种新的反对抗措施。因此,电子战敌我双方的斗争永远不会结束,而且相互促进,呈螺旋式上升的发展态势。

1.1.2 电子战的分类

电子战包含了使用电磁频谱进行对抗的各个领域,内容十分丰富,有多种分类方法。按照具体的无线电电子设备或器材来分可分为雷达电子战、通信电子战、光电电子战、引信电子战、敌我识别系统电子战、C^3I(通信、指挥、控制和情报)系统电子战、声纳电子战等。按照空间来分可分为空中电子战、太空电子战、陆地电子战、海上电子战、水下电子战等。

从频域上可以将电子战划分为射频电子战、光电电子战和声学电子战三大类。图1-1-2给出了频段的划分图。

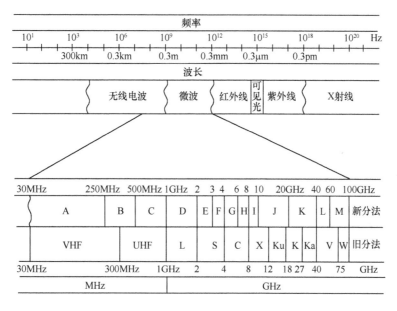

图1-1-2 电磁频谱的划分

一、射频电子战

射频电子战包括雷达、通信、导航、敌我识别、无线电引信、制导等领域的电子战,其设备工作的频率范围为3MHz~300GHz。

二、光电电子战

光电电子战的作战频段可分为红外、可见光和激光等子频段,是近距离精确制导武器和定向能武器工作的主要频段。

光电电子战是指作战双方在光学波段(频率范围在300 GHz以上的红外光波、可见光波、紫外线等波段)运用光学设备、器材和其他设施所进行的电磁斗争。其最显著的特点是:所使用的光电设备和光电武器的精度高、分辨力好且抗电磁干扰的能力强。

光电电子战可分为光电侦察和反侦察、光电干扰和反干扰、光电制导和反制导、光电摧毁和反摧毁等。

三、声学电子战

声学电子战主要用于水下信息的对抗。从次声波至超声波,是声纳、水下导航定位设备工作的主要频段。

1.1.3 电子战与信息战及指挥控制战的关系

信息战亦称信息作战(Information Operations,IO),是指综合运用电子战、网络战、心理战等形式打击或抗击敌方的行动。目的是在网络及电磁空间干扰、破坏敌方的信息和信息系统,影响、削弱敌方信息获取、传输、处理、利用和决策能力,保证己方信息系统稳定运行、信息安全和正确决策。信息战主要包括信息作战侦察、信息进攻和信息防御。

信息战按其性质可分为广义信息战和狭义信息战两种。广义信息战是指敌对双方在政治、经济、科技和军事等各个领域,运用信息技术手段,为争夺信息优势而进行的对抗。其内容包括:为了维护国家的安全利益,对信息技术及其产品和系统所进行的研究、生产、装备、使用活动,以及对敌对国家所进行的上述活动所进行的侦察、干扰、破坏和技术上的对抗与竞争。它是在平时、危机时期或战时打击对方的社会、经济、政治、工业或军事电子信息系统所采取的秘密或公开的、有控制性、破坏性或毁灭性的行动。其目的是通过取得信息优势来影响对方行为,阻止或避免冲突的发生,或以投入最小的财力,物力和人员伤亡的代价,迅速彻底地赢得战争。狭义信息战特指战场信息战,即军事领域的信息战,它主要发生在指挥控制、情报和信息系统等部分,是为获取军事行动全范围的信息优势而进行的斗争。其内容包括:使用信息技术手段进行的探测、侦察、引导、指挥、控制、通信、信息处理、伪装欺骗、干扰和打击等作战行动,以及针对敌方上述活动所进行的反侦察、反干扰、防破坏和反利用等作战行动和对抗措施等。

反映在作战空间上,信息战是在陆、海、空、天多维信息空间进行的作战行动,既是一种相对独立的作战形式,又渗透到各种作战形式之中;反映在行动性质上,它是以电子战、网络战为主的争夺制信息权的作战行动,既受联合战役的支配和约束,又对联合战役的胜败产生重大影响。

信息战的作战对象可概括为信息、信息系统、以信息为基础的处理过程、以计算机为基础的网络和决策人员等。信息战要达到的首要目标是压制、削弱、破坏和摧毁敌方的指挥、控制、通信、计算机与情报系统。

信息战作为一种崭新的战争形态,使得现代作战手段进一步增多,使作战速度更快。其特点主要有:

持久性——信息战贯穿于战争的全过程(包括战前和战后);

多维性——不仅在同一时空坐标内与陆战、空战、海战相互渗透、融合,而且能综合运用政治、经济、技术和军事信息在五维战场进行特殊战争;

透明性——各参战部队对战况都了如指掌,从散兵到最高统帅部,所有用户都可以通过无缝隙、多媒体通信联络和网络共享信息;

一体性——各军兵种、各类作战系统、作战职能系统、武器平台和各作战单元连成一

个有机的整体,信息的收集、管理、传递和拒绝也被信息系统连在一起;

实时性——各级之间接近实时地分发情报信息,作战进程与决策时间几乎同步;

精确性——目标发现就意味着打击,打击目标就意味着摧毁。

因此,在信息时代进行信息作战,首先要对敌方各级部队的决策机构进行信息攻击,通过切断或破坏敌人所有的信息媒介,使敌方指挥机关与部队脱节,从而使敌方部队失去活动方向和活动能力。确保己方进行不间断的、严密的和多频谱的监视与侦察,完整地接收己方部队从远距离发来的传感数据,使信息的准确性与武器的精度相适应,并快速、全面、准确地进行战斗评估。其次,确保己方决策周期比敌人的更短、运行更快,信息提供者应保持高度的战备状态,确保能随时提供所需信息。

信息战的作战样式主要分为指挥控制战(C^2W)、民间事务战、公共事务战和网络空间战等,其核心是指挥控制战。

指挥控制战(C^2W)的定义为:通过情报的相互支持并综合运用作战保密、军事欺骗、心理战、电子战和实体摧毁等手段,达到抑制信息,影响、削弱或破坏敌军的指挥控制能力,同时保护友军的指挥控制系统免受敌方此类攻击的行动。

C^2W适用于作战的各个阶段,不仅在敌对状态期间可以运用,而且在敌对状态之前和敌对状态之后都可以运用。即使在一般性作战行动而非战争的情况下,C^2W也可以为军事指挥官提供致命性和非致命性杀伤手段,以完成上级部门交给的作战任务,达到遏制战争促进和平的目的。C^2W可延缓敌军的作战速度,扰乱其作战计划,削弱其战斗力,影响其对作战局势的估计。此外,C^2W能够将友军指挥控制系统的易毁性及各部队之间互相制约、相互牵制的程度降到最低。

C^2W的基础设施是完整的指挥、控制、通信和计算机(C^4)信息系统,并与从国家级作战行动到战术级作战行动相关信息和情报支持结合在一起。C^2W的基本组成部分为作战保密、军事欺骗、心理作战、电子战和实体摧毁等五部分。电子战和实体摧毁是指挥控制战的关键和核心。

(1)作战保密。

作战保密(OPSEC)定义为通过辨别、控制和保护与军事作战计划和军事行动有关的信息而使敌方无法获得己方能力和意图的过程。目前,作战保密计划和措施的制定,受到新兴的全球商业部门的严峻挑战。其中,诸如摄像、定位和网络系统等新技术和手段,可以使敌方对友军信息情报的获取达到新的水平。而且,在作战行动期间,不可避免出现的新闻媒体使得作战保密问题更趋复杂化。新闻媒体向全球听众传播实时信息的能力,可以成为敌军十分有利的信息来源。随着军队数字化程度的飞速发展和广泛应用,信息安全的重要性也日益增长。

(2)军事欺骗。

军事欺骗是指对己方作战能力、作战意图及作战活动等方面的信息进行歪曲和示假,从而有意误导敌方军事决策人员做出错误判断,最终引起敌军采取有利于己方完成任务的错误的军事行动。军事欺骗是影响敌军指挥官决策的基本手段,其一般方法是对己方的作战意图、位置、部署、作战能力、活动过程和作战力量进行歪曲、隐蔽和伪装等,使敌方做出与真实情况相反的判断。欺骗的目的是引起敌指挥官按着有利于己方军事行动的方案行动,也就是人们常说的"牵着敌人的鼻子走"。

(3) 心理作战。

心理作战是一种将信息和指令传递给敌方的政府、组织及个人,以影响其情绪、意志、动机和客观的推理,直至最终影响其行为的作战形式。心理作战是以具体、真实和可信的信息为基础的。心理作战能够将分散的信息扩散到敌方的 C^4I 收集系统之中,显示其强大的联合作战力量和先进的技术优势,从心理上给敌方以精神上的震撼,增强敌方必然失败的信念。心理作战因素必须与其他指挥控制战要素、公共事务战略紧密结合、密切协同,以最大限度地发挥信息战争的优势。

(4) 电子战。

在指挥控制战的框架之内,电子攻击主要用于 C^2W 攻击,电子防护主要用于 C^2W 防护,而电子支援既向情报系统提供信息,又支援电子攻击和电子防护。无论是干扰、电磁欺骗还是采用定向能武器或反辐射导弹摧毁 C^2 系统的节点,电子攻击在作战环境中对几乎所有的 C^2 系统攻击行动都具有重要作用。它还可用于保护己方 C^2 系统免受敌方的攻击。电子防护是在 C^2 系统防卫中用来保护己方部队的信息安全,不被敌方电子支援行动所利用,在 C^2 系统攻击行动中保障己方部队顺利、不间断地应用电磁频谱的最好手段。

(5) 实体摧毁。

在 C^2W 中,中断敌方 C^2 系统的关键节点是一项重要策略。摧毁是完成这一使命的一种方法。针对 C^2W 的指挥功能,摧毁的目标是指挥中心。针对 C^2W 的控制功能,攻击的重点则是 C^2 系统的通信、计算机或传感器网的关键节点。对辐射信号的目标进行攻击时,常采用的方法是监视攻击前后信号的辐射情况。如果一个节点被攻击前在辐射而在攻击后即停止了辐射,那么可以假设摧毁行动至少取得了暂时的成功。摧毁过程得益于精确制导武器的发展,它可对敌方 C^2 系统的各个部分进行外科手术式的打击。

1.2 雷达电子战的基本内容

雷达电子战是通过采用专门的电子设备和器材对敌方雷达进行侦察、干扰、摧毁以及防护敌对我雷达进行侦察、干扰和摧毁的电子对抗技术。雷达电子战的基本内容包括雷达电子支援、对雷达的电子攻击和雷达电子防护。

1.2.1 雷达电子支援

一、雷达电子支援内容

雷达电子支援是在雷达领域内为电子攻击、电子防护、武器规避、目标瞄准或其他兵力部署提供实时威胁识别而采取的行动。这里主要行动包括对敌方雷达辐射源的截获、识别、分析和定位。对电磁辐射的截获通常由覆盖重要威胁频段的高灵敏度接收机(即电子支援接收机)完成,该灵敏接收机要能覆盖整个敌威胁频段。识别就是将截获的数据同威胁库中存储的特征数据进行比较,从而进一步判断、确定敌辐射源信号。定位就是通过把得到的敌辐射源空间上的各种分散数据进行综合分析和计算,从而确定敌辐射源的准确位置。

二、雷达电子支援的任务

雷达电子支援的任务主要有两个:一是对即将到来的雷达威胁发出警报。在对抗现代武器攻击时,对飞机来说,从告警到采取对抗措施的时间仅几秒,而舰船和其他地面交通工具从告警到采取对抗措施的时间往往只有十几秒。这就客观上要求在对付已经指向平台的大多数导弹时,必须采用自动化的指挥控制系统对此做出反应。这是因为一般情况下,人脑的反应速度有限,根本没有足够的时间采用人工干预,必然需要雷达告警系统的支援。二是为实施有效的对抗措施提供必要的雷达信息。为确保己方采取有效的对抗措施,必须要能提供有关威胁的所有必需的多种信息,如:雷达辐射源的位置参数、工作体制、信号形式、工作频率、调制样式、调制参数等。

1.2.2 对雷达的电子攻击

电子攻击是指主动地使用电磁频谱或定向能直接瓦解敌方的战斗力。对雷达的电子攻击包括非摧毁性的行动("软"杀伤)和摧毁性的行动("硬"杀伤)。

一、非摧毁性行动

非摧毁性行动是指使用压制干扰和欺骗干扰等手段来降低或抵消敌方雷达的作战效能。

(一) 压制干扰

压制干扰是电子进攻的主要手段。通过使用电磁干扰设备或器材,发射强烈的干扰信号,达到扰乱或破坏对方雷达设备正常工作的目的,从而削弱和降低其作战效能。众所周知,通信、雷达、导航、制导等电子设备和系统都是信息传输系统,它们在接收有用信号时,不可能完全抑制外部干扰和设备内部产生的噪声,这就使接收系统检测有用信号时存在不确定性。如果外来的干扰信号足够强时,就会将有用的信号"淹没"在噪声干扰信号之中,使得接收设备无法检测出有用信号。

(二) 欺骗干扰

欺骗干扰就是改变、吸收、抑制、反射敌电磁信号,传递错误信息,使敌人所依赖的雷达得不到正确有效的信息。欺骗干扰的特点是使敌接收设备因收到虚假信号而真伪难辨,同时,大量的虚假信号还增大了接收设备的信息量,从而影响信号处理的速度甚至使信号处理系统饱和。

(三) 复合干扰

采用压制干扰和欺骗干扰相结合的干扰方式,如灵巧干扰、多模式联合干扰、小型空射诱饵欺骗+近区压制干扰等,可以比单一型干扰取得更好的干扰效果。

二、摧毁性行动

摧毁性行动就是使用反辐射摧毁武器和定向能武器直接摧毁敌雷达设备。

(一) 反辐射摧毁武器

反辐射摧毁武器目前主要有反辐射导弹、炸弹和攻击型无人驾驶飞机等。这几种武器都是近期发展起来的电子进攻"硬"杀伤手段。其工作原理是:利用敌方辐射源辐射的电磁信号进行引导,并用火力摧毁敌方雷达系统。美国在反辐射导弹研制方面处于世界领先地位,20世纪60年代研制了AGM-45"百舌鸟",70年代研制了AGM-78"标准",80年代研制了AGM-88A"哈姆"等类型反辐射导弹。反辐射导弹主要采用无源被动制导方式,最新发展的反辐射导弹还在无源被动制导方式的基础上增加了主动雷达探测方式,在现代战场发挥了巨大的威力。反辐射导弹除了具有攻击精度高的特点之外,还具有记忆功能,即一旦接收到敌方雷达的辐射信号,即使雷达关闭,它也能记住雷达的位置。攻击型无人机 AGM－136A"默虹"和"哈比"是自主式空地反辐射武器,它具有发射后巡航时间长的重要特点,在战场上具有一定的威慑力。攻击型无人机在检测到雷达信号之前,按预编程序航线飞行,只要对方雷达一开机,它就能立即对其实施攻击,使敌雷达在较长时间内不敢开机探测目标。

（二）定向能武器

定向能武器（DEW）是摧毁性电子攻击的另一种形式,它包括高能激光（HEL）、带电粒子束（CPB）、中子粒子束（NPB）和高能微波（HPM）等。这些武器能以光速进行攻击,所以在军事界备受重视。目前,在战术使用上,这些武器所产生的威力仅限于对雷达设备的损坏或烧毁。对激光和粒子束定向能武器来说,它们在大气中传播的损耗是很大的。对于微波定向能武器来说,需要考虑的问题是如何才能在目标区聚集到充分的能量。运用定向能武器进行攻击有两种方式:一是直接对所攻击雷达接收装置进行攻击;二是通过雷达的电源线、设备附件、连接电缆或其他通道来进行攻击。

无论是采用压制干扰、欺骗干扰,还是使用定向能武器或反辐射导弹方法进行摧毁,主动的电子攻击在整个战斗中起着最为关键的作用。同时,它还可以保护自己,免受敌方的攻击。

1.2.3 雷达电子防护

雷达电子防护是指保护己方雷达免受敌方使用的电磁频谱造成的危害,同时消除己方无意的电磁辐射所采取的防御性电子战行动。电子屏蔽、辐射源控制、战时备用模式、电子加固和电子战电磁频谱管理等都属于电子防护范畴。电子防护的目的就是要采取各种措施隐蔽各种雷达装备,保证己方雷达设备不易遭受敌方的电子攻击。

雷达电子防护的主要任务有雷达反侦察、雷达反干扰和反火力摧毁。

一、雷达反侦察

在不影响完成己方雷达系统所承担任务的前提下,严格控制辐射源的电磁辐射,尽量减少开机的数量、次数和时间,必要时实施无线电静默;设置隐蔽频率,控制辐射方向,使雷达设备在低功率状态下工作;采用低截获概率的电子设备;采用信号保密措施;辐射欺骗,无规律地改变波形;适时转移雷达阵地;及时掌握敌方电子侦察活动的情况,并采取相应的反侦察措施等。

二、雷达反干扰

雷达反干扰可分为技术反干扰和战术反干扰两种基本方法。技术反干扰的方法通常有:在电子设备上加装各种反干扰电路及采用新的雷达体制,以提高雷达设备本身的抗干扰能力;采用新的工作频段,快速随机频率跳跃;增大雷达的辐射功率;使用抗干扰能力强的天线;采用复杂信号形式和最佳接收技术等。战术抗干扰的方法通常有:将不同频段、各种类型的雷达配置成网,以发挥网络整体抗干扰能力;综合应用多种技术体制的雷达;设置隐蔽台站（网）和备用设备,并适时启用。

三、反火力摧毁

随着反辐射摧毁武器和其他常规火力摧毁武器的威力越来越强、应用越来越广,雷达电子防护的难度也越来越大。目前主要的防反辐射导弹摧毁手段主要有:发射诱饵信号进行欺骗;远置发射天线,将雷达设备天线异地配置;控制电磁波的辐射;多站交替工作和采用双(多)基地技术;采用光电探测和跟踪技术;快速转移雷达阵地;对雷达阵地进行伪装等。

1.3 雷达电子战实例及其经验教训

通过战争实践,人们对电子对抗的重要性的认识越来越深刻。电子战已经成为继陆、海、空、天战之后的第五维战场。特别在近60年的局部战争中,经过电子战双方多次的较量,积累了宝贵的经验和教训。本节通过实战战例,对电子战历史及其经验教训给予综合论述。

1.3.1 雷达电子战史回顾

电子战的起源可追溯到1904年4月14日的日俄战例,俄国岸基无线电台用火花发射机对用无线电报告射击校准信号的日本船只进行干扰,这是第一次使用无线电报通信干扰的战例。随着无线电通信技术的发展和广泛应用,通信干扰、侦听与反侦听(密码、欺骗、通信)相继在战争中出现,并迅速发展。

1934—1935年雷达研制成功。在第二次世界大战中,虽然雷达品种不多,而且工作频率在30~500MHz范围,但在对抗雷达的斗争中,电子战开始取得成效。当时已有针对性地研制干扰机,电子侦察、施放箔条干扰也已陆续在战场上使用,并取得了明显的战果。

第二次世界大战以后,防空导弹武器系统的出现加快了电子战的发展。20世纪50年代,苏联SAM防空导弹研制成功,促使美国于1958年前后在一些战术飞机上加挂了电子干扰吊舱。

美国U-2飞机担负着拍照和收集电子战数据的任务,1960年前后,U-2飞机入侵中国、苏联和古巴上空后,相继被击落多架。防空导弹武器在当时激烈的冷战中立下了战功。

我国导弹部队在20世纪60年代打击U-2高空侦察飞机入侵的战斗中,经历了一场激烈的电子对抗考验。通过作战现场的分析和U-2飞机残骸有关电子干扰设备的测试分析,采用有效的抗干扰改进措施,取得击落5架高空侦察机的战果,迫使美国停止用U-2飞机进行入侵侦察。

1960年以后,不断发生的局部战争显示了防空导弹武器系统在防空中的重要地位,同时也表明它已面临日益严重的电磁威胁。

一、越南战争

1965年7月24日,入侵北越的美国一架F-4"鬼怪式"飞机被苏制SAM-2导弹击落。不到半年时间,美国在越南损失约160架飞机,大部分是被SAM-2导弹击落的。这说明SAM导弹对美国空军已构成致命的威胁。

美国探讨"压制方案",即所谓"快速反应行动"(QRC)方案,按此方案几乎每架飞机上都装上电子干扰吊舱,并提出"设法脱身"的概念,生产能侦收SAM-2雷达发射脉冲并及时报警的机载电子对抗设备。这种设备采用"晶体视频"的信号检测技术,由计算机把侦听到的雷达信号参量与事先储存在计算机内的SAM-2雷达信号参量对比后,发出一种叫"SAM 歌"的报警信号。还用 2~4 架 F-105 或 F-4 飞机发射 AGM-4"百舌鸟"反辐射导弹,组成"野鼬鼠(Wild Weasel)行动"。同年,SAM-2 导弹只击落美机 40 架,许多 SAM-2 导弹没能命中美国飞机。据美国统计,1965 年,每发射 10 枚地空导弹可击落一架美国飞机;1966 年底,每发射 70 枚导弹才能击落一架飞机。这一统计结果表明,越南战场上,地对空导弹的杀伤概率从 10% 下降到 1.5%。采取"野鼬鼠行动"后,迫使越南将雷达控制的高炮数量增加到一万门,自此至 1969 年,美国损失的飞机大多数是被雷达控制的火炮击落的。

为对付美国新的雷达电子战的战术和技术,苏联改变了 SAM 制导雷达的频率,采用"隐蔽扫瞄"技术,还采用雷达瞬时关机或天线转向、光学辅助跟踪和假目标欺骗等战术,用以对抗反辐射导弹。美国则着手生产新一代电子战设备,包括大功率机载干扰机,投放新的箔条和反辐射导弹。

美国大规模轰炸河内和海防时,在 700 次轰炸飞行中,越南的地区防空网发射约 1000 枚导弹,仅仅击落 15 架美国飞机(杀伤概率仅为 1.5%),B-52 轰炸机战损率明显下降。在 1968—1969 年,美国在一个月中损失 90 多架飞机,此时越南防空导弹杀伤概率略有升高(约 2%),相当于 50 发导弹击落一架飞机。

从 1970 年起直到战争结束,美国不断改进机载电子对抗设备,尤其是采用数字化技术、混合微带电路和专用宽带微波元器件的先进雷达告警接收机,还研制出第一代由计算机控制的瞬时测频告警接收机。

1971 年,远距离干扰支援飞机 EA-6"徘徊者"飞机服役,它除载有侦察告警设备外,还带有大功率干扰机,新一代欺骗式干扰机也开始应用。使得美机的损失率从战争初期的 10%~14%,下降到后期的 1.4%。

越南战场上出现的防空导弹干扰与抗干扰战斗局面,为电子对抗提供了许多极其宝贵的经验教训。

二、埃以战争

1967 年 6 月 5 日凌晨,埃及大部分远程雷达遭到以色列的干扰和攻击而无法工作。与此同时,以色列摧毁了埃及 320 架飞机中的 300 架,且大部分是在地面摧毁的。原因之一就是以色列在战争中综合运用了电子对抗手段:实施电磁干扰,投放箔条,以及发射"百舌鸟"反辐射导弹。致使埃及的雷达致盲,无线电通信中断,指挥失灵,处于瘫痪、被动挨打地位。

1970 年 6 月,埃及导弹武器和以色列飞机开始较量。由于以色列采用了电磁干扰对付 SAM-2 导弹和 57mm 炮瞄雷达,在这场较量中,埃及的 SAM-2 导弹武器系统几乎都被摧毁。

1973 年 10 月 6 日,埃及向以色列发动猛烈进攻。经过两三天的战斗,使以色列损失飞机约 110 架。此时,埃及除装备有 SAM-2 和 SAM-3 外,还新装备了 SAM-6 防空导弹系统、23mm 四管高炮以及 SAM-7 肩射式红外制导导弹,这种新型武器的出现,使以色列措手不及。例如:埃方炮瞄雷达的工作频率为 15.56GHz,而以色列机载侦察机 ALR-45 只能侦察在 2~14.52GHz 的信号,无法侦收到此种炮瞄雷达的信号,致使以色列指挥部门做出空军不对埃及实施空中攻击的决定。

三、以叙战争——贝卡谷地战斗

1982年,以色列和叙利亚在贝卡谷地进行战斗。以色列通过E-2C"鹰眼"预警飞机监视叙利亚从机场起飞的飞机,引导以机进行拦截;并用A-4飞机做近距离空中支援,用波音707飞机改装的远距离支援侦察干扰飞机进行电子干扰。共出动了F-15、F-16、F-4等飞机约90架,几乎摧毁了叙方所有的导弹营(19个)。以方在这次战争中取得胜利的原因有:在埃以战争期间,以色列缴获了埃及的SAM-6、SAM-7及四管高炮等完整的武器系统,在飞机上装了可以侦收上述武器辐射信号的新雷达告警接收机;战前进行了攻击SAM-6导弹营的战术训练;战时再采用遥控飞行器和新的电子干扰战术。因此,以方占了明显的优势。这次战斗证明了使用电子控制的武器与电子对抗支援措施相结合的重要性。

在这以后,苏联向叙利亚提供大量的新型导弹武器系统SAM-8、SAM-9,叙方于7月25日成功地击落一架F-4飞机。在以色列设法缴获SAM-8和SAM-9导弹武器系统后,9月便在黎巴嫩摧毁了5个这样的导弹营。贝卡谷地的战果显示出在精确电子战行动支援下,进行"实时"攻击的新概念,显示出一种新的战争模式。

以色列飞机装备了先进的全自动化、计算机化的欺骗干扰机,能使先进的导弹偏离轨道。机载雷达告警接收机能发现SAM导弹系统的制导雷达已跟踪上飞机,能分析与识别各种威胁,确定威胁的优先级,及时采取最有效的措施去对抗各种威胁,引起人们的注目。

四、英阿战争

1982年英阿战争中,阿根廷损失了1/3~1/2的飞机。这些飞机大部分缺少电子干扰设备,这无疑是造成重大损失的原因之一。而英方则常常能避开阿根廷的"罗兰特"地对空导弹,仅损失一架"鹞"式飞机,"火神"轰炸机没有损失,这是因为英方飞机有电子干扰设备(如美国AN/ALQ-101干扰吊舱)。然而,英国"谢菲尔德"号驱逐舰却被阿的"飞鱼"导弹击中。据分析,其原因之一还是英舰的电子战能力差。

五、美机轰击利比亚

1986年,美国空军袭击利比亚时共出动飞机24架,其中有4架EF-111A电子干扰飞机。在这次袭击中,美军共发射30多枚"百舌鸟"和30多枚"哈姆"(HARM)反辐射导弹。整个战斗仅持续18分钟,击毁利比亚飞机14架,破坏军用机场和营房各两处,雷达5部,使利方防空导弹无法实施攻击。

六、海湾战争

1991年1月17日海湾战争爆发,历时42天的战争中,多国部队出动约11万架次飞机轰炸伊拉克军事要地,最后经过4天的地面战斗而结束战争。美国在战前5~6个月就开始进行电子情报侦察,探测伊方弱点、研究伊方雷达防御能力。战争开始前5小时全面地干扰了伊通信和雷达系统,彻底瓦解了伊方"一体化"防空系统,以致伊无法掌握制空权。在整个战争中,多国部队每天平均出动2600多架次飞机(最多达4600多架次)肆意狂轰滥炸。除携带电子干扰设备的战斗机、战斗轰炸机、轰炸机、攻击机外,还动用专用电子战飞机100多架,其中近、远距离干扰机49架,包括EF-111、EA-6B、EC-130H等,用以施放各种有源和无源干扰;预警机41架,包括E-3、E-8A、E-2C等,用以预警、指挥和控制;侦察机RC-135、RF-4C、TR-1、U-2R、OV-10;另有无人驾驶飞机"先锋"等约100架以上;还有F-4G("野鼬鼠")飞机36架。伊拉克拥有600多架作战飞机,其中 40 多架被击毁于空中，60 多架被毁于地面，有近 140 架飞机逃往伊朗。战争中，多国部队损失飞机 45 架，损失率仅为 0.041%。伊拉克有 300 多个战略目标被摧毁，损失坦克 3700 多辆，火炮 2600 多门，装甲车近 2400 辆。值得注意的是，F-117A 隐身飞机在空袭中担任了攻击巴格达及 31% 的战略目标等危险地区的重要角色。实践证明，隐身飞机在电子干扰支援掩护情况下，可达到最佳的生存效果。F-117A 执行危险任务一千余次，无一架损失，摧毁巴格达大约 95% 的重点设防目标。开战第一周，美国还发射了 230 枚"战斧"巡航导弹，攻击成功率达到 95%。由于作战双方电子战能力相差极为悬殊，相互对抗性差，故呈"一面倒"的局面，无论隐身飞机还是"爱国者"都没有经受严峻的电子战考验。因此，它们的电子战作战效果，还有待今后得出结论。有人这样认为，这场战争作为美国电子战武器装备的试验靶场，为近年来西方研制的新武器装备和军事技术提供了试验机会。

七、科索沃战争

1999 年 3 月 24 日夜间，"盟军"开始了对南斯拉夫联邦共和国的空中作战行动。最先实施进攻的是从美国战舰和英国海军潜艇上同时发射的"战斧"对地攻击导弹，目标是南斯拉夫联邦共和国的一些防空系统。随后从 13 个北约国家起飞的飞机实施了一系列的后续攻击行动。

为了使北约的飞机避免受到红外制导武器的攻击，空中作战行动主要在 15000 英尺以上的高度实施。但在这个高度，雷达制导导弹对这些飞机仍然具有很大威胁。为了遏制危险，空袭飞机需要依赖防空压制飞机编队的支援。进入敌占区域的每一支攻击部队都要有专门指派给自己的掩护部队实施支援，掩护编队通常由 4 架具有空中优势的战斗机（F-14、F-15、F-16、F/A-18 或"幻影"-2000）、2 架 EA-6B 干扰支援飞机以及至少 2 架 F-16CJ 或携带"哈姆"导弹的德国空军"旋风"战斗机和 1 架 EC-130H"罗盘呼叫"通信干扰飞机组成。

在盟军的第一次夜间作战行动中，美国有两种重要的武器系统首次投入战斗。第一种是诺斯罗普公司生产的 B-2"幽灵"战略轰炸机，第二种是 2000 磅重的联合定向攻击炸弹（EJDAM）。每架 B-2 携带 16 枚这种自由降落的炸弹，它们采用 GPS 制导，是一种准精密联合定向攻击炸弹，无论什么气象条件都能攻击目标。

在第二阶段开始后不久，一架 F-117A 隐身飞机在完成攻击任务返回途中，被防御方击落，据推测可能受到了 3 枚或 4 枚 SA-3"小羚羊"防空导弹的攻击。飞机被击落的原因有多种：飞行路线与前 4 个夜间使用的排成一行的航线类似；EA-6B 干扰飞机盘旋位置距 F-117A 太远而不能实施有效的掩护；米波目标指示雷达为 SA-3 制导雷达提供了 F-117A 信息；SA-3 导弹连操作人员的巧妙操作程序。可以确信，防御方有关的导弹操作人员受过很好的训练且具有丰富的实际经验。在从正下方观察时，F-117A 的下面是扁平的，这是隐身飞机最易被看见的部分。如果雷达的操作员知道了隐身飞机接近其顶空的时间，并在飞机通过时打开他们的装备，就会给 SA-3 导弹系统提供最佳交战条件。

F-117A 被击落后，美军采取了相应的补救措施。在作战行动中，F-117A 采取了更为多变的航线，并得到 EA-6B 更为有效的掩护。在之后的战斗中，隐身战斗机再也没有受到损失，这说明补救措施是成功的。

据报道,在科索沃进行的主要作战中,南斯拉夫联邦共和国部队共发射266枚SA-6、174枚SA-3雷达制导导弹和106枚肩射式红外制导导弹。此外,还有l26枚不明型号的导弹。

在作战中,盟军在敌方地域上空执行了近14000次攻击和防空压制任务,仅损失2架美国飞机,1架F-16和1架F-117A。除此之外,在作战行动中还因事故或技术故障损失了几架无人侦察机。

1.3.2 历史的经验教训

从以上近60年来的局部战争的典型战例可见,战斗双方都设法利用专门的电子对抗技术(侦察、干扰、隐身、摧毁)破坏和削弱对方武器装备的作战效能,同时,防空武器系统不断采取各种反侦察、抗干扰、反隐身、抗摧毁等措施,保护己方武器系统在复杂电磁环境中正常工作,以完成相应的作战使命。因此,我们必须重视研究历次局部战争中的"得"与"失",从电子战历史中汲取经验和教训,"只有更深刻地了解过去,才能更准确地把握未来"。

一、电子干扰是导致防空导弹杀伤概率降低的主要因素

现代战争中,防空导弹武器系统面临严重的电子干扰威胁,导致导弹武器的综合指标——杀伤概率大大降低。如前所述,在越南战争中,1965年每发射10枚SAM-2导弹击落美国飞机一架,而到1966年底,由于美国采取了有效的干扰措施和反辐射导弹攻击行动,SAM-2导弹须发射70枚才能击落一架美机,许多SAM-2阵地都被摧毁;在贝卡谷地战斗中,叙利亚和以色列的飞机损失比达50∶1,以色列用非常小的损失,摧毁了叙利亚在贝卡谷地全部导弹阵地,以方在电子战中占有优势是取得胜利的主要原因之一;海湾战争更明显地表明了通过"制电磁谱权"而获得"制空权"的重要性。多国部队自始至终在战争中占主动地位,充分显示了电子对抗的威力。

随着电子技术的发展及其在防空导弹武器中的广泛应用,防空导弹电子对抗在现代战争中的作用日益重要,有人甚至说"电子战、导弹和核武器具有同等重要的作用","如果发生第三次世界大战,战争的胜负在很大程度上取决于对电磁频谱的控制和驾御能力"等。这些论断不是没有根据的。第二次世界大战及以后的局部战争,已充分证明了电子干扰是现代战争的重要组成部分,是一种十分重要的战役保障和作战手段,在未来战争中占有举足轻重的地位。

二、必须加强情报侦察工作

只有了解对方和自己,才能在电子战中有效地保护自己,战胜敌方。实战表明,战前和战斗中的侦察与反侦察以及侦察效果(识别真伪)的判断,对整个战争有重要的作用。如果事先能获取防空导弹武器各种参量,就有可能对其采取相应有效的干扰措施,使防空导弹失效。侦察手段除常见机载电子侦察、预警设备外,还要重视无人驾驶侦察/干扰飞机和卫星侦察。

通过卫星、各种运载设施(舰艇、飞机等)携带的电子侦察设备以及其他各种渠道和手段,可以广泛地搜集政治、经济、科学、军事等方面的各种战略情报,这些军事情报及时送到国防军事部门进行分析、处理,以便为可能发生的战争做好准备。否则,一旦爆发战争,将要付出惨痛的代价。

三、电子战的多变性与适时性

电子战的战术和技术具有多变性、适时性。电子战是一个动态发展的领域,因此没有哪种方法或战术能保持长期有效。可供利用的电子战技术和战术措施的数量是有限的。往往今天能起作用的战术和技术,明天并不一定能起作用;这次战斗由于采取某种电子对抗手段取得了胜利,而另一次战斗采取同样的手段就可能失败,这是因为电子战技术和战术总是随着对方的威胁而发展变化的。

防空导弹武器系统的生命力,在很大程度上取决于是否具有不断改进和完善的抗干扰措施,以及它本身工作体制是否具有抗干扰潜力。越南战场证明,SAM-2如果不进一步采取抗干扰措施,武器将很难保证还有1.5%的杀伤概率。一种武器如果无法进一步提高抗干扰能力,这种武器将面临被淘汰的危险。埃以战争表明,SAM-6作为一种新式武器出现时,开始取得辉煌的战果,但随着武器辐射信息的暴露,加上整个武器系统被对方缴获,而又没有进一步改进抗干扰措施,导致了在贝卡谷地几乎被全部摧毁的惨败结局。在对付叙利亚和伊拉克的导弹防御系统时,在其防空导弹系统上空释放诱饵无人机,引诱地空导弹制导雷达开机,从空中发射反辐射导弹对其实施攻击的战术,曾对其造成严重的破坏。但是,采用同样的方法对付南斯拉夫联邦共和国的防御系统时,则未能取得预期的效果。

在现代战争中,侦察与反侦察、干扰与反干扰、摧毁与反摧毁领域的斗争将不断持续下去,而且,这种斗争在技术上起到相互促进的作用。

四、电子战是时间和速度的竞争

电子战从某种意义上说,是时间和速度的竞争。实战表明,争取时间才能争取战场上的主动。为保证导弹在杀伤区内摧毁目标,武器的反应时间有决定意义。例如:为提高武器杀伤概率而发射多枚导弹时,需要缩短导弹的射击间隔。如果由于干扰而拖延导弹射击间隔时间,将贻误战机和降低武器的杀伤概率。捷变频雷达、重复频率抖动雷达、猝发脉冲雷达、波束捷变雷达以及自适应技术等设计思想中都有以时间取胜的内容。因为雷达参量迅速改变,将增加敌方侦察的困难。雷达一旦受到干扰迅速改变参量实行"回避",迫使对方的电子干扰装备必须有更快的速度才能实施有效干扰。

五、隐身技术作用凸显而且不断发展

隐身飞机在电子战中的作用不可低估。海湾战争中,F-117A隐身飞机在攻击伊战略目标中起了重要的作用。它执行危险任务一千余次,无一损失。科索沃战争中,在敌方地域上空执行近14000次攻击和防空压制任务,仅损失1架F-117A。隐身飞机的发展,使雷达探测目标困难,加上电子干扰的协同作用,对防空系统构成了严重的挑战。目前国内外已经发展了多种隐身飞机、隐身巡航导弹、隐身无人机等,而且还在不断投入经费研制新型超隐身技术,这一点必须引起防御方的高度重视。

六、硬打击是一种新的作战模式

多次局部战争表明,初始的电子战行动都使用"硬打击"力量,其目的是使遭受打击的防御系统在作战能力方面不可再恢复。海湾战争开战第一周,美国发射了230枚"战斧"巡航导弹,攻击成功率达到95%;科索沃战争最先实施的进攻是从美国战舰和英国海军潜艇上同时发射的"战斧"对地攻击导弹,目标是南斯拉夫联邦共和国的部分防空系统。反辐射导弹是一种常规的"硬打击"武器,1986年,美国空军袭击利比亚时,共发射

30多枚"百舌鸟"和30多枚"哈姆"(HARM)反辐射导弹,整个战斗仅18分钟,击毁利比亚飞机14架,破坏了部分军用机场和营房以及5部雷达,使利方防空导弹无法实施攻击。目前,"硬打击"武器还在不断向更高水平发展,对防御方造成极大威胁。

七、诸兵种协同电子对抗行动是电子战活动中最强有力的武器

在敌对状态或在战争进入一个新的重要阶段时,"诸兵种"协同实施的电子对抗行动就成为电子战活动最强有力的武器。如果能出其不意,这种作战行动的有效性会大大增强。

这种作战行动的典型战例是1982年以色列攻击黎巴嫩贝卡谷地的导弹阵地。另一个战例是1991年海湾战争的第一个夜间,美国对巴格达和伊拉克其他城市周围的导弹连实施的强烈攻击。在以上各次作战行动中,强有力的电子干扰协同行动,保障了攻击部队的安全,使其战斗力损失大大降低。

八、防空武器的电子对抗能力是决定作战态势和作战效率的重要因素

海湾战争中,多国部队的胜利在许多方面都是通过破坏敌方对其部队和武器的控制而取得的,也是通过侦察、攻击和电子战能力的综合应用而获得的,更是因为伊拉克缺乏强大的地面防空电子对抗能力所导致的,因此提高防空武器电子对抗能力具有特别重要的意义和作用。为此,需要研发具备很强的反干扰能力、反隐身能力和抗"硬打击"能力的装备,并综合应用反侦察、反干扰、反摧毁措施,对整个武器系统进行合理的部署和应用。目前,反侦察、对己方部队的指挥控制以及保护己方部队不受敌方精确武器和电子干扰的攻击已经成为防空武器系统的一项重要任务。

九、必须加强电子战技术基础研究和技术储备

为了加强防空导弹武器系统在战争中的应变和适应能力,在设计和研制防空导弹武器系统时,需要考虑系列化和标准化,与此同时,必须充分认识到防空导弹武器系统在未来可能面临的电磁干扰环境。如果武器系统具有潜在抗干扰功能,当电磁干扰环境变化时,就能采用潜在的抗干扰措施,弥补原先不足。例如:在马岛海战中,英国研制"兰伊利克"自卫式干扰设备时,仅用15天就研制成功,其中7天完成样机,3天完成各种试验(包括例行试验、飞行试验),4天生产了10个电子吊舱。据分析,在通常情况下研制类似的设备,周期约两年。这样快的研制速度,除是战时采取的紧急措施外,良好的技术基础和技术储备是很重要的原因。因此,为了不断提高武器系统在电磁干扰环境中的应变和适应能力,在和平时期就要有一支不断发展、保持电子战技术优势的专业队伍,努力进行电子战科学技术的研究,这已经成为一个国家武装力量生存、发展、壮大的重要措施之一。

十、电子战作战人员必须具备良好的电子战知识和素质

目前,电子战装备和对抗措施有很多种,为了使敌方武器系统失去效能,可选择使用其中的一些手段,包括欺骗技术、灵巧噪声干扰、箔条或其他诱饵,当一种手段达不到预期的效果时,需要及时改用另一种手段。这就需要电子战作战人员具备良好的电子战知识和素质,以便应对电子战中出现的复杂多变情况。

以色列在贝卡谷地取胜的一个重要原因,是在战前专门针对SAM-6导弹武器进行模拟电子战训练,然后制定电子战行动计划,战争中熟练实施各种战术行动,取得了战斗的胜利。目前,各国都十分重视电子战模拟对抗训练,要求操作人员熟练和正确运用武器中的各种抗干扰措施,充分发挥武器系统潜在的抗干扰能力。

1.4 电子战概念的新发展

电子战能够直接用于压制敌方的军事信息系统和信息化武器系统,从整体上瓦解敌人的战斗力,进而决定战争的进程与结局。进入新世纪后,电子战的作用更加突出,出现了一些新的概念和作战模式,主要有网络中心电子战、联合电子战、电磁频谱管控、赛博空间与舒特系统、电磁频谱战、电磁战等。下面对这些新的概念和作战模式作简要介绍。

1.4.1 网络中心电子战

21世纪初美军把网络中心战概念应用于电子战作战,发展和形成网络中心电子战。网络中心电子战是电子战作战模式的创新与发展,它提供一种协同、综合、多平台的、以网络为中心的电子战能力,用以提高各种电子战资源的利用率、增大承担各种作战任务的灵活性、提高电子战资源的指挥控制能力、增强其对遂行各种作战任务的能力,从而控制电磁频谱以夺取战斗空间的信息优势。

网络中心电子战系统具有精确电子战态势感知、目标截获和电子攻击能力。这种能力集成了陆、海、空、天多平台的协同电子战能力。

网络中心电子战利用强大的计算机信息网络和电子战数据链,把各种电子战装备组成一个互相连接的自适应系统网络,即把具有不同频谱特性、不同功能、分散于不同位置的各种电子战装备作为一类特定权限的终端或节点接入电子信息网络。网络中的电子战装备承担各自的任务,接受网络管理、享受网络资源和服务,通过网络使各种电子战侦察系统、指挥控制系统、干扰系统、火力系统联结成整体进行作战,实现整个战场范围内的信息共享和资源优化,能够有效控制和使用整个电磁频谱,达到不同平台上的设备如同在一个平台上的效果。该网络能够动态地适应不断变化的环境,进而提高各个系统的威胁响应能力和态势感知能力。

网络中心电子战系统体系结构根据遂行任务的不同,可由网络中心电子战系统体系结构总框架派生出不同的系统体系结构。无论何种电子战装备都可作为一类特定权限的终端或节点,通过有线或无线通信方式(如武器数据链),在理论上均可以构成服务于特定的或整个战场需求的网络。当功能和规模扩大时,该系统可与整个作战系统中所有与信息有关的装备相连,包括信息系统、指挥控制系统、武器系统等,承担各种作战任务、接受网络管理、享受网络资源和服务,从而提高作战的整体效能。

网络中心电子战并不是以网络中心计算和通信设备为重点的,而是以信息流动、作战空间实体的本质特征以及它们相互作用的方式为重点,其实质是作战。网络中心电子战反映并综合了在信息时代获得成功所必须具有的特征属性,即先于敌人了解战场空间,从而获得战场作战的灵活性和主动性,以便实施最优的电子战作战行动并对付突然出现的威胁。

1.4.2 联合电子战

在现代军事斗争中,电子战是一种十分复杂的作战行动。为了充分发挥电子战的潜在能力、更好地完成作战任务,电子战必须与其他作战行动整合为一体。联合电子战的发展,使电子战产生了新的作战特征,即可有效地支援多种形式的军事斗争。进行联合作战时,作为一种火力武器,电子战成为武器组合中密不可分的一部分。电子战可利用在陆、海、空、天领域的人工或者自动化系统,在联合作战中有效支持包括侦察、阻止、欺骗、破坏、削弱、防护和摧毁在内的多种形式的作战行动。因此,联合电子战是联合作战概念指导下电子战作战能力的有效集成,可产生最佳的作战效果。

为了满足联合作战的需要,电子战任务必须具有融合性、协调性、可重编程等新特性。

1. 融合性

电子战行动是联合作战的重要组成部分,需要融于各种作战行动之中,在规划和执行方面它是统一计划并分散实施的。在阿富汗和伊拉克的多国部队作战行动中,美军指挥员将美国与盟军的电子战装备纳入整体电子战作战方案,进而对作战行动提供电子战支援,包括威胁识别、威胁视避、目标指示和目标寻的等。

2. 协调性

电子战作战协调是联合作战协调的重要组成部分,其协调的整体性强、协同层次高、协调专业性强,主要包括以下几个方面。

(1)电子战与情报的协调。电子战与情报部门间的协调主要是确保电子攻击行动所需情报,确保电子攻击行动效果;电子战与情报部门需要保持密切的协调,不断消除相互之间在干扰需求与情报需求上的冲突。

(2)电子战与电磁频谱管理的协调。电子战作战部门与频谱管理部门的协调,是要根据敌我双方电磁频谱使用情况,修改联合保护频率表,对禁止干扰频率、保护频率、干扰频率、监视频率进行联合监管,以便综合利用和控制电磁频谱,消除电磁频谱冲突。

(3)电子战与作战保密的协调。电子战、网络战、情报和频谱管理部门通过监视敌我双方频谱使用情况来监视作战保密效果,如隐蔽频率是否暴露,网上是否泄露重要信息等。电子战与作战保密部门需要及时评估己方电磁辐射控制效果,提出改进保密手段及方式的建议。

(4)电子战与军事欺骗的协调。电子干扰部队要有选择地干扰、扰乱敌方传感器,伪装部队要有选择地模拟不同目标。由这些电子欺骗行动产生的"电特征",应与其他军事欺骗活动相互协调,欺骗敌方传感器,造成不同部队规模及行动的假象,并在较长时间内维持其可信度,以使敌方做出错误判断。

(5)电子战与心理战的协调。电子战采取电子攻击行动,对敌方广播、通信和网络进行压制时需要与心理战密切协同,消除两者在频率和网络资源使用上的冲突。利用电子战手段向敌方发送有关信息,产生心理战效果,同时,作战中将电子战收集到的敌方信息,及时地通报心理战部队,使其掌握心理战的效果。

(6)电子战与实体摧毁的协调。电子战需要及时与实体摧毁行动进行协调,以使电子战计划更全面。电子战情报部门绘制的电磁态势图,可以为其他武器攻击行动提供航路和规避参考。电子干扰和定向能武器攻击行动,与己方引信、遥控、遥测、制导活动有关,因此应与实体摧毁行动密切协调,避免冲突。

3. 可重编程

随着战场环境的变化,电子战常需要重新规划与编制作战程序,包括改变自卫系统、进攻性武器系统和情报收集系统的程序,以保持和增强电子战和目标探测设备的作战效能。重编程主要用于威胁变化、任务修改和地理修改等特定情况要求。威胁变化,包括敌方威胁系统在作战或电磁信号特征的任何改变;任务修改,可提高系统对严重威胁做出反应的能力;地理修改,可对某个特定地区和区域实施作战。特别在联合作战期间,在敌情迅速变化的情况下,重编程工作的迅速判定和执行,可能成为生死攸关的问题。

1.4.3　电磁频谱管控

电磁环境对电子战作战效能的发挥具有非常重要的作用,而频谱管理和控制是使电子战装备有效使用的前提和保证。与电子战及整个作战行动结合更密切的电磁频谱管控也称为电磁频谱战斗管理,它的指向更具体、操作性更强。

电磁频谱控制采取的主要举措有以下几种。

(1) 制定管理规则。为了维护电磁频谱的安全,需要建立一整套完整的联合战役频谱管理体系,形成相应管理机制。同时要制定一系列管理条例、操作规程和技术标准,为全面管理电磁频谱提供统一的依据。

(2) 制定电子战作战频谱管理计划。电子战电磁频谱管理的计划包括:确定作战方案与需要保护的关键目标;进行情报评估;明确受保护的节点与网络区分优先级;拟制、分发联合限制性频率表;拟制频谱使用计划等。

(3) 确定作战方案与需要保护的关键目标。各个作战阶段的作战方案由作战管理部门确定。对于每一阶段,作战管理部门根据联合部队作战方案明确被保护的己方重要目标,并在联合部队作战计划中,就电子干扰优先于情报搜集或情报搜集优先于电子干扰的情况,提出指导性建议。

(4) 进行情报评估。根据作战管理部门的作战方案,情报部门确定情报支援需求,明确每一作战阶段中需重点进行情报搜集的敌方电子系统目标和需要受频率限制的相关电子系统节点。

(5) 明确受保护的节点并区分网络优先级。应明确区分对敌我双方作战有重大影响的特定节点和设备。为便于在实施电子攻击时对这些节点和网络进行保护,应将其提交给联合部队指挥部门。

(6) 拟制、分发联合限制性频率表。根据性质的不同,将限制性频率分为监视性频率、保护频率和禁用频率。以此拟制、分发联合限制性频率表,供作战单位使用。

(7) 拟制频谱使用计划。频谱使用计划是联合部队作战计划的一部分。联合频率管理部门根据部队部署情况、用频装备的数据,利用联合作战计划与实施系统中的数据,对联合部队进行用频需求分析,拟制频谱使用计划,进行频率分配,提出频率使用建议。

(8) 电子战频谱管理的实施。电子战电磁频谱管理实施的内容主要包括实时评估频谱管理计划、动态调整部队用频、及时查处用频冲突。

① 实时评估频谱管理计划。随着作战过程中部队的重新部署和指挥、控制、武器系统以及其他用频设备的重新配置,电磁环境将会不断变化。因此,联合频率管理部门要对作战区域电磁环境进行不间断的评估,判断频谱管理计划的有效性,提出联合用频冲突解决方案,对可能出现的频谱管理问题提出建议。

② 动态调整部队用频。按照联合限制频率表和辐射控制计划进行电磁环境监测;根据出现的频率冲突,提出调整电磁频谱行动的建议;提出电子攻击运用的指导性意见和附

加的交战规则建议,确保电子攻击计划与标准的交战规则相一致;制定确保通信网在有意干扰或无意干扰时能有效工作的应急措施;指定干扰控制负责人,协调和解决电子攻击行动与其他电磁频谱应用之间的冲突。

③ 及时查处用频冲突。电子战计划人员检查电子攻击任务是否与联合限制性频率表有冲突,或联合限制性频率表的变化是否会影响拟定的电子攻击行动。当出现用频冲突时,考虑频率、位置和时间三要素,分析冲突情况及时提出处理建议。

1.4.4 赛博空间与舒特系统

由于计算机网络和信息技术的发展,近十几年来,出现了赛博空间、赛博战、舒特系统等新的作战概念和作战形式,并在演习和实际作战中得到了应用。

赛博空间(Cyberspace)是信息环境里一个全球性的域,由相互依赖的信息技术基础设施网络及其承载的数据组成,包括互联网、电信网、计算机系统以及嵌入式处理器和控制器。赛博空间被认为是与陆、海、空、天并列的作战域,从物理结构上看,赛博空间节点存在于所有作战域当中。赛博空间中的行动可有效支持陆、海、空、天域的作战行动,反之,赛博空间中的失利对其他域在作战效能上会产生较大的制约,并且其他域的行动可以在赛博域内或通过赛博域产生影响。

赛博战是伴随计算机和计算机网络而出现的一种全新作战方式,是指在电磁频谱、电子系统及全球信息栅格组成的全球信息环境域中进行的各种进攻和防御作战行动,也可以称为网络电磁战或网电战。赛博战综合运用赛博攻击、赛博利用和赛博动态防御等手段,对目标计算机、电信网以及嵌入设备、系统和基础设施中的处理控制器实施作战行动,其主要特征有以下几种。

（1）网络化。赛博战以网络为中心,其行动目标和行动效果都依赖于网络,网络攻击、网络防御是赛博战的主要作战手段,网络化是其最基本的特征。

（2）快速性。赛博战中依靠网络进行信息传输,作战速度是影响战斗力的一种重要因素。充分利用网络的高效信息传输能力,就会产生倍增的作战效力。因此,赛博战能够提供快速决策、快速打击和快速实现预期作战效果的能力。

（3）赛博战与传统作战样式相比,具有时间上平战不分、地理空间上远近不分、作战目标军民不分等特征。

赛博空间需要依赖电子战来实现控制和自由进入电磁频谱,而电子战结合其他信息手段在赛博空间中的应用可使赛博空间行动具有军事行动优势。

舒特系统是一种以网络为中心的机载赛博攻击系统,由美国 BAE 系统公司研发。舒特系统主要用于入侵敌方的通信系统、信息系统、雷达系统、计算机系统以及关键节点与网络,发射电磁脉冲、植入定制的信号包括赛博病毒和恶意程序、注入网络入侵算法及程序、启动敌方的控制器芯片后门等,必要时结合传统实体攻击手段,最终目标是使其失效或毁灭。

典型的舒特机载网络攻击系统由 RC－135U/V/W 电子侦察飞机、EC－130H 专用电子战飞机或 EA－6B 等电子干扰飞机和 F－16CJ 战斗机等组成。

与传统的电子战不同,舒特攻击系统综合利用网络中心协同目标瞄准(NCCT)网络实现战场赛博综合攻击能力。其向敌方雷达或通信系统发射的电子脉冲流不是使用压制干扰能量淹没敌电子设备,而是向敌人脆弱的处理节点植入定制的信号,包括专业算法和恶意程序,巧妙渗入敌方防空雷达网络,或窥测敌方雷达屏幕信息,或实施干扰和欺骗,或冒充敌方网络管理员身份接管系统,操纵雷达天线转向,使其无法发现来袭目标。舒特攻击系统应用复杂算法攻击敌人防御网络,能够入侵敌防空雷达网和防空通信网络,具有突出的情报、监视和侦察综合能力以及信息利用能力。舒特系统通过多架装有网络中心协同目标瞄准定位的有/无人监视飞机的数据融合,可在数秒内对目标辐射源高精度定位和识别,并在数分钟内,通过多平台通用数据链传送到武器或地面引导站,对敌综合防空系统实施干扰、欺骗、控制和硬摧毁。

1.4.5 电磁频谱战

2015年12月,美国战略与预算评估中心发布了《电波制胜:重拾美国在电磁频谱领域霸主地位》的研究报告,进一步发展了"电磁频谱战"概念,并提出了"低至无功率"电磁频谱战新型作战理念。

电磁频谱战(EMSW)是指使用电磁辐射能以控制电磁作战环境,保护己方人员、设施、设备或攻击敌人在电磁频谱域有效完成任务的军事行动,其目的是为己方在电磁频谱域及其电磁频谱环境中控制和使用电磁能提供优势。

电磁频谱战包括电磁频谱攻击、电磁频谱利用、电磁频谱保护三部分。

电磁频谱攻击(EMSA)指的是利用电磁能量、定向能或反辐射武器攻击人员、设备或装置,目的是降低或损坏敌方的战斗能力,或者是使敌方的战斗能力失效。

电磁频谱利用(EMSE)指的是采取措施搜索、拦截、识别、确定或定位有意或无意辐射电磁能量源,目的是立即识别威胁、规划并实施未来的行动。EMSE主要是为了立即作战应用,而不是为了之后的分析。

电磁频谱保护(EMSP)指的是技术和过程属性,目的是为了保护人员、设备或装置不受任何可能会降低、失效或损坏友方战斗能力的电磁能量使用的影响。

与电子战概念相比,电磁频谱战的范围及内涵得到进一步提升,主要体现在以下三个方面。

(1) 电磁频谱战将电磁频谱的定位从一种"媒介"上升为一个"作战域"。

美国战略司令部于2009年提出了"电磁频谱战"概念,将"电磁频谱战"明确定位为一个新的"作战域",并将"电磁频谱域"与"陆地域、海域、空域"一样均视为客观存在,大大提高了电磁频谱在作战过程中的重要地位。

(2) 电磁频谱战将电子战的地位从"保障式、反应式"提升为"决定式和主动式"。

虽然电子战在现代战争中的作用十分突出,但传统看法还是认为它是一种保障式、反应式、技术层面的对抗手段,这在某种程度上影响了电子战的发展。为了保证美军电磁频谱域的优势地位,美军开始重新审视电子战在联合作战中的地位,认为电子战能够对作战结果产生决定性影响,应该将原来的"保障式、反应式"行动方式改变为"决定式和主动式"的行动方式,以达到全面掌控电磁频谱这一决定未来战争胜负的作战领域。

(3) 电磁频谱战包含电子战并将内容全面扩充。

电磁频谱战是以电子战为基础,将通信感知、电磁频谱管理及电磁频谱控制等与电磁频谱相关的内容进行了有效整合,并根据各类行动的属性,将电磁频谱行动分为三层,分别为电磁频谱业务层、电磁频谱管理层及电磁频谱攻击层。其中电磁频谱业务层主要包括雷达、光电/红外传感器、通信、GPS 等依赖电磁频谱使能的行动;电磁频谱管理层主要为电磁频谱业务的操作者提供管理、架构和标准;电磁频谱攻击层主要通过电磁频谱攻击阻止敌方对电磁频谱的使用,同时通过电磁频谱防护确保己方对电磁频谱的使用。由此可见,电磁频谱战较之传统电子战而言,其内容得到了较大范围的扩展。

"低—零功率"是一种电磁频谱战的作战模式,是指利用低功率的对抗措施来战胜敌方的有源和无源传感器,同时借助使用无源或具有低截获概率的传感器网络和通信系统来降低己方被探测概率的军事行动。"低—零功率"作战模式的核心思想主要有两个:一是利用"低—零功率"手段对抗敌方无源和有源传感器,即利用诱饵或抵近式干扰迷惑/压制敌方的探测能力;二是利用低截获概率或低探测概率(LPI/LPD)的传感器和通信方式降低被探测概率,即降低有源辐射的功率以减小被敌方探测的可能性,并最大化发挥"零功率"无源探测手段的探测效能。"低—零功率"作战系统具有网络化、捷变性、多功能、小型化和自适应能力等特点。

美军目前正采用"辐射控制"措施和隐身技术努力降低平台的射频特征,为了进入拒止和对抗区域,还要降低平台的光电和红外特征,以提高平台的生存概率。重要的是,降低信号特征的同时,还需要由无源或低功率有源探测和对抗措施提供相应的作战能力,进一步从多手段上隐蔽信号特征或保证以低功率形成更加逼真的假目标和其他有效的干扰。

1.4.6 电磁战

2017 年 10 月,美国战略与预算评估中心发布了《决胜灰色地带:利用电磁战重获局势掌控优势》的研究报告,提出了电磁战的概念并给出了应对灰色地带电磁战作战样式。

电磁战由电磁频谱中的所有军事行动组成,包括通信、感知、干扰和欺骗。换句话说,电磁频谱是一个作战域,而电磁战描述的是这个作战域内进行的战争形式。

运用电磁战,可以降低对手传感器的性能、保持己方的目标瞄准能力、提高己方武器的突防能力和命中率,提升美军平台的突防打击能力。与大范围的防空压制行动相比,运用电磁战不容易引发冲突急剧升级。另一方面,运用电磁战能阻止对手对美军实施小规模的打击。

为了重新获得对灰色地带局势的掌控优势,美国战略与预算评估中心给出了新的电磁战作战样式:

(1)利用小型无人机、导弹和巡航导弹实施电磁战。在齐射部署中,提高装载电磁战设备的小型导弹、巡航导弹和无人机的突防能力,以实现规模更小、更精准的攻击。这些小型武器平台既可以独立开展电磁战,又可以组成"蜂群"系统,实施网络化协同电磁作战。

(2)利用水下平台开展作战。水下平台是投放电磁战投掷物最有效的方法之一,由于它可以靠近敌方海岸线和目标,这样就可以使用价格便宜、体积较小的、装载量更多的短程投掷物。无人潜航器能够搭载更多的电磁战投掷物,且待命时间长,成为部署电磁战系统的理想平台。

(3)防御对手的电磁攻击。协同运用对抗措施,减少己方部队的特征,使用诱饵产生逼真的假目标,可有效对抗敌方的搜索和目标瞄准,提高敌方攻击美国部队所需的齐射规模和作战等级。

以上简要介绍了近年来出现的有关电子战新的概念和作战模式,可以看出,电子战发展方兴未艾,永远没有止境。随着科学技术的不断进步,可以预期,电子战技术将会有更大的发展。

第二章 雷达电子支援

现代导弹武器系统的广泛使用,对飞机等武器平台构成了严重威胁。为了对抗这类威胁,电子支援系统需要对敌方辐射源进行截获、识别、分析和定位,以便提供告警和战场情报信息。电子支援系统所侦察的信号包括雷达、通信、红外辐射等,内容十分广泛。由于篇幅的限制,本章将研究的内容限定在雷达电子支援领域。雷达电子支援也称为对雷达的电子侦察(简称雷达侦察),它使用射频侦察设备截获敌雷达所辐射的信号,并经过分析、识别、测向和定位,以获得战术、技术情报。雷达电子侦察也是实施电子攻击、电子防护的基础。

2.1 概 述

2.1.1 雷达侦察的基本内容

雷达侦察的目的就是从敌方雷达发射的信号中检测有用的信息,并与其他手段获取的信息综合在一起,为我方指挥机关提供及时、准确、有效的情报和战场信息。

雷达侦察是雷达电子战的一个重要组成部分,也是雷达电子战的基础。其主要作用是情报侦察,获取数据,实时截获敌雷达信号,分析识别对我方造成威胁的雷达类型、数量、威胁性质和威胁等级等有关情报,为作战指挥、实施雷达告警、战术机动、引导干扰机、引导杀伤武器对敌雷达进行打击等战术行动提供依据。具体地说,雷达侦察内容主要有以下几点。

一、截获雷达信号

截获雷达信号是侦察的首要任务。雷达信号的类型包括目标搜索雷达、跟踪照射雷达以及弹上制导设备和无线电引信等辐射的信号。

侦察设备要能截获到雷达信号,必须同时满足以下 3 个基本条件:方向对准;频率对准;灵敏度足够高。

由于雷达辐射电磁波是有方向的、断续的,只有当侦察天线指向雷达,同时雷达天线也指向侦察接收机方向时(旁瓣侦察除外),也就是在两个波束相遇的情况下,才有可能截获到雷达信号。侦察天线与雷达天线互相对准的同时,频率上还必须对准。雷达的频率是未知的,分布在 30MHz~140GHz 的极其广阔范围内。我们可以设想在方向上对准的瞬间(几毫秒~几千毫秒)内,侦察接收机的频率要在宽达数万兆赫的频段里瞄准雷达频率,是很不容易的。除方向、频率对准之外,同时还要求侦察设备有足够高的灵敏度,以保证侦察接收机能正常工作。

二、确定雷达参数

对截获的信号进行分选、测量,确定信号的载波频率(RF)、到达角(AOA)、到达时间

(TOA)、脉冲宽度(PW)、脉冲重复频率(PRF)和信号幅度(PA)等。

三、进行威胁判断

根据截获的信号参数和方向数据,进行威胁判断,确定威胁性质,形成各种信号环境文件,存储在数据库和记录设备中,或直接传送到上级指挥机关。

2.1.2 雷达侦察的分类

根据雷达侦察的具体任务,雷达侦察主要分为以下5种类型。

一、电子情报侦察(ELINT)

"知己知彼,百战百胜",这是适用于古今中外的普遍真理。电子情报侦察属于战略情报侦察,要求能获得广泛、全面、准确的技术和军事情报,为高级决策指挥机关和中心数据库提供各种翔实的数据。雷达情报侦察是信息的重要来源,在平时和战时都要进行,主要由侦察卫星、侦察飞机、侦察舰船、地面侦察站等来完成。为了减轻侦察平台的有效载荷,许多ELINT设备的信号截获、记录与信号处理是在异地进行的,通过数据通信链联系在一起。为了保证情报的可靠性和准确性,电子情报侦察允许有比较长的信号处理时间。

二、电子支援侦察(ESM)

电子支援侦察属于战术情报侦察,其任务是为战术指挥员和有关的作战系统提供当前战场上敌方电子装备的准确位置、工作参数及其转移变化等,以便指战员和有关的作战系统采取及时、有效的战斗措施。电子支援侦察一般由作战飞机、舰船和地面机动侦察站担任,对它的特殊要求是快速、及时地对威胁程度高的特定雷达信号优先进行处理。

三、雷达寻的和告警(RHAW)

用于作战平台(如飞机、舰艇和地面机动部队等)的自身防护。雷达寻的和告警的主要作战对象是对本平台有一定威胁程度的敌方雷达和来袭导弹。RHAW能连续、实时、可靠地检测出它们的存在、所在方向和威胁程度,并且通过声音或显示等手段向作战人员告警。

四、引导干扰

所有雷达干扰设备都需要由侦察设备提供威胁雷达的方向、频率、威胁程度等有关参数,以便根据所辖干扰资源的配置和能力,选择合理的干扰对象、最有效的干扰样式和干扰时机。在干扰实施的过程中,也需要由侦察设备不断地监视威胁雷达环境和信号参数的变化,动态地调控干扰样式和干扰参数以及分配和管理干扰资源。

五、引导杀伤武器

通过对威胁雷达信号环境的侦察和识别,引导反辐射导弹跟踪某一选定的威胁雷达,直接进行攻击。

2.1.3 雷达侦察的特点

一、作用距离远、预警时间长

雷达接收的信号是目标对照射信号的二次反射波,其能量反比于距离的四次方;雷达侦察接收的信号是雷达的直接照射波,其能量反比于距离的二次方。因此,侦察机的作用距离远大于雷达的作用距离,一般在1.5倍以上,从而使侦察机可以提供比雷达更长的预警时间。

二、隐蔽性好

雷达侦察是靠被动地接收外界的辐射信号工作的,因此具有良好的隐蔽性和安全性。

三、获取的信息多而准

雷达侦察所获取的信息直接来源于雷达的发射信号,受其他环节的"污染"少,信噪比高,因此信息的准确性较高。雷达信号细微特征分析技术,能够分析同型号不同雷达信号特征的微小差异,建立雷达"指纹"库。雷达侦察本身的宽频带、大视场等特点又扩大了信息来源,使雷达侦察获得的信息非常丰富。

四、非合作目标与侦察接收机宽开结构

由于被侦察的雷达属于对方的雷达装备,其位置、频率、波形等都是未知的,因此,侦察的对象与侦察设备之间是非合作性质的。由于用途不同,雷达工作频率分布在非常宽的频带范围内,其部署分布在广阔的地域内,工作波形千变万化,侦察接收机结构必须是宽开的,以适应不同的雷达侦察用途。

雷达侦察也有一定的局限性,如:情报获取依赖于雷达的发射、单侦察站一般不能准确测距等。因此,完整的情报保障系统需要有源、无源多种技术手段配合,取长补短,才能更有效地发挥作用。

2.1.4 雷达侦察设备的基本组成

典型雷达电子支援(侦察)设备的基本组成如图 2-1-1 所示。

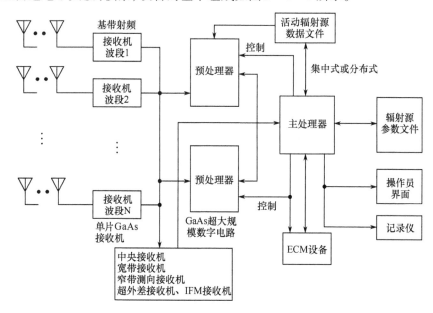

图 2-1-1 雷达电子支援设备的基本组成

天线阵覆盖雷达侦察设备的测角范围(Ω_{AOA}),并与测向接收机组成对雷达信号脉冲到达角(θ_{AOA})的检测和测量系统,实时输出检测范围内每个脉冲的到达角(θ_{AOA})数据;同时,天线阵还与测频接收机组成对其他脉冲参数的检测和测量系统,实时输出检测范围内每个脉冲的载频(f_{RF})、到达时间(t_{TOA})、脉冲宽度(τ_{PW})、脉冲功率或幅度(A_P)数据,有些雷达侦察设备还可以实时检测脉内调制,输出脉内调制数据(F),这些参数组合在一起构

成脉冲描述字(PDW),实时交付信号预处理器。

由于天线用来接收雷达信号并测定雷达的方向,故对天线的主要要求是:具有宽频带性能;保证所需要的测向精度;能接收多种极化的电波;天线旁瓣尽可能小。因为采用一个天线全部满足这些要求是比较困难的,因此,一般都用几个甚至几十个宽频带天线组成天线阵。常采用的宽频带天线有喇叭天线、各式螺旋天线、宽波段振子以及带反射面(如抛物面)的天线等。对测向设备的主要要求是测向迅速,具有一定测向精度和分辨力。

测频接收机用来放大所接收的雷达信号并测定雷达的工作频率。对测频接收机主要要求是:能覆盖尽可能宽的频率范围;具有快速截获信号的能力;有足够的灵敏度和动态范围;有一定的测频精度等。为了能覆盖全波段,往往采用多部接收机组成一个接收系统。由于对接收机的灵敏度要求不高,可采用直接检波式接收机。但为了增大侦察距离、提高测量参数的精度、进行旁瓣侦察,目前常使用灵敏度较高的超外差式接收机。

信号预处理是将实时输入的脉冲参数与各种已知雷达的先验参数和先验知识进行快速匹配比较,按匹配比较的结果分门别类地装入各缓存器,对于认定为无用信号的立即剔除。预处理中所用到的各种已知雷达的先验参数和先验知识可以预先装载,也可以在信号处理的过程中补充修改。

信号主处理是用来选取预处理分类缓存器中的数据,按照已知的先验参数和知识,进一步剔除与雷达特性不匹配的数据,然后对满足要求的数据进行雷达辐射源检测、参数估计、状态识别和威胁判别等,并将结果提交显示、记录、干扰控制设备及其他设备。

操作员界面主要指显示器,用来指示雷达的频率、方位和信号参数。显示器的形式有音响显示、灯光显示、指针显示、示波管显示和数字显示等。指示灯和扬声器一般用来报警和粗略指示雷达的频率和方位;示波管和数字显示可以精确地显示出雷达的频率、方位和其他参数。

记录器用来存储和记录所接收到的信号的参数,供以后分析使用。

存储与记录的方法包括磁带记录、拍摄记录、数字式打印记录、数字存储等。

在侦察卫星、无人驾驶飞机或投掷式自动侦察站等无人管理的侦察设备中,通常还需要有数据传输设备,以便将侦察到的数据传送出去。

2.1.5 雷达侦察的信号环境

雷达侦察的信号环境与雷达信号环境不同。雷达信号环境指目标及其周围环境形成的回波信号,以及各种人为的有源或无源干扰信号。雷达侦察信号环境是指由各种电子设备辐射的射频信号之和。雷达侦察信号环境可用下式表示:

$$S(t) = \sum_{i=1}^{N} S_i(t_i, \theta_{1i}, \theta_{2i}, \cdots, \theta_{ki}) + n(t) \qquad (2-1-1)$$

式中:$t_i, \theta_{1i}, \theta_{2i}, \cdots, \theta_{ki}$ 为第 i 个脉冲信号的到达时间,射频频率,到达方向……,脉冲幅度等特征参数;$n(t)$ 为干扰信号。

通常,将式(2-1-1)表示的脉冲信号之和称为脉冲信号流,它描述了雷达侦察信号环境的特点。雷达侦察信号环境是雷达电子战系统设计的基础,雷达侦察系统的性能必须要与信号环境相适应。

一、信号流密度

雷达侦察信号环境包括了雷达信号、制导信号、通信信号、引信信号、敌我识别信号、导航信号以及干扰信号等。辐射信号的设备配置在海上、陆地和空中的各种平台上(如汽车、坦克、舰艇、飞机、导弹等),产生这些信号的无线电电子设备统称为辐射源。随着无线电电子设备在军事装备中的广泛应用,辐射源的数量日益增加,信号流的密度越来越高。一般情况下,信号流密度定义为每秒辐射的脉冲数。但对宽开式(包括频域、时域和空域)雷达侦察系统来说,信号流密度在很大程度上由作战场合、平台高度和系统灵敏度所决定。目前,中等信号流密度为 10 万 ~ 20 万个脉冲/s,高信号流密度可达 100 万 ~ 200 万个脉冲/s。

根据定义,信号流密度可按下式计算:

$$\rho = N\overline{F}_R \tag{2-1-2}$$

式中:ρ 为平均信号流密度;N 为辐射源数目;$\overline{F}_R$ 为脉冲信号流的平均重复频率。

脉冲信号流的平均重复频率 $\overline{F}_R$ 可用下式表示:

$$\overline{F}_R = \frac{1}{N}\sum_{i=1}^{N}F_{Ri} \tag{2-1-3}$$

式中:F_{Ri} 为第 i 个辐射源信号的脉冲重复频率。

将式(2-1-3)代入式(2-1-2)可以求得

$$\rho = \sum_{i=1}^{N}F_{Ri} \tag{2-1-4}$$

例如:当 $N = 100$,$\overline{F}_R = 1.75\text{kHz}$ 时,利用式(2-1-2)求得 $\rho = 17.5$ 万个脉冲/s。

二、脉冲信号流的统计特性

由于辐射源的开机时间、工作辐射源的数量、工作时间的长短以及辐射信号到达侦察系统的时间等事先无法知道,而且是随机的,因此,脉冲信号流是一个随机过程。在工程上,可以将这种信号流看作一个具有普遍性和平稳性,且无后效性的最简单的流,即泊松(Poisson)流。

普遍性指在 $(t, t+\Delta t)$ 内到达一个以上辐射源信号的概率等于零;平稳性是对任意给定时间 $t(t \geq 0)$,在 $(t, t+\Delta t)$ 内到达一个辐射源信号的概率与 t 无关;无后效性指在不相交的时间间隔内,到达的辐射源信号数是相互独立的,与该时间间隔之前所有的时间内有无信号到达无关。

对于最简单信号流来说,在时间 τ 内到达 k 个辐射源信号的概率 $P_k(\tau)$ 为

$$P_k(\tau) = \frac{(\lambda\tau)^k}{k!}e^{-\lambda\tau} \tag{2-1-5}$$

式中:λ 为辐射源信号的到达率,即单位时间到达的辐射源信号的平均数。

根据定义,在时间 τ 内到达辐射源信号的平均数 $\overline{N}(t)$ 为

$$\overline{N}(t) = \sum_{k=1}^{\infty}kP_k(\tau) = \sum_{k=1}^{\infty}k\frac{(\lambda\tau)^k}{k!}e^{-\lambda\tau} = \lambda\tau\sum_{k=1}^{\infty}\frac{(\lambda\tau)^{k-1}}{(k-1)!}e^{-\lambda\tau} = \lambda\tau$$

所以

$$\lambda = \frac{\overline{N}(t)}{\tau} \tag{2-1-6}$$

由式(2-1-6)可见,参数 λ 的物理意义为单位时间到达的辐射源信号的平均数。

2.1.6 对现代雷达侦察系统的要求

对雷达侦察系统的要求是由它的用途所决定的。随着电子技术的发展以及电子战信号环境的不断恶化,对雷达侦察系统的要求越来越高。对现代雷达侦察系统的要求是:对信号环境的适应能力很强,特别是具有对各种新体制雷达信号的适应能力。具体地说,现代雷达侦察系统应满足以下要求。

一、截获概率高

截获概率是指雷达侦察系统在空域、频域和时域截获辐射源辐射信号的概率。截获概率与检测概率不同,检测概率主要由侦察系统的门限电平所决定。因此,雷达侦察系统要正常工作,必须同时满足截获概率和检测概率的要求。

二、频率覆盖范围宽

频率覆盖范围(侦察频段)是指雷达侦察系统能够侦收各种辐射源辐射信号的射频频率范围。不同的雷达侦察系统的频率覆盖范围不同。目前,现代高性能雷达侦察系统的频率覆盖范围可达 0.5~40GHz,甚至更高。

三、分析带宽

分析带宽是指接收机检波前的瞬时带宽,但对于不同的接收机,分析带宽有不同的含义。例如:搜索式超外差接收机的分析带宽指的是中频带宽;信道化接收机的分析带宽指的是每个信道的带宽;宽开式晶体视频接收机的分析带宽则是指视频带宽。在雷达侦察系统中,分析带宽与辐射源信号的带宽往往不"匹配",通常大于信号的带宽。这是因为雷达侦察系统必须要对不同脉宽的信号进行分析(大多数信号脉宽在 0.1~100μs),为防止所接收的信号产生严重失真,在选择分析带宽时,必须保证分析带宽大于等于最窄脉冲信号所对应的信号带宽。

四、动态范围

动态范围是衡量系统处理同时到达的弱信号和强信号能力的一个指标。对弱信号的处理能力主要受接收机内部噪声电平的限制,而对强信号的处理能力主要受接收机饱和电平的限制。如果信号太强,由于接收机非线性的作用,则会产生寄生输出,或对弱信号产生抑制作用。因此,雷达侦察系统的动态范围必须与输入信号幅度的变化范围相吻合。通常,由于各种辐射源辐射功率的不同、天线增益的变化以及辐射源与侦察系统之间的距离变化等原因,引起的输入信号变化范围达 110~120dB。所以,对现代雷达侦察系统动态范围的要求很高,通常要求现代雷达侦察接收机的动态范围大于 70dB。

五、灵敏度

雷达侦察系统灵敏度指保证侦察系统终端设备正常工作时,需要侦察接收机输入端提供的最小信号功率。现代雷达侦察系统的灵敏度应小于 -70dBm。

六、频率分辨力

频率分辨力是衡量雷达侦察系统频率选择性的一个技术指标,是指雷达侦察接收机能将频率上相互靠近的两个信号区分开的最小频率间隔。现代雷达侦察系统对频率分辨力的要求是小于 2MHz。

七、处理同时到达信号的能力

随着电子对抗信号环境中辐射源数目的增加以及高重复频率脉冲多普勒雷达的出现，脉冲重合的概率大大增加，对现代电子对抗系统提出了处理同时到达信号的要求。如前所述，随着信号流密度的增加（即辐射源数目和平均脉冲重复频率的增加），处理同时到达信号的能力将越来越重要。

八、信号参数的检测、分选和识别能力

雷达侦察接收机输出的信号一般是交叠在一起的随机脉冲信号流。要从这种复杂的信号流中获取有关辐射源的参数，首先就要去交错，然后再进行参数测量、识别和分类。因此，信号的检测、分选和识别能力是现代电子侦察系统的一个关键技术指标。

九、对辐射源天线特性的分析能力

天线特性包括天线的极化形式、波束宽度和形状以及扫描特性等。进行波束扫描特性分析的基础是信号幅度的测量。

十、其他

诸如体积、质量、性能价格比及维修使用方便等方面的指标。

2.2 侦察作用距离

侦察作用距离是指侦察接收机能侦收到雷达辐射源辐射信号的最远距离，是衡量雷达侦察设备重要的技术指标。雷达侦察接收机的作用距离用侦察方程来估算。侦察作用距离主要与侦察接收机的灵敏度、被侦察雷达的参数以及电波在传播过程中的多种因素有关。

2.2.1 侦察接收机的灵敏度

雷达侦察系统的灵敏度 $P_{r\,\min}$ 是在满足对所接收的雷达信号正常检测的条件下，雷达侦察接收机输入端的最小输入信号功率。由于被侦收的雷达信号大多是脉冲信号，为了直观地在示波器上测量，雷达侦察系统中的灵敏度通常用切线信号灵敏度 P_{TSS} 和工作灵敏度 P_{OPS} 来表示。

一、切线信号灵敏度 P_{TSS} 和工作灵敏度 P_{OPS} 的定义

在某一输入脉冲信号的作用下，接收机输出端叠加在脉冲信号上的噪声底部与基线噪声（纯接收机内部噪声）的顶部在一条直线上（相切），则称此输入脉冲信号功率为切线信号灵敏度 P_{TSS}，如图 2-2-1 所示。切线灵敏度与接收机射频带宽、视频带宽、噪声系数和检波器特性有关。一般情况下，当输入信号处于切线电平时，接收机输出端视频信号与噪声的功率比值约为 8dB。在示波器上测量时，不同的观察者，测量值可能会有 ±1dB 的偏差。

切线灵敏度（P_{TSS}）与接收机射频带宽（Δf_R）、视频带宽（Δf_V）、噪声系数和检波器特性有关。通常，在接收机中，Δf_R 通常是大于 Δf_V 的。当 $\Delta f_R \geq 2\Delta f_V$ 时，可以采用以下公式对切线灵敏度进行估算：

$$P_{TSS} = -114 + 10\lg F_T + 10\lg\left(6.31\Delta f_V + 2.5\sqrt{2\Delta f_R \Delta f_V - \Delta f_V^2 + \frac{A\Delta f_V}{(G_T F_T)^2}}\right)$$

$$(2-2-1)$$

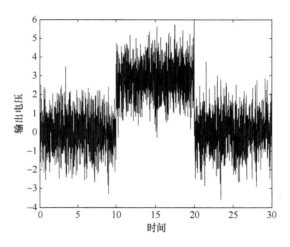

图2-2-1 切线灵敏度时接收机输出的波形图

式中：G_T 和 F_T 分别为接收机输入端到检波器的总增益和总噪声系数；Δf_R 和 Δf_V 分别为接收机射频带宽、视频带宽，单位为 MHz；A 为与二极管特性和视频放大器噪声系数有关的常数，典型值约为 $A=10^{13}$。由式(2-2-1)计算出的 P_{TSS} 的单位为 dBmW。

雷达侦察接收机的工作灵敏度 P_{OPS} 是这样定义的：接收机输入端在脉冲信号作用下，其视频输出端信号与噪声的功率比为 14dB 时，输入脉冲信号功率即为接收机的工作灵敏度 P_{OPS}。

二、工作灵敏度的换算

由于切线信号灵敏度的输出信噪比近似为 8dB，工作灵敏度为 P_{OPS} 时的输出信噪比为 14dB，所以 P_{OPS} 可以由 P_{TSS} 直接换算得到：

$$P_{OPS} = \begin{cases} P_{TSS}+3\text{dB} & \text{平方律检波} \\ P_{TSS}+6\text{dB} & \text{线性检波} \end{cases} \quad (2-2-2)$$

2.2.2 侦察作用距离

侦察作用距离是衡量雷达侦察系统侦测雷达信号能力的一个重要参数。在现代战争中，谁能先发现对方，谁就掌握了战场的主动权。从原理上分析，侦察接收机接收的是辐射源(雷达)的直射波，而雷达探测目标接收的是由目标散射形成的回波信号，所以在接收信号能量上，雷达侦察占有优势。但雷达是一个合作系统，具有较多的先验知识，所以在信号处理方面具有明显的优势。因此，对普通雷达来说，保持侦察作用距离大于雷达作用距离是可能的，但对于低截获信号的雷达却不一定。

一、简化侦察方程

所谓简化侦察方程是指不考虑传输损耗、大气衰减以及地面或海面反射等因素影响时导出的侦察作用距离方程。

假设侦察接收机和雷达的空间位置如图 2-2-2 所示，雷达的发射功率为 P_t，天线的增益为 G_t，雷达与侦察接收机之间的距离为 R，当雷达与侦察天线都以最大增益方向互指时，侦察接收天线收到的雷达信号功率为

$$P_r = \frac{P_t G_t A_r}{4\pi R^2} \quad (2-2-3)$$

式中:侦察天线有效面积 A_r 与天线增益 G_r、波长 λ 满足以下关系式

$$A_r = \frac{G_r \lambda^2}{4\pi} \qquad (2-2-4)$$

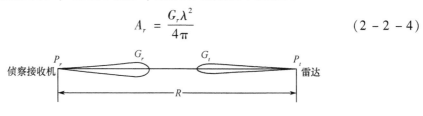

图 2-2-2 侦察接收机与雷达的空间位置

将其代入式(2-2-3)得

$$P_r = \frac{P_t G_t G_r \lambda^2}{(4\pi R)^2} \qquad (2-2-5)$$

若侦察接收机的灵敏度为 $P_{r\min}$,则可求得侦察作用距离 R_r 为

$$R_r = \left[\frac{P_t G_t G_r \lambda^2}{(4\pi)^2 P_{r\min}}\right]^{\frac{1}{2}} \qquad (2-2-6)$$

式中:P_t、$P_{r\min}$ 单位相同(一般为 W);R_r、λ 单位相同(一般为 m);G_t、G_r 为比值数。

在工程中,为了便于比较数量级之间的差异,信号强度、增益和损耗等通常用对数(dB)形式表示。dB与数值之间的关系为:$x(\mathrm{dB}) = 10\lg(x)$。例如:4W 等于 4000mW,该数值可表示为 6dBW 或 36dBmW。

一般情况下,雷达侦察接收机天线的增益除了要满足侦察方程外,还要满足测向精度、截获概率、截获信号时间等要求,因此往往要根据战术任务要求确定侦察天线的波束宽度。天线的增益与波束宽度之间有如下的经验公式:

$$G_r = \frac{q}{\theta_E \theta_H} = \frac{25000 \sim 40000}{\theta_E \theta_H} \qquad (2-2-7)$$

式中:θ_E 和 θ_H 分别为天线的水平和垂直半功率波束宽度。而 q 值的选取则与天线增益有关:对于高增益天线(如雷达天线),q 取小值(25000~30000);而对低增益天线(如侦察接收机天线和干扰机天线的增益一般低于几百),q 取大值(35000~40000)。

二、修正侦察方程

修正侦察方程是指考虑到雷达发出的电磁波经有关馈线和装置时产生损耗的侦察方程。电磁波的主要损耗包括以下几方面。

(1)从雷达发射机到雷达发射天线之间的馈线损耗 $L_1 \approx 3.5\mathrm{dB}$;
(2)雷达发射天线波束非矩形引起的损失 $L_2 \approx 1.6 \sim 2\mathrm{dB}$;
(3)侦察天线波束非矩形引起的损失 $L_3 \approx 1.6 \sim 2\mathrm{dB}$;
(4)侦察天线增益在宽频带内变化所引起的损失 $L_4 \approx 2 \sim 3\mathrm{dB}$;
(5)侦察天线与雷达信号极化失配的损耗 $L_5 \approx 3\mathrm{dB}$;
(6)从侦察天线到侦察接收机输入端的馈线损耗 $L_6 \approx 3\mathrm{dB}$。

总损耗或损失为

$$L = \sum_{i=1}^{6} L_i \approx 14.7 \sim 16.5\mathrm{dB}$$

于是,考虑到馈线和实际装置对电磁波的损耗影响时的侦察方程为

$$R_r = \left[\frac{P_t G_t G_r \lambda^2}{(4\pi)^2 P_{r\min} 10^{0.1L}}\right]^{\frac{1}{2}} \qquad (2-2-8)$$

三、侦察的直视距离

由于地球表面的弯曲对电磁波的传播具有遮挡作用,所以侦察接收机与雷达之间的侦察距离还受直视距离的限制,如图 2-2-3 所示。假设雷达天线和侦察天线的高度分别用 H_a 和 H_r 表示,地球半径用 R 表示,则侦察天线到雷达天线之间的距离为

$$D = \overline{AB} + \overline{BC} \approx \sqrt{2R}\left(\sqrt{H_a} + \sqrt{H_r}\right)$$

考虑到大气层引起电波的折射,使得侦察直视距离得到了延伸,如图 2-2-4 所示。通常,将大气折射对直视距离的影响折算到等效地球半径中考虑,则等效地球半径为 8490km,代入到上式可得

$$D \approx 4.1\left(\sqrt{H_a} + \sqrt{H_r}\right) \qquad (2-2-9)$$

上述计算式中,D 的单位为 km,H_a 和 H_r 的单位为 m。

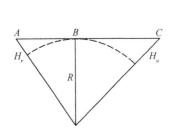
图 2-2-3 地球曲率对直视距离的影响

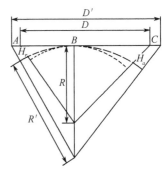
图 2-2-4 电波折射对直视距离的影响

对雷达信号的侦察必须同时满足能量和直视距离的要求,所以实际的侦察作用距离 R'_r 为二者对应距离的最小值:

$$R'_r = \min\{R_r, D\} \qquad (2-2-10)$$

因为受到直视距离的限制,即使雷达侦察接收机的作用距离比直视距离大得多,但侦察接收机的实际侦察距离也不能超过直视距离。如果将侦察设备配置在几千米的高山上,侦察设备对地面雷达的侦察距离也不会超过 200~300km。为了实现超远程或超视距的侦察,目前较为常用的做法是利用卫星进行侦察以及利用电磁波的折射、散射进行侦察。

四、地面反射对侦察方程的影响

当雷达或侦察设备附近有反射面(地面或水面)且雷达波束能投射到反射面上时,侦察接收机接收到的信号将是雷达辐射的直射波与反射波的合成。由于信号的极化方式和反射点反射系数的不同,使得反射波相位在 0°~180° 范围内变化,反射波幅度在零到直射波幅度之间变化,结果导致接收合成信号的场强的最小值为零,最大值为不考虑反射(自由空间)时信号场强的 2 倍。

当雷达为水平极化时,若地面反射为镜面反射(图 2-2-5),则侦察天线所接收的雷达信号功率密度为

$$S' \approx 4\sin^2\left(2\pi\frac{h_1 h_2}{\lambda R}\right)S \tag{2-2-11}$$

式中：S 为只考虑直射波时侦察天线处的功率密度；h_1、h_2 分别为雷达天线和侦察天线的高度；R 为雷达与侦察设备之间的距离。

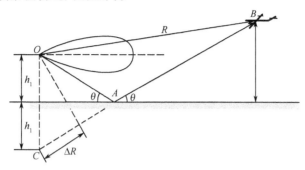

图 2-2-5　地面镜面反射时的电磁波传输

显然，侦察接收机输入端的信号功率为

$$P'_r = 4\sin^2\left(2\pi\frac{h_1 h_2}{\lambda R}\right)P_r = \frac{P_t G_t G_r \lambda^2}{(4\pi R)^2 10^{0.1L}}4\sin^2\left(2\pi\frac{h_1 h_2}{\lambda R}\right)$$

侦察作用距离为

$$\begin{aligned}R_{\max} &= \sqrt{\frac{P_t G_t G_r \lambda^2}{(4\pi)^2 P_{r\min}10^{0.1L}}4\sin^2\left(2\pi\frac{h_1 h_2}{\lambda R_{\max}}\right)} = \\ &2\sin\left(2\pi\frac{h_1 h_2}{\lambda R_{\max}}\right)\sqrt{\frac{P_t G_t G_r \lambda^2}{(4\pi)^2 P_{r\min}10^{0.1L}}}\end{aligned} \tag{2-2-12}$$

比较式（2-2-12）与式（2-2-8）可以看出，当考虑地面反射时，侦察方程乘上了一个修正因子项 $2\sin\left(2\pi\frac{h_1 h_2}{\lambda R_{\max}}\right)$，此时的侦察作用距离 $R_{\max}$ 除了与雷达和侦察接收机参数有关外，还与 h_1、h_2 有关。

当 $2\pi\frac{h_1 h_2}{\lambda R_{\max}} = n\pi (n = 0,1,2,3,\cdots)$ 时，$\sin\left(2\pi\frac{h_1 h_2}{\lambda R_{\max}}\right) = 0$，$R_{\max} = 0$。

当 $2\pi\frac{h_1 h_2}{\lambda R_{\max}} = n\pi + \frac{\pi}{2}$ 时，$\sin\left(2\pi\frac{h_1 h_2}{\lambda R_{\max}}\right) = 1$，代入式（2-2-12）可以看出，此时侦察作用距离比不考虑地面反射时的侦察作用距离增大 1 倍。

当 h_1、h_2 较小时，$2\pi\frac{h_1 h_2}{\lambda R_{\max}} \ll 1$，$\sin\left(2\pi\frac{h_1 h_2}{\lambda R_{\max}}\right) \approx 2\pi\frac{h_1 h_2}{\lambda R_{\max}}$，代入式（2-2-12）可得此时的侦察方程为

$$R_{\max} = \sqrt[4]{h_1^2 h_2^2 \frac{P_t G_t G_r}{P_{r\min}10^{0.1L}}} \tag{2-2-13}$$

由方程可以看出，当 h_1、h_2 较小时，侦察作用距离将迅速减小。

综上所述，地面反射将引起侦察作用距离的变化。由于地面反射系数与地形、频率、入射角和电磁波的极化形式等参数有关，所以同样的地面对于不同类型的雷达的影响也不

相同。米波、分米波雷达,由于工作频率低且天线的波束宽度较宽,所以受地面反射影响较大;而厘米波及其更短波长的雷达,由于工作频率高且天线的波束宽度较窄,所以受地面镜面反射的影响较小,一般可以不予考虑。

五、大气衰减对侦察作用距离的影响

造成电磁波衰减的主要原因是大气中存在着氧气和水蒸气,使得一部分照射到这些气体微粒上的电磁波能量被吸收变成热能消耗掉。一般说来,如果电磁波的波长超过30cm时,电磁波在大气中传播时的能量损耗很小,在计算时可以忽略不计。而当电磁波的波长较短,特别是在10cm以下时,大气对电磁波产生明显的衰减现象,而且波长越短,大气衰减就越严重。大气衰减可以采用衰减因子 δ(dB/km)来表示。考虑到大气衰减时侦察接收机输入端的信号功率与自由空间接收机的信号功率之间满足以下关系:

$$10\lg P_r - 10\lg P_r' = \delta R$$

式中:R 为雷达与侦察设备之间的距离。由上式可得

$$P_r' = 10^{-0.1\delta R} P_r = e^{-0.23\delta R} P_r = \frac{P_t G_t G_r \lambda^2}{(4\pi)^2 10^{0.1L}} e^{-0.23\delta R}$$

因此侦察作用距离为

$$R_{\max} = \sqrt{\frac{P_t G_t G_r \lambda^2}{(4\pi)^2 P_{r\min} 10^{0.1L}} e^{-0.23\delta R_{\max}}} = \sqrt{\frac{P_t G_t G_r \lambda^2}{(4\pi)^2 P_{r\min} 10^{0.1L}}} e^{-0.115\delta R_{\max}}$$

$$(2-2-14)$$

将式(2-2-14)与式(2-2-8)进行比较可以看出,考虑大气衰减时的侦察作用距离为自由空间的侦察作用距离乘上一个修正因子 $e^{-0.115\delta R_{\max}}$。特别是当 δR 很大时,大气衰减会使侦察作用距离显著减小。

此外,各种气象条件(如云、雨、雾等),也会对电磁波产生衰减,其衰减因子可以从有关手册中查到,计算时可将复杂气象条件下的衰减因子与通常情况下的大气衰减因子一同考虑。

2.2.3 旁瓣侦察作用距离

以上讨论的侦察方程是针对雷达主瓣的,由于雷达天线的主瓣一般比较窄,而且雷达波束又往往进行扫描,这就使侦察设备发现雷达信号很困难。为了提高侦察设备发现雷达信号的概率、增加接收信号的时间、提高发现目标的速度,可以利用雷达波束的旁瓣进行侦察。

雷达天线的旁瓣电平一般比主瓣的峰值低20~50dB,所以对旁瓣进行侦察时要求侦察设备有足够高的灵敏度。利用旁瓣侦察时,侦察方程中雷达天线主瓣增益 G_t 应用旁瓣增益 G_t' 代替,旁瓣增益则可以用近似公式进行计算。

对于多数雷达天线(如抛物面、喇叭、阵列等),当天线口径尺寸 d 比工作波长大许多倍时,即当 $\frac{d}{\lambda} > (4 \sim 5)$ 时,天线方向图可近似地表示为

$$F(\theta) = \frac{\sin\left(\frac{\pi d}{\lambda}\theta\right)}{\frac{\pi d}{\lambda}\theta}$$

式中:θ 为偏离天线主瓣最大值的角度。则一个平面内天线增益函数可以表示为

$$G(\theta) = G(0)F^2(\theta) = G(0)\left[\dfrac{\sin\left(\dfrac{\pi d}{\lambda}\theta\right)}{\dfrac{\pi d}{\lambda}\theta}\right]^2$$

对应于不同角度 θ 的相对增益系数为

$$\dfrac{G(\theta)}{G(0)} = \left[\dfrac{\sin\left(\dfrac{\pi d}{\lambda}\theta\right)}{\dfrac{\pi d}{\lambda}\theta}\right]^2 \qquad (2-2-15)$$

式中:$G(0)$ 为 $\theta=0$ 时的增益,即主瓣增益的最大值。由式(2-2-15)可以看出,当 $\theta=0$ 时,$\dfrac{G(\theta)}{G(0)} = 1$;当 $\dfrac{\pi d}{\lambda}\theta = n\pi(n=0,1,2,3,\cdots)$ 时,$\sin\left(\dfrac{\pi d}{\lambda}\theta\right) = 0$,使得 $\dfrac{G(\theta)}{G(0)} = 0$,方向图出现了许多零点,也就形成了许多旁瓣,旁瓣的最大值出现在 $\sin\left(\dfrac{\pi d}{\lambda}\theta\right) = 1$ 处。所以,对应旁瓣最大值时的相对增益系数为

$$\dfrac{G'(\theta)}{G(0)} = \dfrac{1}{\left(\dfrac{\pi d}{\lambda}\theta\right)^2} \qquad (2-2-16)$$

对于大多数雷达,其半功率波束宽度与天线口径尺寸及波长应满足以下关系:

$$\theta_{0.5} = K\dfrac{\lambda}{d} \qquad (2-2-17)$$

式中:$\theta_{0.5}$ 为天线的半功率宽度;K 为常数,其数值与天线口面场的分布情况有关。口面场分布均匀时 K 值较小,口面场分布不均匀时 K 值较大,一般 K 值在 0.88 ~ 1.4 范围内。将式(2-2-17)代入式(2-2-16)可得

$$\dfrac{G'(\theta)}{G(0)} = \dfrac{1}{\left(\dfrac{\pi K}{\theta_{0.5}}\theta\right)^2} = k'\left(\dfrac{\theta_{0.5}}{\theta}\right)^2 \qquad (2-2-18)$$

式中:$k' = \dfrac{1}{(\pi K)^2} = 0.052 \sim 0.13$。在实际使用中,为了保证侦察设备接收的信号基本上连续,应取比旁瓣峰值电平低的增益来进行计算,通常取 $k = (0.7 \sim 0.8)k' \approx 0.04 \sim 0.10$。旁瓣增益的峰值电平的变化规律如图 2-2-6 所示。

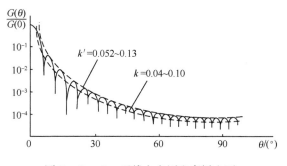

图 2-2-6　天线方向图和旁瓣电平

通过以上分析可得到旁瓣侦察和干扰时雷达天线增益系数的计算公式为

$$\frac{G'(\theta)}{G(0)} = k\left(\frac{\theta_{0.5}}{\theta}\right)^2 \quad (2-2-19)$$

显然,天线的旁瓣增益 $G'(\theta)$ 与偏离天线主瓣最大值的角度的平方 θ^2 成反比。需要说明的是:式(2-2-19)只适用于 $\theta \leq (60° \sim 90°)$ 的范围。当 $\theta > (60° \sim 90°)$ 时,旁瓣电平不再与 θ^2 成反比,甚至还有所增高;由于方向图是近似得来的,所以式(2-2-14)不适用于主瓣的计算。

一般厘米波雷达天线的旁瓣电平比主瓣电平低 20~50dB,即 $\frac{G'(\theta)}{G(0)} \approx 10^{-2} \sim 10^{-5}$,而米波雷达天线旁瓣电平则比主瓣电平低 10~20dB,即 $\frac{G'(\theta)}{G(0)} \approx 10^{-1} \sim 10^{-2}$。由此可见,对米波雷达进行旁瓣侦察和干扰要比对厘米波雷达容易实现。

当需要计算旁瓣侦察时的侦察作用距离时,应将侦察方程中的雷达天线主瓣增益 G_t 用旁瓣增益 $G'(\theta)$ 来代替。此时的旁瓣侦察方程为

$$R_{\max} = \sqrt{\frac{P_t G_t G_r \lambda^2}{(4\pi)^2 P_{r\min} 10^{0.1L}} \frac{G'(\theta)}{G(0)}} = \sqrt{\frac{P_t G_t G_r \lambda^2}{(4\pi)^2 P_{r\min} 10^{0.1L}} k\left(\frac{\theta_{0.5}}{\theta}\right)^2}$$

$$(2-2-20)$$

【例题】某雷达参数如下:$P_t = 100\text{kW}$,$G_t = 2000$,$\lambda = 3\text{cm}$,$\theta_{0.5} = 1.5°$,侦察作用距离 $R_{\max} = 300\text{km}$,侦察接收机天线增益为 $G_r = 700$。如果要求该侦察接收机的侦察范围为 $60°$(即能对雷达在 $\theta = 30°$ 处实施旁瓣侦察),试求侦察接收机的灵敏度。

【解】由式(2-2-19)可计算出偏离天线主瓣最大值角度为 $30°$ 处的天线增益系数值:

$$\frac{G'(\theta)}{G(0)} = k\left(\frac{\theta_{0.5}}{\theta}\right)^2 = 0.08 \times \left(\frac{1.5}{30}\right)^2 = 2 \times 10^{-4}$$

将上述计算结果代入式(2-2-20),并取 $L = 15\text{dB}$ 可得

$$P_{r\min} = \frac{P_t G_t G_r \lambda^2}{(4\pi)^2 R_{\max}^2 10^{0.1L}} \times \frac{G'(\theta)}{G(0)} = 2.8 \times 10^{-7} \times 2 \times 10^{-4} = 5.6 \times 10^{-11}(\text{W})$$

由以上计算结果可以看出,对雷达旁瓣侦察时接收机的灵敏度比对主瓣进行侦察时要高得多,所以一般需要采用超外差式接收机。

2.2.4 散射侦察

雷达以强功率向空间发射电磁波,遇到目标或不均匀媒质就会产生散射。雷达利用目标散射形成的回波来发现并测定目标的坐标。进行雷达侦察时,侦察接收机除了依靠直接接收对方雷达天线主瓣及旁瓣辐射的直射波来发现雷达信号外,还可以利用目标及不均匀媒质的前向或侧向散射波来发现雷达,实现对雷达的侦察和监视。散射侦察就是通过接收大气对流层、电离层、流星余迹等散射的雷达电磁波实现对雷达的侦察,如图 2-2-7 所示。采用散射侦察可以实现超视距侦察。

可以利用的散射波有对流层、电离层、流星余迹形成的散射波以及由雷达跟踪的导弹、卫星等目标形成的散射波。对流层散射和电离层散射是经常存在的,而流星余迹及导

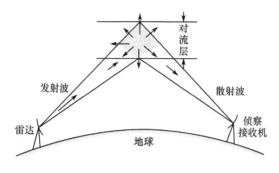

图 2－2－7　对雷达的散射侦察

弹、卫星等形成的散射则是季节性的或偶然存在的。利用散射侦察可以实现对某些雷达（如对洲际导弹发射场的雷达）进行超远距离、长时间的侦察和监视，以获取重要的战略和战术情报，具有重要意义。

通常，对流层散射发生在距地面高度 5~10km 的大气层，利用对流层散射进行侦察的工作频率为 100~10000MHz（波长 3m~3cm），侦察距离可达 500~600km。电离层散射发生在距地面 60~2000km，工作频率为 25~60MHz。

由于散射侦察接收的是雷达的散射波，所以信号很微弱。通常把散射波相对雷达直射信号减弱程度用散射衰减系数 L 来表征，L 的定义是

$$L = 10\lg \frac{P_r}{P'_r}(\text{dB}) \quad (2-2-21)$$

式中：P_r 为电磁波在自由空间传播时能直接接收到的信号功率；P'_r 为电磁波按散射方式传播时能接收到的信号功率，因而，散射侦察时的侦察方程为

$$P_r = \frac{P_t G_t G_r \lambda^2}{(4\pi)^2 R^2 10^{0.1L}} \times 10^{-0.1L(R)} = \frac{P_t G_t G_r \lambda^2}{(4\pi R)^2 10^{0.1L}} \times e^{-0.23L(R)} \quad (2-2-22)$$

$$R_{\max} = \sqrt{\frac{P_t G_t G_r \lambda^2}{(4\pi)^2 P_{r\min} 10^{0.1L}} e^{-0.23L(R)}} \quad (2-2-23)$$

如果同时还考虑到电磁波在传播中的大气衰减，那么侦察方程为

$$R_{\max} = \sqrt{\frac{P_t G_t G_r \lambda^2}{(4\pi)^2 P_{r\min} 10^{0.1L}} e^{-0.23[L(R)+\delta R_{\max}]}} \quad (2-2-24)$$

对流层散射时信号的衰减比自由空间大 50~100dB，且随着距离的增加而增加，对流层散射对信号的衰减曲线如图 2－2－8 所示。该曲线是实验数据综合的结果，对于不同的情况可能引起 ±5dB 的误差，但用于侦察作用距离的估算很方便。

电离层散射的衰减系数受频率的影响较大，频率越高，衰减越大，而距离对衰减量的影响较小。经实验得到的衰减曲线如图 2－2－9 所示。由于电离层散射受频率的限制，只能工作在 25~60MHz 范围，而雷达很少工作在这个频率范围内，所以，不如对流层散射的实际意义大。

【例题】已知某地面雷达的参数如下：$P_t = 1000\text{kW}$，$G_t = 3000$，$\lambda = 10\text{cm}$，侦察接收机天线增益为 $G_r = 2000$，如果要求侦察设备利用对流层进行侦察，侦察作用距离 $R_{\max} = 600\text{km}$。试求侦察接收机的灵敏度。

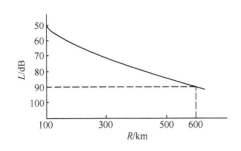

图 2-2-8 对流层散射衰减系数曲线

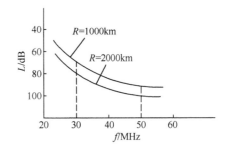

图 2-2-9 电离层散射衰减系数曲线

【解】利用图 2-2-8 可以查出当 $R=600\text{km}$ 时,对流层的衰减系数 $L \approx 90\text{dB}$,将其代入式(2-2-22)可得

$$P_{r\min} = \frac{P_t G_t G_r \lambda^2}{(4\pi)^2 R_{\max}^2 10^{0.1L}} e^{-0.23L(R)} =$$

$$\frac{10^6 \times 3 \times 10^3 \times 2 \times 10^3 \times 10^{-2}}{(4\pi \times 600 \times 10^3)^2 \times 10^{1.5}} \times e^{-0.23 \times 90} \approx 3.3 \times 10^{-14}(\text{W})$$

可见,要满足散射侦察的要求,必须要用高灵敏度的超外差式接收机,同时还需采用专门的技术措施,以保证对微弱信号的接收。

2.3 对雷达信号频率的测量

雷达侦察系统的使命在于确定敌方雷达存在与否,并测定其各种特征参数。在雷达的各种特征参数中,频域参数是最重要的参数之一,它能反映雷达的功能和用途、频率捷变雷达的捷变频范围和频谱宽度等重要指标。在现代复杂的电磁环境下,为了实施有效的干扰,必须首先对信号进行分选和威胁识别,雷达的频率信息是进行信号分选和威胁识别的重要依据。雷达信号的频域参数包括了信号的载波频率、频谱参数和多普勒频率等。本节只讨论对雷达信号载波频率的测量。

2.3.1 测频系统的主要技术指标

一、测频时间

测频时间是雷达侦察接收机从截获信号到输出测频结果所用的时间。通常,要求侦察接收机具有瞬时测频(IFM)功能。如果截获的信号是普通的脉冲雷达信号,侦察接收机应能在脉冲持续时间内完成测频任务,输出其频率测量值 f_{RF}。为了实现瞬时测频,首先要求侦察接收机的瞬时频带必须很宽,能够覆盖一个倍频程甚至几个倍频程;其次要求侦察接收机对信号的处理速度很高,应采用快速信号处理。

测频时间直接影响侦察系统对信号的截获概率和截获时间。截获概率是指在给定的时间内侦察接收机能够正确地发现和识别给定信号的概率。截获概率既与辐射源特性有关,也与电子侦察系统的性能有关。如果在每一时刻接收空间都能与信号空间完全匹配,并能实时处理所接收的信号,就能实现全概率截获(即截获概率为1),这种接收机是理想的电子侦察接收机,而实际的侦察接收机的截获概率均小于1。

频域的截获概率,即为通常所说的频率搜索概率。对于脉冲雷达信号来说,根据给定的搜索时间不同,频率搜索概率可分为单个脉冲搜索概率、脉冲群搜索概率以及在某一给定的搜索时间内的搜索概率。单个脉冲的频率搜索概率为

$$P_{IF1} = \frac{\Delta f_r}{f_2 - f_1} \quad (2-3-1)$$

式中:Δf_r 为测频接收机的瞬时带宽;$f_2 - f_1$ 为测频范围,即侦察频段。譬如 $\Delta f_r = 5\text{MHz}$,$f_2 - f_1 = 1\text{GHz}$,则 $P_{IF1} = 5 \times 10^{-3}$,可见频率搜索概率很低。若能在测频范围内实现瞬时测频,即 $\Delta f_r = f_2 - f_1$,则 $P_{IF1} = 1$,即实现了全概率截获。

截获时间是指侦察接收机达到给定截获概率所需的时间。与截获概率类似,截获时间也与辐射源特性及侦察系统的性能有关。对于脉冲雷达信号来说,在满足侦察基本条件的情况下,若采用非搜索法瞬时测频技术,单个脉冲的截获时间为

$$t_{IF1} \leq T_r + t_{th} \quad (2-3-2)$$

式中:T_r 为脉冲重复周期;t_{th} 为电子侦察系统的通过时间,即信号从进入接收天线到终端设备输出所需要的时间。若采用搜索法测频,单个脉冲的截获时间应按几何概率进行分析。

二、测频范围、瞬时带宽、频率分辨力和测频精度

测频范围是指测频系统最大可测雷达信号频率范围;瞬时带宽是指测频系统在任一瞬间可以测量的雷达信号频率范围;频率分辨力是指测频系统能将两个同时到达信号区分开的最小频率差。宽开式晶体视频接收机的瞬时带宽与测频范围相等,因此对单个脉冲的频率截获概率为1,但其频率分辨力却很低。窄带扫频超外差式接收机的瞬时带宽很窄,所以对单个脉冲的截获概率很低,但由于频率分辨力等于瞬时带宽,所以其频率分辨力很高。显然,传统测频接收机的频率截获概率与频率分辨力之间存在着矛盾。目前,随着空间电磁信号的日益密集以及频率跳变的速度与范围越来越大,迫切需要研制新型测频接收机,使之既能在频域上宽开以获得高截获概率,又能保持较高的分辨力。

测频误差是指测量得到的信号频率值与信号频率真值之差,常用均值和方差来表示测频误差的大小。测频误差根据其产生的原因可分为系统误差和随机误差两类。系统误差由测频系统元器件的局限性等因素引起,通常用测频误差的均值表示,可以通过系统校正来减小系统误差;随机误差由噪声等随机因素引起,通常用测频误差的方差表示,可以通过将多次测量值进行统计平均等方法减小随机误差。一般把测频误差的均方根称为测频精度,测频误差越小,测频精度越高。

对于传统的测频接收机,最大测频误差 δf_{max} 主要由瞬时带宽 Δf_r 决定。即

$$\delta f_{max} = \pm \frac{1}{2} \Delta f_r \quad (2-3-3)$$

可见,瞬时带宽越宽,测频精度越低。对于超外差接收机,其测频误差还与本振频率的稳定度、调谐特性的线性度以及调谐频率的滞后量等因素有关。

三、测频的信号形式

现代雷达信号可以分为脉冲信号和连续波信号两大类。脉冲信号包括常规低工作比的脉冲信号、高工作比的脉冲多普勒信号、重频抖动信号、各种编码信号以及各种扩谱信号。强信号频谱的旁瓣对弱信号的遮盖将引起频率测量模糊,会降低侦察接收机的频率分

辨力。对于扩谱信号(特别是宽脉冲线性调频信号)的频率测量和频谱分析,不仅传统的测频接收机无能为力,而且对某些新型测频接收机来说也有困难,这个问题有待于新型数字化接收机来解决。

允许的最小脉冲宽度 $\tau_{\min}$ 要尽量窄。被测信号脉冲宽度的上限通常对测频性能影响不大,而脉冲宽度的下限往往限制了测频性能。被测信号脉冲宽度越窄,频谱就越宽,频率模糊问题就越严重,频率截获概率和输出的信噪比就越小。

四、对同时到达信号的分离能力

由于两个以上的脉冲信号的前沿严格对准的概率很小,因而理想的同时到达信号是没有实际意义的。这里所说的同时到达信号是指两个脉冲的前沿时差 $\Delta t < 10 \text{ns}$ 或 $10 \text{ns} < \Delta t < 120 \text{ns}$,称前者为第一类同时到达信号,后者为第二类同时到达信号。由于信号环境日益密集,两个以上信号在时域上重叠的概率日益增大,这就要求测频接收机能对同时到达的信号频率分别进行精确的测量,而且不得将其中的弱信号丢失。

五、灵敏度和动态范围

灵敏度是指测频接收机检测弱信号的能力。正确地发现信号是测量信号频率的前提,要精确地测频(特别是数字式精确测频),被测信号必须比较干净,即要有足够高的信噪比。如果接收机检波前的增益足够高,则灵敏度是由接收机前端器件的噪声电平所决定,通常称为噪声限制灵敏度。如果检波器前的增益不够高,则检波器和视频放大器的噪声对接收机输出端信噪比的影响较大,这时接收机的灵敏度称为增益限制灵敏度。

测频接收机的动态范围是指在保证精确测频条件下输入信号功率的变化范围。在测频接收机中,被测信号的功率变化将影响测频的精度。信号过强会使测频精度下降,信号过弱则被测信号的信噪比低,也会使测频精度降低。我们把这种强信号输入功率与弱信号输入功率之比称为噪声限制动态范围。通常,在强信号的作用下,测频接收机内部产生的寄生信号将遮盖同时到达的弱信号,妨碍对弱信号频率的测量。我们将强信号输出功率与寄生信号输出功率之比称为瞬时动态范围。瞬时动态范围数值的大小,也是表征测频接收机处理同时到达信号能力的一项指标。

除上述主要指标外,还应考虑侦察接收机的可靠性、设备量以及成本等指标。在实际工作中,上述各项指标可能彼此矛盾,必须根据战术要求统筹考虑解决。在 ESM 系统中,着重强调的是测频的实时性以及频率截获概率和频率分辨力;而在 ELINT 系统中则着重强调测频精度、测频范围和对多种信号的处理能力。

2.3.2 现代测频技术分类

由于信号频率的测量是在侦察接收机的前端进行的,被测信号与各种干扰混叠在一起,所以测频是对信号进行的一种预处理。在雷达系统中,雷达接收机通常采用匹配滤波器对回波信号进行预处理,把有用信号与干扰区分开。而在电子对抗系统中,侦察接收机接收的各种信号彼此差别很大,而对它们的先验知识往往很少,难以实现类似雷达中的匹配滤波。尽管如此,侦察接收机为了在频域中把各种信号从干扰中分离出来,还必须采用匹配滤波。尽管测频接收机千差万别,但归根结底都是宽频域的滤波器。如果能把各种模拟、数字信号处理技术与传统的侦察接收机融为一体,就能研制出各种新型测频接收机。现代测频技术分类如图 2-3-1 所示。

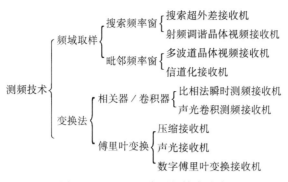

图 2-3-1 现代测频技术分类

从图上可以看出,一类测频技术是直接在频域进行的,称为频域取样法,包括搜索频率窗法和毗邻频率窗法。搜索频率窗法为搜索法测频,属于顺序测频。搜索频率窗法通过接收机频带的扫描,连续对频域进行取样。其主要特点是:原理简单,技术成熟,设备紧凑;存在的严重缺点是频率截获概率与频率分辨力的矛盾难以解决。毗邻频率窗法为非搜索法测频,属于瞬时测频。毗邻频率窗法同时采用多个频率彼此衔接的频率窗口(多个信道)覆盖侦察接收机的频率范围,当信号落入其中一个窗口时,利用该窗口的频率值表示被测信号的频率。毗邻频率窗法较好地解决了频率截获概率与频率分辨力的矛盾,但为了获得足够高的频率分辨力,必须增加信道的路数。现代集成技术的发展已使信道化接收机得到了迅速推广并具有较好的前景。

第二类测频技术不是直接在频域进行的,而是采用了相关/卷积和傅里叶变换等信号处理手段。这些方法的共同特点是:既能获得宽瞬时带宽,实现高截获概率,又能获得高频率分辨力,较好地解决了截获概率与频率分辨力之间的矛盾。由于对信号载波频率的测量是在包络检波器之前进行的,这就对器件的工作频率和运算速度提出了苛刻的要求。这类接收机主要包括用 Chirp 变换处理机构成的压缩接收机以及用声光互作用原理和空间傅里叶变换处理机构成的声光接收机,它们不仅解决了截获概率和频率分辨力之间的矛盾,而且对同时到达信号的分离能力很强。在时域利用相关器或卷积器也可以构成测频接收机。其中利用微波相关器构成的瞬时测频接收机,成功地解决了瞬时测频范围和测频精度之间的矛盾,由于能够利用单脉冲测频,所以称为瞬时测频接收机。

随着超高速大规模集成电路的发展,数字式接收机已经成为可能。它通过对射频信号的直接或间接采样,将模拟信号转变成数字信号,实现了信号的存储和再现,能够充分利用数字信号处理的优点,尽可能多地提取信号的信息。比如:采用数字式快速傅里叶变换处理机构成的高性能测频接收机,不仅能解决截获概率和频率分辨力之间的矛盾,而且对同时到达信号的滤波性能也很强,测频精度很高,使用灵活方便。

2.3.3 频率搜索接收机

频率搜索接收机主要包括搜索式超外差接收机和射频调谐晶体视频接收机,是早期频率测量的主要设备。

一、搜索式超外差接收机

搜索式超外差接收机主要包括窄带搜索式超外差接收机、宽带搜索式超外差接收机、宽带预选搜索式超外差接收机等。

窄带搜索式超外差接收机的基本组成如图2-3-2所示。微波预选器以一定通带从密集的信号环境中选出雷达信号送入混频器,与本振电压差拍变为中频信号;再经过中放、检波和视频放大器加到信号处理机;最后通过改变本振频率实现频率搜索。在搜索过程中,为了始终保持需要的信号频率f_R与本振频率f_L差一个中频f_i,预选器必须与本振进行统调。

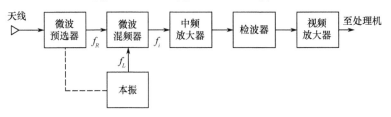

图2-3-2 窄带搜索式超外差接收机原理图

由于中频频率比射频频率低,可以得到良好的选择性和很高的放大量,因此,它的灵敏度高、选择性好。同时,由于中频信号完整地保存了射频信号的频率和相位信息,幅度失真小,能检测宽脉冲线性调频信号和相位编码信号,且便于实现,所以超外差接收机广泛用于早期频域测量等场合。搜索式超外差接收机的主要缺点是:存在寄生信道干扰,比晶体视频接收机复杂,窄带搜索式超外差接收机搜索时间长,对出现时间短的信号的频率截获概率低。

二、射频调谐晶体视频接收机

射频调谐(RFT)晶体视频接收机是工作原理最简单的一种接收机,其工作原理如图2-3-3所示。首先,微波预选器在侦察频段内调谐搜索,选择所需要的信号,抑制不需要的信号和干扰;经过选择的信号被送入微波检波器,取出信号包络(即视频脉冲),再将视频脉冲加到视频放大器,经过视频放大后送入信号处理机。根据预选器设置的频率即可得到被测信号的频率。

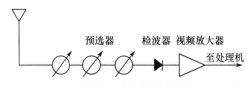

图2-3-3 射频调谐晶体视频接收机原理图

RFT晶体视频接收机的频率分辨力由预选器的瞬时带宽确定,带宽越窄,频率分辨力越高。

为了提高RFT晶体视频接收机的灵敏度,可以在微波检波器前加入宽带低噪声射频放大器,在射频放大器后增加带通滤波器。它们分别被称为"前选器"和"后选器",可以抑制射频放大器的噪声和混频器的交调分量,使调谐频带以外的信号大大衰减。

RFT晶体视频接收机与搜索式超外差接收机相比,其优点是技术简单,工作可靠,体积小,质量轻,成本低等;主要缺点是灵敏度低,测频分辨力和精度不高。

2.3.4 信道化接收机

信道化接收机是一种具有截获概率大、测频精度高、动态范围大、灵敏度高等优点的侦察接收机,在复杂、密集的辐射源信号环境中,具有极好的处理多个同时到达信号的能力。所以,在现代电子支援侦察系统中得到了广泛应用。

一、基本工作原理

晶体视频接收机具有技术简单、工作可靠等优点,但灵敏度、测频精度和频率分辨力都不高。将多路晶体视频接收机并行运用,构成多波道接收机则可以解决上述问题。多波道接收机原理框图如图 2-3-4 所示。这种接收机的最显著的特点是:各路通带彼此交叠,覆盖测频范围。

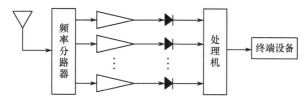

图 2-3-4 多波道接收机原理图

频率分路器的路数越多,则分频段就越窄,频率分辨力和测频精度就越高。但在实际工作中,由于频率分路器的路数不能任意增多,且在微波领域无法获得频带极窄的信道,多波道接收机难以满足测频的要求。如果将多波道接收机与超外差接收机结合起来(构成信道化接收机),就可以解决这个问题。

目前,实际上使用的信道化接收机有纯信道化接收机、频带折叠信道化接收机和时分制信道化接收机三种常用的形式。现将其工作原理分述如下。

(一)纯信道化接收机

纯信道化接收机是先利用波段分路器或带通滤波器组把总的侦察频段分为 m_1 个分波段,再利用 m_1 个第一变频器将各个波段分路器的输出信号变成 m_1 路中频频率和频带均完全相同的信号,经中频放大器输出两路信号。一路经过检波和视频放大器,送到门限检测器进行门限判别,再由逻辑判决电路确定出信号的频谱质心(即中心频率),最后由编码器编出信号频率的波段码字;与此同时,另一路信号送往各自的分波段分路器,再分成 m_2 等份,每个分波段的信号再经过第二变频器和第二中频放大器分两路输出。一路经过检波和视频放大器,送往门限检测器、逻辑判决电路和编码器,编出信号频率的分波段码字;另一路继续重复以上过程,直到频率分辨力满足要求为止。纯信道化接收机的简化方框图如图 2-3-5 所示。

显然,如果进行了 n 次分路,每次分频路数为 m_i,则经过 n 次分频以后,接收机的频率分辨力为

$$\Delta f = \frac{f_2 - f_1}{\prod_{i=1}^{n} m_i} \quad (2-3-4)$$

式中:f_1 和 f_2 分别为侦察机测量频率的最小和最大值。

由纯信道化接收机原理框图可以看出,这种接收机具有宽开式晶体视频接收机和超外差接收机的优点,频率截获概率为 100%,且灵敏度高。纯信道化接收机的缺点主要是:结构复杂,功耗、体积和重量大,造价高。

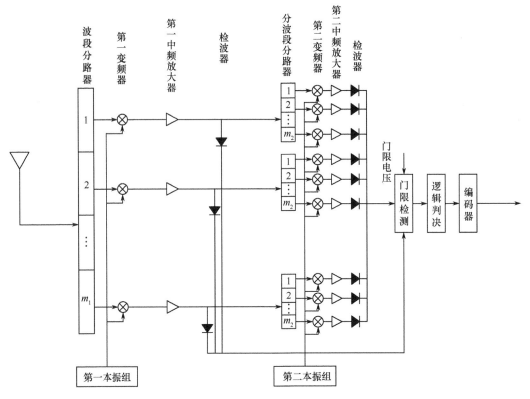

图 2-3-5　纯信道化接收机简化方框图

（二）频带折叠信道化接收机

频带折叠信道化接收机的工作原理与纯信道化接收机相似,如图 2-3-6 所示。当输入信号经过分路、变频放大后,一分为二,其中一路与纯信道化接收机一样,经过检波送到门限检测器,用来识别信号所在的波段;另一路则送入求和电路,将各路中频信号相加变为一路信号,再送到下一级分路器继续处理。与纯信道化接收机相比,它在每一级增加了一个求和电路,却为下一级节省了多个分波段分路器支路（只保留一个支路）,从而大大减少了设备量。并且,划分波段的级数和分频的路数越多,设备量减少得就越多。但是,在采用求和电路减少接收机分频路数的同时,将各信号频段的噪声也进行了叠加,因此降低了接收机的灵敏度（如果有 m_i 路信号进行求和,将使灵敏度降低 $10 \lg m_i$ (dB)）。另外,当有同时到达信号存在时,不同频率的信号在同一级分路器的几路中都有输出,求和电路将这些信号叠加到下一级的同一个分波段分路器进行分路,容易引起测频模糊。

（三）时分制信道化接收机

时分制信道化接收机的结构与频带折叠信道化接收机基本相同,只是用快速"访问开关"取代了"求和电路",并且在一个时刻,访问开关只能与其中的一个波段接通,将该波段接收的信号送入分波段分路器,而与其他的波段均断开,如图 2-3-7 所示。时分制信道化接收能够消除频带折叠对接收机灵敏度及处理同时到达信号能力的影响。但是,由于时分制信道化接收机在频率上不是宽开的,从而使得频率截获概率下降,截获时间延长。

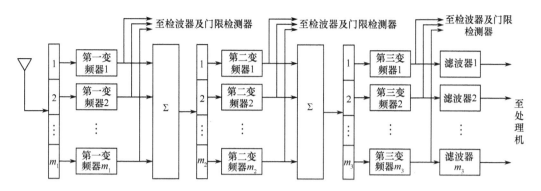

图 2-3-6 频率折叠式信道化接收机

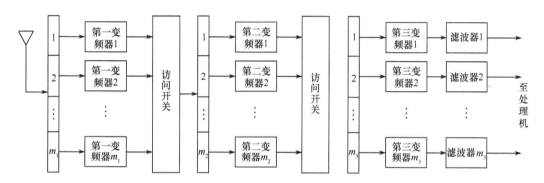

图 2-3-7 时分制信道化接收机

访问开关的控制方式有内部信号控制、外部指令控制以及内外部控制相结合的综合控制三种。

1. 内部信号控制

这种控制方式的"访问开关"是由各个分波段接收到信号的前沿控制的,哪个分波段信号先来就将哪个分波段接通。这种控制方式不够灵活,不能确保威胁等级高的信号所处的分波段优先接通。

2. 外部指令控制

这种控制方式的"访问开关"的控制信号来自主处理机。控制指令由预置的程序或通过人机对话决定。这种控制方式比较灵活,威胁等级高的信号具有优先权,按照一定程序接通"访问开关"时,每个分波段单个脉冲的频率截获概率 P_{fl} 为

$$P_{fl} = \frac{T_{ci}}{\sum_{i=1}^{N} T_{ci}} \qquad (2-3-5)$$

式中:T_{ci} 为第 i 个分波段"访问开关"接通的时间;$\sum_{i=1}^{N} T_{ci}$ 为所有分波段"访问开关"接通的时间之和。

3. 综合控制

这种控制方式的"访问开关"由内部信号或外部程序控制,通常由内部信号控制。如果预先知道或侦察过程中掌握了辐射源的情况,那么可以采用外部程序控制,优先接通威

胁等级最高信号所处的分波段。

二、信道化接收机存在的问题

众所周知,矩形脉冲的频谱为辛克函数,既有主瓣,也有旁瓣。由于信道化接收机的灵敏度高,动态范围大(典型值为 55～60dB),于是,一个强信号可能同时在几个信道中超过检测门限。这种频谱扩展现象,不仅会引起频率模糊,造成处理机数据过载,而且还会出现强信号的旁瓣遮盖弱信号频谱主瓣的现象。解决的方法主要是采用将相邻通道信号的幅度进行比较的办法。如果相邻通道信号的幅度相差比较大,则认为幅度大的一路有信号;如果幅度相当,则取这两路的频率平均值作为信号频率。这种方法,还能使分辨力提高1倍。

信道化接收机存在的另一个问题就是"兔耳"效应,即当信道宽度比较窄且载频偏离滤波器中心频率较远时,由于滤波器的暂态响应,在脉冲前后沿处将出现尖峰现象,因其形状像兔耳朵,故称为"兔耳"效应。这种现象能使差分放大器、检测电路的触发出现紊乱。这一现象可以通过正确地设计通带形状和边缘响应、脉宽积累和后续数字处理来解决。

三、信道化接收机的特点和应用

信道化接收机是一种高截获概率的测频接收机。由于它能够直接从频域选择信号,避免了时域重叠信号的干扰,所以其抗干扰能力强;同时,信道化接收机的测频精度和频率分辨力不受外来信号干扰的影响,只取决于信道频率分路器的单元宽度(本振采用高稳定度频率合成器,可以忽略它对测频精度的影响),所以可以做得很高;由于它是在超外差接收机基础上建立起来的,所以灵敏度高、动态范围大。

由于信道化接收机对高密度信号环境具有卓越的分离能力,解决了比相法瞬时测频接收机难以解决的对同时到达信号的处理问题,使得它适用于各种电子侦察系统。随着声表面波器件、微波集成电路和大规模集成电路的迅速发展,信道化接收机体积大、功耗高和成本昂贵等缺点将被逐步克服。

2.3.5 比相法瞬时测频接收机

瞬时测频接收机(IFM)是利用延迟线或其他技术手段,将频率信息转变为相位信息,通过鉴相器实现对信号频率瞬时测量的侦察接收设备。

IFM 接收机具有宽的瞬时带宽、高的截获概率、高的测频精度和窄脉冲适应能力,且体积小、质量轻、成本低。IFM 接收机是一类成熟的电子战接收机,已在各类电子战系统中得到广泛应用。

一、微波鉴相器

最简单的微波鉴相器的基本结构包括功率分配器、延迟线、加法器以及平方律检波器,如图2-3-8所示。微波鉴相器的主要作用是实现信号的自相关运算,得到信号的自相关函数。

假设输入信号为复信号 u_i:

$$u_i = \sqrt{2}\tilde{A} = \sqrt{2}Ae^{j\omega t}$$

功率分配器将输入信号功率等量分配,在"2"点和"3"点的电压均为

$$u_2 = u_3 = \tilde{A} = Ae^{j\omega t}$$

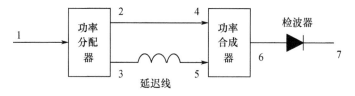

图 2-3-8 简单微波鉴相器

而"4"点相对于"2"点的相移为零,于是 $u_4 = u_2$,而"5"点相对于"3"点电压有一个时间延迟,即

$$u_5 = u_3 e^{-j\phi} = A e^{j(\omega t - \phi)}$$

式中:$\phi = \omega T = \dfrac{\omega \Delta L}{C_g}$;$T$ 为延迟线对信号的时间延迟;ΔL 为延迟线的长度;C_g 为延迟线中电磁波的传播速度。经过加法器,"6"点电压为

$$u_6 = u_4 + u_5 = A e^{j\omega t}(1 + e^{-j\phi})$$

$$|u_6| = \sqrt{2} A \sqrt{1 + \cos\phi}$$

经过平方律检波器,输出的视频电压为

$$u_7 = 2KA^2(1 + \cos\omega T) \qquad (2-3-6)$$

式中:K 为检波效率,即开路灵敏度,在平方律区域内是一个常数。

综上所述得到以下结论:

(1) 要实现自相关运算,必须满足 $T < \tau_{\min}$($\tau_{\min}$ 为测量脉冲的最小宽度),否则不能实现相干。这一条件限制了延迟时间的上限。

(2) 由于信号的相关函数为周期性函数,因此,只有在 $0 \leqslant \phi < 2\pi$ 区间才可以单值地确定接收机的频率覆盖范围。

由于相移量与频率之间为线性关系,即 $\phi = 2\pi f T$,那么,在接收机的瞬时频带 $f_1 \sim f_2$ 范围内,最大相位差为 $\Delta\phi = \phi_2 - \phi_1 = 2\pi(f_2 - f_1)T = 2\pi$。所以,对于给定延迟时间 T 的相关器,最大单值测频范围为

$$f_2 - f_1 = \frac{1}{T} \qquad (2-3-7)$$

这就说明延迟线的长度决定了单值测频范围,要扩大测频范围只有采用短延迟线。

(3) 信号自相关函数输出与信号的输入功率成正比。这样,输入信号幅度的不同会影响后续量化器的正常工作,增大测频误差。因此,在鉴相器之前必须对信号限幅,保持输入信号幅度在允许的范围内变化。

(4) 在检波器的输出信号中,除了有与信号频率有关的分量外,还包括与信号频率无关的分量,应尽量消除其影响。

从上述分析可以看出,这种简单的鉴相器虽然能够实现将信号的频率信息变为相位信息,完成鉴相任务,但性能不完善,必须改进才有实用价值。经过改进的实用微波鉴相器由功率分配器、延迟线、90°电桥、平方律检波器和差分放大器等五部分组成,如图 2-3-9 所示。

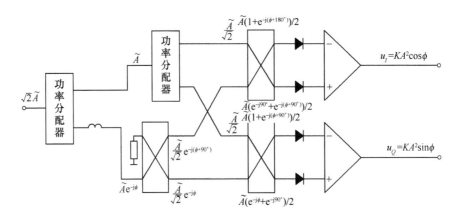

图 2-3-9 一种实用的微波鉴相器

这种实用微波鉴相器输出一对正交量：

$$\begin{cases} U_I = KA^2\cos\phi \\ U_Q = KA^2\sin\phi \end{cases} \qquad (2-3-8)$$

同时，U_I 与 U_Q 的合成矢量为一极坐标表示的旋转矢量，其模为

$$|U_\Sigma| = |U_I + jU_Q| = KA^2 \qquad (2-3-9)$$

相角为

$$\phi = \frac{\Delta L}{\lambda_g}2\pi = \frac{C_g}{\lambda_g}\frac{\Delta L}{C_g}2\pi = 2\pi fT \qquad (2-3-10)$$

式中：λ_g 为延迟线中的信号波长；C_g 为延迟线中电磁波的速度；ΔL 为延迟线长度；T 为延迟线的延时；f 为输入信号的载波频率。

可见，合成矢量的相位与载波频率成正比，实现了频/相变换，但必须对最大相位角加以限制，使 $\Delta\phi_{max} = 2\pi$，这样侦察接收机的不模糊测频范围为 $\Delta F = 1/T$。

若将 U_I 与 U_Q 分别加到静电示波器的水平和垂直偏转板上，则光点相对 x 轴的夹角 ϕ 能单值地表示被测信号的载波频率，实现测频，如图 2-3-10 所示。

这种模拟式比相法瞬时测频接收机的主要优点是电路简单，体积小，质量轻，运算速度快，能实时地显示被测信号频率。但它也有严重的缺点：测频范围小，测频精度低，且二者之间的矛盾难以统一；灵活性差，无法与计算机连用。

在比相法瞬时测频接收机中，可以对输出的 I、Q 信号进行幅度采样，利用三角关系计算出相位的大小。由于不同信号幅度的变化，给计算带来一定的困难，影响计算时间，不能满足 IFM 技术对时间的严格要求，所以现代接收机多采用极性量化方法。我们称这种测频接收机为数字输出的 IFM 接收机，习惯上称为数字式瞬时测频接收机。

二、极性量化器的基本工作原理

如果将两路正交正弦电压分别加到两个电压比较器上，输出正极性时为逻辑"1"，输出负极性时为逻辑"0"，这样就把 360° 范围分成了 4 个区域，从而构成 2 比特量化器，如图 2-3-11 所示。

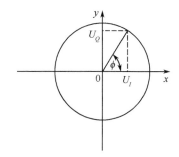 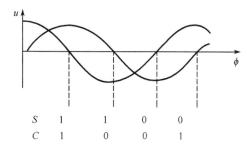

图 2 – 3 – 10　正交函数的合成矢量　　　图 2 – 3 – 11　2 比特极性量化

如果我们将这两路信号再经过适当变换,使每个信号产生一个相位滞后 α,就可以得到更小的量化相位。其方法如下:

对两路正交信号 $\sin\phi$ 和 $\cos\phi$ 进行加权处理变成相位滞后为 α 的两路正交信号,即

$$\tan\alpha\sin\phi + \cos\phi = \frac{\sin\alpha\sin\phi + \cos\alpha\cos\phi}{\cos\alpha} = \frac{\cos(\phi - \alpha)}{\cos\alpha}$$
$$\sin\phi - \tan\alpha\cos\phi = \frac{\sin\phi\cos\alpha - \cos\phi\sin\alpha}{\cos\alpha} = \frac{\sin(\phi - \alpha)}{\cos\alpha}$$

(2 – 3 – 11)

在原来一对正交信号的基础上增加相移为 $\alpha = 45°$ 的一对正交信号,就可以将 360° 范围分成 8 等份,从而构成 3 比特量化器;在此基础上,再增加 $\alpha = 22.5°$ 和 $\alpha = 67.5°$ 的两对正交信号,就可以构成 4 比特量化器。依此类推,可以构成 5 比特、6 比特量化器等。图 2 – 3 – 12 是 4 比特量化器的波形图及其编码。

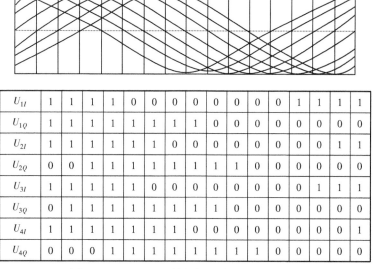

U_{1I}	1	1	1	1	0	0	0	0	0	0	0	0	1	1	1	1
U_{1Q}	1	1	1	1	1	1	1	1	0	0	0	0	0	0	0	0
U_{2I}	1	1	1	1	1	0	0	0	0	0	0	0	0	1	1	1
U_{2Q}	0	0	1	1	1	1	1	1	1	1	0	0	0	0	0	0
U_{3I}	1	1	1	1	1	0	0	0	0	0	0	0	0	0	1	1
U_{3Q}	0	1	1	1	1	1	1	1	1	0	0	0	0	0	0	0
U_{4I}	1	1	1	1	1	1	0	0	0	0	0	0	0	0	0	1
U_{4Q}	0	0	0	1	1	1	1	1	1	1	1	0	0	0	0	0

图 2 – 3 – 12　4 比特极性量化器波形和编码

多比特极性量化器输出编码的值与雷达信号的频率相对应,由于 $f = \frac{\phi}{2\pi T}$,则频率测量误差与相位和延迟线的测量误差有关。如果不考虑延迟线的测量误差,则频率的分辨力与相位分辨力之间有下列关系:

$$\Delta f = \frac{\Delta \phi}{2\pi T} = \frac{\Delta \phi}{2\pi} \Delta F \qquad (2-3-12)$$

若 $\Delta F = 2\text{GHz}$,$\Delta \phi = 22.5°$(即 4 比特量化),则 $\Delta f = 125\text{MHz}$。如果 $\Delta F = 2\text{GHz}$,$\Delta \phi = 11.25°$(即 5 比特量化),则 $\Delta f = 62.5\text{MHz}$。可见,单路鉴相器不能同时满足测频范围和测频误差的要求。因此,必须采用多路鉴相器并行运用,由短延迟线鉴相器提高测频范围,由长延迟线鉴相器提高测频精度。

三、多路鉴相器的并行运用

在实际工作中,数字式瞬时测频接收机既有测频范围 ΔF 的要求,又有频率分辨力 Δf 的要求,于是量化单元数 N 为

$$N = \frac{\Delta F}{\Delta f} \qquad (2-3-13)$$

我们首先讨论两路鉴相器并行运用的情况,如图 2-3-13 所示。两路量化器分别为 2 比特和 3 比特,第二路延迟线长度为第一路的 4 倍(即 $T_1 = T$,$T_2 = 4T$)。

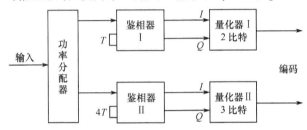

图 2-3-13 两路鉴相器的并行运用

如图 2-3-14 所示,短延迟线支路单值测量,其输出码为频率的高位码,不模糊带宽 $\Delta F = 1/T$。长延迟线支路为低位码。在短延迟线上 ΔF 有 4 个区间(4 个量化单元),对应短延迟线支路的每个区间,长延迟线支路又可量化为 8 个单元,两支路将 ΔF 共量化成 32 个单元,每个单元宽度决定测频分辨力,即

$$\Delta f = \frac{\Delta F}{2^3 \times 4} \qquad (2-3-14)$$

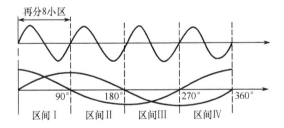

图 2-3-14 两路鉴相器并行运用的输出值

如果采用多路鉴相器并行运用,频率分辨力的一般表达式为

$$\Delta f = \frac{\Delta F}{2^m \times n^{k-1}} = \frac{1}{2^m \times n^{k-1} \times T} \qquad (2-3-15)$$

式中:m 为低位鉴相器支路的量化比特数;n 为相邻支路鉴相器的延迟时间比;k 为并行运用支路数。

在实际工作中,并行运用支路数不宜太多,否则体积过大,通常 $k = 3$ 或 4。最低位鉴相器支路量化比特数 m 不宜过大,否则鉴相器难以制作,通常 $m = 4 \sim 6$。相邻支路的延迟时间比也不宜过大,否则使校码难以进行,通常取 $n = 4$ 或 8。

在数字式瞬时测频接收机中,各路量化器输出的是几组不相制约的频率代码。由于鉴相器中各个具体电路特性与理想特性的偏离、输入信号幅度起伏以及接收机内部噪声等影响,使得信号过零点时刻超前或滞后理想时的情况,从而引起极性量化的错位。尤其是正弦电压和余弦电压过零点时不陡直,更加剧了这种效应。为了将这些分散的频率代码变为二进制频率码,并且量化单元宽度由最长延迟时间支路确定,在编码的过程中,必须用低位校正高位。对于极性量化器来说,由于高位正余弦信号过零点的斜率小,灵敏度低;而低位正余弦信号过零点的斜率大,灵敏度高,因此,用低位校正高位,能够保证测频精度的要求。具体做法是,同时使用正余弦两路信号进行编码,这样对于一定比特率的量化器来说,必然有一些码是多余的,可以用这些多余的码来校正其他的码。可以证明,高位过零点的码就是多余的码,所以在进行频率编码时,也可以不用这些多余的码。

四、对同时到达信号的分析与检测

(一)第一类同时到达信号

设第一类同时到达信号(忽略信号到达时间上的差异)分别为 $\tilde{A}_1 = A_1 \mathrm{e}^{\mathrm{j}2\pi f_1 T} = A_1 \mathrm{e}^{\mathrm{j}\phi_1}$ 和 $\tilde{A}_2 = A_2 \mathrm{e}^{\mathrm{j}2\pi f_2 T} = A_2 \mathrm{e}^{\mathrm{j}\phi_2}$,而二者的和矢量为 $\tilde{A} = A\mathrm{e}^{\mathrm{j}2\pi fT} = A\mathrm{e}^{\mathrm{j}\phi}$,如图 2-3-15 所示。若要求出合成信号频率相对信号 1 的频率差,首先必须求出 $\tilde{A}$ 与 $\tilde{A}_1$ 的相位差 $\Delta\phi = \phi - \phi_1$。

因为
$$\begin{cases} A_1\sin\phi_1 + A_2\sin\phi_2 = A\sin\phi \\ A_1\cos\phi_1 + A_2\cos\phi_2 = A\cos\phi \end{cases}$$

令
$$\frac{A_1^2}{A_2^2} = \alpha$$

则
$$\Delta\phi = \arctan\frac{\sin(\phi_2 - \phi_1)}{\sqrt{\alpha} + \cos(\phi_2 - \phi_1)}$$

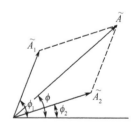

图 2-3-15 第一类同时到达信号及其合成矢量

对于两个频率一定的信号来说,当 α 值变化时,将上式对 α 求导并令其为零,可以得到:

$$\Delta\phi_{\max} = \arcsin\frac{1}{\sqrt{\alpha}}$$

故

$$\Delta f_{\max} = \frac{\Delta\phi_{\max}}{2\pi T} = \frac{\arcsin\frac{1}{\sqrt{\alpha}}}{2\pi T} = \frac{\arcsin\frac{1}{\sqrt{\alpha}}}{2\pi}\Delta F \qquad (2-3-16)$$

可见,随着两个被测信号幅度之差的增加,测量频率与强信号频率之差将减小。

(二) 第二类同时到达信号

对于任何特定频率,编码所用的时间与最长延迟线及频率检测电路有关。2～4GHz 接收机典型编码所用时间为 100～120ns。在此编码期间,接收机的频率编码电路对噪声或外加的脉冲信号很敏感。我们称在第一脉冲临界编码期间到达的脉冲为第二类同时到达信号。在第一个脉冲触发了频率测量电路后,第二类同时到达信号使输出正余弦信号比较器的输出有一个瞬变过程。如果在瞬变过程中测频电路进行取样,产生错误数据的概率必然很高。大量实验证明:在第二类同时到达信号条件下所记录下来的频率码,也许是第一个脉冲的频率,也可能是第二个脉冲的频率,或者与两个输入信号频率均无关。在脉冲重叠的情况下,哪种条件占优势,取决于脉冲的相对幅度、脉冲前沿的时间关系、频率以及脉冲的绝对幅度,其关系十分复杂,难以进行定量分析,只有通过实验进行测量。

(三) 同时到达信号的检测

如前所述,由于同时到达信号能降低测频精度,引起弱信号丢失,特别是造成测频错误,因此接收机必须要能够检测出有无同时到达信号的存在。

一种最常用的同时到达信号的检测电路如图 2-3-16 所示。同时到达信号的检测电路由自差混频器、带通滤波器、幅度检波器以及比较器组成。如果只有一个信号加入混频器,则全部谐波都由单个输入信号产生,且均处于滤波器的通带之外,检波器和比较器都无输出。当有两个以上信号到达混频器时,将会产生输入信号差频的谐波分量。这些谐波分量通过滤波器后再经检波,便在比较器上有输出。一旦超出门限电平,就会产生一个逻辑电平输出,作为同时到达信号的标志,使接收机测得的频率数据不予输出。尽管这样可能丢失短暂的信号,但不会出现测频错误。

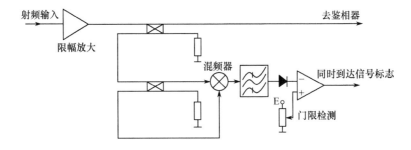

图 2-3-16 同时到达信号的检测电路

这种检测电路对幅度相当的同时到达信号特别灵敏,但当输入信号幅度相差较大(在 6dB 以上)时,输入信号差频的谐波幅度就会很低。因此,这种检测电路只适用于处理第一类同时到达信号,而对第二类同时到达信号则相当不灵敏。

另一种检测同时到达信号的方法是,根据合成信号的包络具有下陷点的特征,判断有无下陷点,从而判断有无同时到达信号的存在。

五、测频误差分析

测频误差来源于相位误差 $\Delta \phi$ 和延时误差 ΔT。这里,我们只讨论相位误差的影响。

造成相位误差的主要原因有:鉴相器元件性能与理想值偏离所引起的相位误差 $\Delta \phi_c$;有限的相位量化率造成的相位量化误差 $\Delta \phi_q$;系统内部噪声引起的相位噪声 $\Delta \phi_N$;同时到达信号造成的信号矢量相位的偏离 $\Delta \phi_i$。

$$\Delta\phi^2 = \Delta\phi_c^2 + \Delta\phi_q^2 + \Delta\phi_N^2 + \Delta\phi_i^2 \qquad (2-3-17)$$

（一）鉴相器的相位误差

实际工作中,由于信号频率的不同(宽频带工作),脉冲幅度和宽度的变化,环境温度的升降等原因,使元件的实际特性与理想特性偏离,从而引起了相位误差。通常,宽频带鉴相器相位误差在 10°～15°,高质量宽频带鉴相器的相位误差可缩小到 5°。

（二）相位量化误差

相位量化误差由最小量化单元宽度所决定。如果量化误差为均匀分布,可以导出量化相位误差有效值 $\Delta\phi_q$ 与最小量化单元宽度 $\Delta\phi$ 之间的关系为

$$\Delta\phi_q = \frac{\Delta\phi}{2\sqrt{3}} \qquad (2-3-18)$$

当量化器为 6 比特时,$\Delta\phi = 5.6°$,$\Delta\phi_q = 1.6°$。可见,采用 6 比特量化器,量化相位误差已比鉴相器的相位误差小得多,再进一步提高量化器的比特数已失去实际意义。

（三）系统内部噪声引起的相位误差

接收机的内部噪声是宽带白高斯噪声,它必然会引起被测信号矢量相位的起伏——相位噪声。接收机内部噪声电平越高,相位噪声就越大。为了抑制微波检波器和视频放大器产生的噪声,在接收机前端增加低噪声限幅放大器。

六、比相法瞬时测频接收机的组成及主要技术参数

比相法瞬时测频接收机包括射频限幅放大器、鉴相器(相关器)、频率编码器、输入/输出电路、信号门限检测/定时以及同时到达信号检测器,如图 2-3-17 所示。

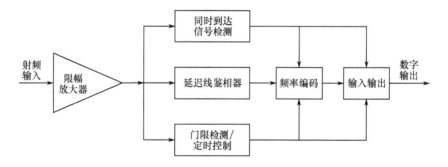

图 2-3-17　比相式瞬时测频接收机的组成

雷达射频信号首先加到低噪声射频放大器,一是为了提高接收机的灵敏度,二是对强信号进行限幅,使加到鉴相器的信号幅度保持在一定的范围,减小了信号幅度变化对测频精度的影响。

经过限幅放大的射频信号,通过功率分路器送到延迟线鉴相器,实现频率—相位的变换,由鉴相器输出一对正交视频电压送到后续的频率编码器。频率编码器对输出电压进行极性量化,并完成编码和校码,然后送到输入/输出电路,最后再送到预处理机和显示器等。

门限检测/定时控制支路的作用如下。

（1）降低虚警率;

（2）经过门限判别之后,产生选通门,降低由噪声激励而引起的测频误差;

(3) 在测频期间产生一闭锁信号,保证在一段时间内,只能测量一个信号,减小同时到达信号对测频误差的影响;

(4) 本次测量完毕产生清除信号,使测频系统复位。

同时到达信号检测器用来检测同时到达信号(如多波束雷达、频率分集雷达),给那些因同时到达信号存在而引起的错误测频做上标记,以表示频率数据不可靠。

比相法瞬时测频接收机的主要技术参数如下。

(1) 不模糊带宽 ΔF,即测频范围或瞬时频带。它由最短延迟线的延时 T_{min} 确定。通常可达一个标准频段或一个倍频程甚至更高。

(2) 频率分辨单元,亦称平均频率分辨力。即频率最小量化单元宽度,可达 1MHz。

(3) 频率精度。输出频率码能代表实际输入信号频率所要求的精度。频率精度必须用统计量来描述,如均方根值、误差分布,或者给出全部工作条件下的最大频率误差,可达 1~2MHz。

(4) 频率截获概率和截获时间。当脉冲宽度大于最长延迟线的延迟时间时,对单个脉冲频率截获概率趋近于 1。从理论上分析,频率截获时间为一个脉冲重复周期。

(5) 灵敏度和动态范围。由于测频误差要求的信噪比比虚警概率所要求的信噪比要高,所以应按测频误差要求的信噪比确定接收机的灵敏度。该灵敏度的数值在 -40 ~ -50dBm。动态范围典型值在 50 ~ 60dB。

(6) 对同时到达信号的处理能力。对第一类同时到达信号,当功率比 $\alpha \geq 6dB$ 时可以正常处理;对于第二类同时到达信号,通常用频率数据错误概率表示。

(7) 测频时间。即从信号进入接收机输入端到输出端完成一个精确的频率码之间的时间差,由最长延迟时间和编码时间等决定。测频时间越长,丢失信号的概率越大。测频时间的典型值在 100 ~ 300ns。

(8) 遮蔽时间,亦称寂静时间。是指接收机能精确测量相邻两个脉冲频率所需要的最少时间间隔,与脉冲展宽时间、稳定时间、恢复时间以及脉冲尖峰等因素有关,通常在 50 ~ 70ns。

综上所述,比相法数字式瞬时测频接收机是一种具有高截获概率的精确测频接收机,较好地解决了搜索式接收机瞬时测频范围与分辨力之间的矛盾。因此,它被广泛用于告警和干扰机频率引导等电子支援侦察系统或电子情报侦察系统。比相法数字式瞬时测频接收机的主要缺点是:当存在同时到达信号时,测频误差增大,甚至造成测频错误或丢失信号。因而,在高密度信号环境下,应用受到一定的限制。

2.3.6 数字测频接收机

数字接收机是未来发展方向之一,它主要是将信号数字化以便计算机进行处理。由于软件可以模拟任何类型的滤波器或解调器(包括在硬件中难以实现的那些类型)的功能,数字化的信号能够进行最佳滤波、解调和检波后处理等。数字接收机既可以进行实时处理,也可以将信号存储起来事后分析。

数字测频接收机的基本组成如图 2-3-18 所示,其中模数(A/D)变换器是基本的部件之一。数字测频的核心在于处理算法,其特点是灵活多样、精度高。采用什么算法要根据实际信号环境以及所要达到的精度来确定。

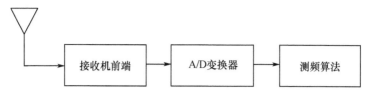

图 2-3-18 数字接收机基本组成

1. 时域算法

时域算法主要有瞬时自相关算法、曲线拟合法、过零检测法等。时域算法原理简单直观、运算量小、对样本数要求不高、速度快、适于实时处理场合,在高信噪比情况下测量精度高。但这类算法对信噪比要求高,在有同时到达信号或频率分集信号时会引起较大测频误差。测量时应尽量使用非微弱区信号样本。在单载频情况下,若信号脉内无调制,可以通过求多点平均来减小测频误差,脉内有频率调制时,求多点频率值则可反映出调制的信息。

下面以瞬时自相关算法为例介绍其原理。设经过正交 A/D 采样后的信号可以表示为

$$s(n) = Ae^{j(\omega nT_s + \phi)} \quad (2-3-19)$$

式中:A 为信号幅度;$\omega = 2\pi f$ 为信号的角频率;f 为信号频率;T_s 为采样周期;n 为采样序列号;ϕ 为初相。

$$s(n+m) = Ae^{j(\omega(n+m)T_s + \phi)} \quad (2-3-20)$$

信号的瞬时自相关定义为

$$Y(n,m) = x(n)x^*(n+m) \quad (2-3-21)$$

式中: * 为信号的复共轭,则

$$Y(n,m) = A^2 e^{-j\omega mT_s} = A^2 e^{-j2\pi f mT_s} \quad (2-3-22)$$

由此可求得载频 f 为

$$f = \frac{-1}{2\pi mT_s} \text{angle}\left(\frac{Y(n,m)}{A^2}\right) \quad (2-3-23)$$

式中:angle 为 $Y(n,m)$ 的相位。为避免相位模糊,m 不应取得太大。选取不同的 m 值求多点平均,可以进一步减小估计误差,降低对信噪比的要求。

2. 频域变换法

频域变换算法主要包括数字傅里叶变换(DFT)、谱估计法等,频域变换法对多信号分离能力强,对信噪比要求低,适合高密度信号环境及雷达脉内有频率调制的情况。

傅里叶变换是将采集的一段数字信号进行傅里叶变换,将时域信息转化为频域信息,在频域上的峰值点即对应该信号的频率,其测频分辨率取决于采样点数的多少,即采样的时间段的长度。采样的时间段越长,其频率分辨率越高。在实际应用中,一般采用快速傅里叶变换(FFT)来实现。

谱估计法是通过求解信号的功率谱来确定信号频率的方法,主要包括经典功率谱估计法和现代谱估计法。经典谱估计主要包括周期图法(又称直接法)和 BT(Blackman Tukey)法(又称为间接法或相关图法)。现代谱估计主要包括参数模型法(包括常用 AR 模型、最大熵法、最小熵法和线性预测法等)、最大似然法、MUSIC 谱估计法等。

3. 时频分析方法

时频分析方法主要有短时傅里叶变换(STFT)、小波变换等,用于分析时变信号局部

区域内频谱变化的情况,可以得到脉内细微特征参数,进行调制识别。

短时傅里叶变换(Short Time Fourier Transform,STFT)是一种常用的时频算法,其公式为

$$\text{STFT}_S(m,n) = \sum_{k=-\infty}^{\infty} s(k)w(kT_s - mT_s)e^{-j2\pi nF_s k} \quad (2-3-24)$$

式中:$s(k)$ 为经过 A/D 变换后的数字信号;$w(k)$ 为窗函数;T_s 为时间变量采样间隔,F_s 为频率变量采样间隔;m 为时间变量序号;n 为频率变量序号。

短时傅里叶变换是把输入函数与一个移动的窗函数进行相乘,然后进行一维的傅里叶变换,得到一个随时间变化的二维图像。

在短时傅里叶变换过程中,窗的长度决定频谱图的时间分辨率和频率分辨率,截取的信号越长,傅里叶变换后的频率分辨率越高,但时间分辨率越差,反之亦然。因此,应根据具体需求确定窗函数的长度。

【例题】设一个线性调频信号起始频率为 50MHz,脉冲宽度为 30μs,调频斜率为 10^{12}MHz/s。利用短时傅里叶变换分析线性调频信号的频率变化规律。

【解】利用 Matlab 的 spectrogram 语句,加窗函数采用 hanning 窗,用 imagesc 语句画出分析结果如图 2-3-19 所示。由该图可以看出,频率变化是线性增长的,与所设的调制规律相同。

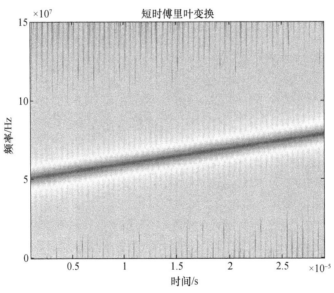

图 2-3-19　线性调频信号的频率变化规律

2.4　对雷达方向侦察的方法和技术

2.4.1　测向概述

一、测向系统的目的

对雷达方向的测量也就是要测量雷达辐射电磁波的同相位波前。雷达侦察系统对雷

达辐射源进行方向测量的主要目的如下。

（一）进行信号分选和识别

由于雷达侦察系统所面临的信号环境中可能存在着大量的辐射源,而各辐射源的所在方向是将它们彼此区分开的重要参数之一,而且该参数受环境的影响较小,具有相对的稳定性。因此,辐射源的所在方向是雷达侦察系统可用于进行信号分选和识别的重要参数。

（二）引导干扰方向

当需要实施引导式干扰时,可根据雷达侦察系统测得的威胁雷达所在方向,对干扰机进行方向引导,使干扰发射机的能量集中在威胁雷达所在方向,干扰更加有效。

（三）引导武器系统辅助攻击

当武器系统需要对威胁雷达实施"硬杀伤"时,根据雷达侦察系统测得的威胁雷达所在方向,引导反辐射导弹、红外、激光和电视制导等武器对威胁雷达实施攻击。

（四）为作战人员提供威胁告警

当雷达侦察系统检测到有威胁辐射源的信号时,可为作战人员提供威胁告警并指明威胁所处方向,以便及时采取适当的战术机动措施。

（五）辅助实现对辐射源定位

利用空间多部雷达侦察接收机所测得的威胁雷达的方向或时差等参数,可以进一步确定威胁雷达在空间中的位置。

二、测向系统的主要技术指标

测向系统是雷达侦察接收机的重要组成部分,其技术指标应满足雷达侦察接收机的整体技战术指标要求,并随雷达侦察接收机的用途、性能的不同而有所差异。下面给出的是一般雷达侦察接收机测向系统的主要技术指标。

1. 测角精度 δA 和角度分辨力 ΔA

测角精度 δA 一般用测角误差的均值和方差来度量,包括系统误差和随机误差。系统误差由系统失调而引起,在给定工作频率、信号功率和环境温度等条件下,是一个固定偏差(均值不为零)。随机误差主要是由系统内、外噪声而引起。角度分辨力 ΔA 是指能够被区分开的两个辐射源间的最小角度差。

2. 测角范围 Ω_{AOA}、瞬时视野 Ω_{IAOA}、角度搜索概率 $P_A(T)$ 和搜索时间 T

测角范围 Ω_{AOA} 是指测向系统能够检测辐射源的最大角度范围,瞬时视野 Ω_{IAOA} 是指在给定时刻测向系统能够测量的角度范围。角度搜索概率 $P_A(T)$ 是指测向系统在给定的搜索时间 T 内,可测量出给定辐射源角度信息的概率。搜索时间 T 则是指对于给定辐射源,达到给定角度搜索概率 $P_A(T)$ 所需要的时间。对于搜索法测向,Ω_{IAOA} 对应于波束宽度,Ω_{AOA} 则为波束的扫描范围,角度搜索概率 $P_A(T)$ 和搜索时间 T 取决于双方天线的扫描方式和扫描参数;对于非搜索法测向,瞬时视野 Ω_{IAOA} = 测角范围 Ω_{AOA},只要侦收的雷达信号功率高于雷达侦察接收机的灵敏度,测向系统就能测定出辐射源的角度。

3. 测向系统灵敏度

测向系统灵敏度是指测向系统天线口面上能够正常测向时的最小输入信号功率密度 D(单位：dBm/m^2),或者在给定测向系统天线增益 G_R 或有效接收面积 A_R(单位：m^2)条件

下测向接收机的灵敏度 $P_{R\min}$(单位:dBm)。二者的换算关系为

$$P_{R\min} = D + 10\lg A_R = D + 10\lg(G_R\lambda^2/4\pi)$$
$$A_R = G_R\lambda^2/4\pi$$

(2-4-1)

2.4.2 测向的方法

一、按测向原理分类

雷达侦察系统对雷达辐射源测向的基本原理是利用侦察测向天线系统的方向性,也就是利用测向天线系统对不同方向到达的电磁波所具有的不同的振幅或相位响应特性,并据此分为振幅法测向和相位法测向两种类型。

(一)振幅法测向

振幅法测向就是根据测向天线系统侦收信号的相对幅度大小来确定信号的到达角。主要的测向方法有最大信号法、等信号法和比较信号法等。最大信号法通常采用波束扫描体制或多波束体制,以所侦收到信号最强的方向作为雷达所在方向,其优点是信噪比较高,所以侦察距离较远,缺点是测向精度较低。比较信号法通常采用多个不同波束指向的天线,覆盖一定的空间,根据各天线侦收同一信号的相对幅度大小来确定雷达的所在方向,其优点是测向精度较高,缺点是系统较复杂。等信号法主要用于对辐射源的跟踪,其测向精度高,但测向范围较小,典型应用于反辐射导弹等。

(二)相位法测向

相位法测向就是根据测向天线系统所侦收到的同一信号的相对相位差来确定雷达信号的到达角,也可以通过这一相位差解调出角度误差信号,驱动天线对辐射源实施被动跟踪。由于相对相位差来源于相对波程差与波长的比值,而雷达信号的波长较短,所以波程差引起的相位变化很灵敏,使得相位法测向的无模糊测角范围较小,天线系统较集中(基线较短)。

二、按波束扫描方法分类

波束一般是指天线的振幅响应,其中振幅响应最强的方向称为波束指向。波束扫描是指其波束指向随时间而改变。雷达侦察天线的波束扫描方法主要有顺序波束法和同时波束法。

(一)顺序波束法

顺序波束法测向就是通过窄波束天线在一定的测角范围内连续扫描来测量雷达所在方向,也称为搜索法测向。顺序波束法测向的优点是设备简单、体积小、质量轻,缺点是瞬时视野小、截获概率低、截获时间长。

(二)同时波束法

同时波束法测向就是采用多个彼此相互独立的波束同时覆盖需要侦察的空域(无需进行波束扫描),也称为非搜索法测向。顺序波束法测向的瞬时视野宽、截获概率高、截获时间短,但设备比较复杂。

2.4.3 振幅法测向

振幅法测向是根据测向天线对不同到达方向电磁波的振幅响应来测量辐射源方向的。常用的振幅法测向技术有波束搜索法测向、全向振幅单脉冲测向和空间多波束测向等。

一、波束搜索法测向技术

波束搜索法测向原理如图 2-4-1 所示，它是一种早期常用的测向方法。侦察测向天线以波束宽度 θ_r、扫描速度 v_r 在测角范围 Ω_{AOA} 内进行连续搜索。当接收到的雷达辐射信号分别高于、低于测向接收机检测门限 P_T 时，记下波束的指向 θ_1、θ_2，并将其平均值作为角度的一次估值 $\hat{\theta}$：

$$\hat{\theta} = \frac{1}{2}(\theta_1 + \theta_2) \qquad (2-4-2)$$

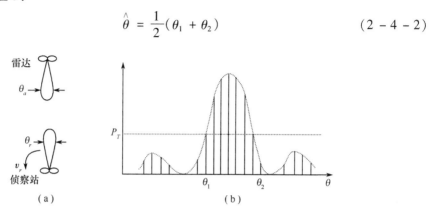

图 2-4-1 波束搜索法测向的原理

在搜索过程中，侦察波束在雷达辐射源方向具有一定的驻留时间 $t_r = \theta_r / v_r$，当 t_r 大于雷达的脉冲重复周期 T_r 时，可接收到雷达辐射的一组脉冲信号。

在许多情况下，雷达天线波束也处于搜索状态。若其天线旁瓣很低，则只有当双方天线波束互指时，侦察接收机收到的雷达信号功率才能达到检测门限。由于天线互指是一个随机事件，搜索法测向的本质是两个窗口函数的重合（几何概率问题）。为了提高搜索概率，侦察接收机必须尽可能地利用已知雷达的各种先验信息，并以此为依据确定自己的搜索方式和搜索参数。根据雷达天线与侦察天线转速的关系不同，可以将搜索法测向技术分为慢速可靠搜索、快速可靠搜索和概率搜索。

慢速可靠搜索是指侦察天线的转速比雷达天线的转速慢，同时，必须在侦察天线转一周的时间内能够搜索到雷达信号。

快速可靠搜索是指侦察天线的转速比雷达天线的转速快，同时在雷达天线转一周的时间内能够搜索到雷达信号。

概率搜索是指既不满足慢速可靠搜索条件，也不满足快速可靠搜索条件的搜索测向方法。

二、全向振幅单脉冲测向技术

全向振幅单脉冲测向技术采用 N 个具有相同方向性函数 $F(\theta)$ 的天线，均匀布设在 360° 方位内，如图 2-4-2 所示。相邻天线的张角 $\theta_s = 360°/N$，各天线的方位指向分别为

$$F_i(\theta) = F(\theta - i\theta_s) \qquad i = 0,1,\cdots,N-1 \qquad (2-4-3)$$

每个天线接收的信号经过各自振幅响应为 K_i 的接收通道，输出脉冲的对数包络信号：

$$s_i(t) = \lg[K_i F(\theta - i\theta_s) A(t)] \qquad i = 0,1,\cdots,N-1 \qquad (2-4-4)$$

式中:$A(t)$为雷达信号振幅的调制函数。该信号送到信号处理机,由信号处理机产生该脉冲对应的角度估值。常用的信号处理方法主要有相邻比幅法和全方向比幅(NABD)法。下面以相邻比幅法为例进行介绍。

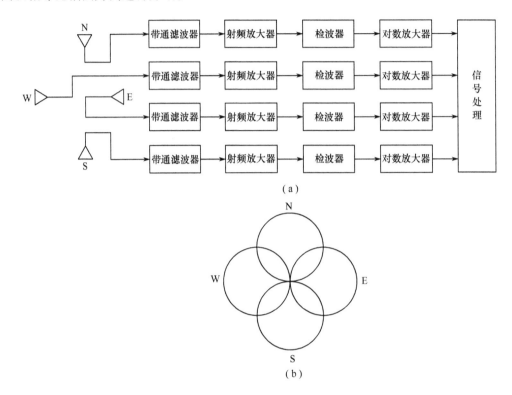

图 2 - 4 - 2　圆天线全向振幅单脉冲测向的原理方框图
(a) 系统组成;(b) 四天线方向图。

假设天线方向图满足对称性,即 $F(\theta) = F(-\theta)$,如图 2 - 4 - 3 所示,当雷达方向位于任意两天线之间,且偏离两天线等信号轴方向的夹角为 φ 时,对应通道输出的信号 $S_1(t), S_2(t)$ 分别为

$$S_1(t) = \lg[K_1 F(\theta_s/2 - \varphi) A(t)]$$
$$S_2(t) = \lg[K_2 F(\theta_s/2 + \varphi) A(t)]$$

相减后的对数电压比 R(单位:dB) 为

$$R = 10[S_1(t) - S_2(t)] = 10\lg\left[\frac{K_1 F(\theta_s/2 - \varphi) A(t)}{K_2 F(\theta_s/2 + \varphi) A(t)}\right]$$
(2 - 4 - 5)

如果函数 $F(\theta)$ 在区间 $[-\theta_s, \theta_s]$ 内具有单调性

$$F(\theta_1) < F(\theta_2)$$
$$\forall |\theta_1| < |\theta_2|; \theta_1, \theta_2 \in [-\theta_s, \theta_s]$$

图 2 - 4 - 3　相邻天线的振幅方向图

则 R 与 φ 也具有单调的对应关系(式中,$\forall$ 表示对于所有的 θ_1 和 θ_2)。如果天线方向性函数 $F(\theta)$ 为高斯函数,$F(\theta) = \mathrm{e}^{-k\theta^2}$,根据半功率波束宽度的定义:$F(\theta_r/2) = \sqrt{1/2}$,可求得其表达式为

$$F(\theta) = e^{-1.3863\left(\frac{\theta}{\theta_r}\right)^2} \qquad (2-4-6)$$

式中：θ_r 为 $F(\theta)$ 的半功率波束宽度。将其代入式（2-4-5），当 $K_1 = K_2$ 时,可得

$$R = \frac{12\theta_s}{\theta_r^2}\varphi \quad \text{或} \quad \varphi = \frac{\theta_r^2}{12\theta_s}R \qquad (2-4-7)$$

式（2-4-7）也可以作为其他天线函数进行相邻比幅测角时的参考。对 θ_r、θ_s 和 R 求全微分，可以得到角度测量时的系统误差 $d\varphi$：

$$d\varphi = \frac{\theta_r}{6\theta_s}Rd\theta_r - \frac{\theta_r^2}{12\theta_s^2}Rd\theta_s + \frac{\theta_r^2}{12\theta_s}dR \qquad (2-4-8)$$

该式表明：θ_r 越小，各项误差的影响就越小。这是由于波束越窄，则测向的斜率就越高。

相邻波束交点方向（等信号轴方向）的增益 $F(\theta_s/2)$ 与最大信号方向的增益 $F(0)$ 的功率比称为波束交点损失 L（单位：dB），即

$$L = 20\lg\left[\frac{F(\theta_s/2)}{F(0)}\right] \qquad (2-4-9)$$

对于式（2-4-6）的高斯天线方向图，可求得

$$L = 20\lg\left[F\left(\frac{\theta_s}{2}\right)\right] = -3\left(\frac{\theta_s}{\theta_r}\right)^2 = -3\left(\frac{360°}{N\theta_r}\right)^2$$

对于给定的波束交点损失 L，也可以求得相应的波束宽度：

$$\theta_r = \theta_s\sqrt{\frac{-3}{L}}$$

L 影响系统的测向灵敏度，因此在选择波束宽度时必须折中考虑。当波束交点损失为 -3dB 时，$\theta_r = \theta_s$，式（2-4-8）可简化为

$$d\varphi = \frac{R}{6}d\theta_r - \frac{R}{12}d\theta_s + \frac{360°}{12N}dR \qquad (2-4-10)$$

式中的前两项误差分别为波束宽度变化和张角变化引起的误差，在波束正方向的影响最大（此时 R 最大），在等信号轴方向的影响最小（此时 $R = 0$）；第三项误差为通道失衡引起的误差，可以随着天线数 N 的增加而减小。

相邻比幅法的信号处理主要表现在相邻通道之间，这对于分辨不同方向（$\Delta\theta > \theta_s$）的同时多信号是有好处的。但是当有强信号到达时，由于天线旁瓣的作用，可能使多个相邻通道同时超过检测门限，造成虚假错误，需要在信号处理时给予消除。

三、空间多波束测向技术

1. 罗特曼透镜多波束测向技术

多波束测向系统由 N 个窄波束同时覆盖测角范围 Ω_{AOA}，如图 2-4-4 所示。多波束的形成主要分为：由集中参数的微波馈电网络构成的多波束天线阵和由空间分布馈电构成的多波束天线阵。

罗特曼（Rotman）透镜是一种典型的由集中参数馈电网络构成的多波束天线阵，如图 2-4-5 所示，主要由天线阵、变长馈线（Bootlace 透镜区）、输出阵、聚焦区和波束口（输出口）等组成。每一个天线单元的波束都宽，由天线阵元输入口到波束

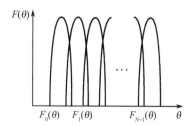

图 2-4-4 多波束测向的原理示意图

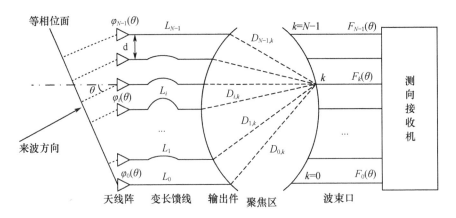

图 2-4-5 罗特曼透镜馈电多波束原理图

口之间的部分组成罗特曼透镜,包括聚焦区和 Bootlace 透镜区两个区域。当平面电磁波沿 θ 方向到达天线阵时,各天线阵元的输出信号为

$$S_i(t) = S(t)e^{j\varphi_i(\theta)}, \varphi_i(\theta) = i\frac{2\pi}{\lambda}d\sin\theta \quad i = 0,1,\cdots,N-1$$

式中:d 为相邻天线的间距。连接各天线阵元到聚焦区的可变长度馈线的等效电长度为 λ,对应的相移量为

$$\psi_i = \frac{2\pi}{\lambda}L_i \quad i = 0,1,\cdots,N-1$$

由聚焦区口 i 到输出口 k 的等效路径长度为 $d_{i,k}$,相移量为

$$\phi_{ik} = \frac{2\pi}{\lambda}d_{i,k} \quad i = 0,1,\cdots,N-1$$

罗特曼透镜通过对测向系统参数 d、N、$\{L_i\}_{i=0}^{N-1}$、$\{D_{i,k}\}_{i,k=0}^{N-1}$ 设计和调整,使输出口 k 的天线方向图函数 $F_k(\theta)$ 近似为

$$F_k(\theta) = \left|\sum_{i=0}^{N-1} e^{j(\varphi_i(\theta)+\psi_i+\phi_{i,k})}\right| \approx \left|\frac{\sin\frac{N\pi}{\lambda}(\theta-\theta_k)}{\frac{\pi}{\lambda}(\theta-\theta_k)}\right| \quad k = 0,1,\cdots,N-1$$

(2-4-11)

从而使 N 个输出口具有 N 个不同的波束指向 $\{\theta_k\}_{k=0}^{N-1}$。雷达侦察接收机中的多波束测向的难点主要是宽带特性,要求波束指向尽可能不受频率的影响(宽带聚焦)。

罗特曼透镜的测角范围有限,一般在天线阵面正向 ±60° 范围内,天线具有一定的增益。罗特曼透镜也适合作干扰发射天线。

2. 数字多波束测向技术

传统的波束形成通常是在模拟域内完成的,由于数字处理能够提供更大的灵活性,现代波束形成大多采用数字波束形成技术。为了实现多波束测向功能,多波束形成器必须同时形成一组无交叠的波束。下面介绍两种常用的产生多波束的方法:子波束加权法和快速傅里叶变换法。

(1) 子波束加权法。

图 2-4-6 给出了一种采用子波束加权法数字多波束形成器的组成框图。多波束形

成器共享一组天线阵元、射频变换器和模数转换器。射频变换器和模数转换器以及数字下变频器(DDC)共用晶振形成的本振和时钟,这样所有的变换处理不会产生附加的多通道相移误差。

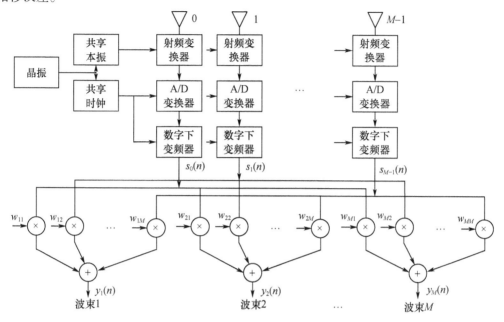

图 2-4-6 采用子波束加权法的 M 阵元数字多波束形成器

将每个数字下变频的基带输出分别乘以对应子波束的复数加权,求和便得到该波束的基带信号输出。采用多组不同的加权矢量便得到了多个波束,子波束权矢量的求取与一般波束形成求权值的方法相同。子波束加权法的输出表达式可以写为

$$y_k(n) = \bm{W}_k^H \bm{s}(n) \quad k = 1,2,3,\cdots,M \qquad (2-4-12)$$

式中:$\bm{W}_k^H$ 为第 k 个波束所需要的加权向量,上标 H 为共轭转置;$\bm{s}(n)$ 为阵列接收信号变换到基带 M 维数字信号向量,即 $\bm{s}(n) = [s_0(n),s_1(n),\cdots,s_{M-1}(n)]$,$M$ 为阵元数。

该方法的优点是可以独立设计子波束的权值形成多个波束,波束指向及个数可以灵活进行调整。

(2)快速傅里叶变换法(FFT)。

图 2-4-7 给出了一种采用 FFT 法数字多波束形成器的组成框图。与子波束加权法类似,FFT 多波束形成器共享一组天线阵元、射频变换器和模数转换器。将每个数字下变频的基带输出送至一个 M 点的复数快速傅里叶变换器。经过快速傅里叶变换后产生 M 个复数输出,每个输出对应一个波束的基带信号。

这一方法是基于天线方向图为阵列流型向量的傅里叶变换,就像信号频谱是其时间波形的傅里叶变换一样,它们存在着傅里叶变换对的关系。FFT 法的输出表达式可以写为

$$\bm{y}(n) = \mathrm{FFT}(\bm{s}(n),M) \qquad (2-4-13)$$

式中:FFT 为对输入向量 $\bm{s}(n)$ 进行 M 点快速傅里叶变换;$\bm{y}(n) = [y_1(n),y_2(n),\cdots,y_M(n)]$ 为 FFT 输出向量,其中 $y_1(n),y_2(n),\cdots,y_M(n)$ 分别为多波束的基带信号输出;M 为阵元数。

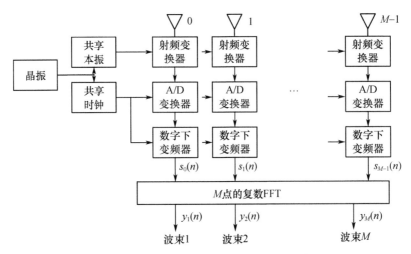

图 2-4-7 采用 FFT 法的 M 阵元数字多波束形成器

FFT方法的优点是计算速度快,但直接采用FFT算法得到的多波束形状是固定的,其指向角度间隔和波束宽度不是均匀的,越靠近阵列的相位中心,波束宽度越窄,波束间隔越小,另外在用FFT计算多波束时,第 $k=(M/2)+1$ 个波束,其指向线阵端射方向,这种情况下该波束无法使用。

【例题】设16阵元的均匀线阵,阵元间距为信号波长的一半,用FFT方法画出15个波束的波束图(略去第 $k=(M/2)+1=9$ 个波束)。

【解】用Matlab画出的15个波束图如图2-4-8所示。由图可以看出,15个波束指向间隔和波束宽度是不均匀的,越靠近0°方向,波束宽度越窄,波束间隔越小,这与上述分析的结论是一致的。

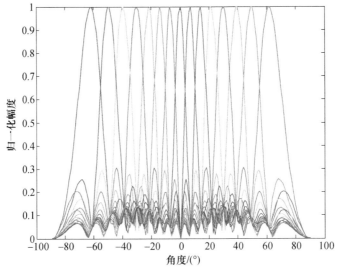

图 2-4-8 用 FFT 方法形成 15 个波束的波束图

2.4.4 相位法测向

相位法测向就是根据测向天线对不同到达方向电磁波的相位响应来测量辐射源的方

向。下面以常用的数字式相位干涉仪测向技术为例介绍其基本原理。

一、单基线相位干涉仪测向的基本原理

从原理上分析,相位干涉仪能够实现对单个脉冲的测向,故又称为相位单脉冲测向。最简单的单基线相位干涉仪由两个信道组成,如图2-4-9所示。

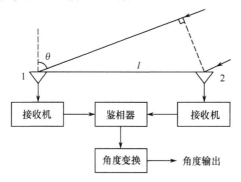

图2-4-9 一维单基线相位干涉仪测向原理

若有一平面电磁波从与天线视轴夹角为 θ 的方向到达测向天线1、2,则两天线收到信号的相位差 ϕ 为

$$\phi = \frac{2\pi l}{\lambda}\sin\theta \quad (2-4-14)$$

式中：λ 为信号波长；l 为两天线间距。如果两个信道的相位响应完全一致,则由接收机输出信号的相位差仍为 ϕ,经过鉴相器取出相位差信息：

$$\begin{cases} U_c = K\cos\phi \\ U_s = K\sin\phi \end{cases}$$

K 为系统增益。再进行角度变换,求得雷达信号的到达方向 θ：

$$\begin{cases} \phi = \arctan\dfrac{U_s}{U_c} \\ \theta = \arcsin\dfrac{\phi\lambda}{2\pi l} \end{cases}$$

由于鉴相器无模糊的相位检测范围仅为 $[-\pi,\pi]$,所以单基线相位干涉仪最大无模糊测角范围 $[-\theta_{\max},\theta_{\max}]$ 为

$$\theta_{\max} = \arcsin\frac{\lambda}{2l} \quad (2-4-15)$$

对于固定天线,l 是常量。对式(2-4-14)中的其他变量求全微分,分析各项误差的相互影响：

$$\Delta\phi = \frac{2\pi l}{\lambda}\cos\theta\Delta\theta - \frac{2\pi l}{\lambda^2}\sin\theta\Delta\lambda \quad (2-4-16a)$$

$$\Delta\theta = \frac{\Delta\phi}{\dfrac{2\pi l}{\lambda}\cos\theta} + \frac{\Delta\lambda}{\lambda}\tan\theta \quad (2-4-16b)$$

从上式可以看出,测角误差主要来源于相位误差 $\Delta\phi$ 和信号频率不稳误差 $\Delta\lambda$。误差大小与 θ 有关,在天线视轴方向($\theta = 0°$)误差最小,在基线方向($\theta = \pi/2$)误差非常大,以至无法测向。因此,一般将单基线测角的范围限定在 $[-\pi/3, \pi/3]$。相位误差 $\Delta\phi$ 包括信道相位失衡误差 $\Delta\phi_c$、相位测量误差 $\Delta\phi_q$ 和系统噪声引起的相位误差 $\Delta\phi_n$ 等,即

$$\Delta\phi = \Delta\phi_c + \Delta\phi_q + \Delta\phi_n \quad (2-4-17)$$

相位误差 $\Delta\phi$ 对测向误差的影响与 l/λ 成反比。要获得高的测向精度,必须尽可能提高 l/λ。但是,l/λ 越大,无模糊测角的范围就越小。因此,单基线相位干涉仪难以同时满足大测角范围和高测角精度的要求。

二、一维多基线相位干涉仪测向

在一维多基线相位干涉仪中,可以用短基线来保证测角范围大,用长基线来保证测角精度高。图 2-4-10 给出了三基线 8 比特相位干涉仪测向的原理方框图。其中,"0" 天线为基准天线,其他各天线与其天线的间隔分别为 l_1、l_2、l_3,其中,

$$l_2 = 4l_1$$
$$l_3 = 4l_2$$

四天线接收的信号经过各信道接收机(混频、中放、限幅器),送到三路鉴相器。其中 "0" 信道为鉴相基准。三路鉴相器的 6 路输出信号分别为

$$\sin\phi_1, \cos\phi_1, \sin\phi_2, \cos\phi_2, \sin\phi_3, \cos\phi_3$$

在忽略三信道相位不平衡误差的条件下,有

$$\phi_1 = \frac{2\pi l_1}{\lambda}\sin\theta$$

$$\phi_2 = \frac{2\pi l_2}{\lambda}\sin\theta = 4\phi_1$$

$$\phi_3 = \frac{2\pi l_3}{\lambda}\sin\theta = 4\phi_2$$

此 6 路信号经过加减电路、极性量化器、校码编码器产生 8 比特方向码输出。加减电路、极性量化器、校码编码器的工作原理与比相法瞬时测频接收机相同,不再赘述。

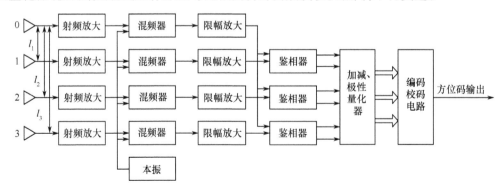

图 2-4-10 一维三基线相位干涉仪测向的原理

假设一维多基线相位干涉仪测向的基线数为 k,相邻基线的长度比为 n,最长基线编码器的角度量化位数为 m,则理论上的测向精度为

$$\delta\theta = \frac{\theta_{\max}}{n^{k-1}2^{m-1}} \tag{2-4-18}$$

相位干涉仪测向具有较高的测向精度,但其测向范围不能覆盖全方位,并且与比相法瞬时测频一样,也没有对同时多信号的分辨能力。此外,由于相位差与信号的频率有关,所以在测向的时候,还需要对信号进行测频,求得波长 λ,才能唯一确定雷达信号的到达方向。

2.4.5 现代谱估计测向技术

利用现代谱估计技术可以测量多个同时到来信号的波达方向。现代谱估计技术是一种基于模型的方法,它的优点是具有超分辨测向能力,即可分辨位于一个波束宽度内的多个空间目标。目前用于波达方向估计的算法有很多种,主要分为基于线性预测类算法、子空间分解类算法、子空间拟合类算法等,这里简要介绍一种基于子空间分解类的代表性算法,即多重信号分类(Multiple Signal Classification,MUSIC)算法的原理。

MUSIC算法是基于阵列协方差矩阵特征分解,利用信号子空间和噪声子空间的正交性对信号波达方向进行超分辨谱估计的一种方法。

设 M 个阵元等距直线排列形成天线阵,阵元间距为 d,远区有 N 个辐射信号源,如图2-4-11所示。通常 $d = \lambda/2$(λ 为载波波长),$N < M$。设 $x_i(t)$,$i = 1,2,\cdots,N$ 对应各阵元接收信号,$n_i(t)$ 表示各通道中存在的均值为零、方差为 σ^2 的独立高斯白噪声,目标信号和噪声不相关,由信源和阵列空间关系,用矩阵形式表示的各阵元接收信号为

$$X(t) = AS(t) + N(t) \tag{2-4-19}$$

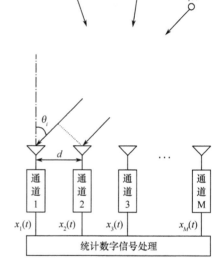

图2-4-11 等距直线阵阵列模型

式中:$X(t) = [x_1(t),x_2(t),\cdots,x_M(t)]^T$ 为阵列接收的 $M \times L$ 维数据矢量;$[\cdot]^T$ 表示转置运算;$S(t) = [s_1(t),s_2(t),\cdots,s_N(t)]^T$ 为空间辐射信号的 $N \times L$ 维数据矢量;$N(t) = [n_1(t),n_2(t),\cdots,n_M(t)]^T$ 为阵列的 $M \times L$ 维噪声数据矢量;A 为空间阵列的 $M \times N$ 维阵列响应矩阵,又称阵列流型矩阵

$$A = [a(\theta_1),a(\theta_2),\cdots,a(\theta_N)] \tag{2-4-20}$$

其中,$a(\theta_i) = [1,e^{j\phi_i},\cdots,e^{j(M-1)\phi_i}]^T$ 为阵列方向矢量;$\phi_i = (2\pi d/\lambda)\sin\theta_i$,$\theta_i$ 为第 i 个辐射信号的方位角;$x_i(t)$,$s_i(t)$,$n_i(t)$ 为长度 L 的采样数据矢量。

由于阵列接收数据中含有辐射信号的角度信息 θ_i,通过一定的统计信号处理便可以估计出信号的波达方向。

接收阵列的协方差矩阵为

$$R = E\{X(t)X^H(t)\} \tag{2-4-21}$$

式中:$E\{\cdot\}$ 为求数学期望运算;$[\cdot]^H$ 为共轭转置运算。对阵列协方差矩阵 R 进行特征值

分解可得到对应信号源的 N 个大特征值 $\lambda_1, \lambda_2, \cdots, \lambda_N$ 和 $M-N$ 个对应噪声的小特征值 $\lambda_{N+1}, \lambda_{N+2}, \cdots, \lambda_M$，其中 $\lambda_{N+1} = \lambda_{N+2} = \cdots = \lambda_M = \sigma^2$。$N$ 个大特征值的特征矢量 $\boldsymbol{E}_s = [\boldsymbol{e}_1, \boldsymbol{e}_2, \cdots, \boldsymbol{e}_N]^T$ 所张成的线性子空间称为信号子空间，$M-N$ 个对应噪声的小特征值的特征矢量 $\boldsymbol{E}_n = [\boldsymbol{e}_{N+1}, \boldsymbol{e}_{N+2}, \cdots, \boldsymbol{e}_M]^T$ 张成的线性子空间称为噪声子空间。

由于信号子空间与噪声子空间是正交的，而阵列流型矩阵 $\boldsymbol{A}$ 张成的子空间与信号子空间是同一子空间，所以阵列流型矩阵 $\boldsymbol{A}$ 张成的子空间与噪声子空间是正交的。利用这一正交关系可以构造如下空间谱函数，即 MUSIC 算法的谱函数：

$$P_{\text{MUSIC}}(\theta) = \frac{1}{\boldsymbol{a}^H(\theta) \boldsymbol{E}_n \boldsymbol{E}_n^H \boldsymbol{a}(\theta)} \qquad (2-4-22)$$

式中：$\boldsymbol{a}(\theta) = [1, e^{j\frac{2\pi d}{\lambda}\sin\theta}, \cdots, e^{j(M-1)\frac{2\pi d}{\lambda}\sin\theta}]^T$ 为阵列导向矢量。上述谱函数对 θ 进行谱峰搜索，可得到 N 个峰值，峰值所对应的角度值就是辐射源的方向。

图 2-4-12 给出了阵元数 $M=8$ 均匀直线天线阵，阵元间距 $d=\lambda/2$，独立信号源数 $N=3$，其入射角分别为 $-30°, 5°, 20°$，采样数据长度 $L=256$，信噪比为 15dB 情况下的基本 MUSIC 算法的角度估计结果。

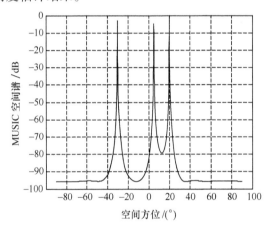

图 2-4-12 信噪比为 15dB，采样数为 256 情况下的 MUSIC 谱图

从图 2-4-12 可以看出，在一定的信噪比和采样数的条件下，MUSIC 算法通过谱峰搜索可在目标的真实空间方位形成尖锐的谱峰，从而可实现对辐射信号角度的估计。

除了上述的基本 MUSIC 算法外，现代谱估计技术还有许多算法，具有不同的估计性能，适用于不同的应用场合。现代谱估计技术具有很高的测角精度，但运算量大，在实现中还需要解决多通道幅相一致性、天线互耦、多路径影响等问题。

与传统测向技术相比，空间谱估计测向技术具有以下特点。

（1）与波束幅度测角方法相比，角度测量的分辨力大大提高。传统的阵列测向中，目标的角分辨率取决于阵列的物理孔径尺寸，也就是受到瑞利限的约束，而空间谱估计测向能够突破瑞利限的约束，可大大改善在系统处理带宽内空间信号的角度估计精度、角度分辨力及其他相关参数估计精度，因而又称为超分辨角度测量技术。

（2）与相位法测向技术相比，可以测量多个同时到达信号的角度，可以避免角度测量模糊问题。

(3) 与传统测向技术相比,该方法需要采用多个阵列单元采集来波信号,同时需要采集多组数据进行统计信号处理和参数估计,因此其算法相对复杂。

2.5 对雷达定位方法和原理

对雷达的定位分为平面定位和空间定位。平面定位是指确定雷达辐射源在某一特定平面上的位置,空间定位是指确定雷达辐射源在某一空间中的位置。由于雷达侦察设备本身是无源工作的,一般不能测距,因此实现对雷达的定位还必须要具备其他的条件。根据定位条件的不同,可以分为单点定位和多点定位。

2.5.1 单点定位

单点定位是指雷达侦察设备通过在单个位置的侦收,来确定雷达辐射源的位置。主要的定位方法有飞越目标定位法和方位/仰角定位法。这种定位方法需要借助于其他设备辅助(如导航定位设备、姿态控制设备等),以便确定侦察站自身的位置和相对姿态。

一、飞越目标定位法

飞越目标定位法主要用于空间或空中飞行器(如卫星、无人驾驶飞机等)上的雷达侦察设备,利用垂直下视锐波束天线,对地面雷达进行探测和定位,如图 2-5-1(a) 所示。

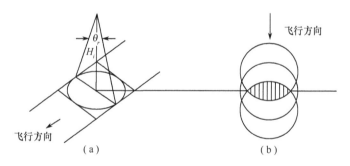

图 2-5-1 飞越目标定位法示意图

飞行器在运动过程中一旦发现雷达信号,立即将该信号的测量参数、发现的起止时间与飞行器导航数据、姿态数据等记录下来,供事后分析处理。对于地面上固定的雷达站,假设侦收到的 N 个脉冲记录整理成波束中心在地面的投影序列 $\{A_i\}_{i=0}^{N-1}$,则每一个脉冲在地面上的定位模糊区是一个以 A_i 为中心、R_i 为半径的圆,模糊区面积 S_i 为

$$S_i = \pi R_i^2 = \pi \left(H_i \tan \frac{\theta_r}{2} \right)^2 \qquad (2-5-1)$$

N 个脉冲的定位模糊区则是此 N 个非同心圆的交,如图 2-5-1(b) 所示。显然,收到同一雷达的信号脉冲越多,定位的模糊区就越小。

二、方位/仰角定位法

方位/仰角定位法是利用飞行器上的斜视锐波束对地面雷达进行探测和定位的,如图 2-5-2(a) 所示。同飞越目标定位法一样,飞行器在运动过程中一旦发现雷达信号,立即将该信号的测量参数、发现的起止时间与飞行器导航数据、姿态数据等记录下来,供侦察设备实时处理或作事后分析处理。对于地面上固定的雷达站,假设侦收到的 N 个脉冲记录整理成波束中心在地面的投影序列 $\{A_i\}_{i=0}^{N-1}$,则每一个脉冲在地面上的定位模糊区是一个以 A_i 为中心、a_i 为短轴、b_i 为长轴的椭圆,它与飞行器高度 H_i、下视斜角 β_i 以及两维波束宽度 θ_α、θ_β 的关系为

$$\begin{cases} a_i = H_i \csc\beta_i \tan\dfrac{\theta_\alpha}{2} \\ b_i = \dfrac{H_i}{2}\left[\cot\left(\beta_i - \dfrac{\theta_\beta}{2}\right) - \cot\left(\beta_i + \dfrac{\theta_\beta}{2}\right)\right] \end{cases} \quad (2-5-2)$$

模糊区面积 S_i 为

$$S_i = \pi a_i b_i \quad (2-5-3)$$

显然,它受下视斜角 β_i 的影响最大。当 β_i 为 $\pi/2$ 时,方位/仰角定位法与飞越目标定位法一致,且模糊区面积最小;当 β_i 很小时,模糊区面积很大,甚至无法定位。N 个脉冲的定位模糊区是 N 个非同心椭圆的交,多次测量也可以减小定位的模糊区。

2.5.2 多点定位

多点定位是指通过在空间位置不同的多个侦察站协同工作,来确定雷达辐射源的位置。主要的定位方法有测向交叉定位、测向—时差定位和时差定位。

一、测向交叉定位法

测向交叉定位使用在不同位置处的多个侦察站,根据所测得同一辐射源的方向,进行波束的交叉,确定辐射源的位置。平面上测向交叉定位的原理如图 2-5-3 所示。图中,l 为两侦察站间的距离(基线距离),距离 R_1 为辐射源 P 到侦察站 A 的距离,R_2 为辐射源 P 到侦察站 B 的距离,R 为辐射源到基线的距离。

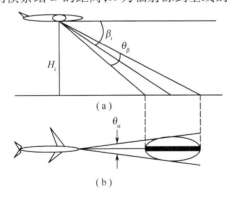

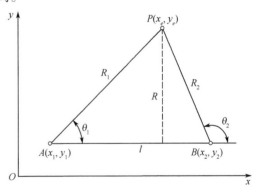

图 2-5-2 方位/仰角定位法示意图　　图 2-5-3 平面上测向交叉定位示意图

两个侦察站之间的距离是已知的,当两个侦察站分别测出同一辐射源的角度时,利用正弦定理可求得两站点到辐射源的距离分别为

$$\begin{cases} R_1 = \dfrac{l\sin(\pi - \theta_2)}{\sin(\theta_2 - \theta_1)} = \dfrac{l\sin\theta_2}{\sin(\theta_2 - \theta_1)} \\ R_2 = \dfrac{l\sin\theta_1}{\sin(\theta_2 - \theta_1)} \end{cases} \quad (2-5-4)$$

两条位置线 R_1 和 R_2 的交点,便是辐射源所在的坐标位置。假设侦察站 1、2 的坐标位置分别为(x_1,y_1)、(x_2,y_2),所测得的辐射源方向分别为 θ_1、θ_2,则辐射源的坐标位置(x_e,y_e)满足下列直线方程组:

$$\begin{cases} \dfrac{y_e - y_1}{x_e - x_1} = \tan\theta_1 \\ \dfrac{y_e - y_2}{x_e - x_2} = \tan\theta_2 \end{cases} \qquad (2-5-5)$$

解此方程组可得

$$\begin{cases} x_e = \dfrac{y_1 - y_2 - \tan\theta_1 x + \tan\theta_2 x_2}{\tan\theta_2 - \tan\theta_1} \\ y_e = \dfrac{\tan\theta_2 y_1 - \tan\theta_1 y_2 - \tan\theta_1\tan\theta_2(x_1 - x_2)}{\tan\theta_2 - \tan\theta_1} \end{cases} \qquad (2-5-6)$$

测向定位的精度与测向精度和辐射源位置有关。如果侦察站在测量辐射源方向时产生了测量误差,误差数值范围为 $\pm\Delta\theta_1/2$ 和 $\pm\Delta\theta_2/2$,则两个侦察站测出的辐射源方向的交叉点(辐射源位置)处于一个定位模糊区内,如图 2-5-4 阴影所示。

由于 R_1 和 R_2 很大、$\Delta\theta_1$ 和 $\Delta\theta_2$ 很小,误差角交叠的阴影区可近似为一平行四边形,而位置线误差可表示为

$$\begin{aligned}\Delta d_1 &\approx R_1\tan\Delta\theta_1 \approx R_1\Delta\theta_1 \\ \Delta d_2 &\approx R_2\tan\Delta\theta_2 \approx R_2\Delta\theta_2\end{aligned} \qquad (2-5-7)$$

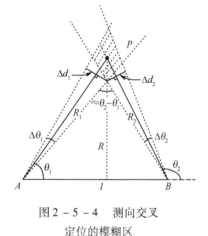

图 2-5-4 测向交叉定位的模糊区

由图 2-5-4 中的几何关系可以推导出阴影区(定位模糊区)的面积近似为

$$A = \left|\frac{\Delta d_1 \Delta d_2}{\cos^2(90° - (\theta_2 - \theta_1))}\sin(\theta_2 - \theta_1)\right| = \left|\frac{4R^2\Delta\theta_1\Delta\theta_2}{\sin\theta_1\sin\theta_2\sin(\theta_2 - \theta_1)}\right|$$

$$(2-5-8)$$

该式表明:

(1) 辐射源距离越远(R 越大),测向误差越大,模糊区就越大,最大定位误差越大;

(2) 在 R、$\Delta\theta_1$ 和 $\Delta\theta_2$ 一定时,误差面积是 θ_1 和 θ_2 的函数。利用多元函数求极小值的方法,可以求得:

当 $\theta_1 = \dfrac{\pi}{3}$,$\theta_2 = \dfrac{2\pi}{3}$ 时,定位模糊区的面积 A 最小,即当侦察站与雷达构成等边三角形时,模糊区的面积最小。

为了提高定位精度,应尽量提高测向精度。此外,对同一辐射源进行多站测向交叉定位,也能减小定位模糊区的面积。

二、测向 — 时差定位法

采用这种方法定位的工作原理如图 2-5-5 所示。基站 A 和转发站 B 二者间距为 d。

转发站有两个天线,一个是全向天线(或弱方向性天线),用于接收来自辐射源的信号,经过放大后再由另一个定向天线转发给基站 A。基站 A 也有两个天线,一个用来测量辐射源的方位角,另一个用来接收转发器送来的信号并测量出该信号与直接到达基站的同一个目标信号的时间差。显然,

$$c\Delta t = R_2 + d - R_1 \quad (2-5-9)$$

式中:c 为电磁波传播速度。根据余弦定理:

$$R_2^2 = R_1^2 + d^2 - 2R_1 d\cos\theta \quad (2-5-10)$$

经整理可得

$$R_1 = \frac{c\Delta t(d - c\Delta t/2)}{c\Delta t - d(1-\cos\theta)} \quad (2-5-11)$$

如果转发站位于运动的平台上,如图 2-5-6 所示,则它与基站之间的距离 d 以及与参考方向的夹角 θ_0 就需要用其他设备进行实时测量。如果采用应答机测量两站之间的间距,则有

$$\begin{cases} d = c\Delta t_{AB} \\ \theta = \theta_1 - \theta_0 \end{cases} \quad (2-5-12)$$

代入式(2-5-11),可得

$$R_1 = \frac{c\Delta t(\Delta t_{AB} - \Delta t/2)}{\Delta t - \Delta t_{AB}[1 - \cos(\theta_1 - \theta_0)]} \quad (2-5-13)$$

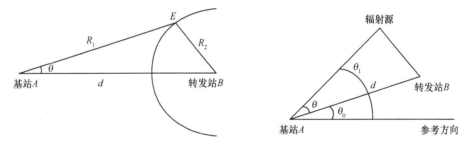

图 2-5-5 平面上测向—时差定位法的原理　图 2-5-6 位于运动平台上的测向—时差定位

三、时差定位法

时差定位是利用平面或空间中的多个侦察站,测量出同一个信号到达各侦察站的时间差,由此确定出辐射源在平面或空间中的位置。以平面时差定位法为例进行分析。

假设在同一平面上,有三个侦察站 O、A、B 以及一个辐射源 E,其位置分别为 $(0,0)$、(ρ_A, α_A)、(ρ_B, α_B) 和 (ρ, θ),如图 2-5-7 所示。三个侦察站测得辐射源辐射信号的到达时间分别为 t_O、t_A、t_B。

根据余弦定理,可得到以下方程组:

$$\begin{cases} c(t_A - t_O) = [\rho^2 + \rho_A^2 - 2\rho_A\rho\cos(\theta - \alpha_A)]^{\frac{1}{2}} - \rho \\ c(t_B - t_O) = [\rho^2 + \rho_B^2 - 2\rho_B\rho\cos(\theta - \alpha_B)]^{\frac{1}{2}} - \rho \end{cases} \quad (2-5-14)$$

解方程组可得

$$\theta = \varphi \pm \arccos\left[\frac{k_5}{\sqrt{k_3^2 + k_4^2}}\right] \quad (2-5-15)$$

式中：

$$\begin{cases} k_1 = \rho_A^2 - [c(t_A - t_O)]^2 \\ k_2 = \rho_B^2 - [c(t_B - t_O)]^2 \\ k_3 = k_2\rho_A\cos\alpha_A - k_1\rho_B\cos\alpha_B \\ k_4 = k_2\rho_A\sin\alpha_A - k_1\rho_B\sin\alpha_B \\ k_5 = k_1c(t_B - t_O) - k_2c(t_A - t_O) \\ \varphi = \arctan\dfrac{k_4}{k_5} \end{cases} \quad (2-5-16)$$

将 θ 代入方程组(2-5-14)中即可求出 ρ。式(2-5-15)说明，平面上的三站时差定位一般将有两个解，这是由于式(2-5-14)所代表的是两条双曲线，一般有两个交点，由此产生定位多值性即定位模糊问题。

一种有效去模糊的方法是增设一个侦察站，产生一个新的时差项，三条双曲线一般只有一个交点，可以解模糊。因此利用平面上的四站时差定位，可以唯一地确定 θ，进而唯一地确定辐射源的空间距离 ρ。显然，不同的布站方式将影响定位计算的复杂程度和精度。图 2-5-8 给出了一较好的平面定位的四站布站方式。

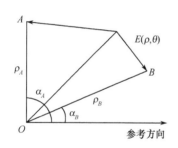
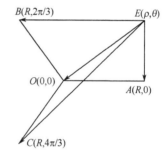

图 2-5-7　平面上的时差定位示意图　　图 2-5-8　平面上的四站时差定位示意图

2.6　雷达侦察中的信号处理

2.6.1　对雷达信号进行侦察的典型过程

雷达侦察系统是一种利用无源接收和信号处理技术，对雷达辐射源信号环境进行检测和识别、对雷达信号参数进行测量和分析，从中得到有用信息的设备。

对雷达信号进行侦察的典型过程如下。

（1）雷达侦察天线接收所在空间的射频信号，并将信号馈送至射频信号实时检测和参数测量电路。由于大部分雷达信号都是脉冲信号，所以典型射频信号的检测和测量电路的输出是对每一个射频脉冲用数字形式描述的信号参数，通常称为脉冲描述字（Pulse Discription Word，PDW），该脉冲描述字是指定长度（定长）、指定格式（定格）、指定位含义（定位）的。从雷达侦察系统的侦察天线至射频信号实时检测和参数测量电路的输出端，通常称为雷达侦察系统的前端。

（2）将雷达侦察系统前端的输出送给侦察系统的信号处理设备，由信号处理设备根据不同的雷达和雷达信号特征,对输入的实时PDW信号流进行辐射源分选、参数估计、辐射源识别、威胁程度判别和作战态势判别等。信号处理设备的输出结果一般是约定格式的数据文件,同时提供给雷达侦察系统中的显示、存储、记录设备和有关的其他设备。从雷达侦察系统的信号处理设备至显示、存储、记录设备等,通常称为雷达侦察系统的后端。

随着高速数字电路和数字信号处理(DSP)技术的发展,目前已经能够将宽带信号直接进行A/D变换、保存和处理(数字接收机),使传统的测向、测频技术等与数字信号处理技术紧密结合,不仅改善了当前系统的性能,并且具有良好的发展前景。

2.6.2 信号处理的任务与技术要求

一、信号处理设备的主要任务

雷达侦察系统中信号处理设备的主要任务是:对前端输出的实时脉冲信号描述字流 $\{PDW_i\}_{i=0}^{\infty}$ 进行信号分选、参数估计和辐射源识别,并将对各辐射源检测、测量和识别的结果提供给侦察系统中的显示、存储、记录以及其他有关设备。

雷达侦察系统前端输出的 $\{PDW_i\}_{i=0}^{\infty}$ 的具体内容和数据格式,取决于侦察系统前端的组成和性能。在典型的雷达侦察系统中,有

$$\{PDW_i = (\theta_{AOAi}, f_{RFi}, t_{TOAi}, \tau_{PWi}, A_{Pi}, F_i)\}_{i=0}^{\infty} \qquad (2-6-1)$$

式中: θ_{AOA} 为脉冲的到达方位角; f_{RF} 为脉冲的载波频率; t_{TOA} 为脉冲前沿的到达时间; τ_{PW} 为脉冲宽度; A_P 为脉冲幅度或脉冲功率; F 为脉内调制特征; i 是按照时间顺序检测到的射频脉冲的序号。

二、信号处理的主要技术要求

对雷达侦察系统中信号处理设备的主要技术要求如下。

(一)可分选、识别的雷达辐射源类型和可信度

雷达辐射源的类型一般可以按信号类型和工作类型进行分类。按信号类型分是按照雷达发射信号的调制形式对雷达辐射源进行分类的,各种典型的雷达信号调制形式如图2-6-1所示。

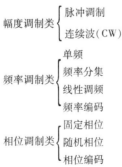

图2-6-1 按各种典型的雷达信号调制形式分类

按工作类型分类是按雷达的功能、用途、工作体制和工作状态等进行分类。也可根据雷达侦察系统所能够分选、识别的雷达辐射源类型对雷达辐射源进行分类。雷达侦察系统所能分选、识别的雷达辐射源类型主要取决于侦察系统的功能和用途。通常,电子情报侦察系统(ELINT)可分选、识别的雷达辐射源类型较多,以便广泛地掌握各种雷达的作战信息;电子支援侦察系统(ESM)可分选、识别的雷达辐射源类型主要是当前战场上对我

方具有一定威胁的敌方雷达;雷达寻的和告警系统(RHAW)可分选、识别雷达辐射源的主要类型是对我方形成直接威胁的火控、近炸、制导和末制导雷达。

可信度是考核信号处理设备分选、识别结果的质量的指标。

(二) 可测量和估计的辐射源参数、参数范围和估计精度

雷达侦察系统可测量和估计的辐射源参数包括由分选后的脉冲描述字 PDW 直接统计测量和估计的辐射源参数,对 PDW 序列进行各种相关处理后统计测量和估计的辐射源参数。这些参数的种类、范围和精度与雷达侦察系统的任务、用途密切相关。典型雷达侦察系统可测量和估计的辐射源参数、参数范围和估计精度见表 2-6-1。

表 2-6-1 典型雷达侦察系统可测量和估计的辐射源参数、参数范围和估计精度

参数名称	计量单位	参数范围	估计精度	参数来源
辐射源方位	(°)	0 ~ 360	3	分选后 PDW 统计估值
信号载频	MHz	500 ~ 40000	3	分选后 PDW 统计估值
脉冲宽度	μs	0.05 ~ 500	5×10^{-2}	分选后 PDW 统计估值
脉冲重复频率	ms	0.01 ~ 100	1×10^{-4}	分选后 PDW 相关统计
天线扫描周期	s	0.005 ~ 60	1×10^{-3}	分选后 PDW 相关统计

(三) 信号处理的时间

雷达侦察系统信号处理的时间分为:对指定雷达辐射源的信号处理时间 T_{sp} 和对指定雷达辐射源信号环境中各雷达辐射源信号的平均处理时间 $\overline{T}_{sp}$。

T_{sp} 是指从侦察系统前端输出指定雷达辐射源的脉冲描述字流 $\{PDW_i\}_{i=0}^{\infty}$,到产生对该辐射源分选、识别和参数估计的结果,并达到指定的正确分选、识别概率和参数估计精度所需要的时间。

$\overline{T}_{sp}$ 是对指定雷达辐射源信号环境中 N 部雷达辐射源处理时间的加权平均值,其中加权系数 W_i 可根据各辐射源对雷达侦察系统重要程度的不同分别确定:

$$\overline{T}_{sp} = \sum_{i=1}^{N} W_i T_{spi} \qquad (2-6-2)$$

对雷达侦察系统信号处理时间的要求也与侦察系统的功能和用途密切相关。在一般情况下,ELINT 系统允许有较长的信号处理时间,甚至可以将实时数据记录下来,以后再作非实时的信号处理;ESM 系统往往需要介入战场的作战指挥、决策和控制,必须完成信号的实时处理,要求信号处理时间较短;RHAW 系统必须对各种直接威胁做出立即的反应,其信号处理的时间更短。

雷达侦察系统的信号处理时间主要是指对辐射源信号进行分选、识别和参数估计所用的时间。显然,可分选和识别的辐射源类型越多、测量和估计的参数越多、范围越大、精度越高、可信度越高,相应的信号处理时间也就越长。但对信号处理时间影响更大的是侦察系统中有关雷达辐射源先验信息和先验知识的数量和质量,先验信息和先验知识越多,它们的可信度就越高,处理时间就越短。

侦察系统实际能够达到的信号处理时间除了取决于本身的能力之外,还与其所在的雷达辐射源信号环境有关。辐射源越多,信号越复杂,相应的信号处理时间也就越长。

(四) 可处理的输入信号流密度

可处理的输入信号流密度是指在不发生 PDW 数据丢失的条件下，单位时间内信号处理机允许前端最大可输入 $\{PDW_i\}_{i=0}^{\infty}$ 的平均数 λ_{max}。雷达侦察接收机前端输出的信号流密度主要取决于信号环境中辐射源的数量、侦察系统前端的检测范围、检测能力以及每个辐射源的脉冲重复频率、天线波束指向和扫描方式等。通常，星载、机载 ELINT 系统所要求的 λ_{max} 可达数百万个脉冲/s，机载 ESM、HRAW 系统的 λ_{max} 为数十万个脉冲/s，地面或舰载侦察设备的 λ_{max} 为数万至数十万个脉冲/s。

2.6.3 脉冲去交错

脉冲去交错是对多个脉冲（或信号）进行预分选处理的过程，它将雷达电子支援系统（ES）接收机截获的多个脉冲分离成与特定辐射源相关联的各个信号流。为完成这个分选过程，必须将截获的每个脉冲与其他所有截获到的脉冲进行比较，以确定它们是否来自于同一部雷达。脉冲去交错方法可按维数分为二维分选、三维分选和多维分选。

二维分选通常以信号中心频率和信号到达角作为分选参数，因为这两个参数是分选辐射源的最可靠参数。

二维分选描述字用矢量 V_i 来表示：

$$V_i = [AOA_i f_i] \quad i = 1,2,\cdots,n \quad (2-6-3)$$

对于常规脉冲雷达，通常测量的是脉冲载波频率。对于脉冲压缩信号，测量的信息是起始和终止频率及脉冲宽度（PW），这样可以计算压缩系数。对于相位编码信号，需要测量载频和压缩系数。对于频率捷变信号，需要测量信号的平均频率或中心频率及其捷变带宽。

频率可以由瞬时测频接收机（IFM）、超外差接收机、信道化接收机和压缩接收机来测量。IFM 接收机不能处理同时多信号，所以要测频的信号在加到 IFM 接收机以前必须与其他信号分离。

在雷达信号去交错时，信号到达角（AOA）是一个重要的相对稳定的参数，因为辐射源不会迅速改变其位置。即便是机载雷达也不能在与 PRF 相关的几毫秒时间内大幅度改变其位置。然而，AOA 是最难以测量的参数之一，通常需要若干个天线与接收机，它们之间还都需要幅度或相位匹配。

AOA 测量方法通常采用幅度单脉冲或相位干涉仪方法。当需要宽开角度覆盖时，采用幅度单脉冲方法；而需要较窄角度覆盖时，相位方法较为适合。告警接收机（RWR）覆盖 360°，采用四象限天线，得到 10°～15° 精度。干涉仪系统可得到大约 1° 的精度。然而，当需要接收瞬时宽带信号时，接收机信道相位难以匹配。有时，采用相位校准表来匹配信道。

三维分选通常以信号中心频率（RF）、信号到达角（AOA）和脉宽（PW）（或 PRF）作为分选参数，比二维分选更为有效。

对于频率捷变辐射源，AOA 和载频不足以对辐射源去交错。对于低分辨力系统，由于单元划分粗略，也许会有几个明显不同的辐射源落入重叠的分辨单元，必须增加一个去交错参数来消除上述模糊。增加一些基本参数，如 PW，或前一步去交错时导出参数如 PRF（或 PRI），可以达到这个目的。一种采用载频、PRF 和 PW 三维分选的原理如图 2-6-2 所示。

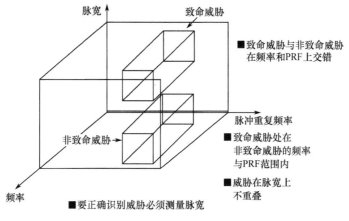

图 2-6-2 三维分选过程

举例来说,某型侦察设备采用一种两级三维分选程序。首先,采用 AOA 与频率参数进行二维粗分选,部分地分离辐射源($3° \times 10MHz$)。然后从二维分选过程中提取 PRI 以形成 AOA、频率和 PRI 参数的三维精分选($3° \times 10MHz \times 1\mu s$)。最后再确定 PRF、PRF 类型、扫描周期和扫描形式。

2.6.4 信号处理的基本流程

雷达侦察系统信号处理的基本流程如图 2-6-3 所示,包括对信号的预处理和主处理。

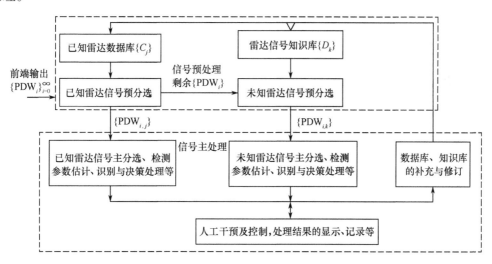

图 2-6-3 侦察信号处理的基本流程

一、信号预处理

信号预处理的主要任务是根据已知雷达辐射源的主要特征和未知雷达辐射源的先验知识,完成对实时输入 $\{PDW_i\}_{i=0}^{\infty}$ 的预分选(脉冲去交错)。预处理的过程是:首先将实时输入的 $\{PDW_i\}_{i=0}^{\infty}$ 与已知的 m 个雷达信号特征(已知雷达的数据库)$\{C_j\}_{j=1}^{m}$ 进行快速匹配,从中分离出符合 $\{C_j\}_{j=1}^{m}$ 特征的已知雷达信号子流 $\{PDW_{i,j}\}_{j=1}^{m}$,分别放置于 m 个已知雷达的数据缓存区,由主处理单元按照对已知雷达信号的处理方法作进一步的分选、识别和参数估计;然后再根据已知的一般雷达信号特征的先验知识$\{D_k\}_{k=1}^n$,对剩余部分$\{\text{PDW}_{i,j}\}_{j=1}^m$再进行预分选,并由$\{D_k\}_{k=1}^n$的预分选产生$n$个未知雷达信号的子流$\{\text{PDW}_{i,k}\}_{k=1}^n$,另外放置于$n$个未知雷达的数据缓存区,由主处理单元按照对未知雷达信号的处理方法进行辐射源检测、识别和参数估值。预处理的速度应与$\{\text{PDW}_i\}_{i=0}^\infty$的流密度相匹配,以求尽量不发生$\{\text{PDW}_i\}_{i=0}^\infty$流的数据丢失。

二、信号主处理

信号主处理的任务是对输入的两类预分选子流$\{\text{PDW}_{i,j}\}_{j=1}^m$和$\{\text{PDW}_{i,k}\}_{k=1}^n$作进一步的分选、识别和参数估计。其中对已知雷达辐射源子流$\{\text{PDW}_{i,j}\}_{j=1}^m$的处理是根据已知雷达信号序列$\{\text{PDW}_{i,j}\}_{j=1}^m$的相关性,对其进行数据的相关分选,并对相关分选后的结果进行已知辐射源的检测(判定该已知辐射源是否存在),再对检测出的雷达信号进行各种参数的统计估值。一般情况下,在对$\{\text{PDW}_{i,j}\}_{j=1}^m$进行主处理的过程中,被主处理分选滤除的数据,将由$\{D_k\}_{k=1}^n$对未知辐射源进行预分选,并补到对应的$\{\text{PDW}_{i,k}\}_{k=1}^n$中。对未知雷达辐射源子流$\{\text{PDW}_{i,k}\}_{k=1}^n$的处理主要是根据对一般雷达信号特征的先验知识,检验其中的实际数据与这些先验知识的符合程度,作出各种雷达信号模型的假设检验和判决,计算检验、判决结果的可信度,并对达到一定可信度的检出雷达信号进行各种参数的统计估值。无论是已知还是未知的雷达信号,只要检验的结果达到一定可信度,都可以将其实际检测、估计的信号特征修改、补充到$\{C_j\}_{j=1}^m$、$\{D_k\}_{k=1}^n$中,使$\{C_j\}_{j=1}^m$、$\{D_k\}_{k=1}^n$能自动地适应实际面临的信号环境。其中识别出原来未知的雷达信号,并将其特征补充到已知雷达信号$\{C_j\}_{j=1}^m$中尤为重要,不仅提高了整个信号处理的速度和质量,而且可以获得更大的信息量和宝贵的作战情报。

由于信号处理的时间紧、任务重、要求高,所以现代侦察信号处理机往往采用多处理机系统,采用高速信号处理软件和开发工具编程,并可通过多种人机界面交互各种运行数据和程序信息,接受人工控制和处理过程的人工干预。信号主处理的输出是对当前雷达信号环境中各已知和未知雷达辐射源的检测、识别结果、可信度与各项参数估计的数据文件。

2.6.5 雷达侦察中的智能化处理技术

战场上大多数雷达对抗模式,如电子干扰等,都是以雷达侦察为基础,它不仅需要把事先已知的威胁信号快速准确地提取、分选和识别出来,同时需要把对侦测到的、事先不知道特征的信号进行处理、分析和识别,而新型雷达辐射源信号的分选与识别及威胁态势估计,是当前雷达侦察技术面临的难点之一。智能化技术为解决传统雷达侦察领域的难题提供了一种新的技术途径。由于该技术正处于发展初期,许多方法正处于研究阶段,本小节仅对智能化雷达侦察的基本概念做简要的介绍。

一、雷达侦察面临的问题与解决途径

目前的侦察信号处理主要采用了基于多参数(脉宽、脉幅、到达时间、到达角、载频等传统特征参数)的信号分选和基于模板匹配的信号识别方式。随着新体制雷达的发展,波形越来越复杂,调制形式越来越多样,信号密度越来越高,传统的雷达侦察技术已经不能完全适应新型雷达技术的发展,即使侦察设备有可能接收到敌方所有雷达信号,也由于传统侦察方法的局限而难以对其进行有效的分析和处理。

雷达侦察面临的挑战主要表现在以下几个方面。

1. 复杂电磁环境下信号密度大大增加

随着数量庞大、体制复杂、种类多样的雷达装备在军事领域的广泛应用,使得战场空间中的电磁信号非常密集。在重要的军事冲突区域,大纵深、立体化的战场空间内的信号密度可达千万个脉冲/s。在这样的环境下,传统电子侦察设备在侦察频段、灵敏度、信号处理能力之间会出现相互矛盾的问题,因此新型雷达侦察设备需具备高密度信息处理和分析能力。

2. 新体制雷达使传统侦察技术遇到挑战

随着雷达技术的发展,出现了许多新体制、新概念雷达,如多功能宽带相控阵雷达、MIMO 雷达、超宽带雷达等,为了在频域、时域和空域上具备反侦察能力,这些雷达往往采用灵活的波束及扫描控制技术、自适应发射功率控制技术、各种复杂波形调制样式等,使得传统侦察设备难以截获、分析和识别这些新型雷达信号,传统侦察技术遇到了新的挑战。

3. 电子侦察数据呈现"大数据"特性

在战略侦察中,长期的数据积累生成的数据量是巨大的。因此,从数据采集量的角度而言,电子侦察已经迈入"大数据"时代。大数据特征主要体现在两个方面:一是数据量巨大,随着各种宽带雷达体制的出现,要求侦察接收机的瞬时带宽越来越宽,通过高速 A/D 的采样数据量急剧增大。假设信号带宽为 1GHz,若采样速率为 2GHz,采用双字节保存一个数据,则一秒的数据量为 4GB,一小时的数据量 14.4TB,可见数据量是非常大的。二是雷达信号类型多、数据杂乱,有用信息被掩没在数据海洋中。海量侦察数据的处理和分析是电子侦察设备必须解决的新的难题。

随着信息技术和人工智能技术的发展,认知侦察或智能化侦察的概念与技术被提出来,并受到国内外电子战行业的高度重视,智能化技术为解决传统雷达侦察领域的难题提供了一条新的技术途径,成为电子战领域研究的热点之一。

二、智能化雷达侦察的基本原理

智能化雷达侦察技术又称认知侦察技术,指利用智能化的方法和技术对复杂战场环境中的雷达信息进行电子侦察的行为或活动。与传统的雷达侦察系统相比,智能化雷达侦察系统除了对已知的电磁环境和信号特征进行感知和分析外,还要对未知电磁环境进行智能化感知,通过智能处理技术,自主分选、识别电磁环境参数,自主确定雷达辐射源的特性等,以获得整个电磁环境中的各种雷达信息,同时通过智能分析和计算获得战场电磁态势评估。

智能化雷达侦察系统主要由可重构的雷达信号参数测量子系统、智能化信号分选与识别子系统、智能化态势评估与情报生成子系统、动态数据库等部分组成,如图 2-6-4 所示。

1. 雷达信号参数测量子系统

与传统的侦察系统类似,该子系统主要对雷达各种参数包括脉宽、脉幅、到达时间、到达角、载频等特征参数进行检测和测量,形成脉冲描述字。大动态宽范围的参数测量是智

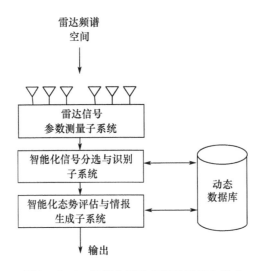

图 2-6-4 智能化雷达侦察系统基本组成

能化雷达侦察的基础。

随着战场用频设备的种类、数量的逐渐增加,战场电磁环境的复杂性增加、变化速度加快,预先设置工作模式对时变电磁环境的适应性将变得越来越差,电子侦察设备应具备对时变电磁环境的适应能力。因此,智能化雷达侦察测量子系统应具有可重构的、灵活的硬件结构和测量算法,通过智能化技术提升雷达侦察系统的战场环境电磁参数测量能力。例如:可以根据侦察环境的总带宽,改变接收机的瞬时带宽;可以根据侦察环境的信号密度,改变 A/D 采样的频率等。

信号参数测量子系统的智能化技术主要是通过自适应地改变接收机的配置和参数,最大限度地使侦察接收机的能力与电磁环境相匹配,达到一种动态最优的工作状态。这种技术特别适用于对体积和重量有要求的机载、弹载或便携式侦察设备。

2. 智能化信号分选与识别子系统

智能化信号分选与识别技术是一种利用人工智能、机器学习、大数据等现代技术对复杂电磁环境下的雷达信号进行分选和识别的技术。

智能化分析与识别子系统主要实现自动信号分类,包括模型匹配、样本训练和分类结果评价等环节,其结果既可以支持干扰优化环节,亦可用于动态知识库的传统信号样本积累和认知系统行为样本积累。

首先,借助人工神经网络的自主学习能力,智能化雷达侦察装备可以通过外界真实以及仿真模拟电磁信号的激励与训练,实现高密度、高复杂电磁环境下快速准确的威胁信号截获、分选识别和特征提取。其次,能够利用人工神经网络算法的自适应学习功能,不断积累新的威胁信号,自动建立与目标及其状态变化相适应的知识库,通过在大量动态数据库中不断地学习,进一步提高自主认知的能力。

目前,已经提出了一些利用人工神经网络、专家系统、支持向量机、认知推理等技术进行辐射源信号分选与识别的方法,利用深度学习等方法实现雷达信号的特征提取还在研究之中。

辐射源识别模块有一个用于识别的辐射源数据库,将分选融合出的辐射源信号与辐射源数据库比对。如果数据库存在该辐射源信号参数,则可调出有关该辐射源的详细信息(甚至可以得到其装载平台的信息),并将这些信息反馈给通道处理模块;如果数据库不存在该辐射源信号,则说明该信号是未知信号,将其补充到未知辐射源数据库中。

3. 智能化态势评估与情报生成子系统

雷达威胁态势评估指的是对雷达状态及其行为特征进行辨识,进而估计雷达威胁程度、判断威胁等级的过程。它利用人工智能来实时掌握敌方的雷达动态、评估辐射源威胁程度,向干扰系统或其他系统输送情报信息,这是一个不断感知、学习和适应过程。

精确态势感知需要充分利用专家知识、人工智能技术优势,使之具备自主学习、自主分析、自主推理的雷达情报分析能力。

基于侦察"大数据"的智能电子情报挖掘技术,特别适应复杂电磁环境数据下潜在的、有价值的未知情报信息挖掘。"大数据+深度学习"的模式是一种非常具有应用潜力的智能化情报生成模式。随着装备类型的增多和技术水平的提升,电子侦察设备获取的数据具有以下特点:海量的情报侦察数据;信号密集,信号形式复杂多样,而且描述信号特征的参量多;在复杂电磁环境下(包括电子干扰、环境噪声、己方和友方的各种信号),高价值情报信息密度变低。复杂环境下的侦察数据处理已演变成"侦察大数据"中情报信息挖掘的问题。深度学习可为研究解决数据分析和挖掘问题提供有效的方法手段,同时,深度学习所具有的深层、复杂网络结构也使得其在学习训练过程中需要足够多、足够有效的大量训练样本支持。深度学习与大数据具有不可分割的必然联系,利用深度学习方法研究解决的问题在一定程度上就是大数据问题。

4. 动态知识库

智能化雷达侦察系统的一个显著特点是需要一个学习的过程,并用动态知识库代替传统的辐射源数据库,包括雷达信号识别库和雷达态势评估库。动态知识库为认知侦察模块提供先验知识,并利用反馈信息进行认知学习,动态更新知识库。

参数表征与学习是动态知识库的基础,在传统的频率、脉宽、波形、功率等信号描述的基础上,动态知识库增加了识别信息、作战功能信息、意图信息等认知推理信息。

三、一个智能化雷达侦察系统的具体例子

一个智能化雷达侦察系统的具体例子如图2-6-5所示。该系统由信号参数测量、信号预处理器、信号特征提取器、智能化信号分类器、威胁态势评估和动态知识库等部分组成。

其工作过程简述如下:

侦察接收系统首先对来自复杂战场环境的雷达信号进行接收,对信号的参数进行测量,测量出信号的到达时间、到达方向、信号频率等参数,对信号进行信号分选等预处理,形成脉冲描述字,并提取出信号的特征参数。通过数据库的查询,若信号类型为已知,则可以利用先验信息给出该雷达的详细信息,直接将该信息送威胁态势评估子系统进行威胁评估。

若信号类型为未知,则系统收集到足够多的未知信号特征后,激活信号分类学习器(如基于聚类的学习器等)。若找到了信号的聚类,则直接通过模型匹配实现信号分类;若未找到信号的聚类,则启动信号分类器的重新训练过程,并利用信号聚类来对系统进行现场重训练,将原本未知的信号训练为最接近已知模型的信号,并将新的信号模型写入动

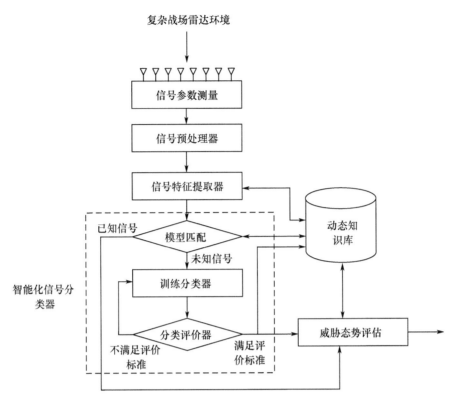

图 2-6-5 一个智能化雷达侦察系统的具体例子

态知识库。

当信号类型为未知的信号,经过聚类等分析后,一方面更新动态数据库,另一方面送到威胁态势评估子系统。在该系统中通过与动态数据库中的场景进行交互,运用智能算法可以给出雷达威胁的态势评估结果。

智能化雷达侦察系统一方面给出雷达的参数,另一方面要给出威胁评估结果,以便给智能化干扰系统或其他系统提供信息支撑。

第三章 对雷达的电子攻击

对雷达的电子攻击是指进攻性地使用电磁波、反辐射导弹和定向能等武器,以破坏敌方雷达工作效能或摧毁敌方雷达为目的所开展的军事行动,它是雷达电子战的重要环节。

3.1 引 言

3.1.1 对雷达电子攻击的概念

对雷达的电子攻击过去通常是指对敌方雷达施放电子干扰,以破坏敌方各种雷达(如警戒、引导、炮瞄、制导、轰炸瞄准雷达等)的正常工作,导致敌指挥系统和武器系统失灵而丧失战斗力,常见的雷达干扰场景如图3-1-1所示。从这个意义上来说,雷达干扰是一种重要的进攻性武器。但是由于对雷达施放电子干扰不会造成雷达实体的破坏,而只能利用电子设备或干扰器材改变雷达获取的信息量,从而破坏雷达的正常工作,使其不能探测和跟踪真正的目标,所以是一种"软杀伤"手段。

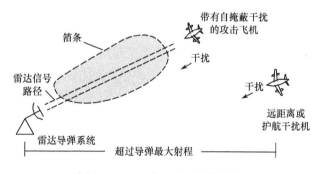

图3-1-1 常见雷达干扰场景

现代电子战中的电子攻击除了包括对敌方雷达的电子干扰之外,还特别强调了使用反辐射导弹和定向能武器等。由于使用这些武器能够从实体上破坏雷达,具有摧毁性,所以称其为"硬杀伤"武器。因此,现代电子战中的电子攻击既包括使用不具有摧毁性的软杀伤手段,也包括使用具有摧毁性的硬杀伤手段。为了达到最佳的电子攻击效果,将软杀伤与硬杀伤手段结合使用是电子战发展的必然趋势。

3.1.2 雷达干扰分类

雷达干扰是指一切破坏和扰乱敌方雷达检测己方目标信息的战术和技术措施的统称。对雷达来说,除带有目标信息的有用信号外,其他各种无用信号都是干扰。干扰的分类方法很多,一种综合性的分类方法如图3-1-2所示。

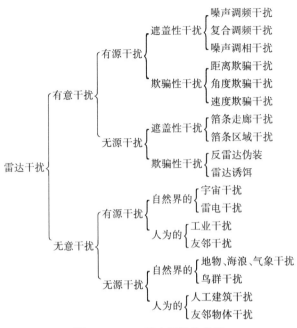

图 3-1-2 雷达干扰的分类

还可以按照干扰的来源、产生途径以及干扰的作用机理等对干扰信号进行分类。

1. 按照干扰能量的来源分类

按照干扰能量的来源可将干扰信号分为有源干扰和无源干扰两类。

有源(Active)干扰:凡是由辐射电磁波的能源产生的干扰。

无源(Passive)干扰:凡是利用非目标的物体对电磁波的散射、反射、折射或吸收等现象产生的干扰。

2. 按照干扰产生的途径分类

按照干扰信号的产生途径可将干扰信号分为有意干扰和无意干扰两类。

有意干扰:凡是人为有意识制造的干扰称为有意干扰。

无意干扰:凡是因自然或其他因素无意识形成的干扰称为无意干扰。

通常,将人为有意识施放的有源干扰称为积极干扰,将人为有意实施的无源干扰称为消极干扰。

3. 按照干扰的作用机理分类

按照干扰信号的作用机理可将干扰信号分为遮盖性干扰和欺骗性干扰两类。

遮盖性干扰:干扰机发射的强干扰信号进入雷达接收机,在雷达接收机中形成对回波信号有遮盖、压制作用的干扰背景,使雷达难以从中检测到目标信息。遮盖式干扰又称为压制式干扰。

欺骗性干扰:干扰机发射与目标信号特征相同或相似的假信号,使得雷达接收机难以将干扰信号与目标回波区分开,使雷达不能正确地检测目标信息。

4. 按照雷达、目标、干扰机的空间位置关系分类

按照雷达、目标与干扰机之间的相互位置关系,可将干扰信号分为远距离支援式干扰、随队干扰、自卫干扰和近距离干扰四种,如图 3-1-3 所示。

远距离支援式干扰(Stand off Jamming,SOJ):干扰机远离雷达和目标,通过辐射强干扰信号掩护目标。实施远距离支援式干扰时,干扰信号主要是从雷达天线的旁瓣进入雷达接收机,通常用于遮盖性干扰。

随队干扰(Escort Jamming,ESJ)(又称护航干扰):干扰机位于目标附近,通过辐射强干扰信号掩护目标。随队干扰信号既可以从雷达天线的主瓣进入雷达接收机(此时不能分辨干扰机与目标),也可以从雷达天线的旁瓣进入雷达接收机(此时能将干扰机与目标分辨开),一般用于对雷达形成遮盖性

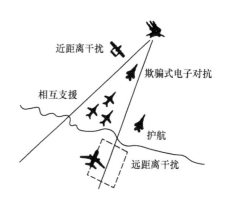

图 3-1-3 雷达、目标、干扰机的空间位置关系

干扰。掩护运动目标的 ESJ 飞机应具有与目标相同的机动能力。在空袭作战中的 ESJ 飞机往往略领先于其他飞机,而且在一定的作战距离上同时还要施放无源干扰。出于安全方面的考虑,进入危险战区的 ESJ 任务通常由无人驾驶飞行器担当。

自卫干扰(Self Screening Jamming,SSJ):干扰机位于目标上,干扰的目的是使自己免遭雷达威胁。自卫干扰信号从雷达天线的主瓣进入雷达接收机,除了对雷达实施遮盖性干扰外,更重要的是对雷达实施欺骗性干扰。SSJ 是现代作战飞机、舰艇、地面重要目标等必备的干扰手段。

近距离干扰(Stand Forward Jamming,SFJ):干扰机到雷达的距离领先于目标,通过辐射干扰信号掩护后续目标。由于距离领先,干扰机可获得宝贵的预先引导时间,使干扰信号频率对准雷达频率。SFJ 主要用于对雷达进行遮盖性干扰。干扰机离雷达越近,进入雷达接收机的干扰能量就越强。出于安全性的考虑,SFJ 主要由投掷式干扰机和无人驾驶飞行器担任。

3.2 干扰方程及有效干扰空间

干扰方程是设计干扰机时进行初始计算以及选取整机参数的基础,同时也是使用干扰机时计算和确定干扰机有效干扰空间(即干扰机威力范围)的依据。由于干扰机的基本任务就是压制雷达、保卫目标,所以,干扰方程必然涉及到干扰机、雷达和目标三个因素,干扰方程将干扰机、雷达和目标三者之间的空间能量关系联系在一起。

3.2.1 干扰方程

一、干扰方程的一般表示式

(一) 基本能量关系

通常雷达探测和跟踪目标时,雷达天线的主瓣指向目标,而干扰机为了压制雷达也将干扰天线的主瓣指向雷达。由于干扰机和目标不一定在一起,故干扰信号通常从雷达天线旁瓣进入雷达。雷达、目标和干扰机的空间关系如图 3-2-1 所示。

显然,雷达接收机将收到两个信号:目标的回波信号 P_{rs} 和干扰机辐射的干扰信号 P_{rj}。

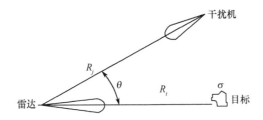

图3-2-1 雷达、目标和干扰机的空间关系图

由雷达方程可得雷达收到的目标回波信号功率 P_{rs} 为

$$P_{rs} = \frac{P_t G_t \sigma A}{(4\pi R_t^2)^2} = \frac{P_t G_t^2 \sigma \lambda^2}{(4\pi)^3 R_t^4} \quad (3-2-1)$$

式中:P_t 为雷达的发射功率;G_t 为雷达天线增益;σ 为目标的雷达截面积;R_t 为目标与雷达的距离;A 为雷达天线的有效面积。

由二次雷达方程得进入雷达接收机的干扰信号功率 P_{rj} 为

$$P_{rj} = \frac{P_j G_j}{4\pi R_j^2} A' \gamma_j = \frac{P_j G_j G_t' \lambda^2 \gamma_j}{(4\pi)^2 R_j^2} \quad (3-2-2)$$

式中:P_j 为干扰机的发射功率;G_j 为干扰机天线增益;R_j 为干扰机与雷达的距离;γ_j 为干扰信号对雷达天线的极化系数;A' 为雷达天线在干扰机方向上的有效面积,与之相对应的雷达天线增益为 G_t',$A' = \frac{\lambda^2}{4\pi} G_t'$。

由式(3-2-1)和式(3-2-2)可以得到雷达接收机输入端的干扰信号功率和目标回波信号功率的比值为

$$\frac{P_{rj}}{P_{rs}} = \frac{P_j G_j}{P_t G_t} \times \frac{4\pi \gamma_j}{\sigma} \times \frac{G_t'}{G_t} \times \frac{R_t^4}{R_j^2} \quad (3-2-3)$$

仅仅知道进入雷达接收机的干扰信号和目标信号的功率比,还不能说明干扰是否有效,还必须用一个标准来衡量干扰效果的有效性,通常称其为压制系数。

(二) 功率准则

功率准则是衡量干扰效果或抗干扰效果的一种方法。功率准则又称信息损失准则,一般用压制性系数 K_j 表示,适用于对遮盖性(压制性)干扰效果的评定,它表示对雷达实施有效干扰(搜索状态下指雷达发现概率 P_d 下降到10%以下,跟踪状态则指其跟踪误差大于某一数值 θ。)时,雷达接收机输入端或接收机线性输出端所需要的最小干扰信号与雷达回波信号功率之比:

$$K_j = P_j / P_s \big|_{P_d = 0.1 或 |\theta| > \theta} \quad (3-2-4)$$

式中:P_j、P_s 分别为受干扰雷达输入端或接收机线性输出端的干扰功率和目标回波信号功率。显然,K_j 是干扰信号调制样式、干扰信号质量、接收机响应特性、信号处理方式等的综合性函数。

压制系数虽然是一个常数,但必须根据干扰信号的调制样式和雷达型式(特别是雷达接收机和终端设备的型式)两方面的因素来确定。例如:对警戒雷达实施噪声干扰时,当干扰功率和信号功率基本相等或略大些时,操纵员仍可以在干扰背景中发现目标信号;只有当接收机输入端干扰信号的功率比回波信号的功率大 2~3 倍时,操纵员就不能在环视显示器(属亮度显示器类)的干扰背景中发现目标信号。所以,噪声干扰对以环视显示器为终端设备的雷达的压制系数 $K_j = 2~3$。而同样大的干扰信号和目标回波信号的功率比值还不足以使距离显示器失效,操纵员仍能在距离显示器(属偏转调制显示器类)上辨识出目标信号。当接收机输入端干扰和信号功率比达到 8~9 时,即使有经验的雷达操纵员也不能在噪声干扰背景中发现目标信号。所以,噪声干扰对于有距离显示器做终端的雷达,其压制系数 $K_j = 8~9$。对于自动工作的雷达系统,由于没有人的操纵,不能利用干扰和信号之间的细微差别来区别干扰目标,只能从信号和干扰在幅度、宽度等数量上的差别来区分干扰和信号,因而比较容易受干扰。对于这类系统,只要噪声干扰功率比目标回波信号功率大 1.5 倍,就可以使它失效,所以压制系数 $K_j = 1.5~2$。

总之,压制系数越小,说明干扰越容易,雷达的抗干扰性能越差;压制系数越大,说明干扰越困难,雷达的抗干扰性能越好。此外,压制系数还是用于比较各种干扰信号样式优劣的重要标准之一。

(三) 干扰方程

利用压制系数可以推导出干扰方程。由式(3-2-3)知,有效干扰必须满足

$$\frac{P_{rj}}{P_{rs}} = \frac{P_j G_j}{P_t G_t} \times \frac{4\pi \gamma_j}{\sigma} \times \frac{G_t'}{G_t} \times \frac{R_t^4}{R_j^2} \geq K_j \qquad (3-2-5)$$

或

$$P_j G_j \geq \frac{K_j}{\gamma_j} \times \frac{P_t G_t \sigma}{4\pi \left(\frac{G_t'}{G_t}\right)} \times \frac{R_j^2}{R_t^4} \qquad (3-2-6)$$

通常将式(3-2-5)或式(3-2-6)称为干扰方程。

上述分析是针对干扰机带宽不大于雷达接收机带宽($\Delta f_j \leq \Delta f_r$)时的情况进行的,只适用于瞄准式干扰的情况。当干扰机带宽比雷达接收机带宽大很多时,干扰机产生的干扰功率无法全部进入雷达接收机。因此,干扰方程必须考虑带宽因素的影响,即

$$\frac{P_j G_j}{P_t G_t} \times \frac{4\pi \gamma_j}{\sigma} \times \frac{G_t'}{G_t} \times \frac{R_t^4}{R_j^2} \times \frac{\Delta f_r}{\Delta f_j} \geq K_j \qquad (3-2-7)$$

或

$$P_j G_j \geq \frac{K_j}{\gamma_j} \times \frac{P_t G_t \sigma}{4\pi \left(\frac{G_t'}{G_t}\right)} \times \frac{R_j^2}{R_t^4} \times \frac{\Delta f_j}{\Delta f_r} \qquad (3-2-8)$$

式(3-2-7)和式(3-2-8)是一般形式的干扰方程,即干扰机不配置在目标上,而且干扰机的干扰带宽大于雷达接收机的带宽。干扰方程反映了与雷达相距 R_j 的干扰机在掩护与雷达相距 R_t 的目标时,干扰机功率和干扰天线增益所应满足的空间能量关系。

当干扰机配置在目标上(目标自卫)时,$R_j = R_t$,且 $G_t' = G_t$,所以一般形式的干扰方程式(3-2-7)或式(3-2-8)可以简化为

$$P_j G_j \geqslant \frac{K_j}{\gamma_j} \times \frac{P_t G_t \sigma}{4\pi R^2} \times \frac{\Delta f_j}{\Delta f_r} \qquad (3-2-9)$$

或

$$R_o = \sqrt{\frac{K_j \sigma}{4\pi \gamma_j} \times \frac{P_t G_t}{P_j G_j} \times \frac{\Delta f_j}{\Delta f_r}} \qquad (3-2-10)$$

式中：R_o 为干扰机的最小有效干扰距离。

当 $\Delta f_j \leqslant \Delta f_r$ 时，式(3-2-7)和式(3-2-8)中的 $\Delta f_j / \Delta f_r$ 的值取为1。

二、干扰方程的讨论

从干扰方程可以看出：

(1) 干扰机功率 $P_j G_j$ 和雷达功率 $P_t G_t$ 成正比，即压制大功率雷达所需干扰功率大。对于雷达来说，增大 $P_t G_t$ 就可以提高其抗干扰能力；对于干扰来说，增大干扰功率 $P_j G_j$ 就可以提高对雷达压制的有效性。通常把 $P_t G_t$ 和 $P_j G_j$ 分别称为雷达和干扰机的有效辐射功率。

(2) 干扰有效辐射功率 $P_j G_j$ 与雷达天线的侧向增益比 G_t'/G_t 成反比。这说明雷达天线方向性越强，抗干扰性能越好，干扰起来就越困难，需要的干扰功率就大。要进行旁瓣干扰，由于 G_t'/G_t 可达 $-30 \sim -50\text{dB}$，那么干扰功率 $P_j G_j$ 就应增大 $10^3 \sim 10^6$ 倍才能进行有效干扰。所以从节省功率的角度看，干扰机配置在目标上最有利。

(3) $P_j G_j$ 与目标反射面积成正比，被掩护目标的有效反射面积越大，所需干扰功率 $P_j G_j$ 就越大。所以掩护重型轰炸机($\sigma = 150\text{m}^2$)比掩护轻型轰炸机($\sigma = 50\text{m}^2$)为所需干扰功率 $P_j G_j$ 要大三倍，而要掩护大型军舰($\sigma = 15000\text{m}^2$)所需的干扰功率 $P_j G_j$ 比掩护重型轰炸机时大100倍。

(4) 有效干扰功率 $P_j G_j$ 和压制系数 K_j 及极化损失系数 γ_j 的关系。有效干扰功率和压制系数 K_j 的关系成正比，即 K_j 越大，所需 $P_j G_j$ 就越大。极化系数 γ_j 由干扰机天线的极化性质而定。通常干扰天线是圆极化的，在对各种线性极化雷达实施干扰时，极化损失系数 $\gamma_j = 0.5$。

3.2.2 有效干扰区和干扰扇面

一、有效干扰区

满足干扰方程的空间称为有效干扰区或压制区。

当干扰机配置在被保卫目标上时，干扰机最小有效干扰距离 R_o 用式(3-2-10)表示。在距离 R_o 上，进入雷达接收机的干扰信号功率与雷达接收到的目标回波信号功率之比 P_{rj}/P_{rs} 正好等于压制系数 K_j，即干扰机刚能压制住雷达，使雷达不能发现目标。

当雷达与目标的距离 $R_t > R_o$ 时，$P_{rj}/P_{rs} > K_j$，这时干扰压制住了目标回波信号，雷达不能发现目标，称为有效干扰区。

当雷达与目标的距离 $R_t < R_o$ 时，$P_{rj}/P_{rs} < K_j$，这时干扰压制不了目标回波信号，雷达在干扰中仍能够发现目标，称为(目标)暴露区。

显然，由 $P_{rj}/P_{rs} = K_j$ 所得的 R_o，既是压制区的边界也是暴露区的边界。

对于干扰机来说，R_o 就是干扰机的最小有效干扰距离，常称为暴露半径。

对于雷达来说,R_o 就是在压制性干扰的情况下雷达能够发现目标的最大距离,称为雷达的"烧穿距离"或"自卫距离"(有些书上,定义 $K_j = 1$ 时的距离为烧穿距离)。雷达常采用提高发射功率 P_t 或提高天线增益 G_t 的办法来增大自卫距离。

产生这一现象的物理实质是:随着雷达与目标的接近,目标回波信号 P_{rs} 按距离变化的四次方而增长,而干扰信号功率 P_{rj} 则是按距离变化的二次方增长;当距离减小至 R_o 时,$P_{rj}/P_{rs} = K_j$;距离再进一步减小时,虽然干扰信号仍在增强,但不如目标回波信号增加得快,使 $P_{rj}/P_{rs} < K_j$,目标就暴露出来了,如图 3 – 2 – 2 所示。

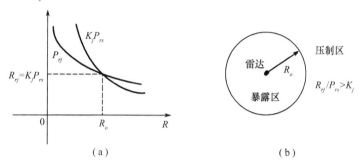

图 3 – 2 – 2　压制区与暴露区图示

当自卫干扰飞机离雷达的距离 $R_t > R_o$ 位于如图 3 – 2 – 3 中的①、②两点时,雷达均处于压制区不能发现目标,但干扰效果不相同。在①点,干扰机离雷达远,在显示器上打亮的干扰扇面窄;在②点,干扰打亮的干扰扇面宽;当飞机离雷达的距离小于 R_o 位于图中③点时,虽然干扰扇面比在①、②两点时的宽,但目标回波信号很强,在干扰扇面中就能看到目标。

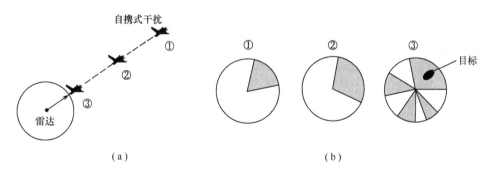

图 3 – 2 – 3　不同距离时的干扰扇面
(a)干扰飞机距雷达的位置;(b)不同距离时的显示器画面。

从干扰方程很容易看出:雷达功率 $P_t G_t$ 越大,被保卫目标的 σ 越大,暴露半径就越大;要减小暴露区,只有提高干扰机的功率 $P_j G_j$,并正确选择干扰样式以降低 K_j。

二、干扰扇面和有效干扰扇面

干扰信号在环视显示器荧光屏上打亮的扇形区称为干扰扇面。干扰机在保卫目标时,应使其干扰扇面足以掩盖住目标,使雷达不能发现和瞄准目标。

(一)干扰扇面

雷达环视显示器通常调整在接收机内部噪声电平刚刚不能打亮荧光屏,只有超过噪声电平的目标信号电压才能在荧光屏上形成亮点。干扰要打亮荧光屏,则进入雷达接收机的干扰电平必须大于接收机内部噪声电平一定倍数。干扰要打亮如图 3 - 2 - 4 所示的宽度为 $\Delta\theta_B$ 的干扰扇面,则必须保证干扰机功率在雷达天线方向图的 θ 角($\theta = \Delta\theta_B/2$)方向上进入雷达接收机的干扰信号电平大于接收机内部噪声电平一定倍数。

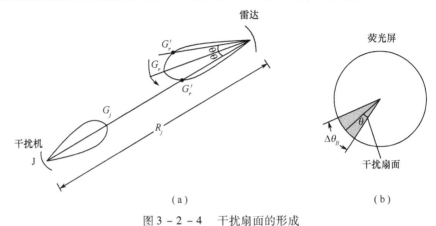

图 3 - 2 - 4 干扰扇面的形成

用 P_n 表示雷达接收机输入端的内部噪声电平,m 表示倍数,则进入雷达接收机输入端的干扰信号电平应为

$$P_{rj} \geq mP_n \tag{3-2-11}$$

根据图 3 - 2 - 4 的空间关系可以求得 P_{rj} 为

$$P_{rj} = \frac{P_j G_j}{4\pi R_j^2} \times \frac{G_t' \lambda^2}{4\pi} \times \varphi\gamma_j \geq mP_n \tag{3-2-12}$$

式中:φ 为雷达馈线损耗系数;G_t' 为偏离天线主瓣最大方向 θ 角的雷达天线增益。

如果有雷达天线的方向图曲线,可以根据 θ 值,在曲线图上求得 G_t'。为了得到计算干扰参数的数学表达式,通常用 G_t' 与 θ 的经验公式,即

$$\frac{G_t'}{G_t} = k\left(\frac{\theta_{0.5}}{\theta}\right)^2 \tag{3-2-13}$$

对于高增益锐方向天性天线,k 取大值,即 $k = 0.07 \sim 0.10$;对于增益较低、波束较宽的天线,k 取小值,即 $k = 0.04 \sim 0.06$。还应注意,式(3 - 2 - 13)适用的角度范围是:$\theta > \theta_{0.5}/2$ 且小于 $60°$ 或 $90°$,如图 3 - 2 - 5 所示。因为实际天线的方向图在大于 $60°$ 或 $90°$ 角度范围之后,天线增益不再随着 θ 的增大而减小,而是趋于一个平均稳定的增益数值,这个数值可用 $\theta = 60°$ 或 $\theta = 90°$ 时的 G_t' 来计算。$\theta \leq \theta_{0.5}/2$ 时,G_t' 按天线最大增益 G_t 来计算。

将天线增益公式代入式(3 - 2 - 12),便可求得干扰扇面 $\Delta\theta_B$ 的公式为

$$\Delta\theta_B = 2\theta \leq 2\left(\frac{P_j G_j \lambda^2 k\varphi\gamma_j}{mP_n}\right)^{\frac{1}{2}} \times \frac{\theta_{0.5}}{4\pi R_j} \tag{3-2-14}$$

干扰扇面是以干扰机方向为中心,两边各为 θ 角的辉亮扇面。可以看出,干扰扇面与 R_j 成反比,距离越近,干扰扇面 $\Delta\theta_B$ 越大;干扰扇面与 $\sqrt{P_j G_j}$ 成正比,$P_j G_j$ 增加一倍,$\Delta\theta_B$ 增加 $\sqrt{2}$ 倍。

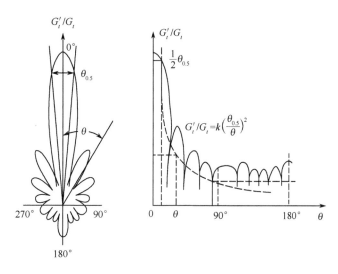

图 3-2-5 天线增益的近似曲线

(二) 有效干扰扇面

上述干扰扇面只是说明干扰信号打亮的扇面有多大,还不能保证在干扰扇面中一定能压制住信号。因此可能出现这种情况,即在干扰信号打亮的扇面内仍能看到目标的亮点,以致达不到压制目标的目的,如图 3-2-3 中飞机飞至 ③ 点时的情况。

有效干扰扇面 $\Delta\theta_j$ 是指在最小干扰距离上干扰能压制信号的扇面,在此扇面内雷达完全不能发现目标。

有效干扰扇面比上述打亮显示器的干扰扇面对干扰功率的要求更高,即干扰信号功率不仅是大于接收机内部噪声功率一定倍数,而且比目标回波信号大 K_j 倍,在这样的扇面内完全不能发现目标,故称为有效干扰扇面。显然,接收机输入端的干扰信号功率应满足: $P_{rj} \geq K_j P_{rs}$,即

$$\frac{P_j G_j}{4\pi R_j^2} \times \frac{G_t' \lambda^2}{4\pi} \times \varphi\gamma_j \geq K_j \frac{P_t G_t^2 \sigma \lambda^2}{(4\pi)^3 R_t^4} \qquad (3-2-15)$$

或

$$P_j G_j \geq \frac{K_j}{\varphi\gamma_j} \times \frac{P_t G_t \sigma}{4\pi} \times \frac{G_t}{G_t'} \times \frac{R_j^2}{R_t^4} = \frac{K_j}{\varphi\gamma_j} \times \frac{P_t G_t \sigma}{4\pi k} \times \left(\frac{\theta}{\theta_{0.5}}\right)^2 \times \frac{R_j^2}{R_t^4} \qquad (3-2-16)$$

根据式(3-2-16)求出 θ,便可得到有效干扰扇面 $\Delta\theta_j$ 的计算式为

$$\Delta\theta_j = 2\theta = 2\left(\frac{P_j G_j}{P_t G_t \sigma} \times \frac{4\pi\varphi\gamma_j k}{K_j}\right)^{\frac{1}{2}} \left(\frac{R_t^2}{R_j}\right)\theta_{0.5} \qquad (3-2-17)$$

可以看出,有效干扰扇面 $\Delta\theta_j$ 与很多因素有关,即与干扰参数 $P_j G_j$、K_j 有关,还与雷达参数 $P_t G_t$、$\theta_{0.5}$ 以及目标的有效反射面积 σ 有关,另外,$\Delta\theta_j$ 还与 R_j 和 R_t 有关。

比较式(3-2-17)和式(3-2-14)可知,由于雷达接收到的目标回波电平总是比接收机内部噪声电平高很多,因此满足有效干扰扇面要求所需的干扰功率 $P_j G_j$ 要比能够打亮这样大的扇面所需的干扰功率大得多。换句话说,在干扰功率一定情况下,干扰在荧光屏上打亮的干扰扇面 $\Delta\theta_B$ 比它能有效压制雷达信号的扇面 $\Delta\theta_j$(即有效干扰扇

面)要大得多。通常所说的雷达干扰扇面是指干扰实际打亮的扇面 $\Delta\theta_B$,而不是有效干扰扇面。

有效干扰扇面是根据被保卫目标的大小和干扰机的位置确定的。图 3-2-6 所示为干扰机配置在被保卫目标上的情况。设目标是一座城市,目标半径为 r,干扰机配置在目标中心,为了可靠地压制雷达,使其在最小压制距离 R_{min} 上天线最大方向对向目标边缘时都不能发现目标,所以有效干扰扇面 $\Delta\theta_j$ 应为

$$\Delta\theta_j \geqslant 2\theta_j = 2\arcsin\frac{r}{R_{min}} \quad (3-2-18)$$

式中:$R_{min} \geqslant R_o$,即干扰机的最小有效干扰距离 R_o 应小于或者等于战术要求的最小压制距离 R_{min}。

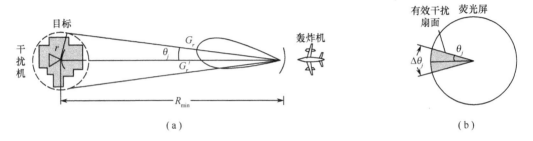

图 3-2-6 干扰机配置在目标上所要求的有效干扰扇面

当干扰机配置在被保卫目标之外(如图 3-2-7 所示),可以使雷达无法根据干扰机的方向(干扰扇面的中心线)来判断目标所在。这时有效干扰扇面应为

$$\Delta\theta_j \geqslant 2(\theta_1 + \theta_2) = 2\left(\arcsin\frac{r}{R_{min}} + \theta_2\right) \quad (3-2-19)$$

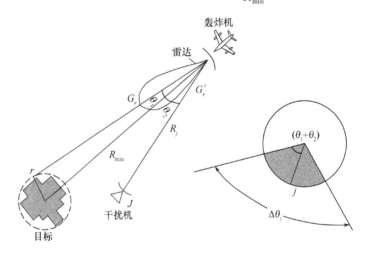

图 3-2-7 干扰机配置在目标之外所要求的有效干扰扇面

可以看出,干扰机配置在被保卫目标之外所要求的有效干扰扇面比干扰机配置在目标上的要大得多。有效干扰扇面越大,所需要的干扰机功率 $P_j G_j$ 越大,甚至有时会超过一部干扰机所能达到的干扰功率。用两部或两部以上的干扰机配置在被保卫目标之外,共同形成一个有效干扰扇面,这样每部干扰机的功率不至太大,而且雷达也无法根据干扰扇面

的中心线来判断目标和干扰机的方向。

3.3 对雷达的有源干扰

按照干扰信号的作用机理可将有源干扰分为遮盖性干扰和欺骗性干扰。

3.3.1 遮盖性干扰

一、概述

雷达是通过对回波信号的检测来发现目标并测量其参数信息的,而干扰的目的就是破坏或阻碍雷达对目标的发现和参数的测量。

雷达获取目标信息的过程如图3-3-1所示。

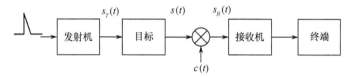

图3-3-1 雷达获取信息的过程

首先,雷达向空间发射信号 $s_T(t)$,当该空间存在目标时,该信号会受到目标距离、角度、速度和其他参数的调制,形成回波信号 $s_R(t)$。在接收机中,通过对接收信号的解调与分析,便可得到有关目标的距离、角度和速度等信息。图中增加的信号 $c(t)$ 表示雷达接收信号中除目标回波以外不可避免存在的各种噪声(包括多径回波、天线噪声、宇宙射电等)和干扰,正是这些噪声和干扰的加入影响了雷达对目标的检测能力。可见,如果在 $s_R(t)$ 中,人为引入噪声、干扰信号或是利用吸收材料等都可以阻碍雷达正常地检测目标的信息,达到干扰的目的。

(一) 遮盖性干扰的作用

遮盖性干扰就是用噪声或类似噪声的干扰信号遮盖或淹没有用信号,阻碍雷达检测目标的信息。由于任何一部雷达都有外部噪声和内部噪声,所以,雷达对目标的检测是基于一定的概率准则在噪声中进行的。一般来说,如果目标信号能量 S 与噪声能量 N 之比(信噪比 S/N)超过检测门限 D,则可以保证雷达以一定的虚警概率 P_{fa} 和检测概率 P_d 发现目标,简称发现目标,否则称为不发现目标。遮盖干扰使强干扰功率进入雷达接收机,降低雷达接收机的信噪比 S/N,使雷达难以检测目标。

(二) 遮盖性干扰的分类

按照干扰信号中心频率 f_j 和频谱宽度 Δf_j 与雷达接收机中心频率 f_s 和带宽 Δf_r 的关系,遮盖性干扰可以分为瞄准式干扰、阻塞式干扰和扫频式干扰。

1. 瞄准式干扰

瞄准式干扰一般满足

$$\Delta f_j = (2 \sim 5)\Delta f_r, \quad f_j \approx f_s \tag{3-3-1}$$

采用瞄准式干扰首先必须测出雷达信号频率 f_s,然后调整干扰机频率 f_j,对准雷达频率,保证以较窄的 Δf_j 覆盖 Δf_r,这一过程称为频率引导。瞄准式干扰的主要优点是在

Δf_j 内干扰功率强,是遮盖干扰的首选方式;缺点是对频率引导的要求高,有时甚至难以实现。

2. 阻塞式干扰

阻塞式干扰一般满足

$$\Delta f_j > 5\Delta f_r, \quad f_s \in \left[f_j - \frac{\Delta f_j}{2}, f_j + \frac{\Delta f_j}{2}\right] \qquad (3-3-2)$$

由于阻塞式干扰 Δf_j 相对较宽,故对频率引导精度的要求低,频率引导设备简单。此外,由于其 Δf_j 宽,便于同时干扰频率分集雷达、频率捷变雷达和多部工作在不同频率的雷达。但是阻塞式干扰在 Δf_r 内的干扰功率密度低,干扰强度弱。

3. 扫频式干扰

扫频式干扰一般满足

$$\Delta f_j = (2 \sim 5)\Delta f_r, \quad f_j(t) = f_1 + \mu t, t \in [0, T] \qquad (3-3-3)$$

即干扰的中心频率是以 T 为周期的连续时间函数,从起始频率 f_1 变到 μT,μ 为扫频斜率。扫频式干扰可对雷达形成间断的周期性强干扰,扫频的范围较宽,也能够干扰频率分集雷达、频率速变雷达和多部不同工作频率的雷达。

应当指出,实际干扰机可以根据具体雷达的载频调制情况,对上述基本形式进行组合,对雷达施放多频率点瞄准式干扰、分段阻塞式干扰和扫频锁定式干扰等。

(三) 最佳遮盖干扰波形

由于雷达对目标的检测是在噪声中进行的,所以对于接收信号做出有、无目标的两种假设检验具有不确定性,即后检验不确定性。因此,最佳干扰波形就是随机性最强或不确定性最大的波形。衡量随机变量不确定性的量是熵(Entropy),也称为信息量。

对于离散型随机变量来说,平均信息量定义为

$$H(x) = -\sum_{i=1}^{m} P_i \log_a P_i \qquad (3-3-4)$$

式中:随机变量的可能取值为 $x_1, x_2, \cdots, x_m$,对应的取值概率为 $P_1, P_2, \cdots, P_m$,$\sum_{i=1}^{m} P_i = 1$。

对于连续型随机变量来说,平均信息量定义为

$$H(x) = -\int_{-\infty}^{\infty} p(x) \log_a p(x) \mathrm{d}x \qquad (3-3-5)$$

式中:$p(x)$ 为连续型随机变量的概率密度函数。

熵的单位由 a 的取值决定,当 $a = 2$ 时,H 的单位为比特;当 $a = e$ 时,H 的单位为奈特;当 $a = 10$ 时,H 的单位为哈特莱。a 的选取一般应使 $H(x)$ 计算简便。以下的讨论中选取 $a = e$。对于相同的 a,熵值越大,不确定性就越强。此外,随机变量的方差(平均功率)越大,熵值就越大,不确定性就越强。显然,在相同功率的条件下,雷达接收机线性系统中具有最大熵的干扰波形为最佳干扰波形。这样,最佳干扰波形的设计就是在给定平均功率条件下,寻找具有最大熵的干扰信号的概率分布。

根据拉格朗日常数变易法,已知函数方程

$$\Phi = \int_a^b F(x, p) \mathrm{d}x \qquad (3-3-6)$$

和 m 个函数方程的限制条件:

$$\begin{cases} \int_a^b \varphi_1(x,p)\mathrm{d}x = C_1 \\ \int_a^b \varphi_2(x,p)\mathrm{d}x = C_2 \\ \quad\quad\quad \vdots \\ \int_a^b \varphi_m(x,p)\mathrm{d}x = C_m \end{cases} \quad (3-3-7)$$

式中:$\varphi_1,\varphi_2,\cdots,\varphi_m$ 为限制条件中给出的函数,则式(3-3-5)的极值可以由上面 m 个方程和下式决定。

$$\frac{\partial F}{\partial p} + \lambda_1 \frac{\partial \varphi_1}{\partial p} + \lambda_2 \frac{\partial \varphi_2}{\partial p} + \cdots + \lambda_m \frac{\partial \varphi_m}{\partial p} = 0 \quad (3-3-8)$$

式中:$\lambda_1,\lambda_2,\cdots,\lambda_m$ 是拉格朗日常数。代入最大熵函数求解,则已知

$$H(x) = -\int_{-\infty}^{\infty} p(x)\ln p(x)\mathrm{d}x$$

$$\int_{-\infty}^{\infty} p(x)\mathrm{d}x = 1$$

$$\int_{-\infty}^{\infty} x^2 p(x)\mathrm{d}x = \sigma^2$$

因此

$$\begin{cases} F = -p(x)\ln p(x) \\ \varphi_1 = p(x) \\ \varphi_2 = x^2 p(x) \end{cases}$$

代入式(3-3-8)可得

$$p(x) = \mathrm{e}^{\lambda_1 - 1 + \lambda_2 x^2}$$

再利用限制条件,可得

$$p(x) = \frac{1}{\sqrt{2\pi}\sigma}\mathrm{e}^{-\frac{x^2}{2\sigma^2}} \quad (3-3-9)$$

$$H(x)_{\max} = -\int_{-\infty}^{\infty} p(x)\ln p(x)\mathrm{d}x = \ln\sqrt{2\pi\mathrm{e}\sigma^2}$$

显然,在限制平均功率的条件下,熵值最大的最佳遮盖干扰波形为正态分布的噪声。

研究最佳干扰信号的目的是建立比较各种干扰信号优劣的标准。实际使用的干扰信号与最佳干扰信号之间可能存在偏差,如果能计算或测量出它们相对于最佳干扰信号在遮盖性能上的损失,便可以评判各种实际的干扰信号在遮盖性能上的优劣。噪声质量因素 η_n 适用于衡量实际干扰信号的质量。噪声质量因素表示在相同遮盖效果(相同熵 $H_{jo} = H_j$)的条件下,理想干扰信号所需的功率 P_{jo} 与实际干扰信号所需的干扰功率 P_j 之比,即

$$\eta_n = \frac{P_{jo}}{P_j}\bigg|_{H_j = H_{jo}} \quad (3-3-10)$$

通常,$\eta_n \ll 1$。这样,只要知道正态噪声干扰时所需要的干扰功率再乘以一个修正因子,就可以得到实施有效干扰所需的实际干扰信号功率。但是通常情况下,实际干扰信号的概率密度难以用数学公式描述,或难以计算它们的熵,故常用实验方法来确定噪声质量因素。

二、射频噪声干扰

直接将窄带高斯噪声放大和发射出去的干扰称为射频噪声干扰,所以又称为直接放大的噪声(DINA)。

窄带高斯噪声可以表示为

$$J(t) = U_n(t)\cos[\omega_j t + \phi(t)] \qquad (3-3-11)$$

式中:包络函数 $U_n(t)$ 服从瑞利分布;相位函数 $\phi(t)$ 服从 $[0,2\pi]$ 均匀分布,且与 $U_n(t)$ 相互独立;载频 ω_j 为常数,且远大于 $J(t)$ 的谱宽。$J(t)$ 通常是对低功率噪声滤波和放大获取的。

射频噪声干扰也称为纯噪声干扰,由于其效率低,应用仅限于早期对低频雷达的干扰机中。分析这种干扰对收接收机的影响具有典型意义。

（一）射频噪声干扰对雷达接收机的作用

图3-3-2(a)给出了典型雷达接收机组成框图,它由混频器、中放、检波器和视频放大器组成,其工作原理可用图3-3-2(b)所示模型来描述。线性系统Ⅰ包括混频器和中放。虽然混频器本身是非线性器件,但由于中放的选择性,混频器不会改变所携带的输入信号的有效信息,它只是把射频信号(包括干扰)变成中频。线性系统Ⅰ的带宽由中放带宽决定。检波器是非线性系统,它对中放输出的包络进行变换。线性系统Ⅱ包括接收机的视放。为了分析方便,假设输入干扰信号 $J(t)$ 的功率谱 $G_j(f)$ 与线性系统的频率响应 $H_i(f)$ 都具有矩形特性。

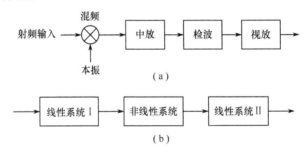

图3-3-2 雷达接收机示意图
(a)雷达接收机;(b)物理模型。

首先分析只有干扰没有信号输入的情况。设输入射频噪声干扰的功率谱密度及中放传输函数分别为

$$G_j(f) = \begin{cases} \dfrac{\sigma_j^2}{\Delta f_j} & |f - f_j| \leqslant \dfrac{\Delta f_j}{2} \\ 0 & \text{else} \end{cases} \qquad (3-3-12)$$

$$|H_i(f)| = \begin{cases} 1 & |f - f_i| \leqslant \dfrac{\Delta f_r}{2} \\ 0 & \text{else} \end{cases} \qquad (3-3-13)$$

式中:f_j、f_i 分别为干扰和中放的中心频率;Δf_j、Δf_r 分别称为干扰带宽和雷达接收机带宽,Δf_j 比 Δf_r 大得多;σ_j^2 为 $J(t)$ 的平均功率。根据线性系统理论,中放输出的干扰信号为窄带高斯噪声,其功率谱 $G_i(f)$ 为

$$G_i(f) = |H_i(f)|^2 G_j(f - f_L) = \begin{cases} \dfrac{\sigma_i^2}{\Delta f_r} & |f - f_i| \leqslant \dfrac{\Delta f_r}{2} \\ 0 & 其他 \end{cases} \quad (3-3-14)$$

式中：$\sigma_i^2 = \sigma_j^2 \Delta f_r / \Delta f_j$；$f_L$ 为本振频率。中放输出的噪声干扰信号的包络 U_i 服从瑞利分布：

$$p_i(U_i) = \dfrac{U_i}{\sigma_i^2} e^{-\dfrac{U_i^2}{2\sigma_i^2}} \quad U_i \geqslant 0 \quad (3-3-15)$$

检波器的工作状态取决于输入信号的大小，输入信号大时，检波特性近似为线性，即

$$U_v = \begin{cases} K_d U_i & U_i \geqslant 0 \\ 0 & U_i < 0 \end{cases} \quad (3-3-16)$$

当信号较小时，检波特性为平方律特性，即

$$U_v = \begin{cases} \dfrac{\alpha}{2} U_i^2 & U_i \geqslant 0 \\ 0 & U_i < 0 \end{cases} \quad (3-3-17)$$

式中：U_v、U_i 分别为检波器输出和输入信号的包络；K_d、α 分别为与检波器特性有关的常数。

以线性检波器为例，当窄带高斯噪声作用于线性检波器时，检波器输出的噪声概率分布可由式(3-3-16)的雅可比变换求得，即

$$p_v(U_v) = p_i(U_i) \left| \dfrac{\mathrm{d} U_i}{\mathrm{d} U_v} \right| = \dfrac{p_i(U_i)}{K_d} = \dfrac{U_v}{\sigma_v^2} e^{-\dfrac{U_v^2}{2\sigma_v^2}} \quad U_v \geqslant 0 \quad (3-3-18)$$

其中，$\sigma_v = K_d \sigma_i$。

由此可见，高斯噪声经过线性检波器，其输出分布为瑞利分布。严格地说，在接收机输出的信号中还含有内噪声分量，它是独立于干扰信号的窄带高斯噪声，与干扰信号合成后并不改变上述分析的性质，只是此时的 σ_i^2 将是进入雷达接收机线性系统 I 的干扰信号平均功率与接收机内噪声功率之和。在一般情况下，前者远大于后者，所以常常将后者忽略不计。

下面，分析干扰和信号同时存在的情况。

设目标回波信号为：$s(t) = U_S \cos \omega_0 t$，当 $s(t)$ 与 $J(t)$ 同时输入到线性系统 I 时，根据线性系统的叠加定理，它的输出应为两信号单独作用时的响应之和，其中，窄带噪声输出为

$$J'(t) = U_n'(t) \cos[\omega_i t + \phi'(t)]$$

信号输出为

$$s'(t) = U_S' \cos \omega_i(t)$$

其合成电压为

$$\begin{aligned} J'(t) + s'(t) &= [U_n'(t) \cos \phi'(t) + U_S'] \cos \omega_i t - U_n'(t) \sin \phi'(t) \sin \omega_i t \\ &= U_i(t) \cos[\omega_i t + \phi_I(t)] \end{aligned} \quad (3-3-19)$$

式中：$U_i(t)$ 为合成信号的包络，其概率分布为莱斯分布，即

$$p_i(U_i) = \dfrac{U_i}{\sigma_i^2} e^{-\dfrac{U_i^2 + U_S^2}{2\sigma_i^2}} I_0\left(\dfrac{U_i U_S}{\sigma_i^2}\right) \quad U_i \geqslant 0 \quad (3-3-20)$$

$I_0(x)$ 为一类零阶 Bessel 函数。

$\phi_I(t)$ 为合成信号的相位,其分布为

$$p_i(\phi_I) = \frac{1}{2\pi}e^{-\frac{U_s^2}{\sigma_i^2}} + \frac{U_s\cos\phi_I}{\sqrt{2\pi}\sigma_i}F\left(\frac{U_s\cos\phi_I}{\sigma_i}\right)e^{-\frac{U_s^2\sin^2\phi_I}{2\sigma_i^2}} \quad (3-3-21)$$

式中

$$F(x) = \frac{1}{2\pi}\int_0^x e^{\frac{t^2}{2}}dt$$

输出包络及相位的概率分布如图3-3-3所示。

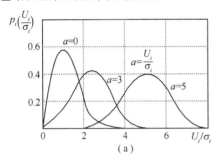
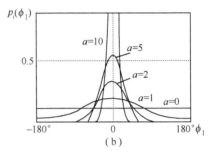

图3-3-3　信号加噪声的包络概率分布和相位概率分布曲线
(a) 包络概率分布；(b) 相位概率分布。

当 $U_s = 0$ 时,幅度分布退化为瑞利分布,当 U_s/σ_i 增大时,该分布逐渐由瑞利分布过渡到莱斯分布,当 $U_s/\sigma_i \gg 1$ 时,近似为以 U_s 为均值、σ_i^2 为方差的高斯分布。

采用类似于噪声作用于检波器的分析方法,可以求出信号和噪声同时作用时,检波器输出信号 $U_v(t)$ 的概率分布为

$$p_v(U_v) = \frac{1}{K_d}p_i(U_i) = \frac{U_v}{\sigma_v^2}e^{-\frac{U_v^2+U_{s0}^2}{2\sigma_v^2}}I_0\left(\frac{U_vU_{s0}}{\sigma_v^2}\right) \quad U_v \geq 0 \quad (3-3-22)$$

式中:$\sigma_v = K_d\sigma_i$;$U_{s0} = K_dU_s$。

(二) 射频噪声干扰对信号检测的影响

雷达信号检测的基本方法是:设置一个门限电平 U_T,将接收机输出的视频信号 U_v 与 U_T 比较,当 $U_v \geq U_T$ 时,判定为有目标;当 $U_v < U_T$ 时,判定为无目标。由于实际的 U_v 可能确有目标,也可能没有目标,两种检测结果与两种实际情况组合起来形成了以下四种检测事件:

(1) 实际没有目标,但 $U_v \geq U_T$,判为有目标,此事件称为虚警,其概率为 P_{fa};

(2) 实际没有目标,且 $U_v < U_T$,判为无目标,此事件称为正确不发现,其概率为 $1 - P_{fa}$;

(3) 实际有目标,且 $U_v \geq U_T$,判为有目标,此事件称为发现,其概率为 P_d;

(4) 实际有目标,但 $U_v < U_T$,判为无目标,此事件称为漏报,其概率为 $1 - P_d$。

由于四个事件中有两项是互补的,因此表现雷达信号检测性能的主要指标是 P_{fa} 和 P_d。

根据上述事件的定义,在射频噪声干扰时的虚警概率即接收机输出的干扰信号包络超过门限 U_T 的概率,也就是图3-3-4(b)中输出噪声干扰概率分布超过 U_T 部分的面积。

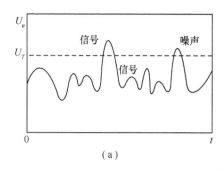 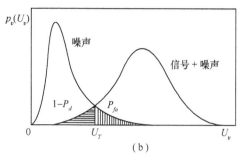

图 3 – 3 – 4 噪声干扰对信号检测的影响

(a) 接收机输出波形；(b) 信号的概率分布。

$$P_{fa} = \int_{U_T}^{\infty} \frac{U_v}{\sigma_v^2} e^{-\frac{U_v^2}{2\sigma_v^2}} dU_v = e^{-\frac{U_T^2}{2\sigma_v^2}} \quad (3-3-23)$$

根据聂曼—皮尔逊准则，对于给定的虚警概率 P_{fa}，可由式（3-3-23）唯一地确定检测门限 U_T：

$$U_T = \sqrt{-2\ln P_{fa}} \sigma_v \quad (3-3-24)$$

发现概率 P_d 是虚警概率 P_{fa} 和接收机输出信噪比 $r = \dfrac{S}{N} = \dfrac{U_{s0}^2}{2\sigma_v^2}$ 的函数：

$$P_d = \int_{U_T}^{\infty} \frac{U_v}{\sigma_v^2} e^{-\frac{U_v^2 + U_{s0}^2}{2\sigma_v^2}} I_0\left(\frac{U_v U_{s0}}{\sigma_v^2}\right) dU_v = e^{-r} \int_{\sqrt{-2\ln(P_{fa})}}^{\infty} x e^{-\frac{x^2}{2}} I_0(x\sqrt{2r}) dx$$

$$(3-3-25)$$

图 3 – 3 – 5 画出了不同 P_{fa} 条件下 P_d 与信噪比 r 的关系。

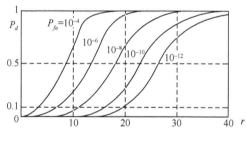

图 3 – 3 – 5 信号检测特性

对于遮盖性干扰，当形成有效干扰时要求雷达的发现概率 P_d 降到 0.1 以下，设此时系统输出端的信噪比为 r_0，则有效干扰时的干信比至少要大于等于 $1/r_0$。作为干扰方，一般是无法确知雷达的 P_{fa}，只能根据经验估计，通常将其确定为 $P_{fa} = 10^{-6}$。

三、噪声调幅干扰

广义平稳随机过程：

$$J(t) = [U_o + U_n(t)]\cos(\omega_j t + \phi) \quad (3-3-26)$$

称为噪声调幅干扰。式中：调制噪声 $U_n(t)$ 为零均值、方差为 σ_n^2，在区间 $[-U_o, \infty]$ 分布的广义平稳随机过程；ϕ 为 $[0, 2\pi]$ 上的均匀分布，且为与 $U_n(t)$ 独立的随机变量；U_o、ω_j 为常数。

噪声调幅信号的波形图如图 3-3-6 所示。因为 $U_n(t)$ 与 ϕ 相互独立,所以其联合概率分布密度函数户 $p(U_n,\phi)$ 与各自的概率分布密度户 $p(U_n)$、$p(\phi)$ 之间存在下列关系:

$$p(U_n,\phi) = p(U_n)p(\phi)$$

$J(t)$ 的均值为

$$E[J(t)] = E\{[U_o + U_n(t)]\cos(\omega_j t + \phi)\} = E[U_o + U_n(t)]E[\cos(\omega_j t + \phi)]$$

上式中第二项为

$$\int_0^{2\pi} \cos(\omega_j t + \phi) \frac{1}{2\pi} d\phi = 0$$

因此

$$E[J(t)] = 0 \qquad (3-3-27)$$

$J(t)$ 的相关函数为

$$B_j(\tau) = E[J(t)J(t+\tau)] =$$
$$E\{[U_o + U_n(t)]\cos[\omega_j t + \phi][U_o + U_n(t+\tau)]\cos[\omega_j(t+\tau) + \phi]\} =$$
$$E\{[U_o + U_n(t)][U_o + U_n(t+\tau)]\}E\{\cos[\omega_j t + \phi]\cos[\omega_j(t+\tau) + \phi]\}$$

因为

$$E[U_n(t)] = E[U_n(t+\tau)] = 0$$

所以上式中第一项为

$$E[U_o^2 + U_n(t)U_n(t+\tau)] = U_o^2 + B_n(\tau)$$

第二项为

$$E\left\{\frac{1}{2}[\cos(2\omega_j t + \omega_j \tau + 2\phi) + \cos\omega_j \tau]\right\} = \frac{1}{2}\cos\omega_j \tau$$

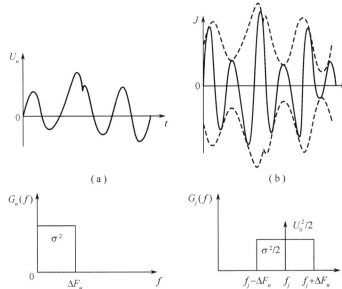

图 3-3-6 噪声调幅波形
(a) 调制噪声波形;(b) 已调波波形;(c) 调制噪声功率谱;(d) 已调波功率谱。

所以
$$B_j(\tau) = \frac{1}{2}[U_o^2 + B_n(\tau)]\cos\omega_j\tau \qquad (3-3-28)$$

式中：$B_n(\tau)$为调制噪声$U_n(t)$的相关函数。式(3-3-14)就是著名的噪声调幅定理。

噪声调幅信号的总功率为
$$P_t = B_j(0) = \frac{U_o^2}{2} + \frac{1}{2}B_n(0) = \frac{U_o^2}{2} + \frac{\sigma_n^2}{2} \qquad (3-3-29)$$

它等于载波功率($U_o^2/2$)与调制噪声功率(σ_n^2)一半的和。式(3-3-29)也可改写成
$$P_t = \frac{U_o^2}{2}\left[1 + \left(\frac{\sigma_n}{U_o}\right)^2\right] = P_o(1 + m_{Ae}^2) \qquad (3-3-30)$$

式中：$P_o = U_o^2/2$为载波功率；$m_{Ae} = \sigma_n/U_o$为有效调制系数。

设m_A为最大调制系数，即
$$m_A = \frac{\text{最大噪声值}(u_{n\max})}{\text{载波幅度}(U_o)} \qquad (3-3-31)$$

则m_{Ae}与m_A的关系如下：
$$m_A = \frac{U_{n\max}}{\sigma_n}\frac{\sigma_n}{U_o} = K_c m_{Ae}, \text{并且} K_c = \frac{U_{n\max}}{\sigma_n} \qquad (3-3-32)$$

式中：K_c为噪声的峰值系数。一般$m_A \leq 1$，当$m_A > 1$时将产生过调制，严重过调制将烧毁振荡管。因此，当$m_A = 1$时，未限幅噪声的有效调制系数为
$$m_{Ae} = \frac{1}{K_c} = \frac{1}{3} \sim \frac{1}{4} \qquad (3-3-33)$$

噪声调幅信号的功率谱可由式(3-3-28)经傅里叶变换求得
$$G_j(f) = 4\int_0^\infty B_j(\tau)\cos2\pi f\tau\mathrm{d}\tau =$$
$$\frac{U_o^2}{2}\delta(f - f_j) + \frac{1}{4}G_n(f_j - f) + \frac{1}{4}G_n(f - f_j) \qquad (3-3-34)$$

式中：$G_n(f)$为调制噪声的功率谱，第一项代表载波的功率谱，后两项代表调制噪声功率谱的对称搬移；上、下边带功率之和为旁频功率P_{sl}，其功率等于调制噪声功率的1/2，即
$$P_{sl} = \frac{\sigma_n^2}{2} = P_o m_{Ae}^2 \quad \text{或} \quad P_{sl} = P_o\left(\frac{m_A}{K_c}\right)^2 \qquad (3-3-35)$$

由于雷达接收机检波器的输出正比于噪声调制信号的包络，因此，起遮盖干扰作用的主要是旁频功率。如果对调制噪声$U_n(t)$不加限幅处理，在不产生过调制条件下($m_A \leq 1$)，旁频功率仅为载波功率的很小一部分，且
$$P_{sl} \leq \frac{1}{K_c^2}P_o = \frac{1}{9 \sim 16}P_o \qquad (3-3-36)$$

提高干扰的有效功率主要是提高噪声调幅信号的旁频功率。提高旁频功率的方法有

101

两种:一是提高载波功率 P_o;二是加大有效调制系数 m_{Ae}。第一种方法就是提高干扰机的发射功率,而不提高产生旁频功率的效率,但发射功率的增加将受到发射器件功率条件等的限制。第二种方法主要是对 $U_n(t)$ 适当限幅,提高旁频功率在发射功率中的比例。

常用的限幅特性为双向折线限幅。设 x,y 分别为限幅前后的噪声电压,$\pm U_L$ 为限幅电平,则

$$y = \begin{cases} x & |x| < U_L \\ -U_L & x \leq -U_L \\ U_L & x \geq U_L \end{cases} \quad (3-3-37)$$

限幅将使噪声的质量变坏(熵 $H(y) \leq H(x)$),在限幅电平 $\pm U_L$ 处出现平顶,当信号位于平顶上时,容易被发现。这种由于限幅使噪声出现平顶的现象,称为"天花板"效应。"天花板"效应的影响与限幅电平的选择和限幅特性有关。衡量限幅程度的量为限幅系数 k_L,且

$$k_L = \frac{\sigma_n}{U_L} \quad (3-3-38)$$

式中:σ_n 是限幅前噪声的有效值;U_L 为限幅电平。k_L 值越大,限幅越严重,"天花板"效应越明显。限幅后的噪声峰值系数定义为

$$K_{cL} = \frac{U_L}{\sigma_L} \quad (3-3-39)$$

式中:σ_L 是限幅后噪声的有效值,它可以根据限幅前噪声的分布密度 $p_n(U_n)$ 和限幅电平 U_L 求得

$$\sigma_L^2 = U_L^2 \int_{|x|>U_L} p_n(x)\,\mathrm{d}x + \int_{-U_L}^{U_L} x^2 p_n(x)\,\mathrm{d}x \quad (3-3-40)$$

如果以载波电平 U_o 作为限幅电平,可以得到限幅后的有效调制系数为

$$m_{AeL} = \frac{m_A}{K_{cL}} \quad (3-3-41)$$

限幅越严重,限幅后噪声的峰值系数越小,有效调制系数越大。由于限幅是非线性处理,因而噪声限幅后将产生许多新的频率分量,使噪声的谱宽展宽。计算证明,当限幅系数小于 1 时,由限幅引起的谱展宽是不太大的。

噪声调幅干扰与射频噪声干扰既有相同点,也有不同点。相同点是它们都是以噪声功率来遮盖信号的,不同点是噪声调幅干扰中有一个强的载波。噪声调幅干扰能够进入接收机的有效干扰功率的多少,除了和干扰带宽有关外,还和频率瞄准度(调幅干扰的载波与接收机滤波器中心频率的对准程度)有很大关系,也就是说,载波能否进入接收机对干扰效果有很大影响。由前面的分析可知,噪声调幅干扰包括载波和旁频成分。旁频成分为起伏噪声,是噪声调幅干扰中遮盖目标信号的主要成分,载波则有正弦波干扰的效果,它使回波光标跳动、波形失真,对信号有一定的压制作用,强的干扰会造成接收机过载。

四、噪声调频干扰

噪声调频干扰是一种常用的遮盖式干扰样式。在数学上可以表示为一个广义平稳随机过程:

$$J(t) = U_j\cos\left[\omega_j t + 2\pi K_{FM}\int_o^t u(t')\mathrm{d}t' + \phi\right] \qquad (3-3-42)$$

式中:调制噪声 $u(t)$ 为零均值、广义平稳随机过程; ϕ 为 $[0,2\pi]$ 上的均匀分布,且为与 $u(t)$ 独立的随机变量; U_j 为噪声调频信号的幅度; ω_j 为噪声调频信号的中心频率; K_{FM} 为调频斜率。

噪声调频干扰中的调制噪声 $u(t')$ 和噪声调频干扰信号的波形 $J(t)$ 如图 3-3-7 所示。

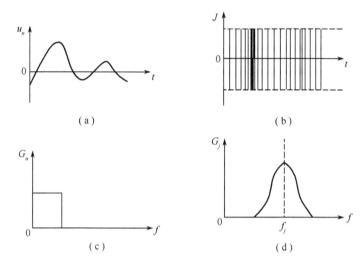

图 3-3-7 噪声调频干扰信号示意图
(a) 调制噪声波形;(b) 已调波形;(c) 调制噪声功率谱;(d) 已调功率谱。

噪声调频干扰信号 $J(t)$ 为广义平稳的随机过程,其均值为

$$E[J(t)] = E\{U_j\cos[\theta(t)+\phi]\} =$$
$$E\{U_j\cos[\theta(t)]\}E\{\cos\phi\} - E\{U_j\sin[\theta(t)]\}E\{\sin\varphi\} = 0$$
$$(3-3-43)$$

其协方差(相关函数)为

$$E[J(t)J(t+\tau)] = E\{U_j^2\cos[\theta(t)+\phi]\cos[\theta(t+\tau)+\phi]\} =$$
$$\frac{U_j^2}{2}E\{\cos[\theta(t+\tau)-\theta(t)] + \cos[\theta(t+\tau)+\theta(t)+2\phi]\} =$$
$$\frac{U_j^2}{2}E\{\cos[\theta(t+\tau)-\theta(t)]\} \qquad (3-3-44)$$

因而可以得到

$$B_j(\tau) = \frac{U_j^2}{2}E\{\cos[\omega_j(t+\tau)+2\pi K_{FM}e(t+\tau)-\omega_j t-2\pi K_{FM}e(t)]\} =$$
$$\frac{U_j^2}{2}E\{\cos[\omega_j\tau+2\pi K_{FM}(e(t+\tau)-e(t))]\} =$$
$$\frac{U_j^2}{2}E\{\cos 2\pi K_{FM}[e(t+\tau)-e(t)]\}\cos\omega_j\tau -$$
$$\frac{U_j^2}{2}E\{\sin 2\pi K_{FM}[e(t+\tau)-e(t)]\}\sin\omega_j\tau$$

式中：
$$\theta(t) = \omega_j t + 2\pi K_{FM} e(t), e(t) = \int_0^t u(t') dt'$$

当 $U(t)$ 为高斯过程时，$e(t)$ 也是高斯过程，且 $e(t+\tau) - e(t)$ 也是高斯过程，因此上式中第二项均值为零，$B_j(\tau)$ 可以表示为

$$B_j(\tau) = \frac{U_j^2}{2} e^{-\frac{\sigma^2(\tau)}{2}} \cos\omega_j \tau \qquad (3-3-45)$$

式中：$\sigma^2(\tau)$ 为调频函数 $2\pi K_{FM}[e(t+\tau) - e(t)]$ 的方差，且

$$\sigma^2(\tau) = 4\pi^2 \cdot 2K_{FM}^2 [B_e(0) - B_e(\tau)] \qquad (3-3-46)$$

式中：$B_e(\tau)$ 为 $e(t)$ 的自相关函数，它可由调制噪声 $U(t)$ 的功率谱 $G_n(f)$ 变换求得。设其具有带限均匀谱，如式(3-3-47)所示。

$$G_n(f) = \begin{cases} \dfrac{\sigma_n^2}{\Delta F_n} & 0 \leq f \leq \Delta F_n \\ 0 & 其他 \end{cases} \qquad (3-3-47)$$

则 $e(t)$ 的功率谱 $G_e(f)$ 为

$$G_e(f) = \frac{1}{(2\pi f)^2} G_n(f) \qquad (3-3-48)$$

$$\sigma^2(\tau) = 4\pi^2 \cdot 2K_{FM}^2 [B_e(0) - B_e(\tau)] = \\ 4\pi^2 \cdot 2K_{FM}^2 \int_0^{\Delta F_n} \frac{\sigma_n^2(1-\cos 2\pi f\tau)}{\Delta F_n (2\pi f)^2} df = \\ 2 m_{fe}^2 \Delta\Omega_n \int_0^{\Delta\Omega_n} \frac{1 - \cos\Omega\tau}{\Omega^2} d\Omega \qquad (3-3-49)$$

式中：$\Delta\Omega_n = 2\pi\Delta F_n$ 为调制噪声的谱宽；$m_{fe} = K_{FM}\sigma_n/\Delta F_n = f_{de}/\Delta F_n$，是有效调频指数，其中 f_{de} 为有效调频带宽。由式(3-3-45)求得噪声调频信号功率谱的表示式为

$$G_j(\omega) = 4\int_0^{+\infty} B_j(\tau)\cos\omega\tau d\tau = 2U_j^2 \int_0^{+\infty} \cos\omega_j\tau \cos\omega\tau e^{-\frac{\sigma^2(\tau)}{2}} d\tau = \\ U_j^2 \left[\int_0^{+\infty} \cos(\omega_j - \omega)\tau e^{-\frac{\sigma^2(\tau)}{2}} d\tau + \int_0^{+\infty} \cos(\omega_j + \omega)\tau e^{-\frac{\sigma^2(\tau)}{2}} d\tau \right]$$

$$(3-3-50)$$

式(3-3-50)等号右边的第二个积分式中，指数函数与 $\cos(\omega_j + \omega)\tau$ 相比显得很慢，故可以忽略，近似可得

$$G_j(\omega) = U_j^2 \int_0^{+\infty} \cos(\omega_j - \omega)\tau e^{-\frac{\sigma^2(\tau)}{2}} d\tau = \\ U_j^2 \int_0^{\infty} \cos(\omega_j - \omega)\tau \exp\left[-m_{fe}^2 \Delta\Omega_n \int_0^{\Delta\Omega_n} \frac{1-\cos\Omega\tau}{\Omega^2} d\Omega \right] d\tau \qquad (3-3-51)$$

式(3-3-51)中的积分只有当 $m_{fe} \gg 1$ 和 $m_{fe} \ll 1$ 时才能近似求解。

（一）$m_{fe} \gg 1$

此时，积分号内的指数随 τ 增大而快速衰减，对功率谱的贡献主要是 τ 较小时的积分

区间。这时，$\cos\Omega\tau$ 可按级数展开，并取前两项近似，即

$$\cos\Omega\tau \approx 1 - \left(\frac{\Omega\tau}{2}\right)^2 \qquad (3-3-52)$$

代入式(3-3-51)得到

$$G_j(f) = \frac{U_j^2}{2}\frac{1}{\sqrt{2\pi}f_{de}}e^{-\frac{(f-f_j)^2}{2f_{de}^2}} \qquad (3-3-53)$$

由上式可以得到 $m_{fe} \gg 1$ 时噪声调频信号功率谱特性的重要结论。

(1) 噪声调频信号的功率谱密度 $G_j(f)$ 与调制噪声的概率密度 $p_n(u)$ 有线性关系。当调制噪声的概率密度为高斯分布时，噪声调频信号的功率谱密度也为高斯分布。这种近似关系还可以推广到非高斯噪声调频的情况。利用这种线性关系，可以大大简化噪声调频干扰信号的功率谱计算方法，即直接对 $p_n(u)$ 进行雅可比变换得到 $G_j(f)$：

$$G_j(f-f_j) = \frac{U_j^2}{2}p_n\left(\frac{f-f_j}{K_{\text{FM}}}\right)\frac{1}{K_{\text{FM}}} \qquad (3-3-54)$$

也可以像图3-3-8那样，采用作图法进行坐标的线性变换，这种方法称为准线性法。

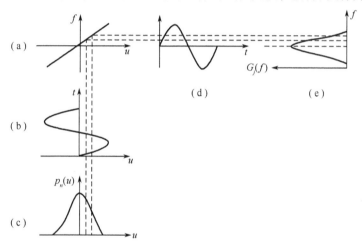

图3-3-8 准线性法求功率谱密度

(a) 调谐特性；(b) 调制噪声；(c) 调制噪声的概率密度；(d) 频率变化曲线；(e) 功率谱密度。

(2) 噪声调频信号的功率等于载波功率，且

$$p_j = \int_{-\infty}^{+\infty} G_j(f)\mathrm{d}f = \frac{U_j^2}{2} \qquad (3-3-55)$$

这表明，调制噪声功率不对已调波的功率发生影响，这是与调幅波不一样的。

(3) 噪声调频信号的干扰带宽(半功率带宽)为

$$\Delta f_j = 2\sqrt{2\ln2}f_{de} = 2\sqrt{2\ln2}K_{\text{FM}}\sigma_n \qquad (3-3-56)$$

它与调制噪声带宽 ΔF_n 无关，而决定于调制噪声的功率 σ_n^2 和调谐率 K_{FM}。

(二) $m_{fe} \ll 1$

这时，调制噪声的带宽 ΔF_n 相对很大。式(3-3-51)中的 $(1-\cos\Omega\tau)/\Omega^2$ 写成 $(\sin y/y)^2$ 的形式。这里 $y = \Omega\tau/2$，而

$$\int_0^{+\infty} \left(\frac{\sin y}{y}\right)^2 dy \approx \frac{\pi}{2}$$

$$G_j(f) = \frac{U_j^2}{2} \frac{\dfrac{f_{de}^2}{2\Delta F_n}}{\left(\dfrac{\pi f_{de}^2}{2\Delta F_n}\right)^2 + (f - f_j)^2} \quad (3-3-57)$$

功率谱密度如图 3-3-9 所示，由上式可得半功率干扰带宽为

$$\Delta f_j = \frac{\pi f_{de}^2}{\Delta F_n} = \pi m_{fe}^2 \Delta F_n \quad (3-3-58)$$

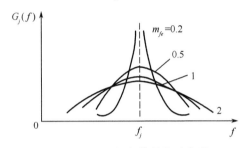

图 3-3-9 调频信号的功率谱

噪声调频干扰对雷达接收系统的作用过程与噪声调幅干扰有着本质的不同。噪声调幅干扰的包络是按照调制噪声的规律变化的，干扰信号进入雷达接收机后经过幅度检波器输出噪声调制包络波形，可以遮盖雷达回波信号。噪声调频干扰幅度是不变的，其频率随着调制噪声作随机变化。

噪声调频干扰通过接收机时，由于受中放频率特性的影响，等幅的调频信号通过中放后，便形成了幅度起伏的调频信号。因此经过幅度检波器后，检出这一起伏的包络，就有干扰作用。当 $2f_{de} < \Delta f_r$ 时，调频波的频移较小，产生的寄生调幅较小，干扰作用不大，如图 3-3-10 所示。

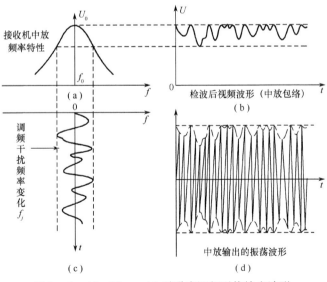

图 3-3-10 $2f_{de} < \Delta f_r$ 时噪声调频干扰输出波形

增大噪声调频干扰的带宽,即增大 $2f_{de}$ 使得频偏大于接收机带宽,即 $2f_{de} > \Delta f_r$,如图3-3-11所示,则调频波不断地扫过接收机带宽时,便形成一系列的宽度、间隔、幅度均随机变化的中频脉冲信号,经过检波后便得到幅度随机起伏的视频信号。这些随机起伏的视频信号就是产生干扰作用的有效成分。如果继续增大已调波的频移,$2f_{de} \gg \Delta f_r$,则已调波的频率扫过接收机带宽的时间很短,检波后的视频信号就是一系列宽度很窄、脉冲空度较大的随机脉冲信号。而且,由于频率变化太快,接收机的动态响应(瞬变状态)影响增大,使输出的脉冲信号幅度有明显的降低,因而有效干扰的起伏成分也减小了。

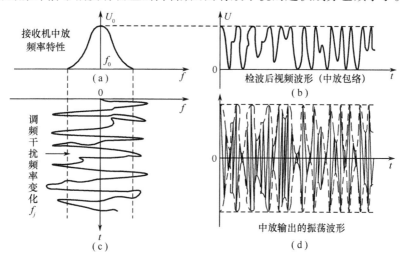

图3-3-11 $2f_{de} > \Delta f_r$ 时噪声调频干扰输出波形

可以看出,噪声调频干扰效果的好坏直接和检波后输出的起伏功率有关。而且,此起伏功率的大小,直接和 $2f_{de}/\Delta f_r$ 的比值有关,$2f_{de}/\Delta f_r$ 太小、太大均不能得到大的起伏功率。因此,$2f_{de}/\Delta f_r$ 有一最佳的数值范围。分析表明:当 $2f_{de}/\Delta f_r = 1.48$ 时,检波后的起伏功率最大,调制噪声带宽 $\Delta F_n = (1.3 \sim 1.5)\Delta f_r$ 时,干扰质量较高。

五、噪声调相干扰

广义平稳随机过程:

$$J(t) = U_j\cos[\omega_j t + K_{PM}u(t) + \phi] \qquad (3-3-59)$$

称为噪声调相干扰。式中:调制噪声 $u(t)$ 为零均值、广义平稳随机过程;ϕ 为 $[0,2\pi]$ 上的均匀分布,且为与 $u(t)$ 独立的随机变量;U_j、ω_j、K_{PM} 为常数。

类似对噪声调频信号的分析,噪声调相信号的均值 $E[J(t)] = 0$,相关函数为

$$B_j(\tau) = \frac{U_j^2}{2}\cos\omega_j\tau E[\cos x] \quad x = K_{PM}[u(t+\tau) - u(t)] \qquad (3-3-60)$$

当 $u(t)$ 为高斯噪声时,则

$$B_j(\tau) = \frac{U_j^2}{2}\cos\omega_j\tau e^{-\frac{\overline{x^2}}{2}} \quad \overline{x^2} = 2K_{PM}^2[B_n(0) - B_n(\tau)] \qquad (3-3-61)$$

式中:$B_n(\tau)$ 为 $u(t)$ 的相关函数,当 $u(t)$ 具有式(3-3-47)的功率谱时

$$B_n(\tau) = \sigma_n^2 \frac{\sin\Delta\Omega_n\tau}{\Delta\Omega_n\tau} \qquad (3-3-62)$$

式中: $\Delta\Omega_n = 2\pi\Delta F_n$ 因此

$$B_j(\tau) = \frac{U_j^2}{2}\cos\omega_j\tau e^{-D^2\left(1-\frac{\sin\Delta\Omega_n\tau}{\Delta\Omega_n\tau}\right)} \tag{3-3-63}$$

式中: $D = K_{PM}\sigma_n$,称为有效相移。由此可以求得噪声调相信号的功率谱为

$$G_j(f) = 4\int_0^{+\infty} B(\tau)\cos2\pi f\tau d\tau =$$

$$U_j^2\left[\int_0^{+\infty}\cos2\pi(f-f_j)\tau e^{-D^2\left(1-\frac{\sin2\pi\Delta F_n\tau}{2\pi\Delta F_n\tau}\right)}d\tau + \int_0^{+\infty}\cos2\pi(f+f_j)\tau e^{-D^2\left(1-\frac{\sin2\pi\Delta F_n\tau}{2\pi\Delta F_n\tau}\right)}d\tau\right]$$

上式中的第二项的频率变化比指数项快得多,可以忽略,因此

$$G_j(f) \approx U_j^2\int_0^{+\infty}\cos2\pi(f-f_j)\tau e^{-D^2\left(1-\frac{\sin2\pi\Delta F_n\tau}{2\pi\Delta F_n\tau}\right)}d\tau \tag{3-3-64}$$

将式(3-3-64)作适当变换

$$G_j(f) = U_j^2\int_0^{+\infty}\cos2\pi(f-f_j)\tau(e^{-D^2}+e^{-D^2\left(1-\frac{\sin2\pi\Delta F_n\tau}{2\pi\Delta F_n\tau}\right)}-e^{-D^2})d\tau =$$

$$\frac{U_j^2}{2}e^{-D^2}\delta(f-f_j) + U_j^2\int_0^{+\infty}\cos2\pi(f-f_j)\tau(e^{-D^2\left(1-\frac{\sin2\pi\Delta F_n\tau}{2\pi\Delta F_n\tau}\right)}-e^{-D^2})d\tau \tag{3-3-65}$$

对于 $D \gg 1$ 来说,式(3-3-65)中第二项只有当 τ 很小时才有值,因此

$$G_j(f) \approx \frac{U_j^2}{2}e^{-D^2}\delta(f-f_j) + U_j^2\int_0^{+\infty}\cos2\pi(f-f_j)\tau e^{-\frac{D^2\Delta\Omega_n^2}{6}\tau^2}d\tau =$$

$$\frac{U_j^2}{2}e^{-D^2}\delta(f-f_j) + \frac{U_j^2}{2}\frac{1}{\sqrt{2\pi(D^2\Delta F_n^2/3)}}e^{-\frac{(f-f_j)^2}{2D^2\Delta F_n^2/3}} \tag{3-3-66}$$

其功率为

$$P_t = \int_0^{+\infty}G_j(f)df = \frac{U_j^2}{2}(e^{-D^2}+1) \approx \frac{U_j^2}{2} = P_o$$

其带宽为

$$\Delta f_j = 2\sqrt{2\ln2}\sqrt{\frac{D^2\Delta F_n^2}{3}} = 1.36D\Delta F_n \tag{3-3-67}$$

当 $D \ll 1$

$$D^2\frac{\sin2\pi\Delta F_n\tau}{2\pi\Delta F_n\tau}$$

总是很小,于是

$$G_j(f) = \frac{U_j^2}{2}e^{-D^2}\delta(f-f_j) + U_j^2e^{-D^2}\int_0^{+\infty}\cos2\pi(f-f_j)\tau(e^{-D^2\left(1-\frac{\sin2\pi\Delta F_n\tau}{2\pi\Delta F_n\tau}\right)}-1)d\tau \approx$$

$$\frac{U_j^2}{2}e^{-D^2}\delta(f-f_j) + U_j^2e^{-D^2}\int_0^{+\infty}\cos2\pi(f-f_j)\tau\left(D^2\frac{\sin2\pi\Delta F_n\tau}{2\pi\Delta F_n\tau}\right)d\tau$$

$$G_j(f) = \begin{cases} \dfrac{U_j^2}{2}\left[e^{-D^2}\delta(f-f_j) + \dfrac{e^{-D^2}D^2}{2\Delta F_n} \right] & |f-f_j| < \Delta F_n \\ 0 & |f-f_j| > \Delta F_n \end{cases} \quad (3-3-68)$$

所以总功率为

$$P_t = \int_0^{+\infty} G_j(f)\,df = \frac{U_j^2}{2}(e^{-D^2} + D^2 e^{-D^2}) \approx \frac{U_j^2}{2}$$

带宽为

$$\Delta f_j = 2\Delta F_n \quad (3-3-69)$$

由上面的分析可以看出,调相波的总功率等于载波功率。当有效相移 D 很小时,功率谱在中心频率处为冲击函数,在其周围 $2\Delta F_n$ 带宽内呈均匀分布,且能量集中在中心频率处;当有效相移增加时,中心频率处的能量转化成旁频能量,但是,带宽保持不变;当有效相移 $D \gg 1$ 时,能量主要分布在旁频中,频谱宽度变宽,但功率谱密度降低。其功率谱如图 3-3-12 所示。

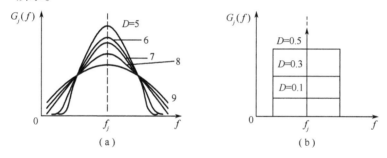

图 3-3-12 调相信号功率谱图
(a) $D \gg 1$;(b) $D \ll 1$。

由以上分析可以看出,当有效相移较小时,调相信号的能量主要集中在载波频率上,旁频能量很低,不适于作为遮盖干扰信号;当有效相移足够大时,旁频功率较大,近似为噪声调频干扰的情况,适于作为遮盖干扰信号。

噪声调相引起的信号频率实质上与调制噪声电压的变化率成正比,当 $D \gg 1$、调制噪声为高斯噪声时,其功率谱形状近似为高斯型。这样,噪声调相信号通过窄带多普勒滤波器的情形与噪声调频信号通过中频放大器时的情形类似,影响其干扰效果的因素主要有瞄频误差、频谱宽度和调制噪声带宽等。

需要指出的是,多普勒滤波器的带宽通常都很窄,这就给干扰信号的形成带来诸多困难。这些困难,特别是频率对准问题,在传统的干扰技术条件下是难以实现的。随着锁相技术和数字技术的发展,采用脉冲锁相和射频存储可以大大地减少瞄频误差。采用噪声调相方式进行瞄频干扰是有重要意义的。

六、脉冲干扰

脉冲干扰通常是指在雷达接收机中出现的时域离散的非目标回波脉冲。干扰脉冲可以由有源干扰源产生,也可以由无源干扰物产生,下面主要讨论有源干扰设备形成的脉冲干扰。脉冲干扰可以分为规则脉冲干扰和随机脉冲干扰。

规则脉冲干扰是指脉冲参数（幅度、宽度和重复频率）恒定的干扰信号,例如:由雷达站周围其他脉冲辐射源或其他雷达产生的干扰脉冲。如果规则脉冲的出现时间与雷达定时信号具有相对稳定的时间关系,则称为同步脉冲干扰,反之称为异步脉冲干扰。同步脉冲干扰在雷达距离显示器（如A型显示器）上呈现稳定的干扰脉冲回波。若其脉宽与雷达发射脉宽相当,则干扰脉冲回波很像真实目标回波脉冲,主要起欺骗作用。若其脉宽能够覆盖目标回波出现的时间,则具有很强的遮盖干扰效果（也称为覆盖脉冲干扰）,并且在进行覆盖脉冲干扰时,往往还同时进行噪声调频或调幅干扰。异步干扰脉冲在雷达距离显示器上的位置不确定,具有一定的遮盖干扰效果,特别是当干扰脉冲的工作比较高时,干扰脉冲与回波脉冲的重合概率很大,使雷达难以在密集的干扰脉冲背景中检测目标。但当干扰脉冲的工作比较低时,由于其覆盖真实目标的概率很低,遮盖的效果较差。而且,由于异步干扰脉冲与雷达不同步,容易被雷达抗异步脉冲干扰电路所对消。

随机脉冲干扰是指干扰脉冲的幅度、宽度和间隔等某些参数或全部参数随机变化。如前所述,当脉冲的平均间隔小于雷达接收机暂态响应时间时,中频放大器的输出为这些随机脉冲响应的相互重叠,其概率分布接近于高斯分布,其遮盖干扰效果与噪声调频干扰相似。随机脉冲干扰可以采用限幅噪声对射频信号调幅的方法实现,也可以采用伪随机序列对射频信号调幅的方法实现。采用限幅噪声调幅时,随机脉冲的平均宽度和间隔与视频噪声的功率谱和限幅电平有关。

随机脉冲干扰与连续噪声调制干扰都具有一定的遮盖干扰特点,但两者的统计性质是不同的。采用两者的组合干扰将引起遮盖干扰的非平稳性,造成雷达抗干扰困难。常用的组合方法是：

(1) 在连续噪声调制干扰（主要是噪声调频干扰）的同时,随机或周期性地附加随机脉冲干扰的时间段（主要是随机脉冲调幅）；

(2) 随机或周期性地交替使用连续噪声调制干扰（主要是噪声调频干扰）和随机脉冲干扰（如高频函数调频或伪随机序列调幅）。

实验证明,将随机脉冲干扰和连续噪声调制干扰组合使用时的干扰效果比单独使用时的好。

3.3.2 欺骗性干扰

欺骗性干扰是指使用假的目标和信息作用于雷达的目标检测和跟踪系统,使雷达不能正确地检测真正的目标,或者不能正确地测量真正目标的参数信息,从而达到迷惑和扰乱雷达对真正目标检测和跟踪的目的。

一、概述

(一) 欺骗性干扰的作用

设雷达对各类目标的检测空间（也称目标检测的威力范围）为 V,对于具有四维（距离、方位、仰角和速度）检测能力的雷达,其典型的 V 为

$$V = \{(R_{\min}, R_{\max}), (\alpha_{\min}, \alpha_{\max}), (\beta_{\min}, \beta_{\max}), (f_{d\min}, f_{d\max}), (S_{i\min}, S_{i\max})\}$$

$$(3-3-70)$$

式中: $R_{\min}$、$R_{\max}$、$\alpha_{\min}$、$\alpha_{\max}$、$\beta_{\min}$、$\beta_{\max}$、$S_{i\min}$、$S_{i\max}$、$f_{d\min}$、$f_{d\max}$ 分别为雷达的最小和最大检测距

离、最小和最大检测方位、最小和最大检测仰角、最小和最大检测的多普勒频率、最小可检测信号功率(灵敏度)和饱和输入信号功率。理想的点目标 T 仅为目标检测空间中的某一个确定点,即

$$T = \{R, \alpha, \beta, f_d, S_i\} \in V \quad (3-3-71)$$

式中:R、α、β、f_d、S_i 分别为目标所在的距离、方位、仰角、多普勒频率和回波功率。雷达能够区分 V 中两个不同点目标 T_1、T_2 的最小空间距离 ΔV,称为雷达的空间分辨力

$$\Delta V = \{\Delta R, \Delta\alpha, \Delta\beta, \Delta f_d, (S_{imin}, S_{imax})\} \quad (3-3-72)$$

式中:ΔR、$\Delta\alpha$、$\Delta\beta$、Δf_d 分别为雷达的距离分辨力、方位分辨力、仰角分辨力和速度分辨力。一般雷达在能量上没有分辨能力,因此,其能量分辨力就是能量的检测范围。

在一般条件下,欺骗干扰形成的假目标 T_f 也是 V 中的某一个或某一群不同于真目标 T 的确定点的集合,即

$$\{T_{fi}\}_{i=1}^n \quad T_{fi} \in V, T_{fi} \neq T \quad \forall i = 1, 2, \cdots, n \quad (3-3-73)$$

式中:$\forall i$ 为对于所有的 i 都成立。由此可知,假目标也能被雷达检测,并起达到以假乱真的干扰效果。特别要指出的是,许多遮盖性干扰的信号也可以形成 V 中的假目标,但这种假目标往往具有空间和时间上的不确定性,也就是说形成的假目标的空间位置和出现时间是随机的,这就使得假目标与空间和时间上确定的真目标相差甚远,难以被雷达当作目标进行检测和跟踪。显然,式(3-3-73)既是实现欺骗干扰的基本条件,也是欺骗性干扰技术实现的关键点。

由于目标的距离、角度和速度信息是通过雷达接收到的回波信号与发射信号振幅、频率和相位调制的相关性表现出来的,而不同雷达获取目标距离、角度、速度信息的原理并不相同,并且发射信号的调制样式又与雷达对目标信息的检测原理密切相关。因此,实现欺骗性干扰必须准确地掌握雷达获取目标距离、角度和速度信息的原理和雷达发射信号调制中的一些关键参数。有针对性地合理设计干扰信号的调制方式和调制参数,才能达到预期的干扰效果。

(二)欺骗性干扰的分类

对欺骗性干扰的分类主要采用以下两种方法。

1. 按照假目标 T_f 与真目标 T 在 V 中参数信息的差别分类

按这种分类方法可使将欺骗性干扰分为 5 种。

1)距离欺骗干扰

距离欺骗干扰是指假目标的距离不同于真目标,且能量往往比真目标强,而其余参数则与真目标参数近似相等,即

$$R_f \neq R, \alpha_f \approx \alpha, \beta_f \approx \beta, f_{df} \approx f_d, S_{if} > S_i \quad (3-3-74)$$

式中:R_f、α_f、β_f、f_{df}、S_{if} 分别为假目标 T_f 在 V 中的距离、方位、仰角、多普勒频率和功率。

2)角度欺骗干扰

角度欺骗干扰是指假目标的方位或仰角不同于真目标,且能量比真目标强,而其余参数则与真目标参数近似相等,即

$$\alpha_f \neq \alpha \text{ 或 } \beta_f \neq \beta, R_f \approx R, f_{df} \approx f_d, S_{if} > S_i \quad (3-3-75)$$

3）速度欺骗干扰

速度欺骗干扰是指假目标的多普勒频率不同于真目标,且能量强于真目标,而其余参数则与真目标参数近似相等,即

$$f_{df} \neq f_d, R_f \approx R, \alpha_f \approx \alpha, \beta_f \approx \beta, S_{if} > S_i \quad (3-3-76)$$

4）AGC 欺骗干扰

AGC 欺骗干扰是指假目标的能量不同于真目标,而其余参数覆盖或与真目标参数近似相等,即

$$S_{if} \neq S_i \quad (3-3-77)$$

5）多参数欺骗干扰

多参数欺骗干扰是指假目标在 V 中有两维或两维以上参数不同于真目标,以便进一步改善欺骗干扰的效果。AGC 欺骗干扰经常与其他干扰配合使用,此外还有距离—速度同步欺骗干扰等。

2. 按照假目标 T_f 与真目标 T 在 V 中参数差别的大小和调制方式分类

按这种分类方法可使将欺骗性干扰分为 3 种。

1）质心干扰

质心干扰是指真、假目标参数的差别小于雷达的空间分辨力,即

$$\|T_f - T\| \leq \Delta V \quad (3-3-78)$$

式中：$\| \|$ 为泛函数；ΔV 为雷达空间分辨力。雷达不能将 T_f 与 T 区分为两个不同的目标,而将真、假目标作为同一个目标 T'_f 进行检测和跟踪。由于在许多情况下,雷达对 T'_f 的最终检测、跟踪往往是针对真、假目标参数的能量加权质心（重心）进行的,故称这种干扰为质心干扰。

$$T'_f = \frac{S_f T_f}{S_f + S} \quad (3-3-79)$$

2）假目标干扰

假目标干扰是指真、假目标参数的差别大于雷达的空间分辨力,即

$$\|T_f - T\| > \Delta V \quad (3-3-80)$$

雷达能将 T_f 与 T 区分为两个不同的目标,但可能将假目标作为真目标进行检测和跟踪,从而造成虚警,也可能发现不了真目标而造成漏报。此外,大量的虚警还可能造成雷达检测、跟踪和其他信号处理电路超载。

3）拖引干扰

拖引干扰是一种周期性地从质心干扰到假目标干扰的连续变化过程。典型的拖引干扰过程可以用式（3-3-81）表示：

$$\|T_f - T\| = \begin{cases} 0 & 0 \leq t < t_1 \quad \text{停拖} \\ 0 \to \delta V_{\max} & t_1 \leq t < t_2 \quad \text{拖引} \\ T_f \text{消失} & t_2 \leq t < T_j \quad \text{关闭} \end{cases} \quad (3-3-81)$$

即在停拖时间段 $[0, t_1)$,假目标与真目标出现的空间和时间近似重合,很容易被雷达检测

和捕获。由于假目标的能量高于真目标,捕获后 AGC 电路将按照假目标信号的能量来调整接收机的增益,使增益降低,以便对其进行连续测量和跟踪。停拖时间段的长度应与雷达检测和捕获目标所需时间(包括雷达接收机 AGC 电路增益调整时间)相对应;在拖引时间段$[t_1,t_2]$,假目标与真目标在预定的欺骗干扰参数(距离、角度或速度)上逐渐分离(拖引),且分离的速度 v' 在雷达跟踪正常运动目标的速度响应范围$[v_{\min},v_{\max}]$之内,直到真、假目标的参数差达到预定的程度 $\delta V_{\max}$,即

$$\|T_f - T\| = \delta V_{\max} \quad \delta V_{\max} \gg \Delta V \qquad (3-3-82)$$

由于拖引前假目标已经控制了接收机增益,而且假目标的能量高于真目标,所以雷达的跟踪系统很容易被假目标拖引开而抛弃真目标。拖引段的时间长度主要由最大误差 $\delta V_{\max}$ 和拖引速度 v' 所决定;在关闭时间段$[t_2,T_f]$,欺骗式干扰机停止发射,使假目标 T_f 突然消失,造成雷达跟踪信号突然中断。通常,雷达跟踪系统需要滞留和等待一段时间,AGC 电路也需要重新调整雷达接收机的增益。如果信号重新出现,则雷达可以继续进行跟踪。如果信号消失超过一定时间,雷达确认目标丢失后,才能重新进行目标信号的搜索、检测和捕获。关闭时间段的长度主要由雷达跟踪中断后的滞留和调整时间决定。

(三) 欺骗性干扰效果的度量

根据欺骗性干扰的作用原理,主要使用以下几个参数对干扰的效果进行度量。

1. 受欺骗概率 P_f

受欺骗概率是指在欺骗性干扰条件下,雷达检测和跟踪系统把假目标当作真目标的概率。如果以$\{T_{fi}\}_{i=1}^n$表示 V 中的假目标集,则只要有一个 T_{fi} 被当作真目标,就会发生受欺骗事件。如果将雷达对每个假目标的检测和识别作为独立的试验序列,在第 i 次试验中发生受欺骗的概率记为 P_{fi},则有 n 个假目标时的受欺骗概率 P_f 为

$$P_f = 1 - \prod_{i=1}^{n}(1 - P_{fi}) \qquad (3-3-83)$$

2. 参数测量(跟踪)误差均值 δV、方差 σ_v^2

在随机过程中的参数测量误差往往是一个统计量,δV 是指雷达检测跟踪的实际参数与真目标的理想参数之间误差的均值,σ_v^2 是误差的方差。根据欺骗性干扰的第一种分类方法,δV 可分为距离测量(跟踪)误差 δR、角度测量(跟踪)误差 $\delta \alpha$、$\delta \beta$ 和速度测量(跟踪)误差 δf_d,σ_v^2 也可分为距离误差方差 σ_R^2、角度误差方差 σ_α^2、σ_β^2 和速度误差方差 $\sigma_{f_d}^2$ 等,其中误差均值 δV 对雷达的影响更为重要。

对欺骗性干扰效果的上述度量参数适用于各种用途的雷达。根据雷达在具体作战系统中的作用和功能,还可以将其换算成武器的杀伤概率、生存概率、突防概率等进行度量。

二、对雷达距离信息的欺骗

众所周知,测量目标的距离 R 的实质是测量雷达发射信号 $s_T(t)$ 与接收信号 $s_R(t)$ 之间的时间迟延 t_r,$t_r = 2R/C$,C 为电波传播速度。

对脉冲雷达距离信息的欺骗主要是通过将收到的雷达照射信号进行时延调制和放大转发来实现的。由于单纯进行距离质心干扰造成的距离误差较小(小于雷达的距离分辨单元),所以一般采用距离假目标干扰加距离波门拖引干扰对脉冲雷达进行距离欺骗。

（一）距离假目标干扰

距离假目标干扰也称为同步脉冲干扰。设 R 为真目标所在距离，经雷达接收机输出的回波脉冲包络时延为 $t_r = 2R/C$，R_f 为假目标所在距离，则在雷达接收机内干扰脉冲包络相对于雷达定时脉冲的时延应为

$$t_f = \frac{2R_f}{C} \qquad (3-3-84)$$

当满足

$$|R_f - R| > \delta f \qquad (3-3-85)$$

时，便形成了距离假目标，如图 3-3-13 所示。通常，t_f 由两部分组成，即

$$t_f = t_{f0} + \Delta t_f, \quad t_{f0} = \frac{2R_j}{C} \qquad (3-3-86)$$

式中：t_{f0} 为由雷达与干扰机之间的距离 R_j 所引起的电波传播时延；Δt_f 为干扰机收到雷达信号后的转发时延。在一般情况下，干扰机无法确定 R_j，所以 t_{f0} 是未知的，主要通过控制 Δt_f 实现迟延控制，这就要求干扰机与被保护目标之间具有良好的空间配合关系，将假目标的距离设置在合适的位置，避免发生假目标与真目标的距离重合。因此，假目标干扰多用于目标进行自卫干扰，容易与真目标(自身)配合。

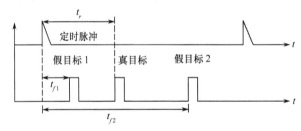

图 3-3-13 对脉冲雷达距离检测的假目标干扰

实现距离假目标干扰的方法很多，如图 3-3-14 所示。图 3-3-14(a) 为采用储频技术的转发式干扰机。由接收天线收到的雷达脉冲信号①经带通滤波器、定向耦合器分别送至储频电路和检波、视放、门限检测器。当脉冲能量达到给定门限时，门限检测器给出启动信号②，使储频电路对信号①取样，并将所取样本以一定形式(数字或模拟)保持在储频电路中；启动信号②还同时触发干扰控制电路，由干扰控制电路产生各迟延时间为 $\{\Delta t_{fi}\}_{i=1}^n$ 的干扰调制脉冲串③，按照脉冲串③重复取出储频器中保持的取样信号④，送给末级功放和干扰发射天线。

图 3-3-14(b) 是采用频率引导技术的应答式干扰机。由接收天线收到的雷达脉冲信号①经带通滤波器、定向耦合器分别送至瞬时测频(IFM)接收机和检波、视放、门限检测器。当脉冲能量达到给定门限时，门限检测器输出信号②，启动 IFM 接收机迅速测量信号①的载频 f_{RF}，并以 f_{RF} 为地址读取存储器 M 中的调谐电压数据 $V(f_{RF})$，经 D/A 变换成压控振荡器 VCO 的调谐电压，产生频率近似等于信号①的连续振荡送给末级功放，信号②同时触发干扰控制电路，形成迟延时间为 $\Delta t_{fi}, i=1,\cdots,n$ 的各干扰调制脉冲串③。脉冲串③用作末级功放的振幅调制，产生大功率的假目标回波④，由干扰天线发射到空间。

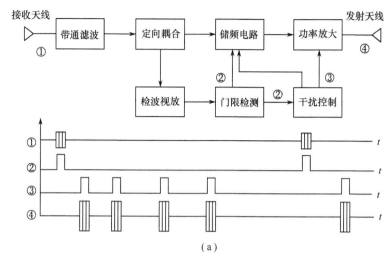

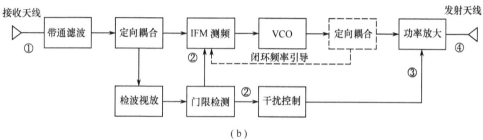

图3-3-14 脉冲雷达距离假目标干扰的实现方法
(a)采用储频技术的转发式干扰机；(b)采用频率引导技术的应答式干扰机。

(二)距离波门拖引干扰

距离波门拖引干扰的假目标距离函数 $R_f(t)$ 可以表述为

$$R_f(t) = \begin{cases} R & 0 \leq t < t_1 & 停拖 \\ R + v(t-t_1) \text{ 或 } R + \frac{a}{2}(t-t_1)^2 & t_1 \leq t < t_2 & 拖引 \\ 干扰关闭 & t_2 \leq t < T_j & 关闭 \end{cases}$$

(3-3-87)

式中：R 为目标所在距离；v 和 a 分别为匀速拖引时的速度和匀加速拖引时的加速度。

在自卫干扰条件下，R 也就是目标的所在距离，可将上式转换为干扰机对收到雷达照射信号进行转发的时延 Δt_f，显然，距离波门拖引干扰的转发时延 Δt_f 为

$$\Delta t_f(t) = \begin{cases} 0 & 0 \leq t < t_1 & 停拖 \\ \frac{2v(t-t_1)}{C} \text{ 或 } \frac{a(t-t_1)^2}{C} & t_1 \leq t < t_2 & 拖引 \\ 干扰关闭 & t_2 \leq t < T_j & 关闭 \end{cases}$$ (3-3-88)

最大拖引距离 R_{max}（最大转发时 $\Delta t_{fmax} = 2R_{max}/C$）为

$$R_{\max} = \begin{cases} v(t_2 - t_1) & \text{匀速拖引} \\ \dfrac{a}{2}(t - t_1)^2 & \text{匀加速拖引} \end{cases} \quad (3-3-89)$$

实现距离波门拖引干扰的基本方法有射频延迟方法和射频储频方法。其中,采用射频延迟方法的干扰产生器如图3-3-15所示。收到的雷达射频信号①经定向耦合器主路送给可编程延迟线 L,副路送给包络检波器。检波器的输出信号经对数视放、脉冲整形得到信号②作干扰控制器的触发信号,干扰控制器根据式(3-3-88)产生时延为 $\Delta t_f(t)$ 的拖引干扰脉冲③作为末级功放的调制脉冲,同时也对数字式可编程延迟线 L 发出延迟时间的控制字 $D[\Delta t_f(t)]$,且

$$D[\Delta t_f(t)] = \mathrm{INT}\left(\frac{\Delta t_f(t)}{\Delta t}\right) \quad (3-3-90)$$

式中:Δt 为数字式可编程延迟线 L 的单位量化时间。经 L 延迟输出的射频脉冲与调制脉冲③同时到达末级功放,产生大功率的射频拖引干扰脉冲④。

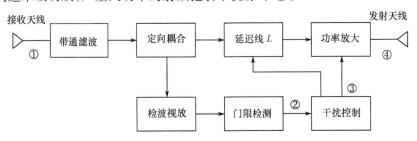

图3-3-15 射频延迟方法的距离波门拖引干扰产生器

数字式可编程延迟线 L 一般由微波开关与抽头延迟线组成,其典型电路如图3-3-16所示,图中相邻抽头的延迟时间比为2,最小延迟时间为 Δt,抽头数为 n,延迟时间控制字为 n bit,可编程控制的最大延迟时间 $\Delta t_{f\max}$ 为

$$\Delta t_{f\max} = (2^n - 1)\Delta t \quad (3-3-91)$$

常用的延迟线有同轴线、波导、表声和体声波器件、光纤等。其中表声和体声波器件以及光纤作延迟线时,体积小、重量轻、迟延时间长,但需要经过一定的电声、声电、电光、光电变换,损耗较大,价格较高,适用于延迟时间较长的场合使用。在许多干扰机中,距离拖引的延时是以 Δt 为单位离散变化的,为了防止造成雷达距离跟踪的中断,一般要求 Δt 小于跟踪波门宽度的 1/2~1/3。

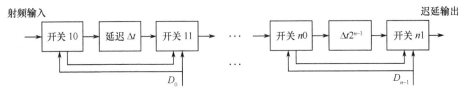

图3-3-16 数字时可编程射频延迟线的典型组成

射频储频方法的电路组成如图3-3-14(a)所示,其中的干扰控制电路按照式(3-3-88)产生干扰调制脉冲和干扰机的控制信号。

三、对雷达角度信息的欺骗

雷达对目标角度信息的检测和跟踪主要依靠雷达收发天线对不同方向电磁波的振幅或相位响应。常用的角度检测和跟踪方法有圆锥扫描角度跟踪、线性扫描角度跟踪和单脉冲角度跟踪。由于圆锥扫描和线性扫描角度跟踪方法主要运用在早期跟踪雷达系统中,目前已较少使用,本节仅介绍对单脉冲角度跟踪系统的干扰方法。

单脉冲雷达可以在一个回波脉冲内得到目标的角度信息,具有跟踪单点源干扰的能力,因此对其实施干扰有很大的难度。干扰单脉冲雷达主要有两种基本途径:一是利用它在距离分辨单元内提取角度跟踪信息的特性,二是利用雷达工作模式中的某些缺陷。主要干扰类型有非相干干扰、相干干扰、交叉极化干扰等。

(一)非相干干扰

非相干干扰是单脉冲雷达的分辨角内设置两个或两个以上的干扰源,它们到达雷达接收天线口面的信号没有稳定的相关关系(非相干)。以振幅单脉冲雷达为例,在单平面内非相干干扰的参数关系如图3-3-17所示。图中,θ_0为单脉冲天线波束最大方向与天线等信号轴(天线光轴)的夹角,两干扰源对雷达的张角为$\Delta\theta$,天线光轴与两干扰源中线角度的夹角设为θ。

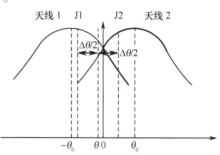

图3-3-17 单平面非相干干扰系数关系

雷达接收天线1、2收到两个干扰源J_1和J_2的信号分别为

$$E_1 = A_{J_1}F\left(\theta_0 - \frac{\Delta\theta}{2} - \theta\right)e^{j(\omega_1 t + \phi_1)} + A_{J_2}F\left(\theta_0 + \frac{\Delta\theta}{2} - \theta\right)e^{j(\omega_2 t + \phi_2)}$$

$$E_2 = A_{J_1}F\left(\theta_0 + \frac{\Delta\theta}{2} + \theta\right)e^{j(\omega_1 t + \phi_1)} + A_{J_2}F\left(\theta_0 - \frac{\Delta\theta}{2} + \theta\right)e^{j(\omega_2 t + \phi_2)} \quad (3-3-92)$$

式中:$F(\theta)$为天线的方向性函数;A_{J_1}和A_{J_2}分别为J_1和J_2的幅度;ω_1、ϕ_1为干扰源1的频率和相位;ω_2、ϕ_2为干扰源2的频率和相位。经过波束形成网络,得到E_1和E_2的和、差信号为E_Σ、E_Δ:

$$E_\Sigma = E_1 + E_2 = A_{J_1}\left[F\left(\theta_0 - \frac{\Delta\theta}{2} - \theta\right) + F\left(\theta_0 + \frac{\Delta\theta}{2} + \theta\right)\right]e^{j(\omega_1 t + \phi_1)} +$$

$$A_{J_2}\left[F\left(\theta_0 + \frac{\Delta\theta}{2} - \theta\right) + F\left(\theta_0 - \frac{\Delta\theta}{2} + \theta\right)\right]e^{j(\omega_2 t + \phi_2)}$$

$$(3-3-93)$$

$$E_\Delta = E_1 - E_2 = A_{J_1}\left[F\left(\theta_0 - \frac{\Delta\theta}{2} - \theta\right) - F\left(\theta_0 + \frac{\Delta\theta}{2} + \theta\right)\right]e^{j(\omega_1 t + \phi_1)} +$$

$$A_{J_2}\left[F\left(\theta_0 + \frac{\Delta\theta}{2} - \theta\right) - F\left(\theta_0 - \frac{\Delta\theta}{2} + \theta\right)\right]e^{j(\omega_2 t + \phi_2)}$$

$$(3-3-94)$$

E_Σ、E_Δ分别经混频、中放(包括AGC控制),以E_Σ为基准信号对E_Δ进行相位检波,经低通

滤波后输出信号 $S_e(t)$ 为

$$S_e(t) = K\left\{A_{J_1}^2\left[F^2\left(\theta_0 - \frac{\Delta\theta}{2} - \theta\right) - F^2\left(\theta_0 + \frac{\Delta\theta}{2} + \theta\right)\right] + \right.$$
$$\left. A_{J_2}^2\left[F^2\left(\theta_0 + \frac{\Delta\theta}{2} - \theta\right) - F^2\left(\theta_0 - \frac{\Delta\theta}{2} + \theta\right)\right]\right\} \quad (3-3-95)$$

式中

$$K \propto \frac{K_d}{F^2(\theta_0)(A_{J_1}^2 + A_{J_2}^2)}$$

式中:K_d 为检波系数。将 $F^2(x)$ 在 θ_0 方向展开成幂级数,并取一阶近似得出

$$F^2(\theta_0 \pm \theta) = F^2(\theta_0) + |F^{2\prime}(\theta_0)|\theta \quad (3-3-96)$$

利用上式可以得到

$$S_e(t) \approx \frac{2K_d|F^{\prime 2}(\theta_0)|}{F^2(\theta_0)(A_{J_1}^2 + A_{J_2}^2)}\left[A_{J_1}^2\left(\theta + \frac{\Delta\theta}{2}\right) + A_{J_2}^2\left(\theta - \frac{\Delta\theta}{2}\right)\right] \quad (3-3-97)$$

当误差信号 $S_e(t) = 0$ 时,跟踪天线的指向角 θ 为

$$\theta = \frac{\Delta\theta}{2}\frac{b^2 - 1}{b^2 + 1} \quad (3-3-98)$$

式中:$b = A_{J2}/A_{J1}$ 为 J_2、J_1 的功率比。上式表明:在非相干干扰条件下,当 $b = 1$ 时,单脉冲跟踪雷达的天线指向(等信号轴方向)位于干扰源之间的能量质心处。

根据非相干干扰原理,在作战使用中可以派生出多种使用方式,下面举例说明几种常用的使用方式。

1) 闪烁干扰

闪烁干扰指位于一个雷达分辨单元的携带干扰源两个目标,协同工作,轮流通断干扰机,造成雷达跟踪天线的指向在干扰机 J_1、J_2 之间来回追摆。两部干扰机应以一个接近雷达跟踪回路伺服带宽(通常为 0.1~10Hz)的协同闪烁速率交替工作。如果在跟踪响应中出现谐振,则可使跟踪天线产生较大的过冲,从而丢失目标。对于主动导引的导弹,闪烁干扰将会使导弹随着目标距离的减小而剧烈摆动,交替地从一个目标指向另一个目标,最后不能命中目标。

2) 误引干扰

由 n 部干扰机形成干扰机组,分布在预定的误引方向上,如图 3-3-18 所示,其中任意两部相邻干扰机相对雷达的张角均小于雷达的角分辨力。实施干扰时,首先由 J_1 开机干扰,诱使雷达跟踪 J_1;然后 J_2 开机,诱使雷达跟踪 J_1、J_2 的质心;接下来再使 J_1 关机,诱使雷达跟踪 J_2,以后 J_3 开机……;依此类推,直到 J_n 关机,诱使雷达跟踪到预定的误引方向。误引干扰主要用于保护重要目标免遭末制导雷达和反辐射导弹的攻击。

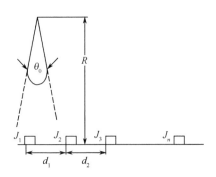

图 3-3-18 误引干扰的干扰机配置

3) 地面反弹干扰

图 3-3-19 所示的地面反弹干扰技术可有效地对抗主动或半主动导弹制导系统。机上干扰机向地面适当角度发射一个很强的模拟回波信号,通过地面反射,在导弹处形成非相干干扰,导引头将偏离目标而指向目标的下方。此时干扰有效辐射功率必须足够大,以使到达导弹跟踪天线处的地面反射信号比飞机回波信号强得多。

图 3-3-19 地面反弹干扰技术

(二) 相干干扰

设在单脉冲雷达分辨单元内有两个干扰源 J_1、J_2,如果 J_1、J_2 到达雷达天线口面的信号具有稳定的相位关系(相位相干),则称为相干干扰。相干干扰可使单脉冲天线等信号轴方向(天线光轴)指向两个干扰源连线之外。设 ϕ 为 J_1、J_2 在雷达天线处信号的相位差,雷达接收天线 1、2 收到 J_1、J_2 两干扰源的信号分别为

$$E_1 = \left[A_{J_1} F\left(\theta_0 - \frac{\Delta\theta}{2} - \theta\right) + A_{J_2} F\left(\theta_0 + \frac{\Delta\theta}{2} - \theta\right) e^{j\phi} \right] e^{j\omega t} \quad (3-3-99)$$

$$E_2 = \left[A_{J_1} F\left(\theta_0 + \frac{\Delta\theta}{2} + \theta\right) + A_{J_2} F\left(\theta_0 - \frac{\Delta\theta}{2} + \theta\right) e^{j\phi} \right] e^{j\omega t} \quad (3-3-100)$$

经过波束形成网络,得到 E_1 和 E_2 的和、差信号为 E_Σ、E_Δ,且

$$E_\Sigma = \left\{ A_{J_1} \left[F\left(\theta_0 - \frac{\Delta\theta}{2} - \theta\right) + F\left(\theta_0 + \frac{\Delta\theta}{2} + \theta\right) \right] + \right.$$
$$\left. A_{J_2} \left[F\left(\theta_0 + \frac{\Delta\theta}{2} - \theta\right) + F\left(\theta_0 - \frac{\Delta\theta}{2} + \theta\right) \right] e^{j\phi} \right\} e^{j\omega t} \quad (3-3-101)$$

$$E_\Delta = \left\{ A_{J_1} \left[F\left(\theta_0 - \frac{\Delta\theta}{2} - \theta\right) - F\left(\theta_0 + \frac{\Delta\theta}{2} + \theta\right) \right] + \right.$$
$$\left. A_{J_2} \left[F\left(\theta_0 + \frac{\Delta\theta}{2} - \theta\right) - F\left(\theta_0 - \frac{\Delta\theta}{2} + \theta\right) \right] e^{j\phi} \right\} e^{j\omega t} \quad (3-3-102)$$

E_Σ、E_Δ 分别经混频、中放(包括 AGC 控制),以 E_Σ 为基准信号对 E_Δ 进行相位检波,经低通滤波后输出信号 $S_e(t)$ 为

$$S_e(t) \approx \frac{2K_d A_{J_1}^2 \mid F^{2'}(\theta_0) \mid}{F^2(\theta_0)(A_{J_1}^2 + A_{J_2}^2)} \left[\left(\theta + \frac{\Delta\theta}{2}\right) + b^2\left(\theta - \frac{\Delta\theta}{2}\right) + 2b\theta\cos\phi \right]$$

$$(3-3-103)$$

当误差信号 $S_e(t) = 0$ 时,跟踪天线的指向角 θ 为

$$\theta = \frac{\Delta\theta}{2} \frac{b^2 - 1}{b^2 + 1 + 2b\cos\phi} \quad (3-3-104)$$

式中:$b = A_{J_2}/A_{J_1}$。根据式(3-3-104),可以得到 θ 与 b、ϕ 的关系曲线如图 3-3-20 所示。由图可以看出,当 $\phi = \pi$,$b \approx 1$ 时,$\theta \to \infty$,表明单脉冲天线等信号轴方向偏离干扰源

中心无穷远角度。在实际中偏离角不会达到无穷大,之所以出现这样的数值主要原因是在公式推导中采用了天线方向图的近似展开式,而实际的误差角将受到天线方向图的限制。

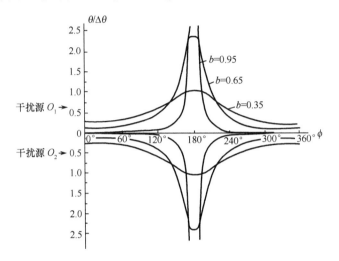

图 3 - 3 - 20　相干干扰时 θ 与 b、φ 的关系

实现相干干扰的主要技术难点是保证 J_1、J_2 信号在雷达天线口面处于稳定的反相,一般需要采用图 3 - 3 - 21 所示的收发互补性天线,其中接收天线 R_1 与发射天线 J_2 处于同一位置,接收天线 R_2 与发射天线 J_1 处于同一位置,并在其中一路插入了相移 π。这种干扰也称为交叉眼干扰。由于两路转发器的电长度相等,这种干扰机可对不同方向的雷达实施相干干扰,如图 3 - 3 - 21 所示。交叉眼干扰技术在应用时需要注意两个问题:一是要保证两路射频通道电长度接近相等(相位差在 5° 以内),二是需要非常大的干信比 J/S(20dB 以上)。

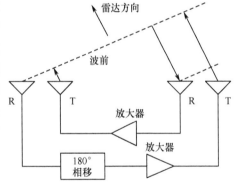

图 3 - 3 - 21　互补反相型收发天线的配置

（三）交叉极化干扰

设 γ 为雷达天线的主极化方向,图 3 - 3 - 22(a) 表示单平面主极化天线的方向图,其等信号方向与雷达跟踪方向一致。$\gamma + \pi/2$ 为天线的交叉极化方向,如图 3 - 3 - 22(b) 所示,其等信号方向与雷达跟踪方向之间存在着误差 $\delta\theta$。在相同入射场强时,天线对主极化电场的输出功率为 P_M,对交叉极化电场的输出功率为 P_C,二者之比称为天线的极化抑制比 A,即

$$A = \frac{P_M}{P_C} \qquad (3 - 3 - 105)$$

交叉极化干扰正是利用雷达天线对交叉极化信号固有的跟踪偏差 $\delta\theta$,发射交叉极化的干扰信号到雷达天线,造成雷达天线的跟踪误差。设 A_t、A_j 分别为雷达天线处的目标回波信号振幅和干扰信号振幅,β 为干扰极化与主极化方向的夹角,且干扰源与目标位于相同的方向,则雷达在主极化与交叉极化方向收到的信号功率 P_M、P_C 分别为

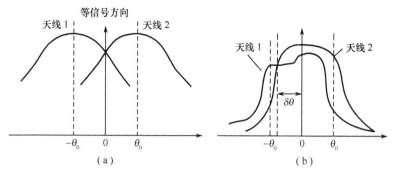

图 3-3-22 雷达天线主极化与交叉极化方向图
(a) 主极化方向图；(b) 交叉极化方向图。

$$P_M = A_t^2 + (A_j\cos\beta)^2 \quad (3-3-106)$$

$$P_C = \frac{(A_j\sin\beta)^2}{A} \quad (3-3-107)$$

雷达天线跟踪的方向 θ 近似为主极化与交叉极化两个等信号方向的能量质心，且

$$\theta = \delta\theta\left(\frac{P_C}{P_C + P_M}\right) = \frac{\delta\theta}{A}\left(\frac{b^2\sin^2\beta}{1 + b^2\cos^2\beta}\right), b^2 = \frac{A_j^2}{A_t^2} \quad (3-3-108)$$

由于雷达天线的极化抑制比 A 通常都在 1000 以上，因此在进行交叉极化干扰时，不仅要求 β 尽可能严格地保持正交($\pi/2$)，而且干扰功率必须很强。

尽管单脉冲雷达在角度上具有较高的抗单点源干扰的能力，但是在一般情况下，其角度跟踪往往需要在距离、速度上首先完成对目标的检测和跟踪，还需要接收机提供一个稳定的信号电平。由于其距离、速度检测、跟踪和 AGC 控制等电路与普通脉冲雷达是一样的，所以，一旦这些电路遭到破坏，也会不同程度地影响角度跟踪的效果。因此，对单脉冲雷达系统的干扰也可以避免对角度跟踪系统进行单点源干扰，转而对抗干扰能力较薄弱的距离、速度检测、跟踪电路和 AGC 控制等电路进行干扰，以达到事半功倍的效果。

四、对雷达速度信息的欺骗

雷达对目标速度信息的检测和跟踪的主要依据是雷达接收到的目标回波信号与基准信号(雷达发射信号或直接接收到的雷达发射信号)的频率差 f_d (多普勒频率)。常用的速度检测和跟踪方法有连续波测速跟踪和脉冲多普勒测速跟踪。

对测速跟踪系统干扰的目的是给雷达制造一个虚假或错误的速度信息。主要的干扰样式有速度波门拖引干扰、假多普勒频率干扰、多普勒频率闪烁干扰和距离—速度同步干扰。

(一)速度波门拖引干扰

速度波门拖引干扰的基本原理是：首先转发与目标回波具有相同多普勒频率 f_d 的干扰信号，且干扰信号的能量大于目标回波的能量，使雷达速度跟踪电路能够捕获目标与干扰的多普勒频率 f_d。AGC 电路按照干扰信号的能量控制雷达接收机的增益，此段时间称为停拖期，时间长度约为 0.5~2s(略大于速度跟踪电路的捕获时间)；然后使干扰信号的多普勒频率 f_{dj} 逐渐与目标回波的多普勒频率 f_d 分离，且分离的速度 v_f (Hz/s) 不大于雷达可跟踪目标的最大加速度 a，即

$$v_f \leqslant \frac{2a}{\lambda} \qquad (3-3-109)$$

由于干扰能量大于目标回波,将使雷达的速度跟踪电路跟踪在干扰的多普勒频率 f_{dj} 上,造成速度信息的错误,此段时间称为拖引期,时间长度 (t_2-t_1) 按照 f_{dj} 与 f_d 的最大频率差 $\delta f_{\max}$ 计算,且

$$t_2 - t_1 = \frac{\delta f_{\max}}{v_f} \qquad (3-3-110)$$

当 f_{dj} 与 f_d 的频率差 $\delta f = f_{dj} - f_d$ 达到 $\delta f_{\max}$ 后,关闭干扰机。由于被跟踪的信号突然消失,且消失的时间(即干扰机关闭的时间)大于速度跟踪电路的等待时间和 AGC 电路的恢复时间(为 0.5～2s),速度跟踪电路将重新转入搜索状态。在速度波门拖引干扰中,干扰信号多普勒频率 f_{dj} 的变化过程如下:

$$f_{dj}(t) = \begin{cases} f_d & 0 \leqslant t < t_1 \quad 停拖 \\ f_d + v_f(t-t_1) & t_1 \leqslant t < t_2 \quad 拖引 \\ 干扰关闭 & t_2 \leqslant t < T_j \quad 关闭 \end{cases} \qquad (3-3-111)$$

式中: v_f 的正负取决于拖引的方向(也是假速度目标加速度的方向)。对连续波测速跟踪系统进行速度波门拖引干扰的干扰机组成如图 3-3-23(a)所示。接收天线 A 收到的雷达发射信号经定向耦合器分别送给载频移频电路和雷达信号检测电路,其中雷达信号检测电路的作用是检测和识别连续波雷达信号,判断威胁等级,并做出对该雷达的干扰决策,将决策传送到干扰控制器。干扰控制器按照干扰决策制定干扰样式和干扰参数,并给载频移频电路提供实时控制信号。载频移频电路根据实时控制信号完成对输入射频信号的频移调制,并将经过频移调制后的信号输出到末级功放,通过干扰天线 B 将大功率的干扰信号辐射到雷达接收天线。

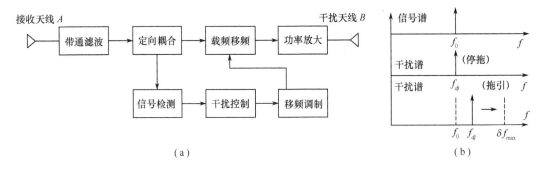

图 3-3-23 速度波门拖引干扰机的组成和时序

(二)假多普勒频率干扰

假多普勒频率干扰的基本原理是:根据接收到的雷达信号,同时转发与目标回波多普勒频率 f_d 不同的若干个干扰信号 $\{f_{dji}|f_{dji} \neq f_d\}_{i=1}^{n}$ 频移,使雷达的速度跟踪电路可同时检测到多个多普勒频率 $\{f_{dji}\}_{i=1}^{n}$(若干扰信号远大于目标回波,由于 AGC 响应的是大信号,将使雷达难以检测 f_d),并且造成其检测跟踪的错误。假多普勒频率干扰的干扰机组成如

图 3-3-24 所示。可以看出，进行假多普勒频率干扰与进行速度波门拖引干扰时的主要差别是需要有 n 路载频移频器同时工作，以便同时产生多路不同移频值的干扰信号。

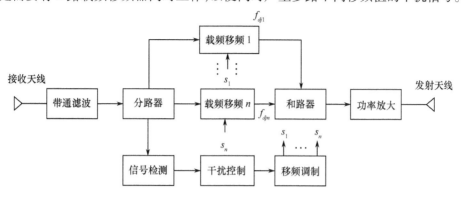

图 3-3-24 多路假多普勒频率干扰机的组成

（三）多普勒频率闪烁干扰

多普勒频率闪烁干扰的基本原理是：在雷达速度跟踪电路的跟踪带宽 Δf 内，以 T 为周期，交替产生 f_{dj1}、f_{dj2} 两个不同频移的干扰信号，造成雷达速度跟踪波门在两个干扰频率之间摆动，始终不能正确、稳定地捕获目标速度。由于速度跟踪系统的响应时间约为跟踪带宽 Δf 的倒数，所以交替周期 T 选为

$$T \geq \frac{1}{2\Delta f} \tag{3-3-112}$$

多普勒频率闪烁干扰的干扰机组成与速度波门拖引干扰的干扰机组成基本相同，但由干扰控制电路送给载频移频器的调制信号是分时交替的。

（四）距离 — 速度同步干扰

目标的径向速度 v_r 是距离 R 对时间 t 的导数，也是多普勒频移的函数，且

$$v_r = \frac{\partial R}{\partial t} = \frac{\lambda f_d}{2} \tag{3-3-113}$$

对于只有距离 R 或速度 v_r 检测和跟踪能力的雷达，单独采用上述对其距离或速度跟踪系统的欺骗干扰方式是可以奏效的。但是，对于具有距离 — 速度两维信息同时检测和跟踪能力的雷达，只对其某一维信息进行欺骗或者对其两维信息欺骗的参数不一致时，就很可能被雷达识别出假目标，从而达不到预定的干扰效果。

距离 — 速度同步干扰主要用于干扰具有距离 — 速度两维信息同时检测和跟踪能力的雷达（如脉冲多普勒雷达），在进行距离波门拖引干扰的同时进行速度波门欺骗干扰，在匀速拖距和加速拖距时的距离时延 $\Delta t_{rj}(t)$ 和多普勒频移 $f_{dj}(t)$ 的调制函数分别为

$$\Delta t_{rj}(t) = \begin{cases} 0 \\ \frac{2v(t-t_1)}{c} \\ 干扰关闭 \end{cases} \quad f_{dj}(t) = \begin{cases} 0 & 0 \leq t < t_1 \\ -2v/\lambda & t_1 \leq t < t_2 \\ 干扰关闭 & t_2 \leq t < T_j \end{cases} \tag{3-3-114}$$

$$\Delta t_{rj}(t) = \begin{cases} 0 \\ \dfrac{a(t-t_1)^2}{c} \\ 干扰关闭 \end{cases} \quad f_{dj}(t) = \begin{cases} 0 & 0 \leqslant t < t_1 \\ -2a(t-t_1)/\lambda & t_1 \leqslant t < t_2 \\ 干扰关闭 & t_2 \leqslant t < T_j \end{cases}$$

$$(3-3-115)$$

当对距离波门后拖时,移频为负方向,匀速拖距时移频为固定值,加速拖距时移频线性变化。距离—速度同步干扰产生器的基本组成如图3-3-25所示,其中图3-3-25(a)采用的是迟延转发方式,图3-3-25(b)采用的是相干储频方式。在迟延转发方式的干扰产生器中,输入的射频信号首先经过数字可编程迟延线,产生所需要的距离迟延量$\Delta t_{rj}(t)$,然后再经过数字移相器,产生与多普勒频移$f_{dj}(t)$对应的相移量$\phi(t)$。由于距离迟延量是以Δt为单位离散变化的,相移量计算中还需要考虑距离迟延变化的影响

$$\phi(t) = \begin{cases} 2\pi T_r f_{dj}(t) & t\text{时刻}\Delta t_{rj}(t)\text{无变化} \\ 2\pi T_r f_{dj}(t) - \omega\Delta t & t\text{时刻}\Delta t_{rj}(t)\text{有变化} \end{cases} \quad (3-3-116)$$

式中:T_r为雷达脉冲重复周期;ω为雷达载频。如果忽略距离迟延量对相位的影响,则$\phi(t)$可以按照此$\Delta t_{rj}(t)$无变化时的情况进行近似。在相干储频方式中,可以由相干储频器同时完成延迟和移频调制,延迟和频移的调制精度较高,但电路较复杂;也可以先由相干储频器完成延迟调制,再由数字移相器完成移频调制。

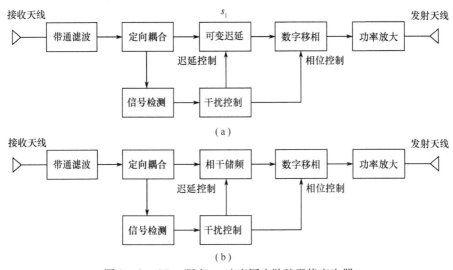

图3-3-25 距离—速度同步欺骗干扰产生器
(a)迟延转发方式同步干扰;(b)相干储频方式同步干扰。

五、对跟踪雷达AGC电路的干扰

除了配合对雷达距离、角度、速度检测和跟踪系统的干扰之外,对AGC控制系统的干扰样式主要有通断调制干扰和工作比递减转发干扰。

(一)通断调制干扰

通断调制干扰是在已知AGC响应时间T的条件下,周期性地接通、断开干扰发射机,使雷达接收机的AGC控制系统在强、弱信号之间不断地发生控制转换,造成雷达接收机

工作状态和输出信号的不稳定、检测跟踪中断或性能下降。根据 AGC 电路的工作原理,在干扰机发射期间进入雷达接收机输入端的干扰功率 P_{rj} 与目标回波功率 P_{ri} (也是干扰机关闭期间的剩余功率)之比(干信比)应大于输出动态范围,且

$$1 + \frac{P_{rj}}{P_{ri}} > \frac{P_{o\max}}{P_{o\min}} \tag{3-3-117}$$

才能使通断干扰后的雷达接收机暂态输出超出雷达接收机的输出动态范围,且干信比越大,超出的范围就越大、持续时间就越长、干扰的效果就越好。通断工作比 τ/T 对 AGC 电路的性能也有一定的影响,一般选为 0.3 ~ 0.5。

(二) 工作比递减转发干扰

工作比递减转发干扰就是在通断调制周期 T 内,逐渐改变干扰发射工作时间 τ 的宽度,改变的方式通常有均匀变化和递减变化两种。

均匀变化

$$\frac{\tau}{T} = D_{o\max} - V_D \cdot t \quad 0 \leq t < T_D \tag{3-3-118}$$

减速变化

$$\frac{\tau}{T} = D_{o\max} - \ln(at + 1) \quad 0 \leq t < T_D \tag{3-3-119}$$

式中:T_D 为干扰持续时间;$D_{o\max}$ 为最大工作比;变化速率 V_D、a 则根据最小工作比 $D_{o\min}$ 确定,且

$$V_D = \frac{D_{o\max} - D_{o\min}}{T_D} \tag{3-3-120}$$

$$a = \frac{1}{T_D}[\exp(D_{o\max} - D_{o\min}) - 1] \tag{3-3-121}$$

常用的工作比递减范围为

$$[D_{o\min} = 0.2, D_{o\max} = 0.8] \tag{3-3-122}$$

六、有源拖曳式诱饵

有源拖曳式诱饵随被保护目标一起运动,两者具有相同的运动特性,因而,一般的单脉冲跟踪系统无法通过运动特性来区分目标和诱饵。有源拖曳式诱饵机置于作战平台之外,通过转发一个比雷达回波更强的信号来欺骗和破坏敌方雷达的工作,从而达到保护飞机的目的。它可以一次性使用,也可回收重复使用。这种平台外的雷达欺骗干扰装置,具有实时截获、实时干扰、欺骗性强和成本低的优点,目前应用较广泛,被认为是对付跟踪雷达和导弹的费效比最高的方案之一,具有很好的应用前景。

图 3-3-26 是四种拖曳式诱饵的配置结构,圆圈线内为机外拖曳诱饵设备,其他部分在机内,它们之间通过电缆或光缆连接。

由于拖曳式诱饵受控于被保护目标,因此诱饵上的干扰机和目标上的干扰机可以协同工作,完成复杂的干扰任务,并可以共享机内干扰机的硬件资源(如干扰技术发生器),是对付导引头跟踪雷达的一种有效方法。

拖曳式诱饵的电缆或光缆长度主要取决于目标所面临的威胁武器的杀伤半径以及诱饵对目标的运动性能的影响,长度范围一般为 90 ~ 150m。

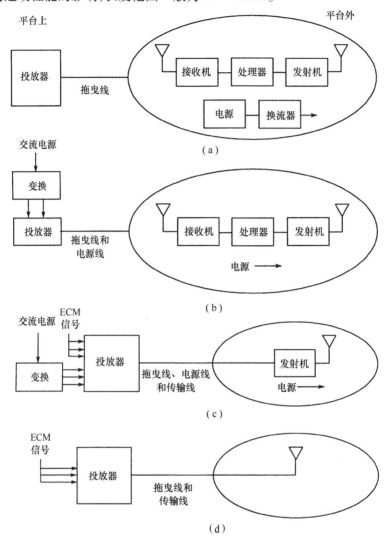

图 3 - 3 - 26 有源拖曳式诱饵的四种配置结构

AN/ALE - 50 是第一代拖曳式有源诱饵,包括一个发射器／控制器子系统和一个包含收发器、行波管(TWT)放大器和调制器在内的飞行体。ALE - 50 已在多种飞机和无人机上应用。第二代有源诱饵 ALE - 55 不仅能转发威胁雷达信号,而且还能在干扰信号载频上加上适当的调制信号。

3.3.3 复合式干扰

一、灵巧式干扰

近年来灵巧噪声干扰技术已经发展成为电子干扰领域中一种新的干扰形式。所谓灵巧式干扰,是指能够利用雷达接收机通道处理增益而进入到接收机内的噪声或类目标的一类干扰,它同时具有压制干扰和欺骗干扰特点,是一种复合式干扰样式,也称灵巧噪声干扰。这种干扰波形具有雷达信号的频谱信息,与雷达接收信道具有很强的匹配性,因而可以利用雷达对信号的处理增益增大进入接收机的噪声干扰能量,在节省干扰机功率的同时,提高干扰的效果。这种干扰特别适合于对具有大时宽带宽积信号的雷达实施高效率的干扰。

1. 灵巧式干扰的基本原理

灵巧干扰的基本出发点是:所产生的干扰要与被干扰雷达的发射信号以某种方式进行合成,以获得接收机通道的处理增益,并形成高效干扰。卷积处理是一种与发射信号进行合成的方式,下面以卷积方式实现灵巧式干扰为例介绍其基本原理。

设雷达发射信号为 $s(t)$,雷达匹配滤波器的脉冲响应为 $h(t)$,经过匹配滤波器后,其输出为

$$y_s(t) = s(t) * h(t) \quad (3-3-123)$$

式中:* 为卷积运算符;$y_s(t)$ 为雷达发射波形经过匹配滤波器的输出。

设 $n(t)$ 为干扰调制信号,通过与发射信号卷积,可以形成灵巧式干扰,其数学表达式为

$$J_n(t) = s(t) * n(t) \quad (3-3-124)$$

式中:$n(t)$ 可以是噪声,也可以是其他调制方式。

由于雷达匹配滤波器的脉冲响应为 $h(t)$,则干扰经过匹配滤波器后的输出为

$$y_J(t) = J_n(t) * h(t) = s(t) * n(t) * h(t) = y_s(t) * n(t) \quad (3-3-125)$$

式中:$y_J(t)$ 为干扰经过匹配滤波器的输出。可以看出,灵巧干扰信号经过匹配滤波器后其输出为雷达回波信号输出 $y_s(t)$ 与干扰调制信号 $n(t)$ 的卷积。它表明灵巧干扰通过卷积使其与雷达信号有一定的相关性,使干扰有效地通过了接收机滤波器,"灵巧地"利用了接收机信道处理增益,提高了干扰进入接收机的效率。

对式(3-3-125)进行傅里叶变换,得

$$Y_J(f) = F^{-1}(y_s(t) * n(t)) = Y_s(f)N(f) \quad (3-3-126)$$

式中:$Y_s(f)$ 为雷达发射波形经过匹配滤波器的输出频谱;$N(f)$ 为有限时长干扰调制信号的频谱;$Y_J(f)$ 为干扰经过匹配滤波器的输出频谱。此时表明,输出干扰频谱为发射波形的频谱与干扰调制信号频谱的乘积,即干扰调制信号频谱可以畸变(破坏)发射波形的频谱。

由式(3-3-125)和式(3-3-126)可以看出,灵巧式干扰可以从时域实现也可以从频域来实现。

从理论上讲,可以有多种不同的干扰调制信号形成灵巧式干扰,而不同的干扰调制方式会产生不同的干扰效果。对于卷积调制形式的灵巧干扰,干扰调制信号主要有以下几种类型。

(1) 噪声调制。

当 $n(t)$ 为噪声类调制信号时,可形成噪声调制的灵巧式干扰。由式(3-3-126)可以看出,噪声调制后的灵巧式干扰,经过匹配滤波器后,相当于噪声频谱与回波信号的频谱乘积,主要作用是使回波信号频谱幅相特性发生了变化,具有一定的随机性。由于卷积噪声干扰信号可以像雷达回波一样通过接收机的滤波器,因此,相对直接施放的压制性噪

声干扰,噪声调制的灵巧式干扰可以获得比传统噪声干扰更高的信号处理增益,干扰作用更好。

$n(t)$可以有多种不同的噪声调制方式,当采用不同分布、不同强度或不同参数的调制噪声时,灵巧式干扰的遮盖作用会有一定的差异,因此,要获得良好的干扰效果需要针对不同的雷达信号对$n(t)$的参数进行优化选择。

(2) 信号函数调制。

当$n(t)$是多个不同延时脉冲组成的脉冲串时,这时干扰信号经过接收处理后,会在真实目标附近形成多个假目标,具有密集脉冲的压制干扰效果,因此这种卷积干扰又称为密集假目标干扰。当$n(t)$是多个不同多普勒频率的调制信号时,可以形成多普勒域的多个假目标干扰;当$n(t)$是对采集的雷达信号时域或频域多个信号联合调制时,可使雷达信号在速度和距离上具有多个不确定性输出,形成时域和频域假目标遮盖式干扰。

(3) 噪声与信号函数复合调制。

当$n(t)$为随机噪声与信号函数复合调制时,便形成了噪声与信号函数复合调制的灵巧式干扰。这种干扰具有噪声调制和信号函数复合调制的双重特点,可形成较好遮盖式干扰效果。

实现灵巧式干扰的一个重要前提是要获得被干扰雷达的发射波形。干扰系统获得雷达发射波形主要有两种方法。

(1) 用数字射频存储器(DRFM)中存储的威胁雷达信号。

通过实时接收或事前接收雷达信号,将被干扰雷达波形存储在 DRFM 中,在合成干扰的时候直接调用 DRFM 中的干扰波形。这种方法的优点是能够形成一个与被干扰雷达相参的合成干扰波形。其不足之处在于能够存储在 DRFM 中的波形数量是有限的,且对 DRFM 的容量、实时性、谐波抑制等技术指标有较高的要求。

(2) 由直接频率合成器(DDS)产生与发射波形类似的信号。

雷达侦察接收机不断侦察被干扰的雷达参数,如载频、脉宽、脉冲重复频率、LFM 调频斜率等,将这些数据存储在数据库中,并根据战场侦察到的参数不断进行更新。在实施干扰的时候,调用这些参数并使用 DDS 合成器形成各种与被干扰雷达相关联的噪声脉冲干扰,达到提高噪声干扰效率的目的。

显然,由 DDS 产生的干扰与发射信号不是完全相参的,是一种"准"相参的情况,干扰的效益取决于 DDS 复现发射信号的准确程度。

2. 灵巧式干扰的组成

图 3-3-27 给出了一种基于数字射频存储器技术的灵巧式干扰机结构框图。雷达信号被侦测天线接收后,经过前置放大,经本振下变频,形成中频信号,再由 A/D 采样直接存入数字存储器,信号分析器根据采样的雷达信号选择出最佳的干扰方式,然后将接收到的雷达信号根据需要形成相应的卷积干扰。干扰调制信函数可以是噪声调制或脉冲调制,与采集或存储的雷达信号卷积后形成数字干扰信号,由 D/A 转换成中频模拟信号,然后经上变频器调制到原来的频段,经过天线辐射出去。

灵巧式干扰对干扰系统的硬件有较高的要求,它要求具有高速的数字信号处理能力以实时完成卷积运算。对于边接收边转发的干扰系统,为了防止系统自激,收发隔离度需要达到一定的要求。

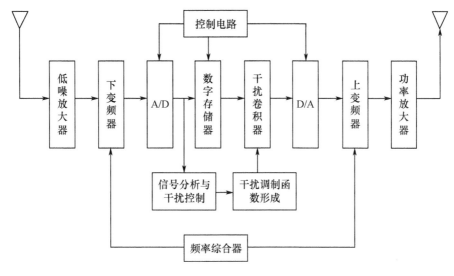

图 3 - 3 - 27 灵巧干扰机的组成

3. 灵巧式干扰的仿真

【例题】设信号为零中频线性调频信号,调频带宽为 10MHz,脉宽为 2μs;干扰调制信号为零均值、均方差为 1 的正态噪声;直接噪声干扰为零均值、均方差为 30 的正态噪声,分析噪声卷积干扰与直接采用噪声干扰通过匹配滤波器前、后的干扰情况。

【解】使用 Matlab 对噪声卷积干扰与直接采用噪声干扰通过匹配滤波器前、后的干扰情况进行仿真分析,结果如图 3 - 3 - 28 和图 3 - 3 - 29 所示。图 3 - 3 - 28(a) 为零中频线性调频信号的实部信号,图 3 - 3 - 28(b) 为零均值、均方差为 1 的正态噪声与零中频线性调频信号卷积后的干扰调制波形,图 3 - 3 - 28(c) 为零均值、均方差为 30 的正态噪声波形。图 3 - 3 - 29(a) 为线性调频信号经过匹配滤波后的输出,图 3 - 3 - 29(b) 为噪声卷积干扰经过匹配滤波后的输出,图 3 - 3 - 29(c) 为直接噪声干扰经过匹配滤波后的

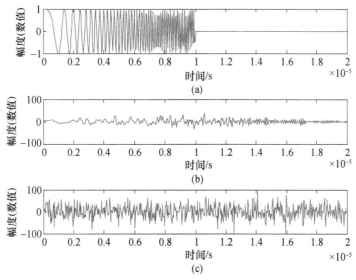

图 3 - 3 - 28 线性调频信号与干扰波形

(a) 线性调频信号;(b) 卷积噪声干扰信号;(c) 噪声干扰信号。

输出。比较图 3-3-29(a)和(b)可以看出,噪声卷积干扰经过匹配滤波后的输出幅度完全能够遮盖住雷达信号,说明噪声卷积干扰是有效的。比较图 3-3-29(b)和(c)可以看出,噪声卷积干扰输出与直接噪声干扰输出的平均功率相同(10~20μs 之间),但从输入情况来看,直接噪声干扰的平均功率比噪声卷积干扰平均功率大 18dB 左右,见图 3-3-28(b)和(c)。这就说明,要达到相同的噪声遮盖水平,噪声卷积干扰所需的功率小,即噪声卷积干扰的效率高。

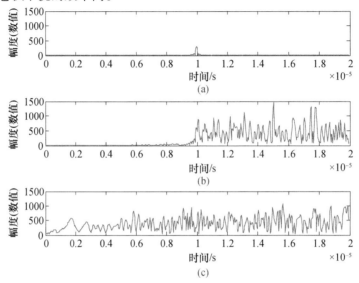

图 3-3-29 信号与干扰经过匹配滤波器后输出波形
(a)匹配滤波后信号输出;(b)匹配滤波后卷积噪声干扰输出;(c)匹配滤波后噪声干扰输出。

【例题】 设信号为零中频线性调频信号,调频带宽为 10MHz,脉宽为 10μs,采用冲激脉冲串作为调制干扰信号,脉冲重复周期 0.4μs,脉冲个数 20 个,分析脉冲串调制的卷积干扰通过匹配滤波器前、后的干扰情况。

【解】 使用 Matlab 对脉冲串调制的卷积干扰通过匹配滤波器前、后的干扰情况进行仿真分析,结果如图 3-3-30 和图 3-3-31 所示。图 3-3-30(a)零中频线性调频信号的实部信号,图 3-3-30(b)为采用 20 个调制脉冲与零中频线性调频信号卷积后的干扰调制波形。图 3-3-31(a)为线性调频信号经过匹配滤波后的输出,图 3-3-31(b)为脉冲串调制的卷积干扰经过匹配滤波后的输出。由图 3-3-31(b)可以看出,脉冲串调制的卷积干扰经过匹配滤波后形成了 20 个假目标。此时的灵巧干扰,实际上是多脉冲叠加干扰,它利用了接收机信号处理通道,干扰效率较高。

二、空射诱饵复合式干扰

小型空射诱饵(Miniature Air Launched Decoy,MALD)是由载机发射,用于欺骗敌方机载、弹载和地面雷达,压制敌防空系统,诱骗敌导弹攻击,提高战斗机生存力和战斗力的新型武器。它通过模拟战机运动特征和雷达反射信号,携带有源雷达信号增强器和有源干扰机,扰乱对方雷达,削弱敌方防空雷达的作战效能,从而保护己方战机,支持空地打击任务和夺取制空权等任务。

由于它可以实现欺骗干扰,又可以实现近距离压制干扰,且能够完成多项功能,因此

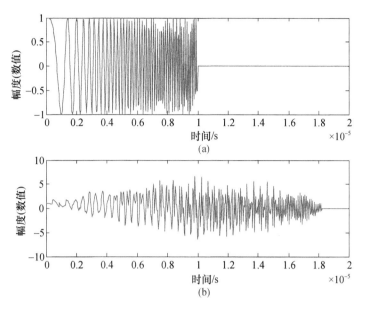

图 3-3-30 线性调频信号与脉冲串调制干扰波形
(a) 线性调频信号；(b) 卷积脉冲串干扰信号。

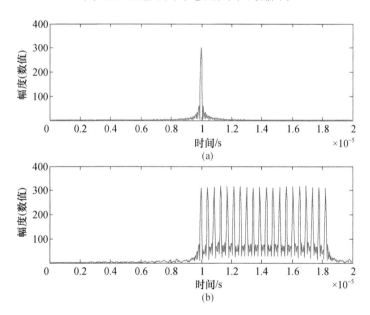

图 3-3-31 信号与脉冲串调制干扰经过匹配滤波器后输出波形
(a) 匹配滤波后信号输出；(b) 匹配滤波后脉冲串干扰输出。

可以将它看成是一种复合式干扰。

小型空射诱饵主要有以下几种作战用途。

(1) 模拟目标引诱敌方防空雷达开机,由其他侦察设备获取敌方雷达情报信息;
(2) 实施防区内压制干扰,以掩护作战飞机进行突防行动;
(3) 引诱来袭地空导弹、空空导弹,为作战飞机提供自卫保护。

小型空射诱饵具有低成本、高技术、模块化、空中发射以及可编程等特点,为空中作战平台对抗防空和机载武器系统的攻击以及为协助夺取制空权开辟了一条新途径,受到美国等军事强国的重视,已经发展了多种型号。

小型空射诱饵初始型号为ADM-160A,该项目于1995年由DARPA提出,特莱丁·瑞安公司(后被诺格公司收购)进行研制,旨在研发出一种模拟作战飞机的低成本、无人亚声速飞行器,它采用GPS/惯导制导方式,可在飞行前设置约上百个航路点,并采用预编程方式进行任务规划。后来又发展了ADM-160B、ADM-160C(MALD-J)、MALD多种衍生型号。

1. ADM-160A

这是一款小型空射诱饵的基本型号,可以模拟大多数盟军战机的雷达回波信号和飞行特性,诱骗敌防空系统发射高成本防空导弹对其进行攻击,从而提高己方飞机的战场生存能力。该型号的核心设备是信号增强子系统(SAS),该系统可以在多个频段上主动增强雷达信号回波,达到模拟大多数现役盟军飞机的效果。

2. ADM-160B

这是一款改进型号,它在ADM-160A基础上进行性能改进,由原先的圆形截面改为方形截面,翼展有所改动,同时更换了发动机,使其升阻比(飞行高度)、射程和推力有明显提升。

3. ADM-160C(MALD-J)

MALD-J在MALD基本型平台上增加了主动雷达干扰机,其欺骗干扰和压制干扰能力得到大幅增强;加装了双数据链系统,扩展了武器的态势感知能力,允许进行飞行中的目标调整,并将态势感知数据发送给电子战战斗管理器(EWBM),EWBM使用这些信息对飞行中的诱饵进行实时调整,以提高精确干扰能力。

4. 衍生型多用途载荷型MALD

在上述型号的基础上,美军也不断进行了MALD升级改造和功能扩展。主要研发思路为:采用模块化、可快速更换载荷的设计方案,针对特定任务和威胁性质进行载荷定制,并实现快速换装能力,典型代表如下。

(1)MALD-X计划:为满足未来美军网络化作战能力需求,采用模块化武器,对电子战载荷进行改进,拓展低空飞行能力,并增强数据链通信能力。

(2)MALD-V计划:为满足多样性作战能力需求,美军于2012年7月提出MALD-V方案,可根据不同任务需求携带相应的干扰及侦察设备、战斗部以及导引头等多种任务载荷。

(3)MASSM计划:为了具备自主搜索与攻击目标的能力,美军在MALD-V的基础上,加装毫米波雷达、红外导引头、智能飞控系统及战斗部,使其具备对敌打击能力。

(4)MALD-TL计划:主要是为了节约发射成本,满足在离敌较近距离上使用的需求。通过在MALD上增加火箭助推器的方式,实现MALD从地面发射筒发射,形成一种被称为MALD-TL的地面发射式远程飞行诱饵。

(5)MALD-N计划:为适应海军使用的空射诱饵的需求,美国海军对现有的MALD-J型号进行改进,以满足舰载机发射使用要求及水面舰艇作战需求。

ADM-160A、ADM-160B、ADM-160C与飞行相关的主要技术参数如表3-3-1所示。

表 3-3-1　几种 MALD 型号与飞行相关的主要技术参数

型号	ADM-160A	ADM-160B	ADM-160C
导弹长度 /m	2.3	2.84	
主翼展 /m	0.65	1.71(后掠角0°),1.37(后掠角30°)	
横截面尺寸 /cm	直径 15	宽 41 高 37	
质量 /kg	36.5	约 113	约 136
升限 /m	9145	12190	
续航时间 /min	25	60	>50
航程 /km	463	926	>920
速度(Ma)	0.75(巡航)	0.93(最大)	0.9(最大)/0.6(巡航)
发动机额定推力 /daN	22.24	50	68
注:1daN = 10N			

小型空射诱饵作战使用过程如下。

(1) 模拟目标诱骗情报。

战斗机携带小型空射诱饵在交战区外按航线飞行,按预定作战规划向交战区发射小型空射诱饵,小型空射诱饵按照预先编制的路线飞入敌方空域,模拟己方威胁进攻目标,诱使敌方地面防空武器系统开机,己方战斗机或专用电子战飞机则可以在交战区外安全区域对地面雷达信号进行截获、定位,然后利用反辐射导弹对地面雷达进行摧毁,或引导己方战斗机提前采取规避措施,以减少战斗机损失。此外,还可以诱骗敌方发射地空导弹,从而获取敌方导弹指令制导信号参数等情报信息,为己方飞机实施自卫电子对抗提供情报支持。

(2) 防区内干扰掩护作战飞机。

小型空射诱饵具有长达几十分钟的滞空时间,能够为突入防区内的作战飞机提供干扰掩护。作战飞机在专用电子战飞机配合下,为了确保作战飞机安全,在作战飞机攻入敌方防区内部前,向防区内发射小型空射诱饵。小型空射诱饵按预先设定的航线和雷达目标信号参数,在预定空域对防区内雷达实施近距离压制干扰。通过自身携带的干扰设备实施灵巧式干扰,形成密集假目标或噪声调制干扰,可使敌方雷达系统处于饱和、性能降低或致盲的状态,降低作战飞机被敌方雷达搜索截获的概率,可有效掩护作战飞机安全突入和退出。

(3) 作战飞机自卫。

小型空射诱饵具备的假目标特性,为作战飞机自卫提供一种全新的作战方式。首先,小型空射诱饵可以模拟飞机雷达信号特征对导弹进行欺骗,引诱导弹跟踪自己,为作战飞机保驾护航;其次,小型空射诱饵可以采取压制式干扰方式降低导弹发现载机概率,而不需要载机自身的自卫干扰,避免导引头采取角度跟踪干扰源方式跟踪载机;此外,小型空射诱饵可以通过换装不同载荷,来实现对不同制导模式导弹的欺骗。小型空射诱饵不仅可以挂装在战斗机上,也可以挂装在运输机、轰炸机等飞机上,为多种作战飞机提供保护。

3.3.4 干扰机设备

一、干扰机的主要类型

按照战术用途、使用环境以及采用的技术可以将干扰机分为以下类型：

(一) 噪声干扰机

噪声干扰机又称杂波干扰机或压制式干扰机，是一种用途最广泛的干扰机，主要用来遮盖和压制各种雷达信号，具有多种干扰效果。例如：用于对防空导弹武器系统搜索雷达施放杂波干扰时，能降低搜索雷达的发现概率、降低对目标坐标及其运动参数的测量精度、延长防空导弹武器系统的反应时间、缩小导弹武器系统的威力范围等，严重时甚至使雷达出现迷盲而贻误战机。

噪声干扰机也是现代干扰机的主要类型，能满足各种战术目的。例如：机载噪声干扰机，既能作飞机的自卫设备，干扰火炮控制雷达和导弹制导雷达的正常工作，也能作支援干扰设备进行随行干扰或远距离支援干扰，掩护作战飞机。

此外，使用噪声干扰机施放噪声干扰时，基本无需知道被干扰系统的详细特性，只要知道被干扰雷达的部分性能参数（如工作频率等）就能实施有效干扰，工作方式比较简单。

(二) 欺骗式干扰机

欺骗式干扰机又称回答式干扰机，主要用于施放自卫式干扰。干扰火炮控制雷达、导弹跟踪、制导雷达的正常工作。欺骗式干扰机能对雷达进行距离欺骗、角度欺骗和速度欺骗干扰，也能产生假目标对警戒引导雷达进行干扰。

欺骗式干扰机的主要优势在于其干扰能量利用比较好，用它干扰一部雷达所需的能量比噪声干扰机小得多。这主要由两个因素所决定，一个因素是工作比，另一个因素是雷达接收机的处理增益。由于欺骗式干扰机的工作比通常与被干扰雷达相同，而噪声干扰机的工作比则为 100%，这就使得回答式干扰机的平均功率大大低于噪声干扰机的平均功率。此外，雷达通常采用相干或非相干积累方式在干扰背景中提取信号，由于回答式干扰机产生的信号与目标信号的性质相同，因此就能共享雷达的处理增益。

(三) 复合干扰机

复合干扰机将连续波噪声干扰和脉冲欺骗式干扰结合为一体，使一部干扰机兼有两种干扰机的能力，是一种多功能干扰机，又称为综合式干扰机或噪声—欺骗式干扰机。灵巧式干扰机可归类为复合干扰机。小型空射诱饵可模拟雷达回波信号，又可以实施近距离压制干扰，也可归类为复合干扰机。

(四) 一次使用干扰机

一次使用干扰机又称投掷式干扰机，是在严密的现代防空系统情况下，为保证轰炸机、洲际导弹突防成功而迅速发展起来的一种干扰机。对一次使用干扰机的基本要求是小巧、性能价格比高、投放方便。为增大干扰压制区和干扰效果，常采用较大型的自动工作干扰机，由飞机、无人驾驶飞机、气球等投放到敌纵深雷达基地或导弹基地附近。而对小型有源干扰机，则可以利用火箭、迫击炮、火炮、气球、降落伞等投放，或者安装在遥控小型飞行器上使用。一般一次使用干扰机投放在被干扰系统附近，使干扰对象的接收系统饱和，数据处理系统过载。

一次使用干扰机最大的特点是能产生真正的角度欺骗,并能在很靠近被干扰系统附近处实施干扰。因此,对一次使用有源干扰机的功率要求较低,可以获得高的效费比。为了取得好的干扰效果,可以应用多部一次使用干扰机,形成分布式干扰,造成雷达系统饱和。

(五) 自适应干扰机

自适应干扰机是一种由计算机控制、能针对雷达特性和威胁等级实施快速有效干扰的新型干扰机。这类干扰机的关键部件是高速数字计算机,干扰机的 ESM 系统能够自动获取雷达参数,进行信号分选、识别、确定雷达的性质和威胁程度,根据雷达参数确定最佳干扰样式,并在方向、频率、时间上对干扰进行控制、引导,并检查干扰效果。这些功能均由计算机完成。这类干扰机也可称为智能化干扰机。

(六) 相控阵干扰机

相控阵干扰机是采用相控阵技术的一种干扰机,是干扰机的发展方向之一。在干扰机中采用相控阵技术,使干扰机在大功率、多功能、自适应能力等方面有很大提高,能迅速、准确地将干扰波束对准被干扰雷达。相控阵干扰机的主要优点是:能够采用窄波束,提高干扰机的有效辐射功率(ERP);具有迅速、灵活、准确的波束指向能力;能够实现对多个目标的干扰;可以迅速改变极化特性,减小极化损失等。所以,相控阵干扰机可以完成方位搜索、跟踪、实施噪声干扰和欺骗式干扰,做到一机多用,并具有自适应能力,大大简化了干扰系统。但其实现技术复杂,设备成本高。

在早期相控阵干扰机中,天线一般采用线阵,线阵的单元数目为 10 ~ 20 个,波束只在方位角平面内扫描,而在仰角平面内不扫描,故仰角波束宽度必须足够宽。这就限制了线阵的增益,但其实现技术简单,成本低。

(七) 引信干扰机

引信干扰机专门用于干扰炮弹、导弹的近炸无线电引信,使之提前引爆。近炸无线电引信工作体制的不同,干扰的方式也不相同,可以采用连续波多普勒频率调频干扰、噪声干扰、杂乱脉冲干扰和欺骗式干扰等干扰近炸无线电引信。一般机载、弹载自卫用的引信干扰机功率较小,体积也不大。但是地面或舰载反导弹系统用的引信干扰机的功率和体积都较大,以满足干扰距离远的要求。

引信的作用是当目标进入导弹或炮弹战斗部的动态杀伤区时,适时引爆战斗部,使战斗部的杀伤碎片最大限度地、均匀地覆盖目标,达到摧毁目标的目的。因此,引信干扰机的作用就是破坏引战配合,即破坏引信的启动区与战斗部的动态杀伤区的配合。由于导弹引信一般在离目标 200 ~ 400m 时才开机工作,而且干扰必须使引信在目标进入导弹战斗部的动态杀伤区之前失效,使它不炸或早炸,因此,实施电子侦察和干扰的时间一般都很短,干扰往往采用宽带阻塞式或欺骗式。

二、干扰机的主要指标要求

为了有效地进行干扰,干扰机必须满足五项指标。

(一) 具有一定的频率覆盖范围

干扰机的工作波段必须覆盖被干扰对象的工作波段,其典型值为 0.5 ~ 18GHz,现在正向毫米波波段(35 ~ 40GHz)扩展。

(二) 具有足够的干扰功率

干扰机的功率由战术要求确定。通常要求在最小干扰距离上,被干扰雷达接收机输入端的干扰功率大于雷达目标回波信号功率,一般要求干信比为10~13dB。目前,一般连续波干扰功率为几百瓦,高的可达1~2kW;脉冲干扰功率为几千瓦,高的可达几十千瓦,工作比为2%~10%。

(三)选择合适的干扰样式

在其他条件相同的情况下,干扰样式的选择在一定程度上直接影响干扰的效果。一般应根据被干扰雷达的体制、工作方式及性能参数确定最佳的干扰样式。干扰样式可分为非调制波干扰和调制波干扰两大类,如图3-3-32所示。

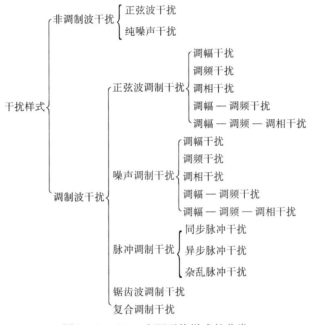

图3-3-32 有源干扰样式的分类

正弦波干扰又称连续波干扰,它和正弦波调制干扰都是比较简单的干扰样式,在电子战发展初期大量使用,目前已很少采用。

噪声干扰包括纯噪声干扰和各种噪声调制干扰。噪声调制干扰的样式包括了噪声调幅、调频、调相、调幅—调频和调幅—调频—调相;纯噪声干扰是直接将噪声放大并发射出去的射频噪声信号。由于噪声干扰对各种雷达都可以产生明显的干扰效果,所以是应用最多的一种干扰样式。

脉冲干扰是一种高频干扰脉冲的干扰样式。通过对脉冲幅度、重复频率、脉冲宽度或其中几个参数同时调制,可以取得不同的干扰效果。当干扰脉冲与雷达脉冲重复频率相等时,形成同步脉冲干扰,它在雷达显示器上是不动的;当干扰脉冲与雷达脉冲重复频率不相等或不成整数倍时,形成异步脉冲干扰,它在雷达显示器上是移动的;当干扰脉冲幅度和间隔随机变化时,形成杂乱脉冲干扰。脉冲干扰是破坏脉冲雷达、编码指令制导系统基本而有效的干扰样式。干扰导弹武器系统可以采用欺骗(转发)式脉冲干扰,其中距离、速度和角度欺骗干扰是破坏导弹武器系统自动距离和控制系统最有效的干扰方法。

(四)缩短系统响应时间

现代电子干扰系统的响应时间包括截获和确定辐射源属性、进行信号分选、识别、确定威胁等级并对威胁等级高的辐射源确定最佳干扰样式和参数,同时进行方位和频率引导所需的时间。典型的响应时间为 0.1～0.25s。

(五) 干扰能力强

现代电子干扰系统面临的最复杂问题是要在高度密集的电磁威胁环境中,有效地对付数量不断增加而且工作在很宽频率范围内的各种新体制雷达。为了解决这一问题,可以采用功率管理电子干扰系统。

功率管理电子干扰系统的基本部分是用于截获信号的 ESM 接收机和一部高速电子计算机。功率管理电子干扰系统可以利用雷达威胁数据库分析和识别威胁,提出有效利用干扰资源的最佳策略,实时解决电子对抗系统在空间、时间、功率和频谱四个方面分配干扰资源的复杂问题。在时域上,干扰机针对每个重点威胁雷达设置若干个干扰窗口,干扰窗口的宽度约为雷达重复周期的10%,这样就可以用少量干扰机来干扰多部雷达。在空域上,采用定向天线增加干扰有效辐射功率。当被干扰雷达天线照射干扰飞机(目标)时,干扰天线瞄准被干扰雷达的照射方向。干扰机的多波束天线和相控阵天线都可以在微秒级时间内调到所覆盖空间的任何方向上。

干扰功率的强度或范围,则可以根据目标的性质、威胁雷达参数,预先计算好存储在一个表内,由计算机查表确定。

三、干扰机的组成及工作原理

(一) 引导式噪声干扰机

引导式噪声干扰机主要由测频接收机、测向接收机、干扰发射机以及计算机控制的信号分选、识别系统和干扰逻辑控制电路等组成,如图 3-3-33 所示。

测频、测向接收机的作用是发现带有辐射源的目标,准确测定辐射源的工作频率和方位,测定和分析辐射源的信号参数,并通过计算机及告警文件确定出辐射源的类型与威胁等级。

干扰发射部分包括发射天线、干扰发射机、射频源和调制信号产生器。干扰发射部分的主要任务是在需要干扰的辐射源频率和方位上产生合适的有效辐射功率与干扰样式。

早期的方位和频率引导是采用人工或半自动方式实现的。首先由测向接收机和测频接收机完成对雷达方位角和频率的测量,然后操纵员根据测量结果,将干扰天线和干扰发射机的频率调到被干扰雷达的方位和工作频率上。

现代电子对抗系统中,由测向和测频接收机测得的有关雷达辐射源方位角和频率数据与其他有关参数一起形成脉冲描述字送到计算机,经处理后由计算机进行功率管理,自动完成方位和频率引导。图 3-3-33 中所示的干扰逻辑控制电路,用于完成方位和频率引导功能。

为了用有限的干扰资源对付密集信号环境中的多个威胁,现代电子对抗系统应该能有效地利用干扰机的功率资源,具有功率管理能力。功率管理的任务主要由快速截获接收机和计算机完成。利用计算机确定出每个雷达辐射源的相对威胁等级、干扰机的干扰时间、干扰窗宽度、干扰天线波束对威胁源的瞄准角、最佳干扰功率电平和干扰调制样式等。

随着反辐射导弹技术的发展和广泛应用,保护干扰机免受反辐射导弹的攻击变得非常重要。因为任何辐射平台都易于被测向设备定位,成为反辐射导弹的攻击对象。干扰机在干扰过程中必须采取瞬间观察、检查干扰效果,适时关闭干扰机等措施,以便既能及时

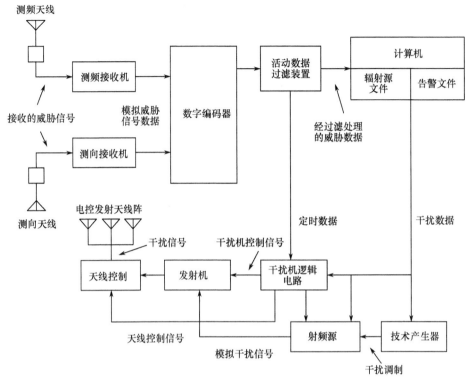

图 3-3-33 噪声干扰机的典型原理框图

检查有无新的威胁出现,又能避免受到反辐射导弹的攻击。此外,干扰机的瞬间观察技术,还可以避免无休止地干扰造成的干扰资源浪费。

(二) 欺骗式干扰机

噪声干扰机适合对跟踪雷达实施远距离支援式干扰,不太适合对该类雷达主波束实施噪声干扰,这是因为大多数跟踪雷达都有对噪声源进行角度跟踪的能力,进行噪声干扰只能降低或破坏雷达的测距能力,而不能破坏雷达的测角能力。此外,噪声干扰机还能成为只用角度数据就能有效工作的跟踪雷达系统的信标,成为高炮和导弹的攻击对象。

欺骗式干扰的主要干扰对象是导弹武器系统的脉冲和连续波火控及跟踪雷达。

欺骗式干扰机主要用于实施距离、速度和角度欺骗干扰,作自卫式干扰机用。早期欺骗干扰机的典型原理框图如图 3-3-34 所示,其工作过程可以通过波形—时间图进行说明如图 3-3-35 所示。

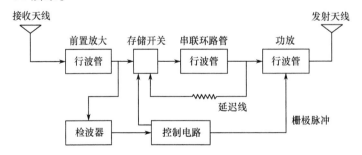

图 3-3-34 早期欺骗式干扰机的典型原理框图

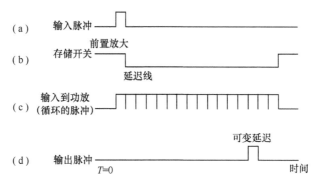

图3-3-35 欺骗式干扰机各点的波形
(a) 输入脉冲；(b) 存储开关信号；(c) 循环脉冲；(d) 输出脉冲。

图3-3-35(a)为欺骗式干扰机接收天线接收到的雷达信号脉冲,该脉冲经过行波管前置放大器放大加到存储开关,脉冲结束后由控制电路控制存储开关关断转发接收机,以解决收发隔离问题,存储开关的作用波形如图3-3-35(b)所示。存储开关输出的信号加到串联储频环路的储频行波管,经储频行波管放大后,再加到本级行波管功率放大器输入端,另一路加到储频环路的延迟线,经过延迟后再通过存储开关加到储频行波管输入端,使接收到的信号脉冲沿着储频环路反复循环,将输入信号存储起来,以使干扰波形与被干扰雷达信号的波形精确匹配。这种储频环路由延迟线和储频行波管串联而成。储频行波管既是输出行波管功率放大器的激励器,也是储频环路的放大器。前置放大器和储频行波管一般采用连续波行波管,而输出行波管功率放大器一般采用脉冲行波管。延迟线和储频行波管是回答式干扰机的关键元器件。延迟线一般采用同轴电缆或者声表面波延迟线。环路的延迟量必须小于欺骗式干扰机要干扰雷达的最小脉冲宽度。环路的典型延迟量大为150~250ns,其中包括储频行波管12~20ns的延迟量。

行波管功率放大器的输出受控制电路的控制,因此,存储起来的信号可以在检测到输入脉冲或延迟一段时间后,经过选通才发射出去,而且延迟时间可以连续改变,以实现距离拖引,如图3-3-35(c)、(d)所示。但是这种行波管储频环路的最大存储时间一般被限制在5~10μs,即拖引的最大距离被限制在0.75~1.5km。这主要是由于环路延迟时间不是载波射频周期的整数倍,因而产生了相位的不连续性,使信号频谱出现了寄生边带,再加上环路噪声和延迟线的色散特性,使得存储的信号逐渐恶化,因此必须限制行波管储频环路的最大存储时间。

此外,由于信号支路中有若干个行波管和其他元件,其最小延迟量为100ns左右,从而使回答式干扰信号落后于真实目标的回波信号,雷达可以采用前沿跟踪电路抑制回答式干扰信号。这种储频环路也不适合于线性调频信号的存储,因为它的脉冲宽度很宽,使用这种储频环路会引发如头尾相连等其他问题的出现。使用数字射频存储环路则可以克服上述缺点。下面简要介绍数字射频存储环路的工作原理。

四、数字射频存储器

数字射频存储器是现代电子战的前沿技术之一。它以超高速大规模集成电路为基础,干扰信号波形与被干扰雷达信号波形匹配,最小延迟量减小到10~20ns。由于数字射频存储器可以精确复制雷达信号,容易产生时移和频移干扰信号,完全替代早期的行波管储频环路,广泛应用在现代欺骗干扰机中。由于采用了数字处理技术,应用数字射频存储器也可以产生噪声调制干扰。因此,采用数字射频存储器的干扰机是干扰机的发展方向之一。

数字射频存储器是把输入模拟射频信号变成顺序的数字量,保存在数字寄存器中,并对其进行处理,以产生类似于敌雷达特征的干扰信号,然后再重构射频发射信号。由于受到数字器件速度的限制,目前数字频率存储只能在较低的频率上进行。所以,在构成射频信号存储器时,还需要进行上、下变频处理,如图3-3-36所示。

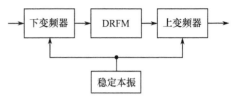

图3-3-36 数字储频的上、下变频过程

(一) 数字射频存储器对输入模拟信号量化的方法

数字射频存储器对输入模拟信号量化的方法主要有幅度取样法和相位取样法,分别称为幅度取样DRFM和相位取样DRFM。

1. 幅度取样DRFM

单通道幅度取样DRFM电路的基本组成如图3-3-37(a)所示。当储频控制电路向A/D变换器发出启动方波①(如图3-3-37(b)所示)时,A/D变换器按照采样时钟②对输入信号③进行幅度量化取样,A/D变换器将其输出数据序列依次写入数据存储器。如果DRFM电路工作在示样脉冲方式,方波①的宽度为τ_e;如果DRFM电路工作在全脉冲方式,方波①的宽度则与输入雷达信号的脉宽一致。需要输出时,储频控制电路发出读出方波④,其宽度与输入脉冲的宽度一致。在方波④期间,按照读出时钟⑤,从数据存储器中依次读出数据,经D/A变换器、滤波器产生模拟信号⑥。当DRFM电路工作是示样脉冲方式时,数据存储器的读出地址在方波④期间将循环若干次,而当DRFM电路工作是全脉冲方式时,数据存储器的读出地址在方波④期间不做循环。在一般情况下,读出时钟⑤与采样时钟②相同。

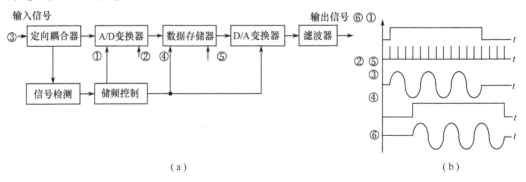

(a)　　　　　　　　　　(b)

图3-3-37 单通道幅度取样DRFM电路的基本组成

设经过下变频后的输入信号频率范围为$[f_o - \Delta B/2, f_o + \Delta B/2]$,为了抑制上、下变频时的高次交调,中心频率$f_o$与带宽$\Delta B$应满足

$$2\left(f_o - \frac{\Delta B}{2}\right) > f_o + \frac{\Delta B}{2} \qquad (3-3-127)$$

即
$$f_o > \frac{3}{2}\Delta B \quad (3-3-128)$$

根据采样定理,采用时钟的频率 f_c 应满足
$$f_c > 2\left(f_o + \frac{\Delta B}{2}\right) = 2f_o + \Delta B > 4\Delta B \quad (3-3-129)$$

在信号满量程变换的条件下,量化噪声引起的信噪比 $(S/N)_q$ 与量化位数 n 的关系近似为
$$(S/N)_q \approx 6.02 \times n + 1.76 \quad (3-3-130)$$

单通道 DRFM 的优点是结构简单,主要缺点是采样频率高,当 ΔB 较宽时难以实现。正交双通道幅度取样 DRFM 的基本组成如图 3-3-38 所示,相当于由两路共用采样、读出控制信号的单通道 DRFM 组成。为了保证两路的幅相特性一致,电路中元器件的选择、结构设计等应尽量一致。正交双通道幅度取样 DRFM 一般采用正交下变频零中频处理,输入信号的频率范围为 $[-\Delta B/2, \Delta B/2]$。对于每一路储频电路的输入信号频率范围仅为 $[0, \Delta B/2]$,它的采样频率只需满足
$$f_c > \Delta B \quad (3-3-131)$$

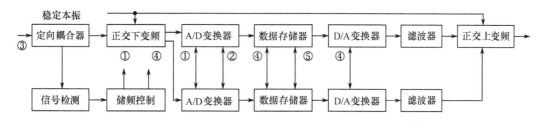

图 3-3-38 正交双通道幅度取样 DRFM 的基本组成

显然,对于相同的瞬时带宽 ΔB,正交双通道幅度取样 DRFM 所需要的采样频率只有单通道幅度取样 DRFM 的 1/4,所以得到了广泛的应用。它的缺点是要求双通道的幅相特性一致以及需要采用正交双通道的上、下变频。

2. 相位取样 DRFM

相位取样 DRFM 的典型电路组成如图 3-3-39(a) 所示,一般也采用正交双通道零中频处理。下变频后的 I、Q 模拟输入信号 ①、② 经极性量化器成为 1bit 数字信号 ③、④,在启动方波 ⑤ 和取样时钟 ⑥ 控制下,顺字写入存储器。示样脉冲或全脉冲时的取样方波 ⑤ 与幅度取样 DRFM 相同。信号读出由读出方波 ⑦ 和读出时钟 ⑧ 控制,将存储器中的数据依次送入 K bit 串入并出移位寄存器。移位寄存器的 K 位输出,经加权相加网络合成模拟信号 ⑨、⑩,滤波后输出。图 3-3-39(b) 画出了取样时钟频率为信号频率 8 倍、$K=4$ 时合成模拟信号的波形。

相位取样 DRFM 以极性量化器取代了 A/D 变换器,以加权相加网络取代了 D/A 变换器,因此可以获得较高的取样率。假设其取样时钟频率与瞬时带宽的 ΔB 比值为 K,则零中频正交变频后信号带宽为 $\Delta B/2$,移位寄存器的位数也应为 K,经加权相加网络合成模拟信号的有效幅度量化数为 K,对于量化噪声的输出信噪比

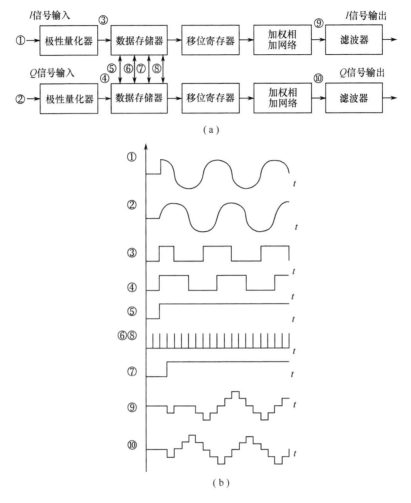

图 3-3-39 相位取样 DRFM 的典型电路组成

$$(S/N)_q = 10\lg(3K^2) \quad (3-3-132)$$

取样率的提高,使存储器的工作频率、存储容量也需要相应提高。为了降低对存储器工作速度和存储容量的要求,在相位取样 DRFM 中普遍采用串入并出、并入串出的数据转换技术,如图 3-3-40 所示。将极性量化器输出的 1bit 数字信号,以时钟频率 f_{ck} 送入 Mbit 串入并出移位寄存器,转换成 Mbit 并行输出,再写入 Mbit 存储器。这样,存储器的写入时钟只需为 f_{ck}/M,降低了 M 倍。读出时则采用相反的处理过程,先按照 f_{ck}/M 的时钟频率将数据从存储器中读至 Mbit,并入串出移位寄存器,再用时钟频率 f_{ck} 将其逐一读出。

相位取样 DRFM 具有较大的瞬时带宽,技术实现较简便,但其输出信噪比较低。

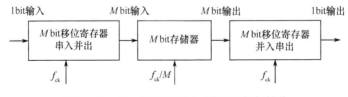

图 3-3-40 存储器输入、输出的数据转换

（二）数字射频存储器的特点

与一般储频器相比，数字射频存储器有下列优点。

（1）DRFM 的最小延迟时间短，大约为 10～20ns；

（2）由于 DRFM 的存储机理与存储时间无关，因此，信号的保真度不会随着延迟时间变化；

（3）DRFM 根据指令可存储和再现多个同时到达的信号，能存储和复制脉冲压缩信号和脉内相位调制的编码信号；

（4）将 DRFM 输入端（下变频）和输出端（上变频）基准振荡器的频率简单地偏移，即可为复制的信号加上多普勒频移，实施速度欺骗干扰；

（5）DRFM 不只限于应用在相干干扰机中，在某些场合还可以取代压控振荡器。随机存储器的容量与要存储的最大脉宽和采样频率（决定于瞬时带宽）有关，输出的频率稳定度决定于频率变换本振的频率稳定度。

五、数字干扰合成装置

1. 基本原理

数字干扰合成装置（Digital Jamming Synthesis，DJS）是近年来发展起来的一种数字干扰产生装置。通常有两种方法来实现：实时计算合成方法和预先计算合成方法。实时计算合成方法是根据干扰需求实时计算干扰波形然后进行多个干扰波形合成的方法，预先计算合成方法是事先产生好干扰波形待需要时直接从存储器中调出并进行多干扰合成的方法，两种方法的主要区别在于干扰波形是实时计算产生还是直接调用存储波形。

（1）实时计算合成方法。

在施加干扰的时候，根据需求实时在每一个正交基带干扰信号产生器中产生一种干扰信号，然后用数字加法电路实时合成，它的典型组成如图 3-3-41 所示。

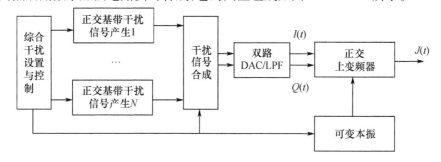

图 3-3-41　DJS 实时计算合成方法

DJS 实时计算合成方法主要由综合干扰设置与控制单元、正交基带信号产生器、干扰合成器、双路数模转换器（DAC）、正交混频及滤波器、可变本振等部分组成。综合干扰设置与控制单元主要根据侦察接收机的侦察结果，包括侦察到的雷达工作状态、雷达波形参数等信息，来控制每一路正交基带干扰信号产生器，通过一定的数学模型或先验信息或实时接收波形由高速数字电路产生所需要的数字干扰波形。干扰合成器根据威胁程度和一定的功率分配准则将多个基带干扰信号合成为一路正交干扰信号波形。双路数模转换器是将两路正交的基带数字干扰信号转换为正交模拟信号，同时用低通滤波器滤除带外谐波和杂散。为了形成射频干扰信号，正交上变频器将基带干扰信号搬移到射频频段，在经过功率放大由天线辐射出去。可变本振受综合干扰设置与控制单元的控制,根据需要将基带干扰变换到相应的频段上去。

(2)预先计算合成方法。

根据先验信息,提前将所需的干扰波形计算合成后装填在存储器中,需要的时候读取出来。它的基本组成如图3-3-42所示。

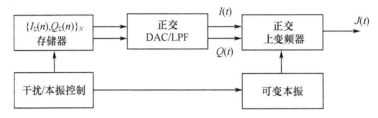

图3-3-42 DJS预先计算合成方法

每一路DJS正交基带干扰信号按式(3-3-133)产生:

$$x_i(n) = I_i(n) + Q_i(n) \quad (3-3-133)$$

式中:$I_i(n)$,$Q_i(n)$分别为同相和正交分量,$i=1,2,\cdots,N$。$x_i(n)$主要有两种产生方法:第一种是利用侦察系统事先侦察到的雷达信号的载频、带宽、调制方式等形成的基带干扰波形数据;第二种是对事先侦收到的雷达信号直接采样得到基带干扰波形数据。

将N路基带干扰波形用数字加法器合成,得

$$\begin{cases} I_\Sigma(n) = \sum_{i=1}^{N} I_i(n) \\ Q_\Sigma(n) = \sum_{i=1}^{N} Q_i(n) \end{cases} \quad (3-3-134)$$

最后,将合成的干扰波形数据保存在存储器$\{I_\Sigma(n),Q_\Sigma(n)\}_N$中,待需要干扰时从存储器中读出。

双路DAC将数字信号变为模拟信号之后,正交上变频器将基带干扰信号变为射频信号,通过功放后由天线辐射出去。

上述两种方法构成的DJS装置都可以同时干扰多部雷达,其前提是被干扰雷达处于DJS同一干扰波束覆盖范围内。如果被干扰雷达不在同一干扰波束内,可以采取分时照射不同方向或采用多个DJS装置分别干扰不同方向的策略。

2. DJS主要的性能指标

DJS器件主要有以下技术指标。

(1)采样率。

数字干扰合成过程是对信号的重新构成即将数字信号变为模拟信号的过程。这一过程与模拟信号变换为数字信号的过程相反,它是把已经离散化的数字信号送到数模转换器(DAC)及后级的低通滤波器(LPF)重建原始信号的过程。因此为了完整地重建干扰信号,要求干扰信号变换为数字信号时的采样率满足奈奎斯特采样定理,即对原始干扰信号模数转换的采样频率要大于实际干扰信号频谱中的最高频率值的两倍。

(2)瞬时带宽(IBW)。

瞬时带宽是指某一时刻干扰的信号带宽,即基带处理器的带宽。瞬时带宽由信号的采

样频率决定。比如:在单通道的 DJS 干扰波形合成中,瞬时带宽小于干扰信号采样频率的 1/2;在正交调制的 DJS 干扰波形合成中,瞬时带宽最大可以等于干扰信号的采样频率。

(3) 工作带宽(OBW)。

工作带宽指 DJS 装置能够形成干扰信号的整个频带宽度,主要由可变本振的变化范围及干扰信号基带带宽决定。

(4) 动态范围(DR)。

存储在 DJS 中的数字干扰信号的动态范围主要由数字存储器的位数及量化间隔决定。DJS 输出干扰信号的动态范围主要由数模转换器的动态范围决定。DJS 装置的动态范围则主要由 DJS 输出动态范围和功率放大器的动态范围决定。

(5) 存储器容量。

存储器是 DJS 中的重要组成部分,主要存储基带干扰数字信号。存储器容量主要取决于干扰信号的持续时间、采样率、量化位数等。采样率越高,信号持续时间越长,量化位数越高,它对存储器容量的要求也越高。

(6) 寄生信号抑制。

由于多路数字信号合成后需要经过数模转换器以及上变频器才能变为射频信号,因此变换过程中会产生一些寄生信号,其主要来源有本振泄漏、镜像响应和交叉调制等。这些寄生信号会减弱有用干扰信号功率,从而影响干扰效率,同时有可能作为干扰机的标识被敌方雷达识别,因此,需要采取技术措施尽可能地抑制寄生信号。

六、干扰机的收发隔离和效果监视

使干扰机发射的干扰信号不影响自身侦察接收机的正常工作,称为干扰机的收发隔离。在干扰实施的过程中,通过侦察接收机监视周围的威胁雷达信号环境和被干扰的威胁雷达信号的变化,由此判断干扰效果的优劣,称为效果监视。显然,收发隔离是效果监视的前提和保证。

收发隔离是收发分置的电子系统普遍存在的问题。而在干扰机中突出的困难在于:干扰机发射和侦收往往是同频带、同方向、同时间的,且干扰机的辐射功率很大,远远高于侦收设备的灵敏度。收发隔离不好,轻则降低侦察接收机的实际灵敏度,减小侦察作用距离;重则使干扰机自发自收,形成自激励,无法检测雷达信号。

(一) 收发隔离

干扰机的收发隔离程度称为收发隔离度,简称隔离度。通常在干扰机的收发天线端口上测量,如图 3 - 3 - 43 中的 A、B 两点。隔离度 g 一般以 dB 表示,且

$$g = 10\lg \frac{P_J}{P_r} \quad (3-3-135)$$

式中:P_J、P_r 分别为发射天线端口处的干扰发射功率和在接收天线端口处收到的干扰信号功率。表现收发隔离基本要求的隔离度门限值为 g_J

$$g_J = 10\lg \frac{P_J}{P_{r\min}} \quad (3-3-136)$$

式中:$P_{r\min}$ 为侦察接收机的灵敏度。如果干扰机的实际隔离度 $g \geqslant g_J$,则可以保证干扰机工作时不会发生收发自激,但不能保证侦收设备实际灵敏度的不降低;反之,如果 $g < g_J$,则会出现干扰机收发自激。一般干扰机的 g_J 约为 100 ~ 150dB。

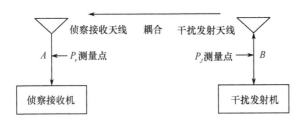

图 3-3-43 干扰机收发隔离度的定义和测量

提高收发隔离度的主要方法如下。

1. 降低收、发天线间的各种耦合

收发天线间的耦合包括直接耦合（由发射天线直接传播到接收天线）和间接耦合（发射天线经由其他途径传播到接收天线）。降低各种耦合主要有以下几种措施。

（1）增大收发天线间的间距。拉开侦察站、干扰站的配置距离，每增加 1 倍距离，可使隔离度提高 6.02dB。

（2）减小收发天线的侧向辐射。天线设计采用低旁瓣措施，周围附加吸收材料，根据实际安装空间和周围背景，选择收发天线彼此耦合最弱的安装位置和安装方向。

（3）极化隔离。选择左、右旋圆极化分别用作接收和发射天线。从理论上讲，完全正交的圆极化可使双方的耦合减小至 0，但实际的天线都存在交叉极化。因此，极化隔离产生的隔离度仅约 10dB。

（4）在收发天线间增加吸收性隔离屏，使其不能直接传播，对发射天线周围的金属材料表面进行电波吸收处理，降低间接耦合。

2. 采用收、发时分工作方式

由于隔离度 g_I 的要求很高，而提高实际的隔离度又受到各种因素的限制。因此，在许多干扰机中普遍采用收、发时分工作方式，即对干扰机的发射时间开窗（Lookthrough），窗口宽度 t_W 内关闭干扰发射，保证侦察接收机有足够的工作时间。窗口宽度之外为干扰发射时间，闭锁侦察接收机。窗口周期 T_W 视侦察接收机的工作需要，但总的工作比

$$\frac{t_W}{T_W} \leqslant 1\% \sim 5\% \quad (3-3-137)$$

（二）效果监视

效果监视主要包括以下任务。

（1）监视周围的威胁雷达信号环境有无变化。这些变化包括出现了新的威胁雷达信号，原有的威胁雷达信号消失了，威胁雷达信号的参数和威胁程度发生改变等；

（2）监视被干扰的威胁雷达信号参数及其变化，以便实时调控干扰参数，分析和判断干扰效果，修订干扰决策控制命令等；

（3）监测干扰信号与被干扰的雷达信号的调控状态，如频率是否对准、方向是否对准等。

效果监视是在满足收发隔离的条件下进行的。如果干扰机没有采用收发时分工作方式就达到了收发隔离的要求，则效果监视是连续进行的；反之，如果干扰机采用收发时分工作方式，则效果监视是间断进行的。

侦察接收机完成效果监视的任务,其所做的信号检测和处理类似于第二章中的侦察信号处理。其主要差别在于:原有的检测处理结果可以作为进行当前检测处理的先验信息,从而提高检测处理的速度和结果的可信度;通过对当前检测处理结果与过去检测处理结果的比较,可以识别和判断威胁雷达信号环境和威胁雷达信号参数的变化。

侦察接收机监视被干扰的威胁雷达信号参数,一方面用来对干扰决策控制和干扰调制参数进行引导,如引导干扰信号的频率、干扰发射的方向对准威胁雷达的信号频率和方向,根据雷达信号的变化制定更合适的干扰调制样式等;另一方面用来分析、判断当前的干扰效果。

由侦察接收机通过信号处理来实时分析判断干扰效果是很困难的。这是由于干扰机的干扰效果评价主要通过其在雷达系统中的作用来度量的。这些作用可能并不表现或者很少表现在雷达的发射信号中,而且侦察接收机又只能根据接收到的雷达发射信号进行分析判断,这种分析判断的依据显然是不全面、不充分的。

七、先进电子干扰装备简介

1. EA-18G 电子战飞机

1) EA-18G 电子战飞机特点

EA-18G 是美军最新型专用电子战飞机,是 EA-6B 电子战飞机的替代机型,其电子战设备布局如图 3-3-44 所示,图中 CSS 表示通信对抗系统,INCANS 表示干扰对消系统,MATT 表示多任务先进战术终端。与 EA-6B 相比,EA-18G 具有以下优势。

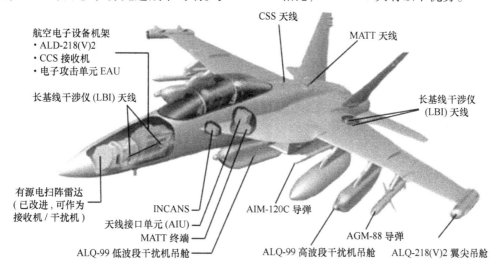

图 3-3-44 EA-18G 飞机电子战设备布局示意图

(1) 从飞行性能上看,EA-18G 几乎完全具备与 F/A-18F 战斗机一样的飞行包线,远远超出退役的 EA-6B;

(2) EA-6B 只有 5 个可以携带干扰吊舱、油箱和高速反辐射导弹的挂点,而 EA-18G 有 11 个挂点,除能携带 5 个 ALQ-99 战术干扰吊舱外,还可携带 F/A-18 战斗机所能携带的任何武器,具有较强的自卫能力和独立攻击目标的能力;

(3) EA-18G 除了可携带高速反辐射导弹外,还可根据压制敌防空系统的需要,携带精确制导防区外武器,具有非常强大的对地攻击能力;

(4) EA-18G飞机作为美军网络中心战体系的重要组成部分,配备了"多任务先进战术终端"(MATT)、"多功能信息分发系统"(MIDS)和Link 16数据链等,拥有完备的网络作战能力。在作战中,EA-18G飞机同预警机、无人机、战斗机、地面部队等其他战术平台联网,共享信息,协同工作,可完成多平台协同威胁目标定位、协同攻击引导等作战任务。

2) EA-18G电子战任务系统

电子战任务系统是EA-18G电子干扰飞机航电系统的核心,主要包括AN/ALQ-218战术接收机系统、AN/ALQ-227通信对抗系统、AN/ALQ-99战术干扰吊舱系统等。EA-18G采用电子攻击单元作为电子战系统和飞机平台之间的主要接口,负责协调飞机平台的导航数据并向飞行员提供电子战跟踪文件进行显示和记录。在整个作战过程中,电子战任务系统始终占据着主导地位,并在其他航电系统的紧密配合下完成各种电子战作战任务。

(1) AN/ALQ-218战术接收机系统。

EA-18G上的AN/ALQ-218(V)2新型数字接收机采用了一种"长基线干涉仪测量方法",灵敏度较高,除基本的告警、侦察、信号截获等传统的ESM系统功能之外,可对雷达信号源进行测向定位和识别,有助于引导干扰机实施精确干扰,也可以为反辐射导弹的发射提供更精确的引导。AN/ALQ-218(V)2宽频接收机与ALQ-99高、低频战术干扰吊舱相结合,形成了全谱侦察和干扰能力,能够对抗目前所有已知的地对空威胁。在ALQ-99(V)吊舱对敌实施有源干扰、AN/APG-79(V)有源电扫描阵列雷达工作时,AN/ALQ-218(V)2宽带接收机能进行信号探测和接收。这是现有的同类接收机无法做到的,这种能力被称为"接收机间断观察",这使EA-18G能在实施电子干扰的同时,保持电子监视和基于射频的无源态势感知能力。

(2) AN/ALQ-227通信对抗系统。

EA-18G采用雷声公司生产的体积小、功能强的ALQ-227通信对抗系统,主要任务是对敌方通信信号进行搜索、记录、分析,其分选和识别通信信号的能力非常强,可以识别新体制的通信设备,而且频率覆盖范围更宽,可以引导低频干扰吊舱ALQ-99(V)发射复杂的通信干扰波形,破坏敌方的战场通信联络。

(3) AN/ALQ-99战术干扰吊舱系统。

AN/ALQ-99战术干扰系统用于干扰敌方指挥控制和通信系统、预警雷达、搜索雷达和制导雷达等,是当今现役的功能最强大的干扰吊舱,是EA-6B和EA-18G电子战飞机的核心部件,其最新型号是ALQ-99F。ALQ-99的频率范围是64MHz~18GHz,每部发射机的连续波功率是1~2kW,每部发射机的有效辐射功率是100kW,干扰波束宽度是30°,杂波干扰功率密度是1kW/MHz,其频段划分见表3-3-2。系统具有完善的功率管理、杂波/欺骗双模干扰和多目标干扰能力。

表3-3-2 ALQ-99吊舱频段划分

频段	频率范围	频段	频率范围
Band1	64~150MHz	Band5/6	1~2.5GHz
Band2	150~270MHz	Band7	2.5~4GHz
Band3	270~500MHz	Band8	4~7.5/7.75GHz
Band4	500~1000MHz	Band9/10	7.5/7.75~18GHz

2. "下一代干扰机"

ALQ－99是20世纪70年代开始研制和生产的,已经进行了多次升级改造,但随着威胁环境的日益复杂,其能力越来越难满足对抗先进防空雷达的任务要求。为此,美军于2008年2月正式启动了"下一代干扰机"(NGJ)方案的研究工作,NGJ项目由美海军航空系统司令部下属的项目办公室负责。根据美军的设想方案,NGJ将替代ALQ－99,成为美军未来最主要的空中电子攻击火力,继续维持美军在战场电磁空间的统治性优势。NGJ的设计作战对象包括敌方综合防空系统中的雷达和数据链、机载雷达以及各种军事无线通信系统。

NGJ的一个显著特点就是在设计中采用"模块化开放式系统架构"(MOSA)。MOSA概念于2003年由美国国防部提出,是指采用开放式标准、协议和语言来开发系统内所有的接口和维护方式,通过有效配置将独立系统集成到联合作战多系统中。MOSA的这种设计理念能够给NGJ带来很多优势,如缩短开发周期、节省维护成本、确保互操作性、提高新技术(包括商业现货技术)的插入能力、更方便地进行升级等。NGJ主要的技术特征如下。

(1) 采用模块化开放式系统架构;
(2) 采用有源相控阵列天线,波束控制更灵活;
(3) 采用先进的微波电子器件,提高了性能和可靠性;
(4) 采用DRFM、高速存储器、光学波束合成等先进技术;
(5) 干扰资源更加充足,有效辐射功率更高,有效干扰距离更远;
(6) 采用先进的动态干扰管理技术,可同时处理更多信号,干扰效率更高;
(7) 具备重编程能力,系统结构灵活;
(8) 优化的吊舱外型和结构。

NGJ首先应用于EA－18G平台,随后可能应用于其他先进作战飞机和先进的无人机平台。

3.3.5 对雷达的智能化干扰技术

随着智能化雷达干扰技术的兴起和发展,出现了许多有关对雷达的智能化干扰的概念和名词,如认知电子战、认知干扰机、自适应雷达对抗等,这些名词的含义各有侧重,本小节称之为智能化干扰技术。由于该技术正处于研发阶段,许多技术尚未成熟,本小节主要对智能化雷达干扰的基本概念进行概括介绍。

一、智能化雷达干扰的发展

目前国内外对人工智能在电子战中的应用非常重视,投入大量的人力和财力进行研究。美国是最早开展认知电子战技术研究的国家之一,从2010年开始了"自适应电子战行为学习(BLADE)""自适应雷达对抗(ARC)""认知干扰机(CJ)项目""认知电子战项目""美国空军先进电子战组件项目"等,取得了相应的研究进展和成果,主要项目简介如下。

(1) 自适应电子战行为学习(BLADE)。

该项目为DARPA负责的项目,主要研究新型机器学习算法技术,快速探测感知新型无线通信威胁,动态融合对抗措施并精确评估电子攻击战场损伤等。其目的是实时对抗敌方的自适应无线通信系统带来的威胁,包括了敌方用以实现指挥控制与通信(C^3)的无线电台和网络以及无线电遥控的简易爆炸装置(RCIED)。具体来说,该项目要求具备检测与拒止战场上新型通信威胁、实时提供有关干扰效能的反馈、对多个新出现的威胁同时进行"外科手术式"精确攻击等能力。

(2) 自适应雷达对抗(ARC)。

该项目为DARPA负责的项目,旨开发对抗敌方新出现的、未知的、不明确的新型雷达的能力。其作战对象主要包括那些具备认知能力的雷达,即那些能够进行灵巧波束控制、波形更改或采用了先进编码与脉冲重复间隔的空对地、空对空雷达。该项目的主要目的就是研究新的解决方案,使电子战系统能对新的、未知或不确定的认知雷达信号近实时地实施有效对抗。

(3) 认知干扰机(Cognitive Jammer,CJ)。

该项目是美空军的项目,旨在以软件无线电技术为核心,通过研究软件算法和样机系统构架,开发一套功能多样、干扰样式灵活多变的认知干扰机系统,以对付那些采用了动态频谱接入(DSA)的软件无线电或认知无线电电台。其目标是将"传感→学习→适应新环境→采取对抗措施"过程所需时间从"数天到数月"缩短到"数秒到数分钟",达到干扰灵巧、迅速和有效的目的。

(4) 未来认知电子战(Cognitive EW Tomorrow)。

该项目是美国海军的项目,目的是在电子战中应用自适应、机器学习算法。由于电子战作战对象(射频系统)的波形、带宽、功能、电子防护模式等越来越灵活,使得传统的静态辐射源数据库和预编程的对抗措施难以发挥作用。因此,必须开发具备认知能力的新方法:能描述实时动态频谱知识;能感知并学习射频特性与行为;能对威胁系统与环境进行推理,并及时形成电子攻击策略。此外,为适应上述认知电子战需求,该项目还要开发用于高吞吐量、快速可编程电子战系统和针对特定目标的电子战开发仿真环境。

(5) 美国空军先进电子战组件(ACEW)项目。

该项目主要通过设计制造低成本高产量的先进电子战光电元件,推进构建适应未来先进电子战的基础设施和能力。

二、智能化雷达干扰系统基本原理

传统电子干扰装置其干扰频段和干扰样式是预先设定的,特别是对于压制式干扰,其干扰频段和样式有限,通过人工选择或侦察引导来设定。对于欺骗式干扰或灵巧式干扰,可通过获得雷达的波形进行各种调制实现具有相参增益的干扰,但这种干扰也是预先设计的具有固定样式的干扰。面对复杂、快速变化的雷达环境,传统的干扰装置将无法实现随雷达电磁环境变化的最优自适应干扰。

面对复杂的电磁环境,基于人工智能的思想,发展了认知电子战。从雷达干扰的角度来看,认知电子战实际上是一种智能化雷达干扰技术,它不仅具有传统电子战的侦察能力,而且还能近实时、动态地感知周围变化的雷达威胁环境,进而快速适应该环境,并自主生成针对该威胁环境的干扰措施。

与传统干扰技术不同,智能化干扰系统是一个动态、智能的闭环系统,它通过自主交互学习来感知电磁威胁环境,并可高效实时地调整干扰发射机与接收机以适应电磁环境的变化,极大提高了干扰的快速反应能力和干扰的效果。智能化雷达干扰系统主要由智能化雷达侦察子系统、干扰效果评估子系统、干扰策略形成子系统、可重构干扰产生子系统以及动态数据库子系统等部分组成,其功能组成如图3-3-45所示。

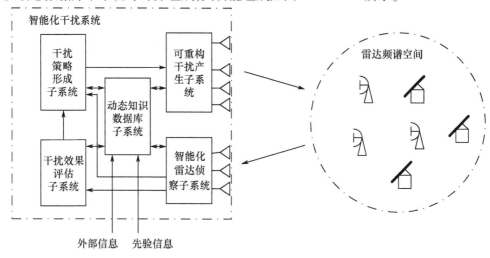

图3-3-45　智能化干扰系统功能组成框图

(1) 智能化雷达侦察子系统。

该子系统的主要作用是获取各种威胁雷达电磁参数和位置信息,并进行态势评估,为雷达干扰效果评估、干扰措施的形成以及干扰行动的实施提供准确和及时的信息。

首先,该系统需要测量战场多部雷达的各种参数,包括雷达的载波频率、脉冲的到达角度、脉冲前沿的到达时间、脉冲宽度、脉冲幅度或脉冲功率、脉内调制特征、极化等,这一过程与传统的雷达侦察系统类似。

对于已知雷达特征的信号,可以通过与传统的处理方法相类似的方法进行分选和识别,得到相应的雷达参数。对于未知雷达信号,需要采用自适应快速聚类分析等智能方法确定信号的类型和参数动态变化信息。通过与环境的不断交互持续地学习环境,在先验知识的支持下,进而分析出目标威胁信号的特征,并将特征信息传给其他子系统。

与传统侦察系统不同,雷达侦察子系统的智能化主要体现在以下几方面。

① 对未知信号的分选和识别。

采用智能化的方法对分布于频域、时域、空间域及能量域未知的辐射源到达信号进行分类和识别。

② 对威胁雷达态势的分析和判断。

干扰系统除了对敌方雷达进行侦察获取敌方信号参数外,还需要采用智能化的方法对威胁雷达进行态势分析和判断。雷达威胁程度与多种因素和参数有关,包括雷达的载频、脉冲宽度、脉冲重频、工作波形、波束扫描规律、脉冲幅度等,需要建立威胁等级评估模型,采用人工智能评估方法对威胁进行分析和判断,这方面研究处于起步阶段。

(2) 干扰效果评估子系统。

干扰效果评估子系统是评估干扰系统所发出的干扰对敌方雷达是否有效。对雷达的干扰效果评估实际上是对雷达工作现状的评估,它根据雷达信号在干扰下产生的变化来评估所实施干扰的有效性。

目前对雷达的干扰效果评估主要有两类:第一类是合作式评估,即干扰方和雷达方是相互透明的,双方的技术参数是可观测的,这种情况主要用于武器装备研制定型过程中对于干扰效果的评定。第二类评估是非合作式评估,即背对背的评估。由于干扰方在作战过程中无法获取敌方雷达系统内部参数和工作状态,只能根据干扰过程中敌方雷达在时域、频域、空域、能量域、极化域等的信号特征变化并结合自身的实时状态数据进行干扰效果评估,因此,实现这种非合作式干扰效果在线评估具有较大的难度。

智能化为解决这一难题提供了一条技术途径,主要思想是:侦收各种雷达的不同工作参数及不同参数对应的工作状态形成智能推理机制,通过侦收被干扰雷达在干扰前后的信号参数和特征变化,推测干扰对雷达的影响,判断目标受干扰后的工作状态及其所采取的抗干扰措施,为下一步新的干扰措施决策和实施提供依据,从而达到最优的干扰效果。基于机器学习的综合评估方法是其中一种智能化干扰效果评估方法,其思路是利用干扰过程中得到雷达数据作为训练样本,通过学习得到各种干扰情况下雷达参数的变化反映出的干扰效果,通过大量样本的学习之后,能够对雷达的干扰效果进行在线评估。

(3) 干扰策略形成子系统。

在现代战争中,电子对抗环境复杂多变,干扰方所面对的敌方雷达目标往往有很多个,在同一时间需要干扰的雷达也有几个甚至几十个,而干扰方可用的干扰资源往往也有几个到几十个,但一般是很有限的。如何合理充分地利用干扰资源,让己方干扰资源获取最大的作战效益,就成了战场指挥员所面临的难点问题。很多情况下,指挥员都是凭自己的经验来分配干扰任务,但是当敌方雷达数量很多,或者战场环境很复杂时,分配不当可能会带来严重的后果。所以,雷达干扰资源调度是电子对抗措施实施过程中的关键技术,合理的干扰资源调度可以使有限的干扰资源发挥最佳的干扰效果。

目前,雷达干扰资源分配有多种算法,动态规划算法是将雷达干扰资源分配问题简化为普通的单目标规划问题,进而采用传统的动态规划模型来进行求解。这种算法计算量较少,也可以降低解决问题的复杂度,但是这种算法忽略了干扰样式等一些不便于量化的因素,使得计算精确度大打折扣;模糊多属性动态规划算法利用多属性决策方法和模糊集理论,可解决雷达干扰资源分配中的多因素和模糊性问题。对于因素的隶属度的确定,一般是通过专家系统来进行赋值,以实现多阶段多属性整体优化,达到最佳整体效果。

强化深度学习方法是干扰策略形成系统实现智能化的一种方法。该方法具有自主学习的能力,它通过不断与环境交互来获得知识,自主地进行动作选择,使得到奖励的行为被"强化"而受到惩罚的行为被"弱化"。需要通过干扰激励和行为学习,建立干扰资源与被干扰雷达工作体制或抗干扰措施的联系,以作为智能化干扰资源调度的依据。除强化学习方法外,深度学习、逻辑推理、智能规划、智能博弈等方法也可以应用到干扰策略中来。

(4) 可重构干扰产生子系统。

可重构干扰产生子系统主要完成干扰资源实时调度、干扰波形产生、干扰信号发射等工作,可以认为它是智能化干扰系统的执行机构。该系统是一个可重构、宽频带、多干扰样式的射频干扰产生系统。

对于一个复杂雷达频谱作战环境,综合干扰系统需要对付多频段多体制的雷达,干扰机的资源、干扰波形要足够丰富,当干扰策略形成子系统形成干扰策略后,存在着干扰资源如何实时调度、干扰波形如何形成的优化问题,此时可以采用一些智能优化方法来实现最有效的干扰资源实时调度和波形优化。

干扰的产生分为模拟产生技术和数字产生技术，目前，数字干扰产生技术是干扰技术的发展方向。常用的数字干扰产生技术主要有数字射频存储（DRFM）和数字干扰合成（DJS）。DRFM 装置将截获到的雷达信号经过下变频后存储在存储器中，在实施干扰时，再在数字域进行时域、频域或噪声调制形成干扰波形，最后通过上变频产生射频干扰；DJS 技术则是针对一定的干扰对象事先准备好基带干扰波形数据，在干扰实施时再从存储器中读出，然后与其他基带干扰波形进行叠加，经过 D/A 转换、上变频等形成射频干扰信号。

（5）动态知识数据库子系统。

智能化干扰系统需要有一个综合的、动态的、具有大量先验数据的数据库。深度学习等智能化算法也需要大量的训练样本进行学习，必须建立一个大的动态知识数据库。

智能化雷达侦察系统需要一个动态数据库，除了有大量的先验数据，还要将感知雷达环境的学习结果存到数据库中，它是一个不断积累的数据库，并可根据新的电磁环境适时更新。

智能化干扰效果评估子系统和干扰策略形成同样需要建立一个动态博弈的数据库。其内容包括威胁雷达的信号描述及行为特征数据、干扰策略与干扰样式数据等，可以通过侦察到威胁雷达及威胁雷达状态变化来在线评估干扰效果，同时动态地更新干扰策略，适时调整干扰样式和参数，以求达到最佳干扰效果。

动态知识数据库是一个以大数据为特征的数据库，需要有大量的先验数据，同时还可以通过外部数据，比如其他传感器或设备送来的外部数据，来更新数据库的内容。

三、智能化雷达干扰系统的特点

1. 智能化雷达干扰系统是一个闭环调整自适应系统

智能化雷达干扰系统能够实现雷达环境感知，具备对雷达及其状态变化的识别判断能力，可以在一定程度上实现对干扰效果的在线评估和实时反馈，从而建立一个闭环控制系统。这种闭环调整自适应系统也可以用 OODA 环理论进行描述，"OODA 环"理论是由 John Boyd 从一对一空战经验中提炼出的，它是由"观察""判断""决策"和"行动"环节构成的决策环路，如图 3-3-46 所示，其中 OODA 是这四个环节的英文首字母。智能化雷达干扰系统的认知过程为：雷达及环境感知 → 雷达信号识别 → 干扰决策 → 干扰的行动 → 雷达及环境感知的循环，它的动态、智能闭环功能充分体现了 OODA 环的循环、实时及嵌套特性。由于具备学习能力，该系统能够适应新的威胁；由于干扰设备具有可重构性，波形适应性强，可实现电子攻击层次多样化；由于具有智能的成分，不同干扰系统之间可以有效协同，避免相互干扰，协同作用效果更好。

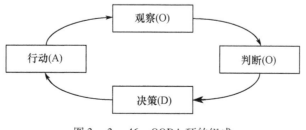

图 3-3-46　OODA 环的组成

2. 认知雷达与智能化干扰之间进行的是一场智能博弈

传统的干扰设备中,对抗策略与资源调度都是人工事先设计好并固化在设备中的,而智能化干扰设备是边学习边对抗,不断完善对抗策略,不断优化对抗资源调度方法,使对抗策略与对抗资源调度实现智能化。

由于认知雷达、数字阵列雷达等体制多变、工作模式灵活多样、信号形式复杂多变,常规电子干扰技术对其实施侦察和干扰的难度较大,干扰效果较差。将智能化思想引入电子干扰技术中,是对抗智能化雷达威胁的有效途径。智能化雷达(认知雷达)与智能化干扰系统是信息化条件下的一对矛盾统一体。对抗双方都有认知能力,一方要躲避或消除干扰,更有效地获得目标信息;另一方要实施干扰,阻止其发现和跟踪目标,这种对抗本质上是攻防双方在电磁频谱上的博弈,"认知"将雷达与干扰引入到了智能化博弈阶段。博弈论在整个对抗过程中有重要的理论指导作用。

3. 智能化雷达干扰系统是一个综合的智能化系统

由图 3 - 3 - 45 可以看出,智能化雷达干扰系统信息处理环路中有四个部分:智能化雷达侦察子系统、干扰效果评估子系统、干扰策略形成子系统、可重构干扰产生子系统,这四个部分都有智能化的问题。雷达侦察子系统可用智能化的理论和方法对未知信号的分选和识别以及对威胁雷达态势的分析和判断;干扰效果评估子系统可用智能化的理论和方法对非合作目标的干扰效果在线评估;干扰策略形成子系统可用智能化的理论和方法并利用干扰评估结果实现干扰策略的优化;可重构干扰产生子系统可利用智能化的理论和方法对干扰资源进行有效的调度和使用。由此可知,智能化雷达干扰系统是一个综合智能系统,各个子智能系统之间有一定的联系和信息的反馈,如何实现最优的综合智能化干扰系统是目前研究的重要课题之一。

4. 综合动态知识库是智能化雷达干扰系统的一个主要特征

智能化电子干扰系统的主要特征之一是采用动态知识库代替传统的辐射源数据库和预编程对抗措施,动态知识库为认知侦察子系统、对抗措施合成子系统、智能干扰发射子系统提供先验知识,并利用反馈信息进行认知学习,动态更新知识库。

要实现智能化雷达干扰系统,必须建立和使用综合动态知识库。这种综合动态知识库应该包括知识、数据和算法,包括各种雷达特征和数据信息库、干扰场景及其干扰状态变化的知识库、雷达对干扰的响应库、抗干扰策略与措施数据库、干扰资源调度数据库等,这些数据库需要通过大量的试验数据逐步建立,同时要根据战场的变化实时更新。如何科学地建立综合数据库,如何进行调用和处理等都是需要进行深入研究的课题。

5. 干扰技术的实时性需要有高速器件保证

可重构干扰产生子系统要完成干扰信号迅速合成和发射,需要系统有快速的响应能力。高速实时处理能力是数字系统长期面临的主要难题之一。该难题不仅与软件算法有关,而且还与硬件有关,例如:射频前端的信号变换能力、高速 A/D 和 D/A 器件以及高速数据传输能力等。需要依靠新器件、新技术的发展对其进行支撑,软件方面则需要通过不断优化算法、不断改进算法来实现。

四、一个智能化雷达干扰系统的具体例子

图 3 - 3 - 47 给出一个智能化雷达干扰(也称为认知电子战系统)的具体例子,该系统由认知侦察、对抗效能评估、干扰策略优化、对抗措施合成、数据库等部分组成。具体的

工作过程可描述如下：

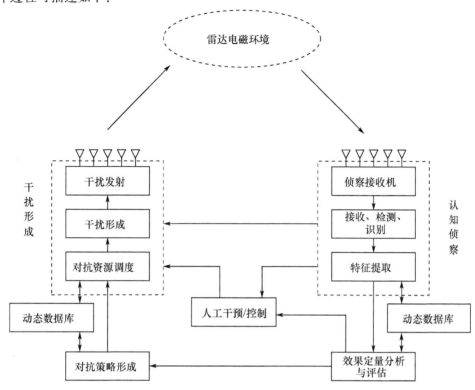

图 3-3-47　一个智能化雷达干扰系统的具体例子

侦察接收机对复杂电磁空间中的雷达辐射源信号进行接收，首先对接收信号进行放大、滤波、检测，然后从频域、时域、空间域及能量域对到达信号进行智能分类和识别，采用自适应快速聚类分析等算法，并利用动态数据库信息，对信号特征进行提取，并对参数动态变化信息进行感知。

干扰效果分析与评估系统通过被干扰雷达在干扰前后的信号参数和特征变化，以及雷达受干扰后的动态变化模式数据库，采用相应的智能算法，快速实时评估干扰措施的有效性。

干扰效果评估结果形成之后可通过两种方式进行操作：一是人工干预，即通过人的大脑形成干扰策略，并利用侦察到的雷达参数，对干扰进行控制；二是自动干预，即通过人工智能的方法形成干扰策略并自动对干扰进行控制和实施。

借助于干扰资源动态数据库，通过智能化干扰资源分配算法，自动形成最佳的干扰策略，之后将该策略送到干扰形成系统。

对抗资源调度借助资源调度策略数据库，通过相应的智能算法对可重构干扰执行系统进行资源调度，形成相应的干扰波形，通过干扰发射系统对敌方雷达形成有效的干扰。

当敌方雷达受到有效干扰后，它会改变工作模式或参数来对抗干扰，此时，智能化干扰系统又开始新一轮的智能化处理的循环：对雷达信号进行侦察、特征识别、干扰效果评估、干扰策略形成、形成新的干扰样式或波形，如此往复，最后达到最佳干扰的目的。

3.4 对雷达的无源干扰

凡是利用无源器材人为地改变雷达电波的正常传播、改变目标的反射特性以及制造假的散射回波,都属于消极干扰的范畴。因此,消极干扰根据所使用的器材不同分为:

(1) 箔条(干扰丝/带)。投放到空中形成干扰屏幕以遮盖目标,或破坏雷达对目标的跟踪。

(2) 反射器。增强反射,制造假目标,改变地形、地物的雷达图像。

(3) 吸收层。减弱目标的反射,隐蔽真实目标。

(4) 假目标、雷达诱饵。假目标主要是相对雷达警戒系统而言的,大量的假目标甚至能使目标分配系统饱和;雷达诱饵主要是相对雷达跟踪系统而言的,它使雷达不能跟踪真实目标。

(5) 等离子气悬体。形成局部的电离空间,造成电波的绕射、反射、吸收等干扰效果。

消极干扰制造简单、使用方便、干扰可靠、研制周期短,被誉为最廉价的雷达干扰。尤其可贵的是,消极干扰能够对付新体制、新频段的雷达,具有同时干扰不同方向、不同频率、不同型式的多部雷达的能力,因而发展极为迅速。随着新型干扰器材和设备的不断出现,其干扰效果日益显著,已成为现代战争中对雷达干扰的重要手段。

3.4.1 干扰箔条

一、箔条干扰的一般特性

消极干扰中使用最早和最广的是箔条干扰。早在第二次世界大战期间雷达出现的初期,箔条干扰就成为一种重要的干扰手段。在欧洲战场上为了掩护轰炸机群,投掷了数以万吨计的箔条,取得了非常显著的干扰效果,据估计使近500架轰炸机免遭击落,从而保住了几千名飞行人员的生命。因此,战后几乎所有军用飞机都装备了消极干扰器材。1973年第4次中东战争中的海战,证明了箔条干扰在保卫舰船免遭飞航式反舰导弹袭击方面具有十分优越的性能。因而,世界各国的舰艇上都迅速装备了各种性能优良的箔条干扰系统。

箔条干扰是投放在空间的大量随机分布的金属反射体产生的二次辐射对雷达造成的干扰。它在雷达荧光屏上产生和噪声类似的杂乱回波,以遮盖目标回波。所以,箔条干扰也称为杂乱反射体(Confusion Reflectors)干扰。箔条干扰各反射体之间的距离通常比波长大几十倍到几百倍,因而它并不改变媒质电磁性能。箔条通常由金属箔切成的条、镀金属的介质(最常用的是镀铝、锌、银的玻璃丝或尼龙丝)或直接由金属丝等制成。由于箔条的材料及工艺的进步,现在的箔条比起初期(20世纪40年代)的箔条,同样的重量所得到的雷达反射面积约可增大10倍。箔条大量使用的是半波长的振子。半波长振子对电磁波谐振,散射波最强,材料最省。短的半波长箔条在空气中通常水平取向。考虑干扰各种极化的雷达,也同时使用长达数十米以至百米的干扰带和干扰绳。

箔条的基本用途有两种:一种是在一定空域中(宽数千米,长数十千米至数百千米)大量地投撒,形成干扰走廊,以掩护战斗机群的通过。这时,如果在此空间的每一雷达分辨单元(脉冲体积)中,箔条产生的回波功率超过飞机的回波功率,雷达便不能发现或跟踪目标；另一种是飞机或舰船自卫时投放的箔条，这种箔条要快速散开，形成比目标自身回波强得多的回波，而目标本身作机动运动，使雷达转移到跟踪箔条云而不能跟踪目标。实际应用时，不论大规模投放或自卫时投放，通常都做成箔条包由专门的投放器来投放。

箔条干扰能同时对处于不同方向、不同频率的多部雷达进行有效的干扰，但对于连续波雷达、动目标显示、脉冲多普勒等具有速度处理能力的雷达，其干扰效果将降低。对付这类雷达，需要同时配合上其他干扰手段，才能有效地干扰。

箔条干扰的技术指标包括箔条的有效反射面积、箔条包的有效反射面积、箔条的频率特性、极化、频谱、衰减特性和箔条的遮挡效应以及散开时间、下降速度、投放速度、粘连系数、体积、重量等。这些性能指标受许多因素（特别是受大气密度、温度、湿度、气流等因素）的影响，所以通常根据实验来确定。

（一）箔条的有效反射面积

箔条干扰是大量随机分布的箔条振子的响应总和。箔条总的有效反射面积等于箔条数乘以单根箔条的平均有效反射面积。

1. 单根箔条的有效反射面积

目标的有效反射面积可以定义为目标散射总功率 P_2 与照射功率密度 S_1 的比值，即 $\sigma = P_2/S_1$。如果 E_2 为反射波在雷达处的电场强度，E_1 为照射波在目标处的电场强度，目标斜距为 R，则

$$\sigma = 4\pi R^2 \frac{E_2^2}{E_1^2} \quad (3-4-1)$$

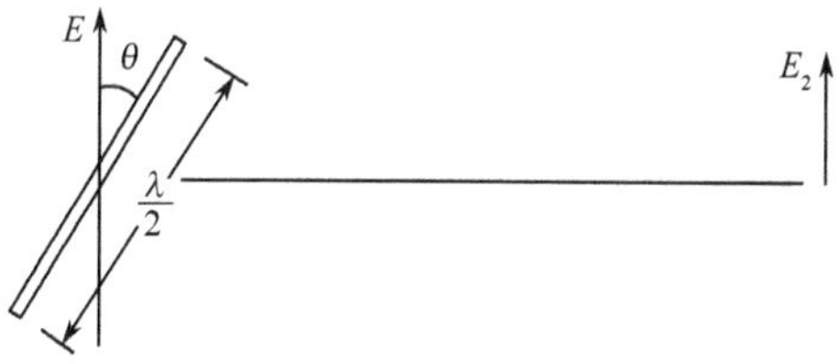

设箔条为半波长的理想导线，如图 3-4-1 所示。入射波的场强为 E_1，与箔条的夹角为 θ，则 E_1 产生的感应电流的最大值为

$$I_0 = \frac{\lambda E_1}{\pi R_\Sigma}\cos\theta \quad (3-4-2)$$

图 3-4-1 半波长振子的有效反射面积的计算

式中：$R_\Sigma = 73\Omega$，为半波振子的辐射电阻；λ 为波长。该感应电流在雷达处产生的电场强度 E_2 为

$$E_2 = \frac{60 I_0}{R}\cos\theta \quad (3-4-3)$$

将式(3-4-2)和式(3-4-3)代入式(3-4-1)，得到单根箔条的有效反射面积

$$\sigma_1 = 0.86\lambda^2\cos^4\theta \quad (3-4-4)$$

2. 单根箔条的平均有效反射面积

考虑箔条在三维空间的任意分布，则箔条的平均有效反射面积为单根箔条的面积在空间立体角中的平均值，即

$$\overline{\sigma}_1 = \int_\Omega \sigma_1 W(\Omega) \mathrm{d}\Omega \quad (3-4-5)$$

式中：$W(\Omega) = \dfrac{1}{4\pi}$；$\mathrm{d}\Omega = \sin\theta\mathrm{d}\theta\mathrm{d}\varphi$，则

$$\overline{\sigma}_1 = \int_0^{2\pi} d\varphi \int_0^{\pi} 0.86\lambda^2 \cos^4\theta \frac{1}{4\pi} \sin\theta d\theta = 0.17\lambda^2 \qquad (3-4-6)$$

3. 箔条包的箔条数 N

用箔条掩护目标时,要求在每个脉冲体积(脉冲体积是沿着天线波束方向由脉冲宽度的空间长度所截取的体积)内至少投放一包箔条。每一包箔条的总有效反射面积 σ_N 应大于被掩护目标的有效反射面积 σ_t,即

$$\sigma_N \geq K_j \sigma_t \qquad (3-4-7)$$

式中:k_j 为压制系数,而 $\sigma_N = N\overline{\sigma}_1$,因此可以求得每一箔条包中应有的箔条数 N 为

$$N \geq \frac{K_j \sigma_t}{\overline{\sigma}_1} \qquad (3-4-8)$$

由于箔条在投放后的相互粘连以及箔条本身的损坏,所以计算箔条数 N 时应考虑一定的余量,一般取

$$N = (1.3 \sim 1.5) \frac{K_j \sigma_t}{\overline{\sigma}_1} \qquad (3-4-9)$$

例如:要掩护中型轰炸机时(设 $\sigma_t = 70\text{m}^2$),对于波长 $\lambda = 4\text{m}$ 的雷达干扰,压制系数 $K_j = 1$,这时半波长箔条的长度为 2m,这种长度的箔条在空中将任意取向,其单根箔条的平均有效反射面积为

$$\overline{\sigma}_1 = 0.17\lambda^2 = 2.72\text{m}^2$$

所以,每包的箔条数为

$$N = (1.3 \sim 1.5) \frac{K_j \sigma_t}{\overline{\sigma}_1} = (1.3 \sim 1.5) \frac{1 \times 70}{2.72} \approx 33.4 \sim 38.4 (根)$$

对于波长为 $\lambda = 10\text{cm}$ 的雷达干扰时,这时半波长箔条的长度为 5cm,这样的短箔条,在空中基本上都在水平方向上任意取向,其单根箔条的平均有效反射面积应为

$$\overline{\sigma}_1 = 0.32\lambda^2 = 0.0032\text{m}^2$$

则每包的箔条数为

$$N = (1.3 \sim 1.5) \frac{K_j \sigma_t}{\overline{\sigma}_1} = (1.3 \sim 1.5) \frac{1 \times 70}{0.0032} \approx 28400 \sim 32800 (根)$$

这样的箔条只能干扰水平极化的雷达。若要干扰各种极化的雷达,需要对箔条进行一定的加工处理,使其能在三维空间作任意分布。这时每根箔条的平均有效反射面积为

$$\overline{\sigma}_1 = 0.17\lambda^2 = 0.0017\text{m}^2$$

则每包箔条数为

$$N = (1.3 \sim 1.5) \frac{K_j \sigma_t}{\overline{\sigma}_1} = (1.3 \sim 1.5) \frac{1 \times 70}{0.0017} \approx 53500 \sim 61800 (根)$$

以上考虑的是箔条散开后的理想情况。实际上,箔条的散开有一个过程。当箔条包刚开始投放时,箔条的密度很大,箔条之间的遮挡效应明显,其有效反射面积比理想情况要小得多。

(二)箔条的频率响应

为了得到大的有效反射面积,通常采用半波长振子箔条。但半波长箔条的频带很窄,只占中心频率的15% ~ 20%。为了增加频带宽度,可以采用两种方法:一是增大单根箔条的直径或宽度,但是带宽的增加量有限,且容易带来重量、体积和下降速度等问题;二是采用不同长度的箔条混合包装,为了便于生产,每包中箔条长度的种类不宜太多,以5 ~ 8种为宜。

(三)箔条干扰的极化特性

短箔条在空间投放以后,由于本身所受重力和气候的影响,在空间将趋于水平取向且旋转地下降,这时箔条对水平极化雷达信号的反射强,而对垂直极化雷达信号的反射弱。为了使箔条能够干扰垂直极化的雷达,可以在箔条的一端配重,使箔条降落时垂直取向。但下降速度变快,并且在箔条投放一段时间以后,箔条云会分成两层,上边一层为水平取向,下边一层为垂直取向,时间越长,两层分开得越远。但在飞机自卫的情况下,刚投放的箔条受到飞机湍流的影响,取向可以达到完全随机,能够干扰各种极化的雷达。短箔条的运动特性如图3 – 4 – 2所示。

长箔条(长度大于10cm)在空中的运动规律可以认为是完全随机的,能够对各种极化雷达实施干扰。

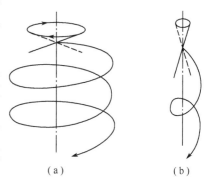

图3 – 4 – 2 短箔条的运动特性
(a)慢速下降特性;(b)快速下降特性。

箔条云的极化特性还与雷达波束的仰角有关。在90°仰角时,水平取向的箔条对水平极化和垂直极化雷达信号的回波强弱差不多;而在低仰角时,对水平极化雷达信号的回波比对垂直极化雷达信号的回波要强得多。

(四)箔条回波信号的频谱

箔条云回波是大量箔条反射信号之和。每根箔条回波的强度和相位是随机的,其频谱可以认为是高斯谱,其频谱中心对应于箔条云移动的中心频率,其频谱宽度主要取决于风速,风速越大,频谱越宽。箔条云的平均运动速度 v_0 为

$$v_0 = \sqrt{v_F^2 + v_L^2} \qquad (3-4-10)$$

式中:v_F、v_L 分别为风的平均速度和箔条的平均下降速度。

应当指出的是,箔条云的频谱宽度通常只有几十赫,即使在阵风、旋风作用下,其谱宽也只有几百赫。因此,对于具有多普勒频率处理能力的雷达,箔条云干扰的效果明显降低。这时可以采用复合式干扰,利用有源干扰产生宽带多普勒噪声,以弥补箔条干扰带宽不足的缺陷。

(五)箔条云对电磁波的衰减

电磁波通过箔条云时,其能量因箔条的散射而受到衰减。下面,通过推导电磁波通过箔条云后的衰减方程及箔条云对电磁波的衰减系数,来说明箔条云对电磁波的衰减程度。

设面积为 $1m^2$、厚度为 dx 的单元体积的箔条云所散射的能量为 dP,如图3 – 4 – 3所示。

由于箔条云散射的能量与其有效散射面积成正比,所以

$$dP = -P\overline{\sigma_e}dx \quad (3-4-11)$$

式中:P 为加到单元体积输入端的电磁波功率;dP 为单元体积中箔条散射的功率;$\overline{\sigma_e}$ 为单元体积中箔条的有效散射面积。

由于单位体积中的箔条($\overline{n}$条)的有效散射面积为

$$\overline{\sigma_e} = \overline{n}0.17\lambda^2 \quad (3-4-12)$$

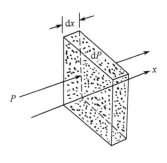

图 3-4-3 电磁波通过单元体积的箔条云

所以,式(3-4-11)可以写为

$$\frac{dP}{dx} + P\overline{n}0.17\lambda^2 = 0 \quad (3-4-13)$$

解此方程,并代入边界条件,即 $x = 0$ 时,$P = P_0$,就可求得电磁波通过厚度为 x 的箔条云后的功率

$$P = P_0 e^{-\overline{n}0.17\lambda^2 x} \quad (3-4-14)$$

将此方程用箔条云对电磁波的衰减系数 β(单位为 dB/m)表示,即

$$P = P_0 10^{-0.1\beta x} \quad (3-4-15)$$

则

$$\beta = 4.3(\overline{n}0.17\lambda^2) \quad (3-4-16)$$

对于雷达电波为双程衰减,两次衰减后的电磁波功率为

$$P = P_0 10^{-0.2\beta x} \quad (3-4-17)$$

利用式(3-4-15)和式(3-4-17)进行计算时,x 应以 m 为单位。

例如:设在空中形成箔条云以掩护目标,如图 3-4-4 所示。如果箔条云时的雷达的作用距离减小到 1/10,试确定箔条云的"浓度"$\overline{n}$ 以及箔条云的厚度 x_0。

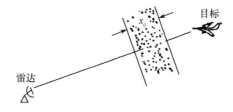

图 3-4-4 箔条云对雷达作用距离的影响

由于雷达作用距离和功率成 4 次方的关系,则作用距离减小 1/10,相当于电波被箔条云衰减了 40dB。设 $x_0 = 1000$m,则箔条云的衰减系数为 $\beta = 0.02$dB/m。由式(3-4-16)可求得箔条云的平均浓度 $\overline{n}$。

对于 $\lambda = 3$cm 的雷达

$$\overline{n} = \frac{\beta}{0.73\lambda^2} = \frac{0.02}{0.73 \times 9 \times 10^{-4}} \approx 30(根/m^3)$$

对于 $\lambda = 10$cm 的雷达

$$\bar{n} = \frac{\beta}{0.73\lambda^2} = \frac{0.02}{0.73 \times 10^{-2}} \approx 3(根/m^3)$$

二、箔条干扰的战术应用

箔条的优越性能使它在现代战争中有着日益广泛的应用：用于在主要攻击方向上形成干扰走廊，以掩护目标接近重要的军事目标，或制造假的进攻方向；用于洲际导弹再入大气层时形成假目标；用于飞机自卫、舰船自卫时的雷达诱饵。

（一）箔条用于飞机自卫

箔条用于飞机自卫是利用了箔条对雷达信号的强反射，将雷达对飞机的跟踪吸引到对箔条的跟踪上。为了达到这一目的，箔条必须在宽频带上具有比被保护飞机大的有效反射面积，必须保证在雷达的每个分辨单元内至少有一包箔条，如图3-4-5所示。

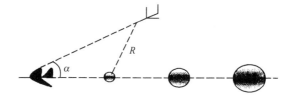

图3-4-5 箔条诱饵的投放时间要求

在径向方向，箔条的投放时间间隔 t_i 应小于飞机飞过距离分辨单元 τ 的时间，即

$$t_i \leq \frac{c\tau}{2v\cos\alpha} \quad (3-4-18)$$

式中：α 为飞机飞行方向与径向方向的夹角。

在切线方向，箔条的投放时间间隔应小于飞机飞过雷达角度分辨单元的时间，即

$$t_i \leq \frac{R\theta_{0.5}}{v\sin\alpha} \quad (3-4-19)$$

飞机在箔条的投放中应保证箔条能快速散开，并且在方向上作适当的机动，以躲避雷达的跟踪。按这种投放箔条，更有利于干扰飞机身后雷达，这时雷达的距离波门将首先锁定在距雷达较近的箔条上。

（二）箔条用于舰船自卫

箔条用于舰船自卫时有两种方法。一种方法是大面积投放，形成箔条云以掩护舰船。因为舰船体积的庞大，其有效反射面积高达数千甚至数万平方米，这需要专门的远程投放设备，其价格昂贵，箔条用量也大；另一种是把箔条作为诱饵，以干扰敌攻击机或导弹对舰船的瞄准攻击。实战表明，箔条对飞航式反舰导弹的干扰特别有效，而且更加经济和灵活，已成为现代舰船广泛采用的电子对抗手段。

这种诱饵式箔条干扰的原理是：当舰上侦察设备发现来袭导弹后，立即在舰上迎着导弹来袭方向发射快速离舰散开的箔条弹，使其与舰船都处于雷达的分辨单元之内，从而使导弹跟踪到比舰船回波强得多的箔条云上。同时，舰船应根据导弹来袭方向、舰船航向、航速以及风速作快速机动，以躲避雷达的跟踪。

由于舰船的运动速度慢，有效反射面积大，应尽早发现来袭导弹，为舰船发射箔条弹和机动提供足够的时间。

3.4.2 反射器

在对雷达的无源干扰中,经常需要使用多种不同形式的反射器,以产生强烈的雷达回波。

一个理想的导电金属平板,当其尺寸远大于波长时,可以对沿法线入射的电波产生强烈的回波。导电金属平板的有效反射面积为

$$\sigma_{\max} = 4\pi \frac{A^2}{\lambda^2} \quad (3-4-20)$$

式中:A 为金属平板的面积。

如果电波不是从法线方向垂直入射,而是沿其他方向入射,这时平板虽然也能很好地将电波反射出去,但由于电波被反射到其他方向去了,所以其回波信号极其微弱,相应的有效反射面积就很小,不能满足于干扰雷达的要求。

因此,对反射器的主要要求应是:

(1) 以小的尺寸和重量,获得尽可能大的有效反射面积;

(2) 要具有足够宽的方向图。

为此,人们研究了多种性能优良的反射器,如角反射器、双锥反射器、龙伯透镜反射器、万－阿塔反射器等。

一、角反射器

角反射器是利用三个互相垂直的金属平板制成,如图 3－4－6 所示。根据它各个反射面的形状不同可分为三角形、圆形、方形三种角反射器。

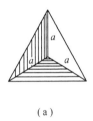
(a)

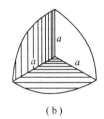
(b)

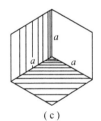
(c)

图 3－4－6 角反射器的类型

(一) 角反射器的有效反射面积

角反射器可以在较大的角度范围内,将入射的电波经过三次反射,按原入射方向反射回去,如图 3－4－7(a) 所示,因而具有很大的有效反射面积。角反射器的最大反射方向称为角反射器的中心轴,它与三个垂直轴的夹角相等,均为 54°45′,如图 3－4－7(b) 所示,在中心轴方向的有效反射面积最大。因此,只要求得角反射器相对于中心轴的等效平面面积,代入式(3－4－20),即可求出角反射器最大有效反射面积的表达式分别为

$$\sigma_{\triangle \max} = \frac{4\pi}{3} \cdot \frac{a^4}{\lambda^2} = 4.19 \frac{a^4}{\lambda^2} \quad (3-4-21)$$

$$\sigma_{\bigcirc \max} = 15.6 \frac{a^4}{\lambda^2} \quad (3-4-22)$$

$$\sigma_{\square \max} = 12\pi \frac{a^4}{\lambda^2} = 37.3 \frac{a^4}{\lambda^2} \quad (3-4-23)$$

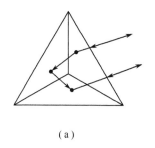
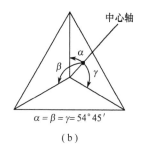

图 3-4-7 角反射器的原理及最大反射方向

比较上述三式,可以看出:在垂直边长 a 相等的条件下,三角形角反射器的有效反射面积最小,圆形角反射器的次之,方形角反射器的最大,为三角形角反射器的 9 倍;角反射器的有效反射面积与其垂直边长 a 的 4 次方成正比,增加 a 可以得到很大的有效反射面积;角反射器的有效反射面积与波长 λ 的平方成反比,同样尺寸的角反射器,对于不同波长的雷达,其有效反射面积不同。例如,设三角形角反射器的 $a=1$m,则对于 $\lambda=3$cm 的雷达

$$\sigma_{\triangle\max} = 4.19\frac{a^4}{\lambda^2} = 4.19 \times \frac{1}{9 \times 10^{-4}} = 4656\text{m}^2$$

对于 $\lambda=10$cm 的雷达

$$\sigma_{\triangle\max} = 4.19 \times \frac{1}{10^{-2}} = 419\text{m}^2$$

角反射器对制造的准确性要求很高,如果三个面夹角不是 90° 或者反射面凹凸不平都将引起有效反射面积的显著减小。通常要求在 $a=(60\sim70)\lambda$ 时,应有 $\sigma/\sigma_{\max} \geqslant 0.5$(即 -3dB),因此角度偏差不能大于 ±0.5°。

三角形角反射器结构较方形角反射器坚固,不容易变形。另外,其方向覆盖性能比方形角反射器好,所以三角形角反射器使用得较广泛。

(二) 角反射器的方向性

角反射器的方向性以其方向图宽度来表示,即当有效反射面积降为最大有效面积的 1/2 时的角度范围。角反射器的方向性,包括水平方向性和垂直方向性,它们在对雷达的干扰中都有重要意义。

角反射器的方向图应越宽越好,以便在较宽的角度范围对雷达都有较强的回波。图 3-4-8 是三角形角反射器水平方向图的实验曲线(图中纵坐标的单位为平方米的 dB 数),它的 3dB 宽度约为 40°(理论分析结果为 39°)。曲线两边的尖峰是当入射波平行于一个边时,由其他两个面产生的反射波。

圆形角反射器和方形角反射器的方向图要比三角形的窄。圆形的方向图宽度约为 30°,方形的最窄约为 25°。

通常为使角反射器具有宽的水平方向覆盖,都采用四格(四象限)的角反射器,如图 3-4-9 所示。这种四格的三角形角反射器,可以覆盖 40°×4=160° 的角度范围,而四格方形角反射器则只能覆盖 25°×4=100° 的角度范围。为了全方位覆盖,可采用两个相同的四格角反射器,使其互差 45° 配置在一起,如图 3-4-10(a) 所示,则其方向图是两者方向图的重叠,如图 3-4-10(b)所示。这时覆盖的角度为 40°×8 = 320°,即基本上具有全方位覆盖的性能。

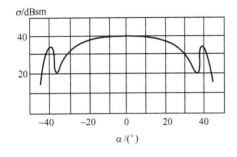

图 3-4-8 三角形角反射器的水平方向图的实验曲线

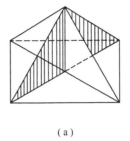
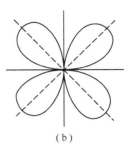

图 3-4-9 四格角反射器及其水平方向图

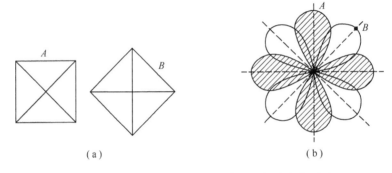

图 3-4-10 用两个四格角反射器进行全方位覆盖

四格角反射器适用于地面和水面,空中使用时则常采用八格(八象限)的角反射器,如图 3-4-11 所示。八格角反射器多采用三角形或圆形的角反射器,这样结构上紧凑、坚固,体积也比较小。三角形角反射器的有效反射面积不如圆形角反射器的大。但它的全方位覆盖性能却优于圆形角反射器。

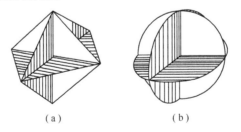

图 3-4-11 具有全方向性能的八格角反射器

(三) 角反射器的频率特性及双波段运用

角反射器的有效反射面积 $\sigma_{max} \propto 1/\lambda^2$,所以同一角反射器对两个波长 λ_1 和 λ_2 的有效反射面积之比为

$$\frac{\sigma_{max}(\lambda_1)}{\sigma_{max}(\lambda_2)} = \left(\frac{\lambda_2}{\lambda_1}\right)^2 \quad \text{或} \quad \frac{\sigma_{max}(\lambda_1)}{\sigma_{max}(\lambda_2)} = \left(\frac{f_1}{f_2}\right)^2 \qquad (3-4-24)$$

例如:轰炸瞄准雷达常常采用两个波段工作,在远距离时用 3cm 波段,在近距离时用 8mm 波段,以便得到清晰的地面图像。设 $\lambda_1 = 3.2\text{cm}, \lambda_2 = 8\text{mm}$,波长相差 4 倍,则同一角反射器的有效反射面积相差 16 倍。这样作为伪装用的角反射器很容易被识别出来。

为了使角反射器对两个波段都呈现出相同的有效反射面积,可采用以下两种方法。

1. 利用金属网和金属板做成复合式角反射器

利用金属网和金属板做成的复合式角反射器如图 3 - 4 - 12 所示。设两个波长为 λ_1、λ_2,且 $\lambda_1 < \lambda_2$。由角反射器有效反射面积计算公式(3 - 4 - 21)可知:如果使复合式角反射器外部的金属网部分对短波长的 λ_1 电波不产生反射(使它穿透过去),而对长波长的 λ_2 电波又能全部反射,就可根据所需的 σ 对 λ_1 求得 a_1;对 λ_2 求得 a_2,进而确定角反射器各部分的尺寸。这时,金属网的网眼直径 d 必须满足的条件是

$$\left(\frac{1}{6} \sim \frac{1}{8}\right)\lambda_2 > d > \left(\frac{1}{6} \sim \frac{1}{8}\right)\lambda_1 \qquad (3 - 4 - 25)$$

显然,这种复合式角反射器只适用于波长 λ_1 和 λ_2 差别较大的两个波段。

2. 选择合适的偏差角实现角反射器的双波段运用

当角反射器的各反射面不成 90° 时,将会引起有效反射面积减小,而且随着频率的增高,有效反射面积减小得更多,如图 3 - 4 - 13 所示。图中只画了角度偏差为 1.9° 和 3° 时的两条曲线。例如:偏差角为 1.9° 的曲线可知,在频率为 3.5GHz 和 10GHz 两个频段上的有效反射面积相等(100m^2);对于偏差角为 3° 的曲线,它在 3GHz 和 5GHz 两个频段上的有效反射面积也基本相等(50m^2)。

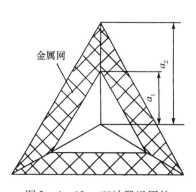

图 3 - 4 - 12 双波段运用的复合式角反射器

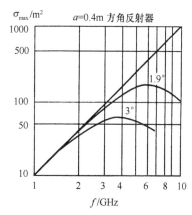

图 3 - 4 - 13 角反射器由于角偏差引起的有效反射面积的减小与频率的关系

因此,只要合适地选择偏差角,就可以使角反射器在两个指定的频段上具有相同的有效反射面积。在上例中,如果偏差角为 2.3°,就可使角反射器在 10cm(3GHz) 和 3cm(10GHz) 两个波段具有基本相等的有效反射面积。

二、双锥反射器

双锥反射器是由两个圆锥导体相交而成,其交角为 90°,使入射的电波经两次反射后按原方向反射回去,如图 3 - 4 - 14(a) 所示。

双锥反射器的优点是水平方向无方向性(具有全方位性能),并且垂直方向也有较宽

的方向图,其最大反射方向与地面平行,因而比角反射器的低仰角性能好。图3-4-14(b)是双锥反射器垂直方向图的实验曲线。双锥反射器的最大有效反射面积在 $\theta = 90°$ 方向,其表示式为

$$\sigma_{\max} = \frac{32\pi}{9\lambda_o}[a_2 - \sqrt{2a_2 - a_1} - a_1^{\frac{3}{2}}]^2 \qquad (3-4-26)$$

式中:a_1 为双锥相交圆的半径;a_2 为锥的底圆半径。

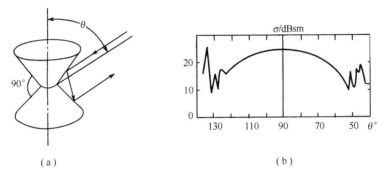

图 3-4-14 双锥反射器及其垂直方向图

图 3-4-14(b) 曲线是对一个 $a_1 = 1.5\text{in}(38.1\text{mm})$、$a_2 = 8.5\text{in}(215.9\text{mm})$ 的双锥反射器,在波长 $\lambda = 1.25\text{cm}$ 时的实验曲线,其 $\theta = 90°$ 方向的 $\sigma = 157\text{m}^2$。

双锥反射器的主要缺点是:有效反射面积比同样尺寸的角反射器的小;比角反射器制造复杂,造价高,因而用得不多。

三、龙伯透镜反射器

龙伯透镜反射器是在龙伯透镜的局部表面加上金属反射面制成的。龙伯透镜是一个介质圆球,其介质的折射率 n 随着半径 r 变化,即

$$n = \sqrt{2 - \left(\frac{r}{a}\right)^2} \qquad (3-4-27)$$

式中:a 为透镜球的外半径。

在龙伯透镜的表面,当 $r = a$ 时,$n = 1$,即折射率和空气的相同;在球心处,当 $r = 0$ 时,$n = \sqrt{2}$,即折射率最大。具有这样折射率的龙伯透镜可以把在外径上的一个点辐射源变为平面波辐射出去,也可以把透镜所截收的入射平面波集中为一点。

龙伯透镜反射器根据所加金属反射面的大小不同,分为 90°、140°、180° 反射器,图 3-4-15 给出了 90° 和 140° 两种反射器。图 3-4-15(a) 所示的反射器的方向覆盖约为 90°,其方向图的实验曲线如右图所示;图 3-4-15(b) 是 140° 反射器,其方向图宽度约为 140°;180° 反射器的方向图约为 180°。龙伯透镜反射器的有效反射面积,当 $a \gg \lambda$ 时为

$$\sigma = 4\pi^3 \frac{a^4}{\lambda^2} = 124 \frac{a^4}{\lambda^2} \qquad (3-4-28)$$

将式(3-4-28)与前面推导的用于计算各种角反射器的最大有效反射面积公式进行比较,可以看出:在相同尺寸的条件下,龙伯透镜反射器的有效反射面积最大,它比三角

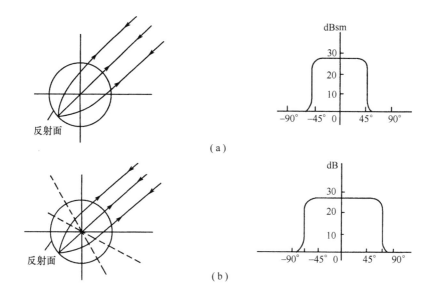

图 3-4-15 龙伯透镜反射器及其方向图
(a)90°反射面；(b)140°反射面。

形角反射器的约大30倍。实际的龙伯透镜反射器,受介质损耗及制造工艺的不完善等的影响,其有效反射面积比理论计算值要小1.5dB左右。

龙伯透镜反射器的优点是体积小,有效反射面积大,在水平和垂直方向上都有宽的方向性;缺点是需要专门的材料和制造工艺,造价贵、重量大。目前它已有系列化的产品。

3.4.3 假目标及雷达诱饵

假目标和雷达诱饵是破坏敌防空系统对目标的选择、跟踪和摧毁的有效对抗手段之一,广泛用于对重要目标的保护以及飞机、战略武器的突防和飞机舰船的自卫。假目标通常在结构上比较复杂,性能逼真,能够自主独立飞行。大量的假目标将使雷达操作员识别信号的时间增加或判断困难,或者使自动数据处理系统饱和,迫使敌方对假目标进行攻击,减少真目标受攻击的机会。雷达诱饵通常是指飞机和舰船为了破坏敌雷达或导弹的跟踪系统而发射或投放的假目标,使雷达或导弹的跟踪系统跟踪诱饵,达到保护飞机或舰船的目的。

一般目标的假目标和诱饵的制造通常要求有大的雷达有效反射面积,而隐身飞行器的假目标和诱饵却要求有比一般目标小得多的反射面积。

下面介绍四种常用的假目标和雷达诱饵:带有发动机的假目标、火箭式雷达诱饵、投掷式雷达诱饵和无源拖曳式雷达诱饵。

一、带有发动机的假目标

带有发动机的假目标,可以在目标信号的强度、速度、加速度甚至更多的信号特征上模拟真目标,可以实现长时间的飞行。因此,这类假目标通常包括:发动机、飞行控制系统和干扰设备三个部分。这类假目标除了本身反射雷达信号之外,还装有无源反射器或有源的干扰发射机或转发器,甚至还携带有红外和激光等干扰设备。

假如敌防空系统不能区分真目标和假目标,就只能在真、假目标中任意确定一个或几个目标进行射击,显然,防空导弹对真目标的命中概率就要降低。这类假目标可用无人机

(UAV)来实现,而无人机在电子战中的应用是今后的一个发展方向。

二、火箭式雷达诱饵

雷达诱饵一般在目标受到雷达或导弹跟踪时才发射或投放,其作用距离较近,飞行控制简单,体积、重量都远比假目标小,价格也较低。为了破坏雷达对目标的跟踪,雷达诱饵对雷达的反射功率应当比目标对雷达信号的反射功率大若干倍,以便将雷达的跟踪吸引到对诱饵的跟踪上来。火箭式诱饵的初速度由雷达跟踪支路的动态特性所决定,应根据诱饵和被保护目标的角度、距离和速度等参数都在导弹或雷达的分辨单元之内这一要求来选择初始速度,保证把雷达跟踪支路的选通波门引诱到诱饵上。被保护目标在发射诱饵的同时,还应在速度和方向上适当机动,以保证自身的安全。

如果诱饵上装有有源干扰机,则要求雷达接收的干扰信号功率和目标回波信号之比不小于压制系数。如果为无源诱饵则要求诱饵的有效反射面积和目标的有效反射面积之比不小于压制系数。

三、投掷式雷达诱饵

投掷式雷达诱饵也称为一次性使用的雷达诱饵,通常不带发动机,由箔条、角反射器等廉价的无源散射器材制成,也有使用有源干扰机作为投掷式诱饵的,但这种干扰机更多地用于形成分布式干扰。投掷式雷达诱饵为了完成保护目标的功能,除了应满足干扰功率的要求之外,还要求诱饵所产生的假目标信号的作用时间不小于距离、角度和速度跟踪系统的时常数。

由于不带发动机,投掷式诱饵一般作具有一定初速度的自由落体运动。因此,有源与无源诱饵的功率和时间等限制条件对投掷式雷达诱饵结构和性能的要求很严格。对脉冲雷达来说,诱饵的作用时间由诱饵在脉冲分辨单元的停留时间所决定;对连续波雷达来说,则由诱饵相对雷达的径向速度在速度跟踪系统通频带内的停留时间以及诱饵在天线波束内的停留时间所决定。因此,应当合理设计诱饵的空气动力学特性以及发射的方向和速度。

四、无源拖曳式雷达诱饵

拖曳式诱饵(金属网或角反射器)随被保护目标一起运动,两者具有相同的运动特性。因而,一般雷达和跟踪系统无法通过运动特性来区分目标和诱饵,且使用方式灵活,造价低廉,因此具有很好的应用前景,被认为是对付跟踪雷达和导弹的费效比最高的方案之一。

3.4.4 地物遮挡与地(海)杂波

利用地球曲率和地形起伏造成的遮挡、雷达探测系统的盲区、地(海)杂波等无源干扰,可以躲避对方雷达探测系统和防空火力,实现作战飞机、巡航导弹、无人机等的低空突防。

1. 地球曲率和地形遮挡

大部分微波雷达为了较为准确地对目标定位,一般采用较高的工作频率,波束传播方向近似于直线。而地球是一个球体,受地球曲率影响,普通雷达则难以对远距、低高度的目标进行探测,会产生遮挡效应(图3-4-16)。

假设地球为等效半径 R_E 的球体,目标在距地球表面高度为 h_T 的空中飞行,雷达天线

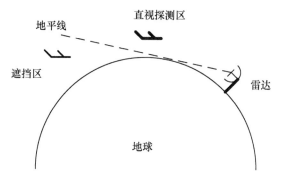

图 3－4－16　地球曲率引起的遮挡效应

距地球表面高度为 h_R，那么雷达发现目标的直视距离 D_{max} 可由式（3－4－29）计算：

$$D_{max} \approx 4.1(\sqrt{h_R} + \sqrt{h_T}) \quad (3-4-29)$$

其中 D_{max} 的单位为 km，h_T 和 h_R 的单位为 m。从式（3－4－29）可以看出雷达发现目标的最大距离与目标飞行高度和雷达天线高度的开平方成正比。

【例题】根据式（3－4－29）分析不同目标高度和不同雷达高度时的直视距离。

【解】使用 Matlab 计算出雷达高度、目标高度与直视距离的关系曲线如图 3－4－17 所示。可以看出：当目标高度为 100m，雷达天线架设在 200m 高度时，直视距离为 D_{max} = 99km；若雷达天线架设到 1000m 的高山上，直视距离为 D_{max} = 171km。当目标高度为 10m，雷达天线架设在 200m 高度时，直视距离为 D_{max} = 71km；若雷达天线架设到 1000m 的高山上，直视距离为 D_{max} = 143km。

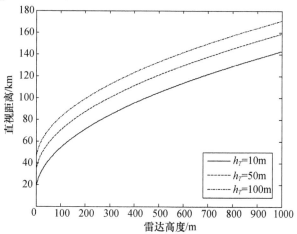

图 3－4－17　雷达高度、目标高度与直视距离的关系曲线

在实际中由于其他因素的影响，D_{max} 还将缩短，雷达探测距离的减小也将直接缩短对低空突防目标的预警时间。

另外，在进行低空突防的航路规划时，一般会选择地形较为复杂的地区，如山谷、丘陵等地形起伏较大的区域，利用地形遮挡增加突防的隐蔽性，增大雷达探测低空目标的难度。

2. 低空盲区

雷达在近距低高度探测目标时，雷达发射信号的能量到达目标有两条路径：一是直接路径，二是经地面（或海面）反射的间接路径。同样，目标反射的电波能量，返回雷达接收天线时也有上述两条路径。因此,雷达电磁波的直射波、地面(或海面)反射波和目标反射波的组合会产生多径干涉效应,导致仰角上波束分裂。在低高度上这种效应会导致目标回波按 R^{-8}(而不是自由空间中通常的 R^{-4},R 为探测距离)规率衰减,造成雷达对低空目标探测能力急剧降低。具体计算公式可参见丁鹭飞主编的《雷达原理》中地面或水面反射对作用距离影响一节。

3. 地面(或海面)强杂波

大多数雷达在探测低空目标时均会受到杂波干扰的影响。自然界的许多物体,如地面、海面、山、树林、植被、高楼和铁塔等,能对电磁波产生后向散射。这样一些物体反射回来的电磁波所引起的干扰,统称为无源杂波干扰。

雷达在探测低空目标时,必然会接收到强烈的地面(或海面)反射的背景杂波,严重影响雷达对该类目标的检测能力。无论是在远距还是近距,无论是利用空基雷达还是地基(海基)雷达,如果不采用特殊的雷达探测机制和信号处理手段,即使低空突防目标处于雷达的探测距离范围内,由于地面(或海面)强杂波的干扰,也很难判断出是否有目标存在。

无源杂波干扰会对雷达观察目标产生以下四个方面的影响。

(1) 无源杂波的信号强度,可比雷达接收机噪声电平高 $10^4 \sim 10^6$ 倍(80~120dB),使接收机饱和,无法发现叠加在杂波干扰上的目标;

(2) 在杂波背景中,弱目标信号将被无源杂波干扰所掩没;

(3) 当目标在杂波背景外时,虽然从显示器上能区分出目标和杂波干扰,但是杂波干扰往往是成片出现的,从而影响雷达操作人员迅速识别动目标的能力;

(4) 现代雷达一般均有自动化终端设备,若未经信号处理的成片无源杂波干扰进入自动化终端设备,将会因设备过载而失去自动化处理能力。

地杂波是一种面杂波,它的强度与雷达天线波束照射的杂波区面积以及杂波的后向散射系数的大小有关。天线波束照射的杂波区面积越大或后向散射系数越大,则地杂波越强。根据实际测量,地杂波的强度最大可比接收机噪声大 70dB 以上。地物表面生长的草、木、庄稼等会随风摆动,造成地杂波大小的起伏变化。地杂波的这种随机起伏特性可用概率密度分布函数和功率谱来表示。对于由天线波束照射区内大量散射单元回波合成的地杂波,其起伏特性一般符合高斯分布。

海杂波是指从海面散射的回波,由于海洋表面状态不但与海面的风速风向有关,还受到洋流、涌波和海表面温度等各种因素的影响,所以海杂波不但与雷达的工作波长、极化方式和电波入射角有关,还与海面状态有关。海杂波的动态范围可达 40dB 以上。海杂波概率分布通常可用高斯分布来表示,其幅度概率密度分布符合瑞利分布。

3.5 对雷达的杀伤性压制

对军用监视和跟踪雷达的电子攻击行动除了电子压制技术外,通常还包括杀伤行动,其主要目的是对辐射源进行实体摧毁,而这类辐射源通常是敌方防御系统的组成部分之一。对防御系统进行杀伤性压制的最重要手段是使用反辐射导弹(ARM)。对防御系统进行杀伤性压制的另一种重要手段是使用定向能武器(DEW),由于其能以光速进行攻击,所以在军事界备受瞩目。

3.5.1 反辐射导弹

反辐射导弹(Anti-Radiation Missile,ARM)是利用对方武器系统辐射的电磁波发现、跟踪并摧毁辐射源的导弹。

一、ARM 发展过程与现状

自 1961 年开始研制反辐射导弹以来,国外已研制出了 30 多种型号的反辐射导弹。决大多数已装备部队,并用于局部战争。目前,ARM 已发展到第三代。第一代于 20 世纪 60 年代装备部队,代表产品包括美国的"百舌鸟"、苏联的"AS-5"及英法联合研制的"玛特尔"。由于导引头覆盖频域比较窄、灵敏度低、测角精度低、命中率低、可靠性差且只能对付特定的目标,因此早已被淘汰。第二代产品于 20 世纪 70 年代装备部队,以美国的"标准"、苏联的"AS-5"(鲑鱼)为代表。虽然第二代 ARM 克服了第一代的主要缺点,具有较宽覆盖频域和较高的灵敏度,射程比较远而且有一定的记忆(即对抗目标雷达关机)功能,可以攻击多种地(舰)防空雷达,但结构十分复杂、体积大、比较重,因此只能装备大型机种,而且飞机的装载数量也受到限制,已于 20 世纪 70 年代末停止生产。第三代 ARM 于 20 世纪 80 年代装备部队,第三代 ARM 基本上可分为以下三大类。

(一)第一类 ARM

第一类为中近程(指导弹作用距离为 30～70km)ARM,以美国的"哈姆"(HARM)、英国的"阿拉姆"(ALARM)为代表,其主要特点如下。

1. 装有新型超宽频带导引头

可攻击的雷达频率覆盖范围达 0.8～20GHz,覆盖了绝大多数防空雷达的工作频率。

2. 高灵敏度的导引头

导引头的灵敏度比较高(-70dBmW),而且具有大动态范围、快速自动增益控制。因此,既能截获跟踪从雷达天线主波瓣方向辐射的信号,也能截获跟踪从雷达天线副波瓣和背波瓣方向辐射的信号;既能截获跟踪脉冲雷达信号,也能截获跟踪连续波雷达信号;既能截获跟踪波束相对稳定的导弹与高炮制导雷达信号,又能截获跟踪波束环扫或扇扫的警戒雷达、引导雷达、空中交通管制雷达和气象雷达信号。

3. 导引头内设置信号分选与选择装置

采用门阵列(FPGA)高速数字处理器和相应的软件,实现了在复杂电磁环境中的信号预分选与单一目标的选择。

4. 采用微处理机控制

在导弹上装有含已知雷达信号特性的预编程序数据库,具有自主截获跟踪目标的能力。一旦在战斗中发现有新的雷达目标出现,只需修改软件就可使用。还有弹道控制软件与相应的接口控制电路,这样导弹载机不必对准目标就可发射导弹去攻击各方向的目标,即使偏差 180°,也能靠导引头转动 180° 而自动截获跟踪目标。从而实现了自卫、随机、预编程三种工作方式和导弹"发射后不管"的功能,提高了 ARM 的攻击能力和发射载机本身的生存能力。

5. 采用无烟火箭发动机

降低了导弹的红外特征,不易遭受红外制导的地空和空空导弹的拦截。

6. 高弹速

导弹速度马赫数达到3,增强了突防能力。

(二)第二类 ARM

第二类为远程ARM(指导弹作用距离在100km以上),以苏联的"AS-12"为代表,其突出特点如下。

1. 作用距离远且弹速高

导弹采用冲压式发动机,飞行速度在马赫数3以上,而且作用距离远(150km以上)。

2. 宽频带导引头灵敏度高且测角精度高

导引头的灵敏度为-90~-100dBmW,测角精度均方根值在0.5°以内。这类导弹攻击目标针对性很强,命中率高。

(三)第三类 ARM

第三类为无人驾驶反辐射飞行器,是中近程 ARM 的补充,以美国的"默虹"、以色列的"哈比"为代表,其特点除速度低于中近程 ARM 外,其他性能与中近程 ARM 相近。

目前,反辐射导弹已经发展到了第四代。第四代反辐射导弹以美国的"先进反辐射导弹"AGM-88E 为典型代表,其主要特征有:以 GPS/INS(惯性导航)进行中段制导,末段采用由宽频带被动雷达和毫米波主动雷达组成的双模复合式导引头,具有网络连通能力,可通过下行数据链传回命中前的雷达信息,在撞击目标之前提供近实时的武器命中评估。该弹作为现役高速反辐射导弹的发展型号,采用与前者完全相同的气动外形布局,但由于采用先进的宽频带被动雷达制导、全球定位/惯性导航组合制导和主动毫米波雷达末制导组成的多模复合制导技术,显著提高搜索、识别和最终摧毁敌方防空系统的能力,攻击手段更多、智能化程度更高、打击精度更准。

二、ARM 在战争中的作用

ARM 在战争中的作用就是压制或摧毁敌方武器系统中的雷达,使防空武器系统失去攻击的能力,取得制空权,以便充分发挥己方的空中优势。ARM 在战争中的主要作用如下。

(一)清理突防走廊

战时防空(地空)导弹采取多层次的纵深梯次配置,可首先用 ARM 摧毁敌方各层次防空体系中的雷达,使防空体系失去攻击能力,为己方攻击机扫清空中通道,开辟空中走廊。

(二)防空压制

地空导弹(或高炮)对飞机威胁最大,首先用 ARM 攻击摧毁敌方武器系统中的雷达,使敌方失去攻击能力,从而使己方后续的空中优势得以发挥。

(三)空中自卫

攻击性的飞机携带 ARM,当受到敌方有威胁雷达等跟踪时发射,摧毁敌方威胁武器系统中的雷达。

(四)为突防飞机指示目标

攻击机装载带有烟雾战斗部的 ARM,首先将这种 ARM 射向敌方雷达阵地,指示攻击机根据爆炸的烟雾对目标进行攻击。

(五)摧毁干扰源

利用 ARM 摧毁敌方干扰源,使己方电子设备免受干扰。

三、ARM 的基本工作原理

ARM 与其他导弹的主要区别在于其引导系统不同,其他部分基本相同。传统的 ARM 的导引头类似于一部无源雷达,被动接收辐射源的信号,称为被动雷达导引头。目前,第四代反辐射导弹已经发展了主动雷达导引模式,现代 ARM 导引头将向着复合导引的模式发展。

ARM 由导引头、控制系统、引信、战斗部、发动机和弹体组成,如图 3-5-1 所示。

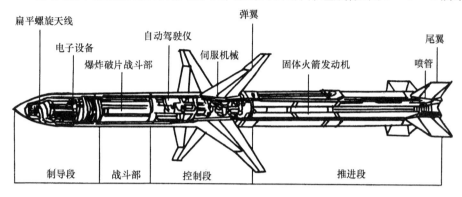

图 3-5-1 ARM 结构示意图

（一）雷达导引头

1. 被动雷达导引头(Passive Radar Seeker,PRS)

PRS 是反辐射导弹最关键的部件,用于截获敌方目标雷达信号并实时检测出导弹与目标雷达的角信息,输送给控制系统,导引导弹实时跟踪直到命中目标雷达。

PRS 主要由天线、接收系统(RX)、信号处理电路、指令计算机、惯性平台、自动驾驶仪和导弹弹体组成,如图 3-5-2 所示。通常 PRS 采用单脉冲测角,也可采用比相测角体制。

天线通常采用平面螺旋天线(和模(Σ),差模(Δ))。这种天线的方向图与频率无关,且利用一副天线就能产生全部所需测向信息,因此最能充分利用导弹前端有限的空间。此外,接收机处理所测得的单脉冲测向信息只需要两个通道。由微波天线和相应的波束形成器形成上、下、左、右四波束,且与 ARM 的舵面配置方向成 45° 角度,如图 3-5-3 所示。

接收系统(RX)的作用是将天线送来的上、下、左、右四路信号进行带通滤波、对数放大和低通滤波,再经过和—差处理,形成高低角和方位角误差信号。同时,还将接收到目标雷达信号的射频、幅度(PW)及到达时间输出。

接收系统输出的信号再送到信号处理部分进行去交错(信号分选)、角度测量和角度旋转,再经制导计算机进行卡尔曼滤波和指令计算,输出导弹的控制信号送到导弹的自动驾驶仪,控制 ARM 导弹跟踪目标雷达。

2. 主动雷达导引头

主动导引头实际上是一部弹载雷达,主要由天线、发射机、三通道微波接收机、数字信号处理机、寻的计算装置、稳定平台和伺服系统等部分组成,如图 3-5-4 所示。其探测目标的工作原理与单脉冲雷达原理类似。发射机产生射频信号照射目标,具有和、方位差、俯仰差三通道的微波接收机接收目标回波信号,通过信息处理机提取目标的角度、距离、多普勒等信息,能从地形背景中提取目标特征,并对目标进行识别。稳定平台为导弹提供基准位置信息,伺服系统控制天线实现角预定、角稳定和角跟踪。寻的计算装置对主动雷达

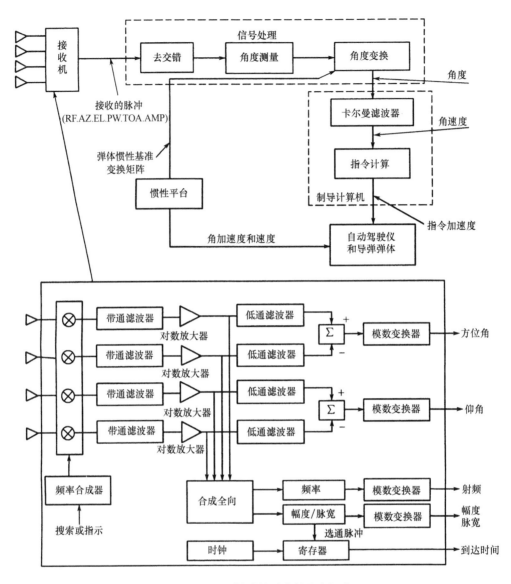

图 3-5-2 被动导引头的基本组成

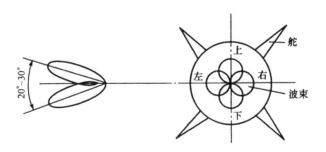

图 3-5-3 交叉波束

获得的目标参数进行解算和处理,输出信息用于控制导弹自动跟踪目标。

常用的主动导引头主要有脉冲主动导引头、连续波主动导引头、脉冲多普勒主动导引

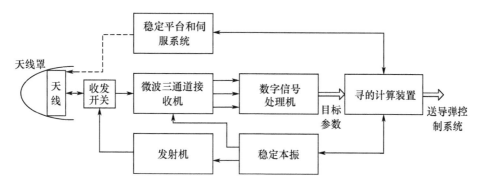

图 3-5-4 主动导引头的基本组成框图

头等。相控阵主动雷达导引头是一种先进的体制,正在发展之中。

由于弹上空间较小,ARM 主动导引头一般选用毫米波频段。毫米波导引头具有体积小、重量轻和空间分辨率高的特点。与红外、激光、电视等光学导引头相比,毫米波导引头穿透雾、烟、灰尘的能力强,具有全天候(大雨天除外)、全天时的特点。另外,毫米波导引头的抗干扰、反隐身能力也优于其他波段的微波导引头。

3. 复合导引头

目前,复合导引头有多种复合方式,如被动雷达导引与主动雷达导引复合、被动雷达导引与红外导引复合等。对于反辐射导弹,常用的是被动导引与主动导引复合模式。图 3-5-5 给出了一种被动和主动导引头的简化框图,它由被动寻的模式和主动寻的模式复合而成,两种模式获得的目标参数分别送到综合信息处理系统进行信息融合、目标识别与目标位置解算,并通过一个共用的稳定平台和伺服系统对天线进行控制。综合信息处理系统的输出信息用于控制导弹自动跟踪目标。

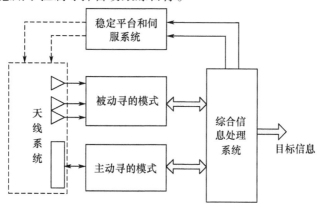

图 3-5-5 被动和主动复合导引头的简化框图

ARM 复合导引头的主要应用模式为:在目标远区和 ARM 飞行的中段采用被动导引模式,而在近区或雷达辐射源关闭的情况下,采用主动导引模式。两种模式相结合可以大大提高 ARM 在复杂环境下的命中精度。

(二)控制系统

控制系统根据控制指令修正导弹弹道,通过气动舵机控制导弹使之对准目标雷达正确跟踪直至命中。控制系统包括燃气舵机、调节器和作为航面的弹翼。调节器可调节控制系统,得到自控段的弹道,并不断测出偏差并以此修正弹道,在一定的角度范围内不断改变导弹的弹道方向。当导引头截获跟踪目标后,所测得的方位和俯仰两个平面的角度偏差信号控制燃气舵机操纵弹翼保证导弹实时跟踪目标。在跟踪状态下,导引头两平面的角偏差信号为零。ARM攻击目标雷达时的弹道示意图如图3-5-6所示。控制系统内还包括电源(电源由普通的能量转换供给,如化学电池、热电池或涡轮发电机)。导弹发射前由载机供电,发射后由导弹自身供电。

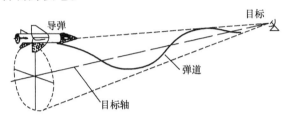

图3-5-6　ARM攻击目标雷达时的弹道示意图

(三) 战斗部

反辐射导弹有两种战斗部,即杀伤战斗部和磷质战斗部,使用较多的是杀伤战斗部。

(1) 磷质战斗部里面装满白磷、弹片等,爆炸时白磷燃烧形成一团很大的白色烟,温度极高,但弹片数不多。这种弹头主要是为了形成烟雾,在天气条件不好时为轰炸机指示目标,同时也能利用爆炸的碎片和高温破坏一部分目标。

(2) 杀伤战斗部采用烈性炸药以及破片外壳的结构,在尽可能大的空间内产生气体冲击及破片杀伤作用。烈性炸药的高速爆炸保证产生很强的冲击波,使足够数量的破片以很快的速度飞溅。这样,有穿甲能力的破片能在杀伤范围内毁伤目标雷达。

(四) 引信

引信用于引导战斗部爆炸,可以分为触发引信和非触发引信。通常采用非触发引信引爆,触发引信起辅助作用。触发式引信靠导弹与目标或地面物体直接碰撞,产生的巨大冲击力引爆导弹。非触发引信亦称无线电引信,采用了无线电测距原理。当导弹与目标之间的距离处于最佳值时,引爆导弹的战斗部。非触发引信包括无线电比相引信、无线电多普勒引信、激光引信和电磁引信等。被动式无线电比相无线电引信的基本原理框图,如图3-5-7所示,主要由高频、低频线路及保险执行机构组成。

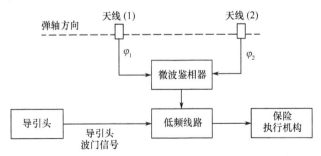

图3-5-7　反辐射导弹无线电引信组成框图

天线1和天线2沿弹轴方向前、后配置,由于天线1和天线2相对于目标雷达的位置不同,因而两天线收到的目标雷达信号间存在着相位差。在导弹在接近目标过程中,由于导弹的位置不断地改变,因而目标视线与弹轴之间的夹角 α 不断地改变,如图 3-5-8 所示,所以天线 1 和天线 2 收到的信号相位差是 α 的函数。

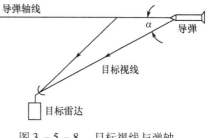

图 3-5-8 目标视线与弹轴之间夹角 α 示意图

天线 1、2 收到的信号经过微波鉴相器鉴相后输出一串脉冲作为引信的触发信号。当 $\alpha < \alpha_0$ 时该脉冲串的极性为负,当 $\alpha > \alpha_0$ 时该脉冲串的极性为正,当 $\alpha = \alpha_0$(α_0 为起爆角)时,脉冲串极性发生翻转产生引爆信号,启动保险执行机构使导弹战斗部爆炸。

导引头保险机构中,导引头的波门信号加到无线电引信低频线路用来限制起爆,即当导引头收到目标雷达信号时,触发产生波门信号,使引信低频线路处于闭锁状态,导弹不引爆,即用导引头波门信号作防止引信过早引爆的保险信号。当导弹接近目标,弹轴与目标视线的夹角 α 随之加大,当 α 大于导引头天线 1/2 波束宽度($\theta_0/2$)时,导引头丢失目标,波门消失,引信的低频线路随即转入待爆状态。

导弹引信保险有三级机械保险和三级电保险,解除各级保险的时机和保险机构的方框图如图 3-5-9 所示。

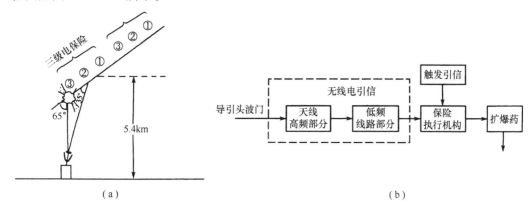

图 3-5-9 导引头保险机构方框图
(a) 动作原理图;(b) 方框图。

三级机械保险是:按下发射按钮时,由弹上供电,弹上机械装置自动解除第一级保险;发动机点火导弹加速飞行,过载大于 $7.8g$ 时,弹上机械装置自动解除第二级保险;当发动机熄火,导弹减速飞行,过载小于 $6.4g$ 时,弹上机械装置自动解除第三级保险。

三级电保险是:导弹下降到某一高度时,绝对压力传感器输出信号,导弹由自由飞行转入控制飞行,这时无线电引信线路开始供电,解除第一级保险;导弹接近目标,波门信号消失时,解除第二保险;当 $\alpha \geqslant \alpha_0$ 时,鉴相器输出的视频信号由正变负,即引爆导弹。

(五) 发动机

发动机是 ARM 的动力装置,大多数情况下由一台助推器和一台主发动机组成。助推器使导弹尽快加速到巡航速度。但助推阶段应尽可能缩短,以使敌方难以识别导弹的发射。目前,ARM 的攻击速度马赫数可达 3。

四、ARM 的战斗使用方式

战略情报侦察是 ARM 战斗使用的基础,只有清楚敌方雷达及战场配置雷达的技术参数,并且储存在 ARM 计算机的数据库中,才能有效使用 ARM 智能化战斗使用方式。由于 ARM 大量采用了数字信号处理技术、计算机技术并设置了数据库,所以 ARM 战斗使用方式很多。

(一) ARM 攻击目标的方式

测定出目标雷达位置和性能参数并装到 ARM 计算机中后,即可引导 ARM 导弹发射。ARM 的攻击方式主要有以下两种。

1. 中高空攻击方式

载机在中、高空平直或小机动飞行,以自身为诱饵,诱使敌方雷达照射跟踪,满足发射 ARM 的有利条件。ARM 发射后,载机仍按原航线继续飞行一段,以便使 ARM 导引头稳定可靠地跟踪目标雷达。显然,这种攻击方式命中率很高,但同时载机被对方防空雷达击落的危险性也相当大。因此,目前大多数载机不再采用沿原航线继续飞行一段的方式,而采用计算机控制实现"发射后不管"。这种方式也称为直接瞄准式,如图 3 – 5 – 10 所示。

2. 低空攻击方式

载机远在目标雷达作用距离之外,由低空发射 ARM,导弹按既定的制导程序水平低空飞行一段后爬高,进入敌方目标雷达波束即转入自动寻的,采用这种方式可以保证载机的安全。这种方式也称为间接瞄准发射攻击方式,如图 3 – 5 – 11 所示。

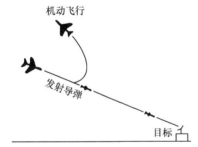

图 3 – 5 – 10 直接瞄准发射示意图

图 3 – 5 – 11 间接瞄准发射攻击方式

(二) ARM 战斗工作方式

不同的 ARM 有不同的工作方式,下面主要介绍三种 ARM 的工作方式。

1. "哈姆"ARM 的工作方式

(1) 自卫工作方式,这是一种最基本的使用方式。它用于对付正在对载机(或载体)照射的陆基或舰载雷达。这种方式先用机载预警系统探测威胁雷达信号,再由机载火控计算机对这些威胁信号及时进行分类、识别、评定威胁等级,选出要攻击的重点威胁目标,向导弹发出数字指令。驾驶员可以随时发射导弹,即使目标雷达在 ARM 导引头天线的视角之外,也可以发射导弹,这时导弹按预定程序飞行,直至导引头截获到所要攻击的目标进入自行导引。

(2) 随机工作方式,这种方式用于对付未预料的时间内或地点上突然出现的目标。这种工作方式用 ARM 的被动雷达导引头作为传感器,对目标进行探测、识别、评定威胁等级,选定攻击目标。这种方式又分为两种:一是在载机飞行过程中,被动雷达导引头处于工作状态,即对目标进行探测、判别、评定和选择或者用存储于档案中的各种威胁数据对目标进行搜索,实现对目标的选择,并将威胁数据显示给机组人员,使之向威胁最大的目标雷达发射导弹。二是向敌方防区概略瞄准发射,攻击随机目标。导弹发射后,导引头自动探测、判别、评定、选择攻击目标,选定攻击目标后自行引导。

(3)预先编程方式。根据先验参数和预计的弹道进行编程,在远距离上将ARM发射出去,ARM在接近目标过程中自行转入跟踪制导状态。导弹发射后,载机不再发出指令,ARM导引头有序地搜索和识别目标,并锁定到威胁最大的目标或预先确定的目标上。如果目标不辐射电磁波信号,导弹就自毁。

2. "阿拉姆"ARM的战斗工作方式

(1)直接发射方式。这种方式是被动雷达导引头一旦捕捉到目标,就立即发射导弹攻击目标。

(2)伞投方式。这种方式是在高度比较低的情况下发射ARM,发射后爬升到12000m高空,然后打开降落伞,开始几分钟的自动搜索,探测目标,并对其进行分类与识别,然后瞄准主要威胁或预定的某个目标。一旦被动雷达导引头选定了所要攻击的目标,就立即甩掉降落伞自行攻击目标。

3. "默虹"ARM巡航攻击方式

美国的"默虹"ARM采用巡航的攻击方式,也可将其称为反辐射无人驾驶飞行器。ARM发射后,如果目标雷达关机,则ARM在目标雷达上空转入巡航状态,等待目标雷达再次开机。一旦雷达开机,就立即转入攻击状态。或者预先将ARM发射到所要攻击目标区域的上空,以待命的方式在目标区域上空做环绕巡航飞行,自动搜索探测目标,一旦捕捉到目标便实施攻击。

上述的伞投方式和巡航方式也称为伺机攻击方式,是对抗雷达关机的有效措施。

此外,ARM在战斗使用中往往采用诱惑战术,即:首先出动无人驾驶机,诱惑敌方雷达开机,由侦察机探测目标雷达的信号和位置参数,再引导携带ARM的突防飞机发射ARM摧毁目标雷达。

3.5.2 定向能武器

定向能武器是利用沿一定方向发射与传播的高能射束攻击目标的一种新原理武器,主要有激光武器、高功率微波武器与粒子束武器。由于定向能武器具有以近光速传输、反应灵活、能量高度集中等现有武器系统无法比拟的特点,因而受到世界各国的高度重视。以美国为代表的西方军事强国,在经费投入、发展规划和技术能力方面均处于领先地位。目前,研制技术比较成熟并且发展较快的是激光武器与高功率微波武器。

一、高能激光武器

高能激光武器(又称激光武器或激光炮)是利用高能激光束摧毁飞机、导弹、卫星等目标或使之失效的定向能武器。目前,高能激光武器仍处于研制发展之中,还有许多技术问题或工程问题需要解决,离实战要求还有一段距离。尽管如此,从长远看,高能激光武器仍将是一种很有发展前途的定向能武器。

(一)高能激光武器的组成

高能激光武器主要由高能激光器、光束控制与发射系统、精密瞄准跟踪系统、搜索捕获跟踪系统、指挥控制系统等组成,如图3-5-12所示。高能激光器是高能激光武器的核心,用于产生高能激光束。作战要求高能激光器的平均功率至少为20kW或脉冲能量达30kJ以上。各国研究的高能激光器主要有二氧化碳、化学、准分子、自由电子、核激励、X射线和γ射线激光器等。光束控制与发射系统的作用是将激光器产生的激光束定向发射出去,并通过自适应补偿矫正或消除大气效应对激光束的影响,保证高质量的激光束聚焦到目标上,达到最佳的破坏效果,其主要部件是反射率很高并能耐受高能激光辐射的大型反射镜。搜索捕获跟踪系统用于对目标进行捕获和粗跟踪并受指挥控制系统的控制。精密瞄准跟踪系统用来精确跟踪目标,引导光束瞄准射击,并判定毁伤效果。高能激光武器是靠激光束直接击中目标并停留一定时间而造成破坏的,所以对瞄准跟踪的速度和精度要求很高。为此,国内外已在研制红外、电视和激光雷达等高精度的光学瞄准跟踪设备。

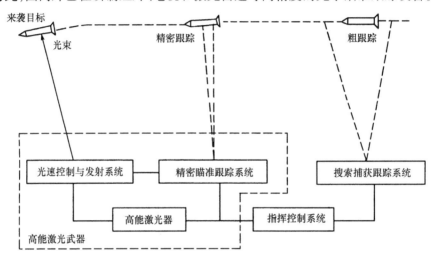

图3-5-12 高能激光武器系统示意图

(二)高能激光武器的杀伤破坏效应

不同功率密度、不同输出波形、不同波长的激光作用于不同的目标材料(简称靶材)时,会产生不同的杀伤破坏效应。激光武器的杀伤破坏效应主要概括为烧蚀效应、激波效应和辐射效应三种。

1. 烧蚀效应

当激光照射靶材时,部分能量被靶材吸收转化为热能,使靶材表面气化,蒸气高速向外膨胀的同时将一部分液滴甚至固态颗粒带出,从而使靶材表面形成凹坑或穿孔,这是激光对目标的基本破坏形式。如果激光参数选择得合适,还能使靶材深部的温度高于表面温度,靶材内部过热的温度将产生高压引发热爆炸,从而使穿孔的效率更高。

2. 激波效应

当靶材蒸气在极短时间内向外喷射时给靶材以反冲作用,相当于一个冲激载荷作用到靶材表面,于是在固态材料中形成激波。激波传播到靶材表面产生反射后,可能将靶材拉断而发生层裂破坏,而裂片飞出时具有一定的动能,也有一定的杀伤破坏能力。

3. 辐射效应

靶材表面因气化而形成等离子体云,等离子体一方面对激光起屏蔽作用,另一方面又能够辐射紫外线甚至 X 射线,损伤内部的电子元器件。实验发现,这种紫外线或 X 射线的破坏作用有可能比激光直接照射更为有效。

(三) 高能激光武器的特点

与常规武器相比,高能激光武器具有以下特点。

1. 速度快

激光束以光速($3 \times 10^5 \mathrm{km/s}$) 射向目标,所以一般不需要考虑激光束的提前量。

2. 机动灵活

发射激光束时几乎没有后坐力,因而易于迅速地变换射击方向并且高频度射击,在短时间内拦击多个不同方向的来袭目标。

3. 精度高

可以将聚焦的狭窄激光束精确地瞄准某一方向,选择出攻击目标群中的某一个目标甚至击中目标的某一脆弱部位。

4. 无污染

激光武器属于非核杀伤武器,不像核武器除了有冲击波、热辐射等严重的破坏效果外还存在长期放射性污染,形成大规模污染。激光武器无论对地面或空间都无放射性污染。

5. 效费比高

百万瓦级氟化氘激光武器每发射一次费用约为 1000～2000 美元,而"爱国者"防空导弹每枚费用为 30 万～50 万美元,"毒刺"短程防空导弹每枚费用为 2 万美元。因此,从作战使用角度看,激光武器具有较高的效费比。

6. 不受电磁干扰

激光传输不受外界电磁干扰,因而目标难以利用电磁干扰手段躲避激光武器的攻击。

但是,高能激光武器也有其局限性。照射目标的激光束功率密度随着射程的增大而降低,毁伤力减弱,使有效作用距离受到限制。此外,高能激光武器在使用时受到环境影响较大。例如:在稠密大气层中使用时,大气会耗散激光束能量并使其发生抖动、扩展和偏移。恶劣天气(雨、雪、雾等)、战场烟尘、人造烟幕对其影响更大。

鉴于高能激光武器的上述特点,在拦截低空快速飞机和战术导弹、反战略导弹、反卫星及光电对抗等方面,高能激光武器均能发挥独特的作用。但高能激光武器不能完全取代现有武器,而应与它们配合使用。

(四) 高能激光武器的类型及应用范围

高能激光武器的分类方法主要有以下两种。

1. 按用途分类

高能激光武器按用途可分为战术激光武器与战略激光武器。

1) 战术激光武器

战术激光武器一般部署地面上(地基、车载、舰载或飞机上),主要用于近程战斗,如用于对付战术导弹、低空飞机、坦克等战术目标,其打击距离在几千米至 20km,在地面防空、舰载防空、反导弹系统和大型轰炸机自卫等方面均能发挥作用。

2) 战略激光武器

战略激光武器一般具有天基部件(部署在距地面 1000km 以上的太空),主要用于远程战斗,其打击距离近则数百千米,远达数千千米。其主要任务是:破坏在空间轨道上运行的卫星;反洲际弹道导弹;可引发中子弹或导弹。

2. 按部署方式分类

高能激光武器系统按所在位置和作战使用方式可分为:天基激光武器、地基激光武器、机载激光武器、舰载激光武器和车载激光武器五类。

1）天基激光武器

天基激光武器用于空间防御和攻击,即把激光武器装在卫星、宇宙飞船、空间站等飞行器上,用来击毁敌方各种军用卫星、导弹以及其他武器。这种激光武器,可以迎面截击,也可以从侧面或尾部追击。

2）地基激光武器

地基激光武器用于地面防御和攻击,即把激光武器设置在地面上,截击敌方来袭的弹头、航天武器或者入侵的飞机,也可以用来攻击敌人一些重要的地面目标。

3）机载激光武器

机载激光武器用于空中防御和攻击,即把激光武器装在飞机上,用来击毁敌机或者从敌机上发射的导弹,也可攻击地面或海上的目标。

4）舰载激光武器

舰载激光武器用于海上防御和攻击,就是把激光武器装在各种军用舰船上,用来摧毁来袭的飞机或接近海面的巡航导弹、反舰导弹,也可以攻击敌人的舰船。

5）车载激光武器

车载激光武器就是把激光武器装在坦克和各种特种车辆上,用来攻击敌人的坦克群或者火炮阵地,具有速度快、命中率高、破坏力大等优点。

当前研制的激光武器系统主要用于导弹防御、地基反卫星、飞机与舰船自卫和战术防空。采用的主要是化学激光器,今后的用途将进一步扩大到空间控制、全球精确打击等方面,并发展二极管泵浦固体激光器、相干二极管激光器阵列和自由电子激光器技术。

二、高功率微波武器

高功率微波武器又称射频武器,是利用定向发射的高功率微波束毁坏敌方电子设备和杀伤敌方人员的一种定向能武器。这种武器的辐射频率一般在 1 ~ 30GHz,功率在 1000MW 以上。其特征是将高功率微波源产生的微波经高增益定向天线发射出去,形成高功率、能量集中且具有方向性的微波射束,使之成为一种杀伤破坏性武器。它通过毁坏敌方的电子元器件、干扰敌方的电子设备来瓦解敌方武器系统的作战能力,破坏敌方的通信、指挥与控制系统,并能造成人员的伤亡。其主要作战对象为雷达、预警飞机、通信电子设备、军用计算机、战术导弹和隐身飞机等。

高功率微波武器与激光等定向能武器一样,都是以光速或接近光速传输的,但它与激光武器又有着明显的差异。激光武器对目标的杀伤破坏,一般具有硬破坏性质,它是靠将激光束聚焦得很细并进行精确瞄准直接打在目标上才能破坏摧毁目标。高功率微波武器则不同,以干扰或烧毁敌方武器系统的电子元器件、电子控制及计算机系统等方式使它们不能正常工作。造成这种破坏效应所需的能量比激光武器要小好几个数量级。另外,由于微波射束的波斑远比激光射束的光斑大,因而打击的范围大,从而对跟踪、瞄准的精度要求比较低,既有利于对近距离快速目标实施攻击,也有助于降低费用,便于实现。

（一）高能微波武器类型

高能微波武器主要分为单脉冲式微波弹和多脉冲重复发射装置两种类型。

（1）单脉冲式微波弹又可分为常规炸药激励和核爆激励两种，目前主要研究的是前一种，它可以通过在炸弹或导弹战斗部上加装电磁脉冲发生器和辐射天线的方式来构成高功率微波弹。单脉冲式微波弹利用炸药爆炸压缩磁通量的方法把炸药能量转换成电磁能，再由微波器件把电子束能量转换为高能微波脉冲能量由天线发射出去。

（2）多脉冲重复发射装置由能源系统、重复频率加速器、高效微波器件和定向能发射系统构成。多脉冲重复发射装置使用普通电源，可以进行再瞄准，甚至可以多次打击同一目标。

（二）高功率微波武器的杀伤机理

高功率微波武器是利用高功率微波在与物体或系统相互作用的过程中产生的电、热和生物效应对目标造成杀伤破坏的。

（1）高功率微波的电效应是指高功率微波在射向目标时会在目标结构的金属表面或金属导线上感应出电流或电压，这种感应电压或电流会对目标的电子元器件产生多种效应，如造成电路中器件状态的反转、器件性能下降、半导体结的击穿等。

（2）高功率微波的热效应是指高功率微波对目标加热导致温度升高而引起的效应，如烧毁电路器件和半导体结，以及使半导体结出现热二次击穿等。

高功率微波武器通过高功率微波的电效应和热效应可以干扰或破坏各种武器装备或军事设施中的电子装置或电子系统，如干扰和破坏雷达、战术导弹（特别是反辐射导弹）、预警飞机、C^3I系统、通信台站等电子系统，特别是对其中的计算机系统能造成严重的干扰或破坏，此外还可以引爆地雷等。

（3）高功率微波的生物效应是指高功率微波照射到人体和其他动物后所产生的效应，可以分为非热效应和热效应两类。非热效应是指当较弱的微波能量照射到人体和其他动物后引起的一系列反常症状，如使人出现神经紊乱、行为失控、烦燥不安、心肺功能衰竭，甚至双目失明。试验证明，当受到功率密度为$10mW/cm^2$~$50mW/cm^2$微波的照射时，人将发生痉挛或失去知觉；当功率密度为$100mW/cm^2$时，人的心肺功能会衰竭等。热效应是指由较高的微波能量照射所引起的人和动物被烧伤甚至被烧死的现象。当微波的功率密度为$500mW/cm^2$时，人体会产生明显的感应加热，从而烧伤皮肤；当微波功率密度为$20W/cm^2$时，2s即可造成人体的三度烧伤；当微波功率密度达到$80W/cm^2$时，1s即可将人烧死。

（三）高功率微波武器原理

高功率微波武器一般由能源、高功率微波发生器、大型天线和其他配套设备组成。其工作原理可用框图3-5-13表示：初级能源（电能或化学能）经过能量转换装置（强流加速器或爆炸磁压缩换能器等）转变为高功率强流脉冲相对论电子束。在特殊设计的高功率微波器件内，与电磁场相互作用，将能量交给场，产生高功率的电磁波。这种电磁波经低衰减定向发射装置变成高功率微波束发射，到达目标表面经过"前门"（如天线、传感器等）或"后门"（如小孔、缝隙等）耦合到目标的内部，干扰或烧坏电子传感器，或使其控制线路失效（如烧坏保险丝），或毁坏其结构（如使目标物内弹药过早爆炸）。

1. 脉冲功率源

脉冲功率源是一种将电能或化学能转换成高功率电能脉冲，并再转换为强流电子束

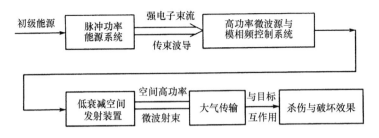

图3-5-13 高功率微波武器的工作原理

流的能量转换装置。主要由高脉冲重复频率储能系统和脉冲形成网络(如电感储能系统和电容储能系统)及强流加速器或爆炸磁压缩换能器等组成。通过能量储存设备向脉冲形成网络放电,将能量压缩成功率很高的窄脉冲(如从1TW提高到1000TW),然后将高功率电能脉冲输送到强流脉冲型加速器加速转换成强流电子束流。除了采用强流脉冲加速器之外,也可使用射频加速器或感应加速器。

2. 高功率微波源

高功率微波源是高功率微波武器的关键组件,其作用是通过电磁波和电子束流的特殊相互作用(波—粒相互作用)将强流电子束流的能量转换成高功率微波辐射能量。目前正在研制的高功率微波源主要有相对论磁控管、相对论回波管、相对论调速管、虚阴极微波振荡器、自由电子激光器等装置。

3. 定向辐射天线

定向辐射天线是将高功率微波源产生的高功率微波定向发射出去的装置。作为高功率微波源和自由空间的界面,定向辐射天线与常规天线不同,具有两个基本特征:一是高功率,二是窄脉冲。这种天线应符合下列要求:很强的方向性,很大的功率容量,带宽较宽,适当的旁瓣电平和波束快速扫描能力,同时重量、尺寸能满足机动性要求。

高能微波武器系统涉及的关键技术主要有如下几项:脉冲功率源技术、高功率脉冲开关技术、高功率微波技术、天线技术、超宽带和超短脉冲技术等。

3.6 对雷达的隐身技术

目前,雷达是发现及跟踪飞行目标的重要传感器,在现代战争中发挥着重要作用,因此,隐身飞机首先必须对雷达隐身。用于降低飞机雷达截面积的雷达隐身技术,不仅直接提高了飞机的生存率,而且还为战术规避、电子对抗技术的应用创造有利条件。

雷达隐身技术在近几年的多次局部战争中充分发挥了有效的突防攻击作用。例如:在1991年初42天的海湾战争中,美国出动了30架由洛克希德·马丁公司制造的F-117A隐身/攻击型战斗机。由于该机大量使用了多面体外型隐身设计和雷达吸波材料等有效隐身手段,其雷达截面比常规战斗机减小了约23dB,使常规雷达作用距离缩减73%,因而极好地躲避了伊方雷达的探测和导弹的攻击。战争伊始,美军就使用F-117A隐身飞机投下激光制导炸弹准确地命中了伊拉克的通信中心大楼,摧毁了伊军的指挥系统。在以后一个多月的"沙漠风暴"行动中,F-117A隐身飞机频繁出击达上千架次,且绝大多数是在无护航的情况下独立完成作战使命的,取得了十分卓越的战绩,而自身却无一受损。F-

117A执行了危险性最大的战略性攻击任务,是攻击巴格达市区及近郊核研究所等严密设防的80多个重点军事目标的唯一机种,执行了这次战争中总攻击任务的40%,命中率高达80%~85%,攻击精度高达1m量级。

显然,隐身飞机的出现,对各种防空探测系统和防空武器系统提出了严峻的挑战,迫使对方采用各种新技术和措施对付隐身目标。

3.6.1 隐身技术发展水平

度量飞行器隐身水平的主要物理量是目标的雷达截面积及其频带宽度。目标的雷达截面积是目标对照射电磁波散射能力的量度,常用缩写符号RCS表示,单位为m^2。雷达截面积已被入射波功率密度归一化,因此与照射功率、飞行器离雷达距离远近无关,只与目标表面导电特性、结构、形体与姿态角等有关。各类目标的RCS值可用专用测试设备测得,也可用数学方法进行估算。

目前,隐身飞行器的大致水平是:在鼻锥方向±45°范围内,后向雷达截面积比同类常规飞行器小20~30dB(即降低2~3个数量级),其隐身的频段为微波波段。表3-6-1列出了几种隐身飞机和隐身导弹的雷达截面积(RCS)值,还列出了同类非隐身常规飞行器的RCS作为对比。由表可见,B-2、F-117A等隐身飞机与常规飞机相比RCS缩减了20~30dB。一架翼展52m的B-2飞机,RCS竟与一只海鸥相当;一枚长6m、直径0.6m巡航导弹的RCS竟与一只蜂王相当。

表3-6-1 典型隐身飞行器的隐身水平

隐身飞行器		非隐身飞行器		隐身水平/dB
名称	RCS/m^2	名称	RCS/m^2	
B-2轰炸机	0.10	B-52	10.0	20
F-117A强击机	0.02	F-4	6	25
YF-22战斗机	0.05	MIG-21	4	19
AGM-129A巡航导弹	0.005	AGM-86B	1	23
AGM-136A巡航导弹	0.005	AGM-78	0.5	20
F-16战斗机	0.2~0.5	F-15	4	9~13

3.6.2 隐身目标探测空域的减缩

由于雷达作用距离与RCS四次方根成正比,显然隐身飞机RCS的缩减使得雷达作用距离将随之缩减。

典型防空导弹有效作战空域的两维剖面图如图3-6-1所示。

图3-6-1给出了隐身目标对探测距离缩减的情况。若隐身效果为-15dB(即RCS减缩为3.16%),则探测距离减小为原距离的42%;若隐身效果为-30dB(即RCS减缩为0.1%),则探测距离减小为原距离的18%,由此可知,隐身目标对探

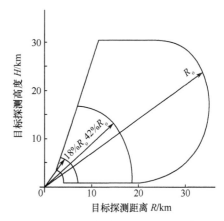

图3-6-1 隐身目标对探测区域缩减示意图

测距离的缩减是非常显著的。因此,防空武器系统必须考虑来袭隐身目标的影响,否则,RCS的缩减将会使防空体系失效。

在隐身飞机与随行干扰配合使用的情况下,探测系统的探测空域将进一步缩减。

3.6.3 对雷达隐身的技术途径

目前,实现对雷达隐身主要有:外形隐身、材料隐身和阻抗加载三个基本技术途径。

(一) 外形隐身

外形隐身指的是进行外形设计、在气动力允许的条件下改变飞机的外形,通过对飞行器的形状、轮廓、边缘与表面的设计,使其在主要威胁方向(通常指后向)的照射角度范围内RCS显著降低。由于大多数雷达发射天线与接收天线同处一地(或靠得很近),因此缩减后向散射就是降低了目标的雷达截面积。外形隐身技术通常是通过将目标形成的反射回波从一个视线角转向另一个视线角来缩减后向散射的,因而往往在一个角度范围内获得RCS的缩减,而在另一角度空域内的RCS却增大。例如,用倾斜的平板(或近似平板)组成的多面体机身代替常规的二次曲面机身,如图3-6-2所示,可将在一定的角度范围(图中θ'_{cr}范围)照射机身的雷达波能量大部分偏转到雷达接收不到的方向上(图中r所示方向),雷达接收到的回波很弱(如图中e所示),因此可显著降低机身的RCS。然而,如果

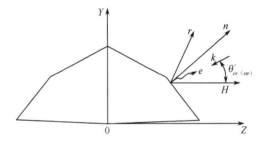

图3-6-2 F-117A机身剖面外形图
H—水平面;k—入射方向;e—回波;r—反射波;
$\theta'_{cr(str)}$—突防飞行中所能遇到的照射俯角范围。

希望各个方向的RCS都同等地缩减,就必须将赋形技术与吸波材料两者紧密地结合起来。

常用的外形隐身技术可以归纳为:采用斜置外形,将散射方向图主瓣及若干旁瓣移出重点角度范围;用弱散射部件占位或遮挡强散射部件;消除或减弱角反射器效应,避开耦合波峰;将全方位分散的波峰统筹安排在非重点方位角范围内;尽量消除表面台阶及缝隙,将舱门、舱口对缝斜置或锯齿化。

1. 采用斜置外形,将散射方向图主瓣及若干旁瓣移出重点角度范围

当电磁波沿某一表面或某一棱边的法向入射时,就会产生很强的法向镜面回波或法向边缘绕射回波。当电磁波偏离法向但偏离角度不够远时,也会产生强度可观的回波。如果将被照射的表面或棱边斜置一个足够大的角度,使得在重点方位角或重点俯仰角范围内入射的所有电磁波均能远离该表面或该棱边的法向,那么回波强度就会显著变弱。这就是斜置外形缩减RCS的基本原理。

采用斜置外形是飞机通过外形隐身降低RCS时用得最广泛、最有成效的一种设计方法。其具体应用主要表现为:采用倾斜式双立尾(内倾式或外倾式),将立尾产生的后向散射方向图的主瓣及若干旁瓣偏转到需要重点缩减RCS的高低角范围之外;采用平板形表面或多面体机身取代曲面机身,利用平板形表面的后向散射方向图主瓣强但旁瓣衰减很快(即平板形表面的后向散射方向图在较窄的角度范围就可降到雷达难以检测的水平)的特点,给构成机身的各块平板形表面以足够大的倾斜角,使得后向散射方向图的主瓣

(平板形表面的法向)移出重点缩减 RCS 的高低角的范围,雷达只能接收到散射方向图足够弱的旁瓣;斜切进气口,将由进气口产生的一定强度的后向散射波偏转到飞机需要重点缩减的 RCS 高低角、方位角范围之外;斜切翼尖,通过选取机翼或平尾翼尖的斜切角,可让该部件产生的散射峰值出现在侧向 RCS 缩减的重点方位角范围之外等。

2. 用弱散射部件占位或遮挡强散射部件

用弱散射部件占位或遮挡强散射部件是另一项应用较广的通过外形隐身降低 RCS 的技术。这里所指的散射部件既可以是简单的几何形体,也可以是飞机的一个普通部件。

图 3 - 6 - 3(a)是一块极薄的导电良好的圆板,直径 $D = 0.16\text{m}$。在波长 $\lambda = 3.2\text{cm}$ 沿 k 方向的入射波的照射下,可算得 RCS 值为 $\sigma = 5\text{m}^2$。若用两个导电良好的半圆球将此薄圆板夹在中间,形成图 3 - 6 - 3(b)所示的圆球,则可算出其 RCS 值为 $\sigma = 0.02\text{m}^2$,较单独一块圆板降低了 24dB。更进一步,若在此圆球的前部罩一顶角为 40° 的圆锥,形成图 3 - 6 - 3(c)所示的锥球体,则在沿 k 方向的入射波的照射下,可以估算出 $\sigma = 4.7 \times 10^{-5}\text{m}^2$,较圆球降低了 26dB。

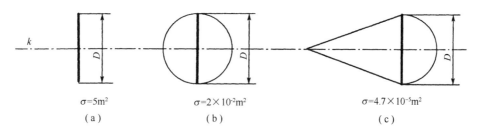

图 3 - 6 - 3 弱散射部件对强散射部件的占位作用

$D = 0.16\text{m}$;入射波长 $\lambda = 3.2\text{cm}$。

(a)薄圆板;(b)圆球;(c)锥球体。

产生这种现象的原因是:在圆板的基础上,前面盖一半个圆球主要是利用曲面镜面回波弱的半球占据了平面法向镜面回波强的部位,后面盖一半个圆球则是利用爬行波回波弱的半球占据了圆板后边的不连续部位,避免了这一不连续引起的较强回波。在圆球的基础上再罩一圆锥,则是利用了散射更弱的圆锥占据了圆球所产生的镜面回波的部位。因此,利用具有弱散射特性的散射体占据另一强散射体所在部位而形成组合体,能显著降低 RCS,称这种缩减 RCS 的作用为占位作用。

利用占位作用缩减 RCS 的具体应用表现为:设计凹凸曲面机身,平板—曲面机身;采用小展弦比、大根梢比的三角翼布局,采用双三角翼布局,提高翼根和翼型的相对厚度,减少机翼翼根后缘到平尾翼根前缘之间的空隙等;采用飞翼式布局等。

飞机的布局型式不能仅仅考虑降低 RCS 的要求,而应根据作战效能的总体要求综合考虑。在这样的前提下,飞机设计者巧妙地运用占位作用,创造出了多种样式的降低 RCS 的翼身组合体或翼身融合体布局型式。

图 3 - 6 - 4 所列的 6 种隐身飞机,在充分利用机翼、平尾或 V 型尾翼对机身的占位作用方面各有特点。F - 19′(喷口与 F - 19 不同)利用双三角翼将后机身全部占位(图 3 - 6 - 4(a)),使其侧向 RCS 较"幻影"- 2000 下降 23dB(模型实验结果)。F - 117A(图 3 - 6 - 4(b))将机翼前缘延伸到机身的最前端,使前机身完全被占位,同时加大翼根弦

长,使后机身的占位比达到0.54。F-22A(图3-6-4(c))增大了机翼根部弦长,并让平尾前缘延伸到机翼后缘之前,实现了后机身完全被占位。YF-23A(图3-6-4(e))让V型尾翼根弦与机翼根弦几乎相连,再借助准菱形翼根部弦长大的优势,使后机身占位比达到1。B-2(图3-6-4(d))及A-12(图3-6-4(f))都是飞翼布局,使前后机身的占位

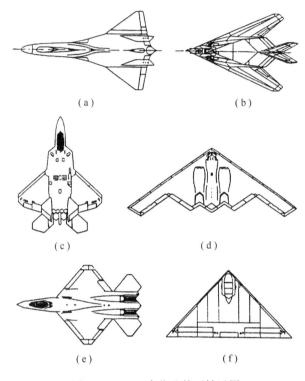

图3-6-4 占位比的巧妙运用

(a) 无(平)尾双三角翼:前机身 $\xi=0.34$,后机身 $\xi=1$;(b) 大后掠箭形翼:前机身 $\xi=1$,后机身 $\xi=0.54$;
(c) 大根梢比机翼且平尾参与占位:前机身 $\xi=0$,后机身 $\xi=1$;(d) 飞翼:前后机身均为 $\xi=1$;
(e) 准菱形翼且有V形尾翼参与占位:前机身 $\xi=0.38$,后机身 $\xi=1$;(f) 飞翼:前后机身均为 $\xi=1$。

比均达到1,所不同的是,前者尚保留已退化的并与机翼融合的机身及发动机舱,后者已找不到这两个部件的痕迹。遮挡作用与占位作用既有共同之处又有不同之处。共同之处在于两者都是用某一弱散射体掩盖某一强散射体;不同之处在于,占位作用是一种相接触的掩盖,而遮挡则是一种悬空的掩盖。遮挡作用的具体应用方式为:利用机翼、平尾及带棱边的机身对进气口及喷口进行遮挡;利用机翼对机身进行遮挡;利用相邻部件为倾斜式双立尾提供遮挡;两只倾斜的双立尾之间相互提供遮挡等。

3. 消除或减弱角反射器效应并避开耦合波峰

消除或减弱角反射器效应并避开耦合波峰,也是在隐身飞机中得到广泛应用且效果显著的一条设计原则。

对于隐身性能要求很高的隐身飞机,应取消外露挂架及外挂物,并将可收放的挂架及挂装物全部收藏在武器舱内;在翼刀的外侧表面及与之对应的机翼上表面有关部位涂敷RAM(Radar Agsorbent Material),是改造现有机种的一种措施,而在重新设计隐身飞机时,则应当取消翼刀;对于隐身飞机,消除立尾与其相邻部件间的角反射器效应的最好方

法就是用倾斜式双立尾代替直立式单立尾,或用 V 型尾翼代替正交尾翼;通过在管壁及唇口上使用 RAM 来减弱发生在进气道唇边、管壁及压气机(或风扇)之间的耦合作用;而对发生在进气口前边相邻部件表面与腔体间的耦合,可以对进气口的遮挡设计统筹考虑,使耦合作用发生在非重点对抗的照射方向;发生在倾斜式双立尾与其相邻部件间的耦合波峰,由于波峰宽度较小,所以最好的方法是合理设计立尾的倾斜角度,使耦合波峰移到飞机隐身飞行覆盖的俯仰角范围以外。

4. 将全方位分散的波峰统筹安排在非重点方位角范围内

一架飞机在 360° 方位角范围内,其左右机翼、左右平尾及两只倾斜立尾的前后缘共产生强度不等的 24 个波峰。此外,机翼及平尾的左右翼尖及进气道上下唇边也都有相应的波峰出现。对一架战斗机来说,这些波峰强度最弱者不到 $1m^2$,最强者可达 $15m^2$ 左右。尽管这些波峰的宽度很窄,但它们任意分布在不同的方位角上,使飞机被雷达发现的概率很大。把这些波峰集中成少数几个,并尽可能地安排在缩减 RCS 的重点方位角范围之外,就可以达到隐身的目的。集中后的每一个波峰都由若干个波峰按相位相关叠加而成,由于有的波峰满足相加相位而有的波峰满足相减相位,因此集中后的波峰强度并不会过分增加,而且其波峰宽度特别窄(战斗机各翼面前后缘的波峰宽度约为 1.5°),雷达很难将其截获。

5. 尽量消除表面台阶及缝隙,将舱门、舱口对缝斜置或锯齿化

对目标散射研究表明,飞机的镜面回波、边缘绕射回波消除或抑制以后,行波回波或爬行波就是一种不可忽视的散射源。一架常规战斗机行波回波强度可达 $1m^2$ 左右。有机身的飞机的行波回波强度主要来自机身,飞翼或带残留机身的飞翼的行波回波强度主要来自机翼。这些行波常发生在飞机头向左右或上下约 ±10° 及尾向左右或上下约 ±10° 的范围内,严重影响隐身飞机 RCS 的缩减。在影响飞机行波回波强度的诸因素中,有些因素如机身长细比、机身附加部件的有无等不能因抑制行波而改变,而另一些因素如蒙皮对接处的缝隙或台阶、舱门(或舱盖)与舱口之间的缝隙或台阶则是可以改变的。具体的做法是:尽量减少与机身轴线垂直的蒙皮对缝的数目,并且蒙皮的接触面严密接触,达到导电性能良好;在设计和工艺上保证蒙皮对缝初步出现台阶以及其他的不连续;将舱门与舱口之间的对缝斜置或锯齿化。

图 3 - 6 - 5 是一架喷气隐身飞行器综合的外形隐身设计,它具有长后掠翼、尖鼻锥、翼身融合、圆角及平坦底部等特点。垂直双尾翼向内倾斜不形成直角反射器,发动机进气道采取背负式,安装在机身上面。这样,地面防空雷达就照射不到它,从而减少了进气道强散射源的散射。

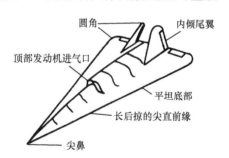

图 3 - 6 - 5 喷气隐身飞行器综合的外形隐身设计示意图

(二) 材料隐身技术

材料隐身技术是指利用材料对电磁波的通透性能、吸收性能及反射性能达到降低目标的 RCS 目的。目前,常用于缩减 RCS 的材料主要有透波材料、吸波材料、镶入式吸波结构、屏蔽格栅和金属镀膜等。

1. 透波材料

利用玻璃钢、凯福勒复合材料制成的透波结构,能使入射电磁波的 80% ~ 95% 透过

(单程透过率),故剩下的后向回波很小。但是,这种透波结构部件的内部不能安装大量金属设备或金属元件。这是因为入射电磁波穿过这种透波结构材料做成的透波外壳后,照射到这些金属设备或元件上,仍会产生很强的散射回波,其强度甚至会远远超过容纳这些设备或元件的流线形金属外壳在同样入射条件下直接产生的散射回波。所以,对于透波结构材料内部必须保留的极少量的金属设备或元件(如透波结构立尾内部的金属接头),可在其表面涂以涂敷型吸波材料或用碳耗能泡沫吸波材料屏蔽。用这种方法设计的立尾,其 RCS 峰值可较全金属立尾降低 90%~96%。

2. 吸波材料

吸波材料可分为涂敷型吸波材料及结构型吸波材料。涂敷型吸波材料不参加结构承力,是喷于或贴于金属表面或碳纤维复合材料表面的一种涂料或膜层。结构型吸波材料是参与结构承力的、有吸收能力的复合材料。目前有实用价值的涂敷型吸波材料是以铁氧体或羰基铁等磁性化合物为吸收剂、以天然橡胶或人造橡胶为基材制成的磁耗型涂料或膜层,这类材料也称磁性材料。这类材料不仅可用来抑制镜面回波,也可抑制行波、爬行波及边缘绕射回波。其吸收效果与入射波频率及涂层厚度有密切关系。以目前国内外可提供的产品为例,厚度为 1.5~2mm 的涂层在 8~12GHz,在选定的两个频率上的峰值吸收率为 98%~99.4%。在两个峰值之外,吸收率为 90%~97%。另有一种薄型产品,是厚度为 0.5~1.5mm 的薄膜,可在 10~12GHz 获得 97% 的吸收率,当频率降到 6GHz 或升到 16GHz 时,吸收降到 75%。

涂敷型吸波材料的优点是不需改变飞机的外形就可实现 RCS 的缩减,其主要缺点之一是使飞机的重量增加。若将其有效的入射波频率扩展到 S 波段及 L 波段(目前预警雷达用得最多的频段),则其厚度之大及单位面积重量之大是飞机设计者无法接受的。至于对米波雷达隐身,现在的涂敷型吸波材料更是无能为力。

将吸收剂加入复合材料之中,制成既有电磁波吸收能力又有承载能力的材料,称为结构型吸波材料。与涂敷型吸波材料相比,结构型吸波材料可省去涂敷型基材的重量,并避免在已完善的气动外形之外增加一层多余的厚度。

3. 镶入式吸波结构

利用透波材料制作承力结构并在结构内部镶入不参加承力的、含有碳等耗能物质的泡沫型吸波材料,可以构成一种有效吸收电磁波的特殊结构,称为镶入式吸波结构。镶入式吸波结构与结构型吸波材料构成的吸波结构相比,不同之处在于前者不参加承力而后者参加承力。镶入式吸波结构的优点之一是碳耗能泡沫型吸波材料的密度只有 0.06~0.08g/m^3,而且成形方便。镶入式吸波结构的另一优点是可明显降低管壁因高速气流冲击引起的谐振噪声。

4. 屏蔽格栅

如果雷达波入射到进气道的唇口及管道内部,那么,唇口及管道内的压气机(或风扇)会产生很强的散射回波。将具有反射性或吸收性格栅罩装在进气口外,可以有效减弱上述散射回波。

反射性格栅是用金属材料制成的网状格栅,可将入射电磁波的绝大部分能量反射到雷达接收不到的方向上,只允许少量能量透过。根据所对抗的雷达波长,合理设计格栅网眼参数,既可获得可观的屏蔽效果,又可使进气道的进气压力损失不多。

5. 金属镀膜

常规座舱罩是透波的,可使电磁波穿过并射到座舱内的金属结构、设备、驾驶员身体等散射体上。由这些散射体产生的后向回波再次穿过座舱罩被雷达接收。若给座舱罩镀上一层金属薄膜,在透光率允许的条件下增强其反射率,同时改变座舱罩的外形,使反射波的绝大部分偏移到雷达接收不到的方向上,可使座舱(包括罩)的 RCS 显著降低。目前,F－117A、F－22A、B－2、B－1B、F－16S 等均采用了这种技术。在这些飞机的座舱罩上,有的采用铟与锡的氧化物,有的采用黄金作为镀膜材料。不论采用何种材料,均满足透光率不低于 70%、电磁反射率不低于 90% 的基本要求。

(三)阻抗加载

阻抗加载可以分为无源阻抗加载和有源阻抗加载。

(1)无源阻抗加载是指采用在飞行器(飞机或导弹)的表面开槽、接谐振腔或加周期结构无源阵列等方法改变飞行器表面电流分布,从而缩减重点方向角度范围内的散射。

(2)有源阻抗加载是指在飞行器中增添自动转发器将接收信号放大、变换后再发射回去,且发回的辐射信号与飞行器本体的反射信号大小相等相位相反,起到相互抵消的作用,如图 3－6－6 所示。一般情况下,飞行器上的敏感器要准确测定照射波的方向和自身电流分布比较困难,且这些参数随入射波频率、极化和入射角改变。

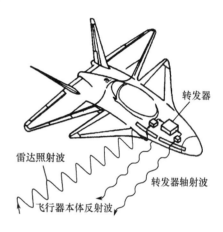

图 3－6－6　有源阻抗加载原理示意图

3.6.4　隐身战机 F－22 隐身性能分析

隐身技术是现代军事技术发展的一次重大革命,其在战斗机上的应用彻底改变了现代空战的性质。隐身战斗机的飞行员借助于先进的航电武器,能够在与带有雷达制导导弹的敌机对抗中占据优势,先敌发现目标、先敌开火、实施超视距攻击。根据美军的模拟分析,此时被攻击目标的生存率只有 10% 左右。

作为一种空战平台,F－22 是一种先进的主战隐身型号,外形如图 3－6－7 所示,其最大优势在于其具备出色隐身性能的同时,还成功融合了第二代战斗机的高速性能和第三代战斗机的亚、跨声速机动性能,并在超声速巡航和过失速机动方面取得了真正具备实战意义的突破。

由于隐身技术的保密性,国外公开的资料中对 F－22 采用的隐身技术很少介绍,人们只能根据一些零散的信息大致推断或分析出其采用的技术。一般来说,飞机 85% 的隐身效果由其外形决定,其余大约 15% 的隐身需要通过雷达吸波材料(RAM)、雷达吸波结构(RAS)以及其他隐身方法实现。F－22 隐身性能的实现主要通过外形设计和结构设计来实现。洛克希德·马丁公司宣称该机与早期的隐身飞机 F－117A 和 B－2A 相比,吸波材料/吸波结构的使用降低到了最低限度,从而改善了该机的后勤维护特性并减轻了重量。F－22 设计时遵循的是"平衡可探测性"原则,既具有突出的雷达隐身性能,同时也具

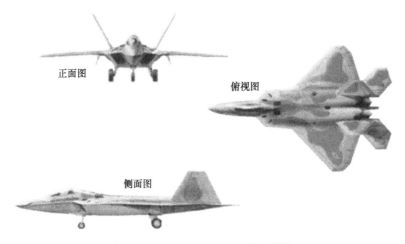

图 3-6-7 F-22 飞机的外形图

有突出的红外隐身性能。

1. 外形隐身

（1）翼身融合。

F-22 前段进气口后的机身，上表面与机翼及平尾上表面融合过渡，机身侧壁倾斜，整体外形光滑圆顺，不易反射雷达波。驾驶舱呈圆弧状，照射到这里的雷达波会绕舱体外形"爬行"，而不会被反射回去。F-22 这样的外形，在雷达侧向照射下，可将入射能量的绝大部分反射到单基地雷达接收不到的方向上。

由隐身理论可知，一般的圆锥形机头不论雷达波从什么方向照射过来，都有可能将其直接反射回发射源，所以 F-22 机头上下曲面接合处为不连续的弯角，而非传统飞机的圆弧。由于垂直入射的平板表面会有极大的 RCS，而 90% 的雷达视角在水平面 30°之内，因此，F-22 飞机在设计中，最大限度避免飞机上有垂直面，能大幅度减少电磁波直接反射回雷达站的可能性。

（2）进气口斜切。

将进气口安排在带棱边的机身两侧，进气口与机身之间的空隙是分离边界层的地方，前段机身两侧附加的棱边可对进气口提供有效的遮挡。电磁波从一个直管道反射的回波仅经过一次或两次反射，而 F-22 飞机采用 S 形管道，入射电磁波的回波需经过多次反射，再配合使用雷达吸波材料（RAM），靠涂敷 RAM 的管壁多次吸收衰减，使进气道的腔体散射回波得到抑制。F-22 为双切进气口，其斜切的原则是，在 RCS 减缩的重点方位角及重点俯仰角范围内，无一唇边与射线构成垂直、与电场构成平行，进气口收集射线的有效面积减小。

（3）双垂尾外倾。

当射线沿某一表面的法向入射时，会产生很强的法向镜面回波。如果将被照射的表面斜置一个足够的角度，使出现在重点方位角范围或重点俯仰角范围内的所有射线均能远离该表面的法向，则回波的强度显著变弱。F-22 采用外倾式双垂尾，设计垂尾合理的倾斜角，将侧向入射雷达波的绝大部分反射到雷达接收不到的方向上。双垂尾外倾（与内倾相比），还可保证大迎角飞行时垂尾的气动效率。

(4) 平尾。

F-22保留了常规的平尾,但平尾的前缘伸到了机翼后缘之前一段距离,与机翼后缘的缺口重合,这种设计可以使经过机翼的气流直接吹袭到后方的一对全动式平尾上,使得机体在更大的迎角状态下仍处于可操纵状态。这样的气动布局,也有效降低了飞机侧向的RCS,因为机翼及平尾对后机身提供了最大限度的占位作用,即利用具有弱散射源的散射体占据另一散射体上强散射源所在部位而形成的组合体,能显著降低RCS。

(5) 波峰合并。

进气口的上下唇边、平尾的前缘以及内侧后缘、锯齿形喷口的上下唇边和尾撑后缘,均平行于同侧或对侧机翼的前缘;平尾外侧后缘平行于机翼后缘。这样的设计,可将这些边缘在不同方位角上分散产生的众多回波波峰与机翼前后缘产生的回波波峰合并,从而降低这些波峰被雷达发现的概率。同时,如果机翼前后缘后掠角的设计有意使前后缘的内法向及外法向移出飞机前向及尾向的重要方位角范围,那么,合并后的少数波峰,也可避免在飞机前向及尾向重要方位角范围内被敌方雷达发现。机翼后缘近翼尖处经过斜切成为折线后缘,平尾后缘经过斜切也成为折线后缘,但是,机翼或平尾经过斜切形成的一段后缘仍然平行于对侧或同侧机翼的后缘。

(6) 表面台阶与缝隙斜置。

为了降低在飞机前向附近及尾向附近入射下机身表面缝隙引起的行波回波,凡是与飞机纵轴垂直的缝隙均设计成锯齿形或将缝隙斜置,而且,每一锯齿的两个边及斜置的缝隙均平行于同侧或对侧机翼的前缘。这样,可在降低机身回波的同时,将缝隙产生的主要波峰与机翼前缘波峰合并。采用这一措施的地方有雷达罩与机身蒙皮的对缝、座舱盖与舱口间的前后对缝、起落架舱门的前后对缝、武器舱门的前后对缝以及边界层控制板的前后对缝等。如果像常规飞机那样,由这些缝隙引起的行波回波会以可观的强度出现在飞机的前向及尾向附近。

(7) 取消外挂。

当外挂物及挂架存在时,仅由这些附加物产生的RCS就可达到一架常规战斗机(无外挂状态)的水平。为了达到隐身目的,取消了外挂物及外露挂架,而将全部可投放或可发射武器及其挂架均安置在专门的武器舱内。F-22共有3个武器舱,机腹1个,两侧进气道外侧各有1个。可伸缩式的武器架会在舱门开启后将导弹伸出机外以锁定机外目标。M61A2型6管20mm"火神"航炮也藏在暗舱中,只在使用时才打开。为了保证隐身性能,部分牺牲了航炮的反应能力,而且航炮发射时弹壳不会抛出,而是在机内回收,以防止抛出的弹壳损伤机体上昂贵的隐身材料。

(8) 座舱盖镀膜。

一般的座舱盖是透波的,可使电磁波穿过并射到座舱内的金属结构、设备及驾驶员身体等散射体上。由这些散射体产生的回波会再次穿过座舱盖被雷达接收。若是给座舱盖镀上一层金属薄膜,在透光率允许的条件下增强其反射率,同时改变座舱的外形,使反射波绝大部分偏离到雷达接收不到的方向上,可使座舱的RCS显著降低。

2. 材料隐身

(1) 吸波涂料应用。

在低RCS外形的基础上,只在翼面前后缘及翼尖、进气道管壁及唇边、机身棱边等关键部位使用吸波材料以达到满意的综合效果,也是降低成本、改善维修性、缩短重复出击间隔时间的措施。在S形进气道内壁涂敷隐身涂料,使雷达波不能直接从进气口照射到发动机叶片,同时在弯曲进气道内被多次反射而衰减能量。

(2)格栅屏蔽。

飞机表面的各通气口均用钛合金经精密加工而成的格栅加以屏蔽。反射性格栅是用金属材料制成的网状格栅,它可将入射电磁波的绝大部分能量反射到雷达接收不到的方向上,只允许少量能量透过。根据所对抗的雷达波长,合理设计格栅网眼参数,既可获得可观的屏蔽效果,又可使进气口的进气压力损失不多。在金属格栅表面涂敷吸波材料,或用加入吸收剂的复合材料制造格栅,就成为吸收格栅,用吸收性格栅屏蔽进气口,也可减弱入射电磁波和进气道腔体的回波。

(3)使用复合材料。

F-22还广泛使用石墨类复合材料制造内部结构及蒙皮。

3. 其他雷达隐身设计

(1)雷达罩设计成"频率选择表面"(FSS)阻挡某些频率雷达波透过雷达罩照射到天线,同时保证对本机雷达的透波性能;

(2)雷达天线采用一个向上的固定安装角,使天线回波方向偏离前向的重要锥角范围;

(3)将主要天线和传感器采用内埋或保形布置;

(4)在F-22隐身设计过程中,采用了大量计算机辅助设计。由于计算机技术的飞速发展,出现了运算速度惊人的超级计算机,在F-22的RCS分析和计算中采用了整机计算机模拟(综合了进气道、吸波材料/吸波结构等的影响),比F-117A的分段模拟后合成结果更先进、全面和精确,同时可以保证机体表面采用连续曲面设计。该机的RCS试验结果与预测值的差异不超过1dB,其中关键频率上的RCS有73%与预测值的差异在2dB以内,97%在3dB以内。该机的前向RCS约为$0.065m^2$,比苏-27和F-15降低两个数量级。

第四章 雷达的电子防护

对雷达的电子防护是电子战的重要组成部分之一,主要用于保护己方雷达不受敌方施放的电磁波的干扰,同时不受己方无意辐射电磁波的影响。雷达电子防护的目标是尽量增加敌方电子进攻的无效投资,同时降低敌方电子进攻的有效性。电子防护技术总是随着电子进攻技术的发展而发展,不存在防护所有电子进攻系统的电子防护技术和战术。一种电子防护措施通常只对某一类电子攻击有效,而对另外类型的电子攻击却无效,甚至还会增加雷达的易毁性。

与电子进攻一样,电子防护需要训练有素的雷达技术人员和操作人员。电子战战场瞬息万变,敌方常常出其不意地使用一些新的电子进攻手段。在紧急情况下,最有效的电子防护战法就是先进的设备与训练有素的操作人员之间的密切结合,因此,掌握雷达电子防护技术原理是十分重要的。

现代战争中,防空雷达将面临严重的电子干扰、隐身飞机、巡航导弹和反辐射导弹等威胁,为了确保雷达效能的发挥以及自身的安全,必须采取电子防护措施和手段,必须加强针对雷达的电子防护技术的研究。

4.1 雷达反侦察

如前所述,雷达侦察是雷达电子战的先导,能够为电子干扰、电子防护、武器规避、目标瞄准或其他兵力部署等一系列军事行动实时提供威胁识别和相应参数,所以,雷达具备反侦察能力是十分重要的。

4.1.1 截获因子

雷达反侦察的目的就是使对方的雷达侦察接收机不能(或难于)截获和识别雷达辐射信号。具有难于被侦察接收机截获性质的雷达,统称为低截获概率雷达(LPI)。低截获概率雷达除了具有反侦察的特点外,还能防止敌方有针对性的干扰,并且也有利于防止反辐射导弹的攻击。

低截获概率雷达的质量通常用截获因子 α 来衡量,它是侦察接收机能够检测到低截获概率雷达的最大距离 R_I 与 LPI 雷达检测规定目标(也可以为侦察接收机的平台)的最大距离 R_m 的比值,即

$$\alpha = \frac{R_I}{R_m} \qquad (4-1-1)$$

由雷达方程和侦察方程可以推导出

$$\alpha^4 = \frac{1}{4\pi}\left(\frac{P_t}{kT_0}\right)\left(\frac{F_r}{F_I^2}\right)\left(\frac{1}{\tau B_I^2}\right)\left(\frac{L_r}{L_I^2}\right)\left(\frac{\lambda^2}{\sigma}\right)\left(\frac{D_r}{D_I^2}\right)\left(\frac{G_{tI}^2 G_I^2}{G_t G_r}\right) \qquad (4-1-2)$$

式中:P_t 为发射信号峰值功率;kT_0 为常数项,其中 k 为玻耳兹曼常数,T_0 为标准室温 290(K);F_r、F_I 分别为雷达接收机的噪声系数和侦察接收机的噪声系数;L_r、L_I 为雷达和侦察接收机的损耗因子;G_t、G_r 分别为雷达发射和接收天线的增益;G_{tI} 为雷达发射天线在侦察接收机方向的增益;G_I 为侦察接收机在雷达方向的天线增益;$D_r = (S/N)_{0min}$ 为雷达检测因子,即达到一定发现概率和虚警概率时输出端所需的最小信噪比;$D_I = (S/N)_{Imin}$ 为侦察接收机达到一定发现概率和虚警概率时输出端所需的最小信噪比;λ 为雷达工作波长;τ 为雷达脉冲宽度;B_I 为侦察接收机的有效带宽;σ 为雷达检测目标的雷达散射面积。

为提高雷达反侦察性能,应尽量降低截获因子 α。

4.1.2 雷达反侦察措施

一、技术措施

雷达反侦察采取的技术措施主要是尽可能地降低雷达的截获因子 α,具体表现如下。

(一) 降低辐射信号的峰值功率

由式(4-1-2)可以看出:降低辐射信号的峰值功率,将使截获因子 α 减小。采用功率管理技术,可使 α 保持在尽可能小的程度。雷达功率管理的原则是雷达在目标方向上辐射的能量只要够用(有效检测和跟踪目标)就行,尽量将 P_t 控制在较低的数量值上。

雷达功率管理技术通常适用于测高和跟踪雷达,而搜索雷达则不适用,因为它必须在很大范围连续搜索小目标。

(二) 降低发射天线的旁瓣电平

由于现代侦察接收机的灵敏度很高,能够截获由雷达发射天线旁瓣辐射的雷达信号。由式(4-1-2)可见,降低雷达发射天线的旁瓣增益 G_{tI} 对降低截获因子 α 很重要,所以应尽量地降低发射天线的旁瓣电平,采用超低旁瓣天线(即天线旁瓣电平在 -40dB 以下,平均电平小于 -20dB)。

(三) 发射复杂波形的雷达信号

由式(4-1-2)可见,截获因子 α 与侦察接收机的损耗因子 L_I 成反比,而损耗因子包括了侦察接收机的失配损耗。通常,侦察接收机无法对雷达信号进行匹配接收,而是以失配的方式进行接收,所以自然会产生失配损失。由于失配损失的大小与侦察接收机的型式密切相关,所以,雷达发射的信号越复杂,失配损耗就越大,侦察接收机的损耗因子 L_I 就越大,截获因子 α 就越小。

(四) 发射大时间带宽积的雷达信号

由式(4-1-2)可见,截获因子 α 还与雷达波形的时间带宽积成反比。增大雷达信号的时间带宽积,侦察接收机的带宽 B_I 必须大于信号带宽,因此,能够有效降低截获因子 α。通常将具有大时间带宽积特征的雷达信号波形称为低截获概率雷达信号波形。线性调频信号、随机相位编码信号具有大的时间带宽积,是低截获概率雷达信号,具有较好的反侦察特性。

(五)其他措施

此外,采用瞬间随机捷变频、重复周期、极化甚至脉宽跳变等措施,都可提高雷达的反侦察能力。如果采用无源定位方式,不向外辐射信号,自然能获得最好的反侦察性能。

二、战术措施

雷达反侦察的战术措施主要有:尽量缩短雷达的开机时间,充分利用其他侦察方式(侦察预警网)提供的数据,事先在敌机来袭方向做好准备,当目标飞到一定距离时突然开机,小范围搜索几次,抓住目标后立即关机;设置假辐射源或使雷达的工作频率、脉冲重复频率、扫描方式等主要技术参数经常变换,对新程式、新波段雷达严格保密,关键时刻突然使用;平时用假的或不准备作战时使用的雷达迷惑敌方。利用伪装网或其他器材对阵地进行伪装,伪装时要注意不破坏周围景物原貌。还可以将允许放进地下掩体的兵器放进掩体,既能达到伪装的目的又能加强对兵器的防护。

4.2 雷达抗干扰技术

由于有源干扰和无源干扰的作用机理不同,所以雷达对抗有源干扰和无源干扰的技术原理也不尽相同。雷达对抗有源干扰的技术措施主要可以分为两类:第一类措施主要在进入接收机前采用,通过空间选择、频率选择、极化选择、波形设计等方式,尽量将干扰排除在接收机之外;第二类措施主要用于抑制进入接收机内部的干扰信号,利用信号处理技术使雷达接收机的输出信噪比增至最大。雷达对抗无源干扰的主要措施是利用目标回波信号与无源干扰物形成的干扰信号之间运动速度的差异,采用动目标显示、动目标检测和脉冲多普勒雷达抑制固定(或缓慢运动)杂波干扰。

雷达对抗干扰的技术措施有很多种,有多种不同的分类方法。按雷达抗干扰的原理来分类,可以分为波形选择、空间与极化选择、功率对抗、频率选择、最佳接收、动目标处理技术等。本节主要介绍上述几类抗干扰技术的基本原理,重点介绍空间选择技术、脉冲压缩技术、频率捷变技术、脉冲多普勒技术的基本原理。

4.2.1 波形选择

一、信号波形分类

雷达信号的形式与雷达的威力、精度、分辨力、抗干扰能力等主要战技指标都有密切关系。雷达的几个主要组成部分,如发射机、接收机、信号处理设备也都与雷达信号波形有关。因此,人们总是希望所使用的信号既容易形成,又容易在收到的回波信号中提取出有用信息,消除干扰。所以,从提高雷达抗干扰性能的角度来研究雷达信号的波形就很有必要了。

目前雷达信号具有多种多样的信号形式,图4-2-1所示是一种简单的分类方法。

二、信号的模糊函数

检测、分辨与估值各自反映了雷达观测目标这一过程的不同侧面。检测指的是从噪声、杂波或其他干扰的环境中识别出雷达目标回波信号,表明雷达对目标的可见性。估值指的是在保证一定精度的前提下有效地提供目标的位置、形状、姿态等参数,表明可测性。而分辨指的是在多目标(包括干扰)环境中区分出特定目标的能力,指的是可分性。分辨

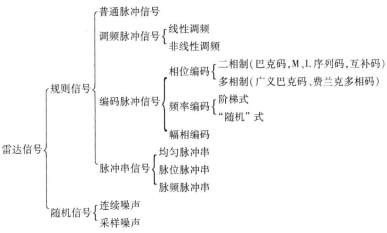

图 4-2-1 雷达信号的分类

与模糊是对立的概念,如果说分辨是指可分性,那么模糊就是指不可分性。

分辨可以根据目标的位置参数(距离、方位角、仰角)或运动参数(速度、加速度)其中之一来进行。雷达的角度分辨力取决于天线方向图,距离与速度分辨力则和发射信号的形式有密切关系。不同的信号形式有不同的分辨力,称为信号的固有分辨力。模糊函数是反映信号固有分辨力与信号波形关系的一种重要方法。

(一)模糊函数

1. 定义

对于距离和速度均有差异而其他坐标参数相同的两个目标,其回波信号分别为

$$\begin{cases} s_1(t) = u(t)e^{j2\pi f_0 t} \\ s_2(t) = u(t+\tau)e^{j2\pi(f_0-\xi)(t+\tau)} \end{cases} \quad (4-2-1)$$

式中:$u(t)$为信号的复包络;f_0为信号载频;τ为两信号的时差;ξ为两信号的多普勒频差。取两个回波信号的差平方积分来表示其差别:

$$D^2(\tau,\xi) = \int_{-\infty}^{\infty} |s_1(t) - s_2(t)|^2 dt =$$

$$\int_{-\infty}^{\infty} |s_1(t)|^2 dt + \int_{-\infty}^{\infty} |s_2(t)|^2 dt - 2Re\left(\int_{-\infty}^{\infty} s_1(t)s_2^*(t)dt\right) =$$

$$4E - 2Re\left(e^{-j2\pi(f_0-\xi)\tau}\int_{-\infty}^{\infty} u(t)u^*(t+\tau)e^{j2\pi\xi t}dt\right) \quad (4-2-2)$$

其中第一项中E是回波信号能量,其值为常数,故两信号的差异取决于第二项,即

$$\chi(\tau,\xi) = e^{-j2\pi(f_0-\xi)\tau}\int_{-\infty}^{\infty} u(t)u^*(t+\tau)e^{j2\pi\xi t}dt \quad (4-2-3)$$

式中:因子$e^{-j2\pi(f_0-\xi)\tau}$是主要由载频决定的快变化函数,雷达一般不用(相当于信号经过包络检波器后的情况,不利用其载频信息)。当然,由于$e^{-j2\pi(f_0-\xi)\tau}$中也包含了两目标的多普勒频率差ξ和时间差τ的作用,这会造成回波包络的失真,在忽略这种失真的条件下,两回波信号的差异就取决于包络$u(t)$的二维自相关函数:

$$\chi(\tau,\xi) = \int_{-\infty}^{\infty} u(t)u^*(t+\tau)e^{j2\pi\xi t}dt \quad (4-2-4)$$

式(4-2-4)就是信号的距离-速度二维模糊函数,简称模糊函数。显然当 $\tau = 0, \xi = 0$ 时, $|\chi(\tau,\xi)| = |\chi(0,0)|$ 最大, $D^2(\tau,\xi)$ 则最小,两目标在距离、速度上均无法分辨;在两目标的距离差和速度差已定,即 τ,ξ 已定时,分辨的难易就取决于信号的波形了。信号波形使 $\left|\dfrac{\chi(\tau,\xi)}{\chi(0,0)}\right|$ 越接近于 1,则越难分辨, $\left|\dfrac{\chi(\tau,\xi)}{\chi(0,0)}\right|$ 越小于 1,则越容易分辨。$|\chi(\tau,\xi)|$ 值的大小反映了信号 $u(t)$ 在距离和速度二维空间的模糊程度。

模糊函数也可由频域表示。根据傅里叶变换的频移特性和时延特性有

$$u(t)e^{+j2\pi\xi t} \leftrightarrow U(f-\xi)$$
$$u^*(t+\tau) \leftrightarrow U^*(f)e^{-j2\pi f\tau}$$

将上式代入帕塞瓦尔公式:

$$\int_{-\infty}^{\infty} u(t)v^*(t)\mathrm{d}t = \int_{-\infty}^{\infty} U(f)V^*(f)\mathrm{d}f$$

则式(4-2-3)变为

$$\chi(\tau,\xi) = \int_{-\infty}^{\infty} u(t)u^*(t+\tau)e^{j2\pi\xi t}\mathrm{d}t = \int_{-\infty}^{\infty} U^*(f)U(f-\xi)e^{-j2\pi f\tau}\mathrm{d}f \tag{4-2-5}$$

这就是模糊函数的频域表达式。

2. 模糊图与模糊度图

$|\chi(\tau,\xi)|$ 或 $|\chi(\tau,\xi)|^2$ 在 $\chi(\tau,\xi)$ 空间一般表现为一个连续曲面,称为模糊表面,模糊表面与 $\chi(\tau,\xi)$ 平面所构成的立体图称为模糊图。为了便于比较各种信号形式对不同目标环境的分辨能力,将模糊图归一化。例如:图 4-2-2 是高斯型信号的模糊图,当某一目标的回波信号通过滤波器后出现在 A 点,$|\chi(0,0)|^2 = 1.0$,表示该目标与滤波器所匹配的目标无法分辨。出现在 B、C 点的目标,其 $|\chi(\tau,\xi)|^2 \approx 0$,说明两个目标与滤波器欲选择(即匹配)的目标在距离和速度上均有明显差别,因而容易分辨。

虽然 $|\chi(\tau,\xi)|$ 的立体图形可以形象而全面地表达两相邻目标回波信号的模糊程度(即不可分辨性),但究竟处于模糊图的什么区域内目标是可以分辨的,处于什么区域内又是不可分辨的?我们用模糊图最大值的 -6dB 点即半电压点作为能否分辨的界限。用平行于 (τ,ξ) 平面的平面在 $|\chi(\tau,\xi)|^2$ 最大值的 -6dB 处去截模糊图,而形成的交迹,再投影到 (τ,ξ) 平面上形成的平面图形,称为模糊度图(图 4-2-3)。凡落入 -6dB 的模糊度图范围内的目标就是严重模糊的,不能分辨,凡落入 -6dB 以外的目标则可以分辨。

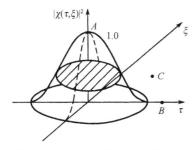

图 4-2-2 高斯型信号模糊图

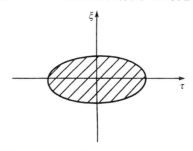

图 4-2-3 高斯型信号的模糊度图

有些信号的模糊图不但有主峰,在主峰周围还有副峰。如果目标的回波处于这些副峰的模糊区,则雷达的测量将出现多值性,也会造成该目标信号与滤波器所匹配的目标(能量归一的目标)信号不能分辨,即出现模糊。

如果杂波与目标回波同时通过雷达接收机后,杂波落入信号模糊区就会造成干扰;若不落入信号模糊区则不会造成干扰,说明该信号抗杂波的能力强。

(二) 模糊函数的物理意义

(1) 模糊函数是目标回波信号复包络 $u(t)$ 的时间、频率二维自相关函数。我们前面对模糊函数的定义就是由此给出的。

(2) 模糊函数是一组具有不同多普勒频移的信号在同一时间通过匹配滤波器后输出波形的组合。这个含义可从模糊函数的频域表达式(4-2-5)看出。

(三) 模糊函数的性质

1. 对原点的对称性

$$|\chi(\tau,\xi)| = |\chi(-\tau,-\xi)| \qquad (4-2-6)$$

上式表明雷达信号的模糊曲面对称于原点。

2. 原点有极大值

这个特性用模糊函数表示为

$$|\chi(\tau,\xi)|^2 \leq |\chi(0,0)|^2 \qquad (4-2-7)$$

这一特性的物理意义可以这样理解:模糊函数的最大点也就是差平方积分的最小点,且完全不能分辨的点,在这点上的两个目标距离和径向速度都没有差别($\tau=0, \xi=0$)。

3. 模糊体积不变性

模糊体积不变性即

$$\int_{-\infty}^{\infty}\int_{-\infty}^{\infty} |\chi(\tau,\xi)|^2 d\tau d\xi = |\chi(0,0)|^2 \qquad (4-2-8)$$

式(4-2-8)表明模糊曲面与(τ,ξ)平面所包围的体积(模糊体积)只决定于信号能量,而与信号形式无关。信号能量一定时,模糊体积是个不变的常数。这是一个十分重要的结论,称为模糊原理。选择雷达信号时,只能在模糊原理的约束下来改变模糊曲面的形状,使之与特定的目标环境相匹配,而不能企图用减小模糊体积的方法来提高分辨力。也就是使需要分辨目标的区域的模糊体积分布小些,不需要分辨的区域,模糊体积分布大些,以达到提高雷达分辨力和抗干扰能力的目的。

(四) 几种典型信号的模糊函数

1. 单载频矩形脉冲

单载频矩形脉冲归一化复包络可写成

$$u(t) = \begin{cases} \dfrac{1}{\sqrt{T}} & |t| \leq \dfrac{T}{2} \\ 0 & |t| > \dfrac{T}{2} \end{cases} \qquad (4-2-9)$$

根据式(4-2-4)求得其模糊函数为

$$\chi(\tau,\xi) = \frac{\sin\pi\xi(T-|\tau|)}{\pi\xi(T-|\tau|)} \cdot \frac{(T-|\tau|)}{T}e^{j\pi\xi\tau} \qquad (4-2-10)$$

单载频脉冲的模糊图如图4-2-4所示。

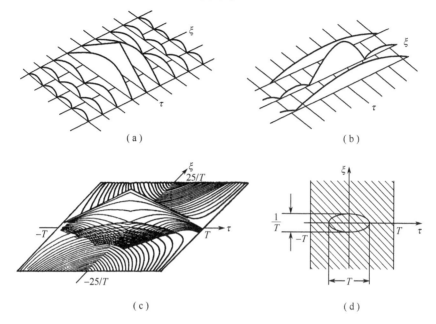

图4-2-4 单载频脉冲的模糊图

(a)ξ为常数时模糊图;(b)τ为常数时模糊图;(c)模糊图;(d)模糊度图。

2. 单载频矩形脉冲串

雷达工作时连续不断地发射周期矩形脉冲信号,由于天线的旋转和波瓣所作的圆周扫描或扇形扫描,使收到的目标回波信号脉冲是有限个数,即一串脉冲,所以叫脉冲串信号。

设单个脉冲的复包络为$u_1(t)$,则脉冲串可以表示为

$$u(t) = \sum_{n=0}^{N-1} u_1(t - nT_r) \qquad (4-2-11)$$

根据式(4-2-4)求得其模糊函数为

$$\chi(\tau,\xi) = \frac{1}{N}\sum_{m=-(N-1)}^{N-1} e^{j\pi\xi(N-1-m)T_r} e^{j2\pi\xi(\tau-mT_r)} \cdot \frac{\sin\pi\xi(T_r-|\tau-mT_r|)}{\pi\xi} \cdot \frac{\sin\pi\xi(N-m)T_r}{\sin\pi\xi T_r} \qquad (4-2-12)$$

单载频矩形脉冲串的模糊图如图4-2-5所示。

3. 线性调频矩形脉冲

线性调频矩形脉冲的归一化复包络为

$$u(t) = \frac{1}{\sqrt{T_p}}e^{jkt^2/2} \qquad |t| \leq T_p \qquad (4-2-13)$$

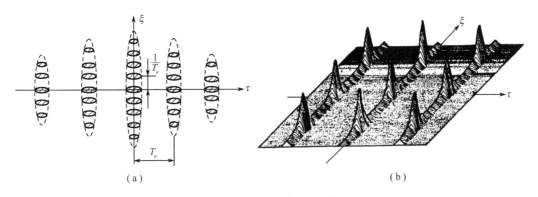

(a)　　　　　　　　　　　　　　(b)

图4－2－5　单载频脉冲串的模糊图

根据式(4－2－4)求得其模糊函数为

$$\chi(\tau,\xi) = \begin{cases} e^{-jk\tau^2}e^{j\pi\xi\tau}\dfrac{(T_p-|\tau|)}{T_p} \cdot \dfrac{\sin\dfrac{2\pi\xi-k\tau}{2}(T_p-|\tau|)}{\dfrac{2\pi\xi-k\tau}{2}(T_p-|\tau|)} & |\tau|<T_p \\ 0 & |\tau|>T_p \end{cases}$$

(4－2－14)

线性调频矩形脉冲的模糊图和模糊度图如图4－2－6所示，图中，T_p为脉冲时宽，Δf为调频带宽。

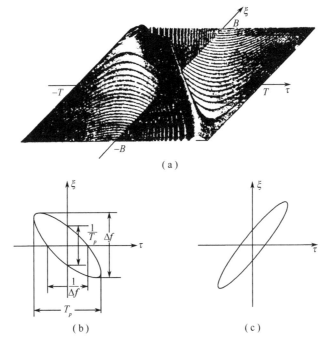

图4－2－6　线性调频矩形脉冲的模糊图和模糊度图
(a)模糊图；(b)模糊度图$k>0$；(c)模糊度图$k<0$。

4. 伪随机序列相位编码信号

伪随机序列相位编码信号是宽度为 T_d 的宽脉冲，这个宽脉冲由 N 个连续的矩形子脉冲组成，各个子脉冲的宽度相等，幅度相等，载频相同。但每个子脉冲的载频相位按二元序列中 $+1$ 或 -1 的位置实行调制，$+1$ 对应载频相位为 $0°$，-1 对应载频相位为 $180°$。这种相位调制看上去似乎无规律，其实是有某种规律的，故称为伪随机序列相位编码。

一般相位编码信号的复数表达式可以写成

$$s(t) = a(t) e^{j\varphi(t)} \cdot e^{j2\pi f_0 t} \qquad (4-2-15)$$

信号的复包络函数为

$$u(t) = a(t) e^{j\varphi(t)} \qquad (4-2-16)$$

$\varphi(t)$ 为相位调制函数，对于二相编码信号来说，$\varphi(t)$ 只有两个可能取值：0 或 π。$\varphi(t)$ 可用二进制序列 $\varphi_k = \{0, \pi\}$ 表示，也可以将 $e^{j\varphi(t)}$ 表示为二进制序列 $c_k = \{e^{j\varphi_k}\} = \{+1, -1\}$。

若二相编码信号的包络为矩形，即

$$a(t) = \begin{cases} \dfrac{1}{\sqrt{PT}} & 0 < t \leqslant PT \\ 0 & \text{其他} \end{cases} \qquad (4-2-17)$$

则二相编码信号的复包络为

$$u(t) = \begin{cases} \dfrac{1}{\sqrt{P}} \sum_{k=0}^{P-1} c_k v(t-kT) & 0 < t \leqslant PT \\ 0 & \text{其他} \end{cases} \qquad (4-2-18)$$

式中：$v(t)$ 为子脉冲函数；T 为子脉冲宽度；P 为子脉冲数；$T_d = PT$ 为编码信号的持续期。

利用 δ 函数的性质

$$\int_{-\infty}^{\infty} x(t) \delta(t-t_0) dt = x(t_0) \int_{-\infty}^{\infty} \delta(t-t_0) dt = x(t_0) \qquad (4-2-19)$$

式(4-2-18)还可以写成

$$u(t) = v(t) \otimes \frac{1}{\sqrt{P}} \sum_{k=0}^{P-1} c_k \delta(t-kT) =$$
$$u_1(t) \otimes u_2(t) \qquad (4-2-20)$$

其中

$$u_1(t) = \begin{cases} \dfrac{1}{\sqrt{T}} & 0 < t < T \\ 0 & \text{其他} \end{cases} \qquad (4-2-21)$$

$$u_2(t) = \frac{1}{\sqrt{P}} \sum_{k=0}^{P-1} c_k \delta(t-kT) \qquad (4-2-22)$$

根据式(4-2-4)求得其模糊函数为

$$\chi(\tau, \xi) = \chi_1(\tau, \xi) \underset{\tau}{\otimes} \chi_2(\tau, \xi) \qquad (4-2-23)$$

式中：$\underset{\tau}{\otimes}$ 为对 τ 卷积；$\chi_1(\tau, \xi)$ 为 $u_1(t)$ 的模糊函数；$\chi_2(\tau, \xi)$ 为 $u_2(t)$ 的模糊函数。

$$\chi_1(\tau,\xi) = \begin{cases} e^{j\pi\xi(T-|\tau|)} \dfrac{\sin\pi\xi(T-|\tau|)}{\pi\xi(T-|\tau|)} \cdot \dfrac{(T-|\tau|)}{T} & |\tau| < T \\ 0 & \text{其他} \end{cases}$$

(4 - 2 - 24)

$$\chi_2(\tau,\xi) = \frac{1}{P}\sum_{k=0}^{P-1}\sum_{l=0}^{P-1} c_k c_l e^{j2\pi\xi kT} e^{j2\pi\xi(\tau-(l-k)T)} \delta(\tau - (l-k)T) \quad (4 - 2 - 25)$$

常用的伪随机序列二相编码信号主要包括巴克码、M 序列码、L 序列码、互补码等。其中巴克码是一种最佳码,其主瓣与旁瓣有良好的功率比,对小的多普勒频移不敏感。巴克码的码型不多,长度有限,最长的巴克码为 13 位。13 位巴克码的模糊图如图 4 - 2 - 7 所示,类似图钉形,但非理想的图钉形。如果信号波形幅度及相位均随机变化,如伪随机噪声波形,其模糊图才比较接近理想的图钉形,如图 4 - 2 - 8 所示。

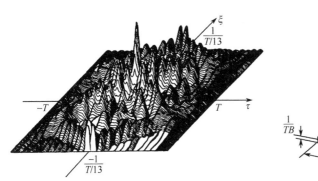 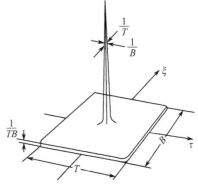

图 4 - 2 - 7 巴克码(P = 13)的模糊图　　　图 4 - 2 - 8 理想图钉形的模糊图

三、抗干扰波形选择

一部雷达采用什么样的发射信号为好,应当根据雷达的用途、威力、精度、分辨力、抗干扰能力等主要战术技术指标的要求,以及实现这种信号的发射机、接收机、信号处理设备等主要组成部分在技术上实现的难易程度和经济性加以全面的考虑。因此,雷达信号波形设计是雷达总体设计工作的一部分。我们现在并不是要从如此全面的角度来设计雷达信号波形,而是仅从抗干扰角度介绍一下雷达信号的波形选择问题。

（一）抗有源噪声干扰

有源噪声干扰是一种随机性最大的压制性干扰,它的干扰效果好,使用普遍。噪声干扰又可分为白高斯噪声和色高斯噪声干扰两种。

1. 抗白高斯噪声

白噪声背景中检测目标信号应当采用最佳接收系统 —— 匹配滤波器或相关积分器,以得到最大的输出信噪比 $q_{max} = \dfrac{2E}{N_0}$。要进一步提高 q_{max},只有加大信号能量 E 和降低干扰的谱密度 N_0。前者可以靠增大发射信号的峰值功率或平均功率、增加接收机相参积累的时间、提高天线主瓣增益等办法实现;后者则可通过降低天线旁瓣增益、采用能够抑制干扰的天线极化形式、迫使敌方降低干扰功谱密度(如采用频率分集、捷变频、多波段)等措施实现。这些措施虽说不属于信号波形设计的范围,但对信号波形选择却能起到一定间接作用。因为不同的信号波形可能表现与上述各种措施的兼容能力有所不同。例如:采用脉内调频信号,因信号的时宽带宽积大,既可迫使干扰谱密度降低,又便于增大信号能量,从而提高了 q_{max};又如伪随机序列相位编码信号也具有大的时宽带宽积,所以也是一种较好的抗白噪声干扰的信号波形。

2. 抗有源色高斯噪声

在色噪声背景中检测信号用最佳滤波器能获得最大输出信干比:

$$q_{max} = \frac{E^2}{\int_{-\infty}^{\infty} N(f) \mid S(f) \mid^2 \mathrm{d}f} \qquad (4-2-26)$$

要提高 q_{max},除了增大 E 之外,就是设法降低干扰谱密度 $N(f)$ 和减小干扰与信号频谱的重叠,将信号频谱集中在干扰频谱较弱的区域,或者说使干扰的模糊函数出现在信号模糊图的低值区或空白区。为此,采用大时宽带宽积的信号或自适应频率捷变信号。

3. 抗噪声调频干扰

噪声调频干扰是目前使用最普遍的干扰形式,它的有效频偏可以做得很大,达数百兆赫,覆盖的频带比其他噪声干扰宽得多,因此,一般的宽带信号和跳频方法都无明显的抗干扰效果。目前国内外研制宽-限-窄电路对抑制这种干扰有一定效果,但是需要从雷达信号波形上采取措施,尽量压窄信号带宽,使下面的不等式成立,才能有较好的抗干扰效果:

$$f_e \gg F_0 \gg B_1 \gg B \qquad (4-2-27)$$

式中:f_e 为调频噪声的有效带宽;F_0 为调制噪声的带宽;B_1 为限幅器前带宽;B 为限幅后带宽(即匹配滤波器带宽)。

不等式中前两项是将连续噪声干扰转换成空度比较大的干扰脉冲的条件,后一项是将干扰脉冲加以有效地平滑的条件。

(二) 抗距离、速度欺骗干扰

距离欺骗和速度欺骗干扰都是回答式干扰,干扰设备在收到雷达发射信号后,转发一个或多个该信号的延时、移频的复本。对于非相干回答式干扰,这种复本不可能是雷达信号的精确再现。如果雷达发射信号采用复杂结构的脉内调制波形,如脉内调频、相位编码调制等信号,干扰机转发的复本便会严重失真。雷达接收系统对目标回波信号是匹配的,其输出为

$$\chi(\tau,\xi) = \int_{-\infty}^{\infty} u(t)u^*(t+\tau)\mathrm{e}^{\mathrm{j}2\pi\xi t}\mathrm{d}t \qquad (4-2-28)$$

而对于干扰脉冲是严重失配的,其输出为

$$\chi_J(\tau,\xi) = \int_{-\infty}^{\infty} v(t)u^*(t+\tau)\mathrm{e}^{\mathrm{j}2\pi\xi t}\mathrm{d}t \qquad (4-2-29)$$

$\chi(\tau,\xi)$ 是目标回波信号复包络 $u(t)$ 的时间、频率二维自相关函数(模糊函数),一般总有一个尖锐的主峰,而 $\chi_J(\tau,\xi)$ 是目标回波信号 $u(t)$ 与干扰信号 $v(t)$ 的时间、频率二维互相关函数(也称互模糊函数),它也有自己的主峰,但是由于干扰脉冲是严重失真的信号脉冲复本,它的主峰不会与目标信号的主峰重合。换句话说,在雷达接收系统中,干扰信号必

然会受到抑制。受抑制的程度取决于干扰脉冲的失真程度,失真的大小又与雷达发射信号波形有关。例如:采用 $\tau B \gg 1$ 的线性调频信号时,干扰机转发的是宽度等于发射脉冲宽度的普通脉冲信号,而目标回波则保持原来的线性调频结构,两者通过压缩滤波器后,目标回波成了一个宽度被压缩了 τB 倍的尖锐脉冲,而干扰信号失配,不发生压缩现象,这就造成了抗距离欺骗或速度欺骗的有利条件。

（三）抗无源干扰

如果说功率对抗是抗有源干扰的一种有效手段,那么,正好相反,对于无源干扰功率对抗就完全无效了。这种情况下雷达信号波形的选择则是具有重要意义的手段,这里需要重申信号模糊原理:不同的信号形式具有不同形状的模糊图,但是只要信号的能量相同,它们的模糊体积就是一定的,而且是相同的,只是它们的主峰和副峰所占比例不同。进行抗干扰波形选择时,只能在这个模糊原理的约束下来改变模糊图的形状,其主峰避开干扰;并尽量压低副峰或将副峰移到无关紧要的区域去。

4.2.2 空间选择

空间选择法抗干扰是指尽量减少雷达在空间上受到敌人干扰的机会。空间选择抗干扰技术的核心是通过雷达天线的设计,提高雷达的空间鉴别和滤波的能力。所采用的具体技术包括低旁瓣和超低旁瓣天线技术、空间滤波、旁瓣消隐技术、旁瓣对消技术、天线自适应抗干扰技术。

一、低旁瓣和超低旁瓣天线技术

雷达分辨体积单元 ΔV_s 是指由 θ_α、θ_β、τ 所构成的空间体积,如图4-2-9所示。其表达式为

$$\Delta V_s = R\theta_\alpha \times R\theta_\beta \times \frac{1}{2}c\tau \qquad (4-2-30)$$

式中:R 为目标的距离。

减小雷达分辨体积单元,不仅能使进入雷达的干扰功率减小,而且还降低了雷达信号被敌方侦察设备截获的可能性。由天线增益与波束宽度关系的经验公式(2-2-3)可以看出,减小 θ_α、θ_β,将使天线增益提高。当波束足够窄,旁瓣足够低时,雷达将只接收目标回波信号,而将目标周围空间的各种干扰抑制掉,能够提高雷达接收的信干比。

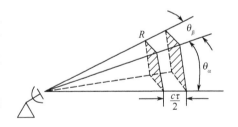

图4-2-9 雷达分辨体积单元

目前,低旁瓣和超低旁瓣天线已经成为提高雷达系统整体性能的一个重要方面。要想使雷达能在严重地物干扰和电子干扰环境中有效地工作,必须尽可能采用低旁瓣的天线。低旁瓣和超低旁瓣天线还能有效地避免雷达遭反辐射导弹的袭击。一般天线的最大旁瓣电平约为 -13 ~ -30dB,低旁瓣天线的最大旁瓣电平为 -30 ~ -40dB,而超低旁瓣天线的最大旁瓣电平在 -40dB 以下。

天线的旁瓣电平主要由天线的照射特性、初级馈源泄漏和口径阻挡效应及天线的加工精度等因素所决定。对于轴对称的反射面天线(如抛物面天线),由于初级馈源泄漏和

阻挡效应,很难做成超低旁瓣天线。平面阵列天线却有很大潜力,可以做成超低旁瓣天线。平面阵列天线的超低旁瓣是利用计算机辅助设计(CAD)和计算机辅助机械加工来实现的,其关键技术是鉴别和控制影响天线旁瓣电平的误差源(如天线结构、各辐射元之间的互耦、天线各种制造误差和频率响应等)。

20世纪80年代后,由于天线旁瓣设计理论方面有了新的突破,在天线设计和制造方面广泛采用了计算机辅助设计和计算机辅助制造(CAM),再加上对大型雷达天线近场精密测试技术的提高,已实现了对每一部出厂天线进行检测,发现缺陷并及时修正。因此,新型雷达天线已实现了低旁瓣水平(一般在 -30dB 左右)。

二、空间滤波

进入雷达干扰信号的强弱与天线波束宽度有关,波束宽,进入的干扰信号较多;波束窄,进入的干扰信号较少,所以,雷达天线波束实质上是一个空间滤波器,起着空间滤波的作用。根据空间滤波特性的不同,可以分为峰值滤波器和零值滤波器。

(一) 峰值滤波器

对于干扰均匀分布的环境(如分布式消极干扰或大范围的点式干扰),减小天线波束宽度,使波束主瓣足够窄,天线增益足够高,旁瓣尽量低,就能使信号干扰比达到最大。因为这种方法滤去干扰,而使信号干扰比最大,所以称为峰值滤波器,又称为波束匹配,如图4-2-10所示。常规雷达天线的波束实际上就是一种峰值滤波器,因此,为了提高雷达的抗干扰能力应尽量减小天线波束主瓣宽度,提高天线增益,压低旁瓣。大型相控阵面天线波束宽度窄,且波束指向可以捷变,是一种良好的天线峰值滤波器。

(二) 零值滤波器

当目标周围只有少数几个点式干扰源(如压制性积极干扰)时,干扰源可以看成是点源,把天线波束零点对准干扰源方向即可滤除干扰,称之为零值滤波器,如图4-2-11所示。

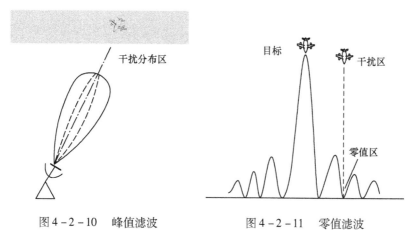

图4-2-10 峰值滤波   图4-2-11 零值滤波

因为零值滤波器滤去零值方向的干扰,所以在其他方向就不再受这个干扰的影响,可以正常地接收目标信号。由于干扰源在空间相对位置是变化的,零值滤波器的零值位置也要相应变化。旁瓣对消技术是应用零值滤波的一个例子。

三、旁瓣消隐(SLB)技术

雷达天线旁瓣的存在,使敌方能够实施旁瓣干扰,而且是很强的干扰甚至能形成全方位的干扰扇面。为了消除从旁瓣进入的干扰,可采用旁瓣消隐和自适应旁瓣对消技术。

旁瓣消隐技术是在原雷达接收机(主路接收机)基础上增设一路辅助接收机,主路接收机所用的主天线为原雷达天线,辅助接收机所用的辅助天线为全向天线,其增益略大于或等于主天线最大旁瓣增益(远小于主瓣增益)。主天线和辅助天线的方向图如图4-2-12所示。

旁瓣消隐的原理方框图如图4-2-13所示。主天线和辅助天线的输出信号或干扰分别经过主路接收机和辅助接收机送至比较器,在比较器中进行比较。当主路输出大于辅助支路输出时,选通器开启,将主路接收机的信号经过选通器送往显示器,这是目标处于主瓣方向的情况。当主路输出的信号或干扰小于(或等于)辅助支路输出时,则产生消隐脉冲送至选通器关闭选通器,没有信号送往显示器,从而消除了来自旁瓣的干扰。

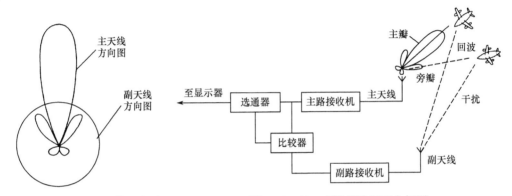

图4-2-12 主副天线方向图   图4-2-13 旁瓣消隐原理方框图

这种方法的优点是结构简单,易于实现。其缺点是只对低工作比的脉冲干扰有效,对于杂波干扰和高工作比的脉冲干扰,因为主瓣大部分时间处于关闭状态,所以不适用。

四、旁瓣对消技术

旁瓣对消(SLC)是一种相干处理技术,可减小通过天线旁瓣进入的噪声干扰,目前的SLC技术已能使旁瓣噪声干扰减低20~30dB。

一个典型的相干旁瓣对消器(CSLC)的组成如图4-2-14所示。

在主天线波瓣收到目标信号的同时,天线的旁瓣响应中收到了干扰信号。干扰信号也被几个辅助天线接收到,它们在干扰机方向上的增益大于主天线旁瓣的增益。通常在辅助天线上收到的干扰信号强度远大于目标信号。

每一个辅助天线收到的干扰信号在幅度和相位上进行复加权形成"矢量和"信号,然后与主天线的干扰信号相减。权值是由一个自适应处理器控制的,可以使干扰信号功率在系统的输出中最小。

下面用一个简单例子说明自适应对消的原

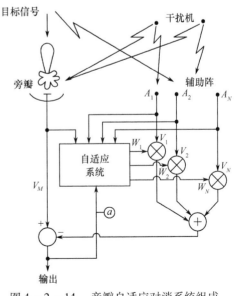

图4-2-14 旁瓣自适应对消系统组成

理。如图 4-2-15(a) 所示,主天线接收到的信号,包括回波 $U_{s0}(t)$ 和干扰 $U_{J0}(t)$ 经过接收机处理后送到相加器,副天线接收的信号分成互相正交的两路:$U_{JC}(t)$ 和 $U_{JCV}(t)$,分别经 W_1 和 W_2 加权后,也送到相加器,三个信号相加的矢量和作为输出信号。适当调节 W_1、W_2 的值,使

$$U_{J\Sigma}(t) = U_{J0}(t) + W_1 U_{JC}(t) + W_2 U_{JCV}(t) = 0 \quad (4-2-31)$$

就可将主天线和辅助天线接收的干扰对消掉,它们之间的矢量关系如图 4-2-15(b) 所示。

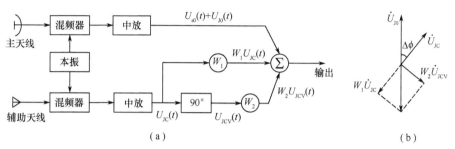

图 4-2-15 自适应对消的原理框图
(a) 原理方块图;(b) 矢量关系。

设辅助天线与主天线所接收的干扰信号幅度比为 a,相位差为 $\Delta\phi$,即 $\dot{U}_{JC} = a\dot{U}_{J0}e^{-j\Delta\phi}$,则根据矢量关系可求得当 $W_1 = -\cos\Delta\phi/a$,$W_2 = \sin\Delta\phi/a$ 时,$U_{J\Sigma} = 0$。

对回波信号,由于主天线主瓣增益远大于辅助天线增益,因而辅助天线所接收的回波信号相对于主天线的来说是非常弱的,在相加器处与主天线接收的回波信号矢量相加时,其影响是很小的,所以,回波信号经对消器后损失很小。

由于目标和干扰源都在运动,而天线是随目标运动而转动的,辅助天线与主天线旁瓣所接收的干扰信号的幅度比 a 和相位差 $\Delta\phi$ 都在不断地变化着,无法用人工控制权系数 W_1、W_2 的办法来实现旁瓣对消。因此,必须根据两天线所接收的干扰情况自动地计算和调整 W_1、W_2 的数值。

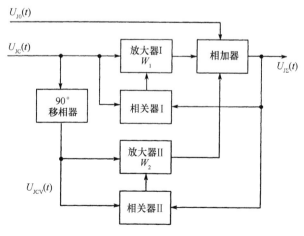

图 4-2-16 实现权系数调整的原理框图

一种采用相关器和增益电控放大器来自动调整 W_1、W_2 的自适应旁瓣对消设备的原理如图 4-2-16 所示。两个增益电控放大器的放大量 W_1、W_2 分别正比于相关器 I 和 II 的输出电压。其值分别为

$$\begin{cases} W_1 = K_1 E[U_{JC}(t) U_{J\Sigma}(t)] \\ W_2 = K_2 E[U_{JCV}(t) U_{J\Sigma}(t)] \end{cases} \quad (4-2-32)$$

式中：$E[\cdot]$ 为相关运算；K_1、K_2 为比例常数。

由于

$$U_{J\Sigma}(t) = U_{J0}(t) + W_1 U_{JC}(t) + W_2 U_{JCV}(t) \quad (4-2-33)$$

$$\begin{cases} E[U_{JC}(t) U_{JCV}(t)] = 0 \\ E[U_{JC}(t) U_{JC}(t)] = \sigma^2 \\ E[U_{JCV}(t) U_{JCV}(t)] = \sigma^2 \end{cases} \quad (4-2-34)$$

式中：σ^2 为噪声干扰分量 $U_{JC}(t)$ 和 $U_{JCV}(t)$ 的方差（功率）。

将式（4-2-33）、式（4-2-34）代入式（4-2-32），可得

$$\begin{cases} W_1 = K_1 E[U_{JC}(t) U_{J0}(t)]/(1 - K_1 \sigma^2) \\ W_2 = K_2 E[U_{JCV}(t) U_{J0}(t)]/(1 - K_2 \sigma^2) \end{cases} \quad (4-2-35)$$

考虑干扰为噪声干扰，经过接收机后 $U_{J0}(t)$、$U_{JC}(t)$ 和 $U_{JCV}(t)$ 均为窄带随机过程。根据互相关系数的定义可得

$$\begin{cases} E[U_{JC}(t) U_{J0}(t)] = \sigma \sigma_{J0} \rho_{J1} \\ E[U_{JCV}(t) U_{J0}(t)] = \sigma \sigma_{J0} \rho_{J2} \end{cases} \quad (4-2-36)$$

式中：σ_{J0}^2 为 $U_{J0}(t)$ 的方差；ρ_{J1} 和 ρ_{J2} 分别为 $U_{JC}(t)$、$U_{JCV}(t)$ 与 $U_{J0}(t)$ 的互相关系数。

当副、主天线所接收的干扰幅度比为 a，即 $U_{JCm}(t) = a U_{J0m}(t)$ 时，$\sigma = a \sigma_{J0}$。

考虑一种最简单的情况，当调整使 $\phi_{J0}(t) = \phi_{JC}(t)$ 时，$\rho_{J1} = 1$，$\rho_{J2} = 0$，这时

$$\begin{cases} E[U_{JC}(t) U_{J0}(t)] = a \sigma_{J0}^2 \\ E[U_{JCV}(t) U_{J0}(t)] = 0 \end{cases} \quad (4-2-37)$$

将式（4-2-37）代入式（4-2-35），再代入式（4-2-33）可得

$$U_{J\Sigma}(t) = U_{J0}(t) + \frac{K_1 a \sigma_{J0}^2}{1 - K_1 a^2 \sigma_{J0}^2} U_{JC}(t) =$$

$$U_{J0m}(t) \cos[\omega_i t + \phi_{J0}(t)] + \frac{K_1 a^2 \sigma_{J0}^2}{1 - K_1 a^2 \sigma_{J0}^2} U_{J0m} \cos[\omega_i t + \phi_{JC}(t)]$$

$$(4-2-38)$$

当 $K_1 a^2 \sigma_{J0}^2 \gg 1$ 时，$\dfrac{K_1 a^2 \sigma_{J0}^2}{1 - K_1 a^2 \sigma_{J0}^2} \approx -1$，由于 $\phi_{J0}(t) = \phi_{JC}(t)$，所以 $U_{J\Sigma} \approx 0$，干扰可以

被对消。一般情况下,辅助支路同向和正交两路同时调整权系数,可以较好地对消掉噪声干扰,使 $U_{J\Sigma} \approx 0$。

在实际应用中,权系数的调整是在没有目标回波信号的扫描回程期间进行的,在扫描正程期间权系数保持不变,旁瓣对消系统可进行干扰对消并正常接收目标回波信号。

旁瓣对消系统能处理的干扰源的最大数目等于辅助天线的数目,并且适用于对消窄带噪声干扰。

五、天线自适应抗干扰技术

天线自适应抗干扰技术就是根据信号与干扰的具体环境,自动地控制天线波束形状,使波束主瓣最大值方向始终指向目标而在干扰源方向形成零陷,以便能最多地接收回波能量和最少地接收干扰能量,使信干比最大。

实现这一功能的天线属于零值滤波型天线,其自适应算法称为自适应波束形成算法,其核心是计算天线的一组复数加权值(权矢量)。权矢量的计算实际上是根据期望信号(目标回波信号)和干扰的广义平稳性以某种准则为依据的多参数最优化问题。最优准则主要有最小均方误差(MMSE)准则、最大信干噪比(MSINR)准则、最大似然(ML)准则、最小噪声方差(MNV)准则,这四种准则在一定的条件下是等价的。

按照权值处理方式自适应波束形成算法可分为块自适应处理和连续自适应处理。所谓块自适应处理是采样一段数据形成数据块后,计算出自适应权矢量,之后进行天线自适应加权运用,这样循环往复。典型的算法主要有线性约束最小方差(LCMV)法、采样矩阵求逆(Sample Matrix Inversion,SMI)法等,其特点是使用了采样矩阵求逆运算的方法,使用的数据是块数据,它是一种开环处理方式。所谓连续自适应处理是每一次采样后就进行自适应权矢量计算,并进行权值更新,依次进行,直到权值调整到位。典型的连续自适应处理算法主要有最小均方(LMS)算法、差分最陡下降(DSD)算法等。LMS算法是一种闭环处理方式,需要一个参考信号,计算量较低,适用于平稳信号环境。

现以常用的线性约束最小方差(LCMV)算法为例进行原理介绍。图4-2-17给出了一种线性约束最小方差算法的天线自适应处理的原理框图。

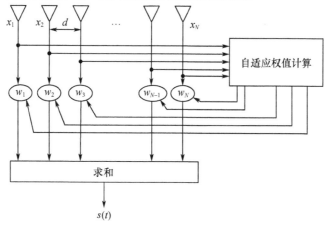

图4-2-17 天线自适应抗干扰原理框图

自适应天线是由许多天线阵元组成的天线阵,阵元间隔 d 一般取为信号波长的一半,每个天线阵元接收的信号 $x_i(t)$ 经各自复数加权 w_i 后组合相加产生阵输出 $s(t)$。

$$s(t) = x_1(t)w_1 + x_2(t)w_2 + \cdots + x_N(t)w_N = \sum_{i=1}^{N} x_i(t)w_i = \boldsymbol{w}^H \boldsymbol{x}$$

(4-2-39)

式中：$\boldsymbol{x} = [x_1(t), x_2(t), \cdots, x_N(t)]^T$ 为阵列输入信号矢量；$\boldsymbol{w} = [w_1, w_2, \cdots, w_N]^T$ 为阵列的加权矢量；$[\cdot]^T$ 为矩阵的转置；$[\cdot]^H$ 表示矩阵的共轭转置。

线性约束最小方差算法的基本思想是：在最大限度接收期望信号的基础上，通过设置约束条件对自适应权矢量进行调整，从而保证阵列输出功率最小，即在目标方向增益最大，而在干扰方向上增益最小（零陷），从而最大限度地滤除干扰。自适应阵列权矢量的求解模型可表示为

$$\begin{cases} \min_{\boldsymbol{w}} \boldsymbol{w}^H \boldsymbol{R}_X \boldsymbol{w} \\ \text{s.t} \quad \boldsymbol{w}^H \boldsymbol{a}(\theta_0) = \mu \end{cases}$$

(4-2-40)

式中：$\boldsymbol{R}_X$ 为接收干扰信号的协方差矩阵；$\boldsymbol{w}$ 为待求得权矢量；θ_0 为期望波束指向（即目标所在方向）；$\boldsymbol{a}(\theta_0)$ 为期望信号的空间导向矢量；μ 为常数；s.t 表示受约束于后面数学公式的意思。

协方差矩阵 $\boldsymbol{R}_X$ 可以通过 L 次观测数据的相关矩阵来估计，即

$$\hat{\boldsymbol{R}}_X = \frac{1}{L} \sum_{i=1}^{L} \boldsymbol{x}_i \boldsymbol{x}_i^H$$

(4-2-41)

由于 μ 的取值对阵列输出信干噪比（SINR）没有影响，因此一般设为 1。令 $\mu = 1$，此时可求得最优权矢量为

$$\boldsymbol{w}_{\text{opt}} = \frac{\boldsymbol{R}_X^{-1} \boldsymbol{a}(\theta_0)}{\boldsymbol{a}^H(\theta_0) \boldsymbol{R}_X^{-1} \boldsymbol{a}(\theta_0)}$$

(4-2-42)

式中：$\boldsymbol{R}_X^{-1}$ 为 $\boldsymbol{R}_X$ 的逆矩阵。

在实际的应用过程中，由于目标方向是未知的，所以需要事先估计出目标的方向，另外，$\boldsymbol{R}_X$ 中不含期望信号，通常利用无回波间歇期内采样的干扰数据进行计算。另外这种算法适用于多点源旁瓣干扰的情况，不适于主瓣干扰情况。

【例题】一个 16 阵元加权自适应天线阵，阵元间距均为 $\lambda/2$，目标处于 $0°$ 方向，有两个窄带干扰，分别处于 $\theta = -25°$、$\theta = 20°$ 方向，干信比 40dB，采用 LCMV 自适应算法，计算自适应波束形成后的方向图。

【解】根据上述条件，首先计算包含两个干扰的协方差矩阵，设置期望信号导向矢量，然后根据式（4-2-42）求得权值 $w1 \sim w16$，如表 4-2-1 所示。根据权值，可以得出自适应波束形成后的波束图如图 4-2-18 实线所示。为了说明抗干扰效果，图 4-2-18 给出了权值均为 1 时的固定系数波束方向图，如虚线所示。由图可以看出：固定系数方向图在 $\theta = -25°$、$\theta = 20°$ 方向均有 -20dB 的增益，而对于自适应处理后的波束图，在 $\theta = -25°$、$\theta = 20°$ 方向均有较深的零陷，分别为 -91.8dB 和 -93.4dB。这就表明：经过自适应处理后，相比固定系数波束，可对 $\theta = -25°$、$\theta = 20°$ 方向的干扰分别衰减 71.8dB 和 73.4dB，达到较好的抑制干扰的效果。

六、极化选择

极化对抗又称极化滤波，它是利用目标回波信号和干扰之间在极化上的差异来抑制干扰提取目标信号的技术。

表 4-2-1 计算出的复数权矢量

权矢量	w_1	w_2	w_3	w_4	w_5	w_6	w_7	w_8
数值	0.0522−0.0084i	0.0500+0.0060i	0.0666+0.0066i	0.0605+0.0052i	0.0755−0.0127i	0.0621−0.0038i	0.0709+0.0282i	0.0687+0.0048i
权矢量	w_9	w_{10}	w_{11}	w_{12}	w_{13}	w_{14}	w_{15}	w_{16}
数值	0.0524−0.0094i	0.0668−0.0076i	0.0644+0.0029i	0.0677+0.0062i	0.0662+0.0070i	0.0571−0.0081i	0.0567−0.0064i	0.0621−0.0103i

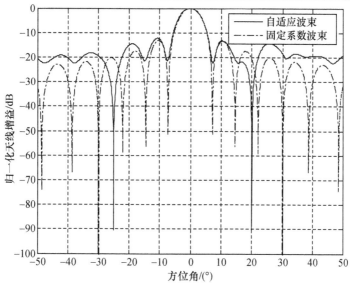

图 4-2-18 16 阵元自适应处理形成的方向图

利用雷达的极化特性抗干扰有以下两种方法。

第一种方法是尽可能降低雷达天线的交叉极化增益,以此来对抗交叉极化干扰。为了能抗一般的交叉极化干扰,通常要求天线主波束增益比交叉极化增益高 35dB 以上。

第二种方法是控制天线极化,使其保持与干扰的极化失配,能有效地抑制与雷达极化方向正交的干扰信号。从理论上看,当雷达的极化方向与干扰机的极化方向垂直时,对干扰的抑制度可达无穷大。但实际上,由于受天线极化隔离度的限制,仅能得到 20dB 左右的极化隔离度。极化失配对干扰信号的抑制水平参见表 4-2-2。

表 4-2-2 极化干扰抑制量

抑制量/dB	干扰机	极化方式			
雷达		水平	垂直	左旋	右旋
极化方式	水平	0	∞①	3	3
	垂直	∞①	0	3	3
	左旋	3	3	0	∞①
	右旋	3	3	∞①	0
① 实际极限约为 20dB					

由于敌方干扰信号的极化方向事先是未知的,所以要实现极化失配抗干扰就必须采用极化侦察设备和变极化天线,自适应地改变发射和接收天线的极化方向,使接收的目标信号能量最大而使接收到的干扰能量最小,极化抗干扰的原理方框图如图4－2－19所示。当自卫干扰机或远距离支援干扰机正使用某种极化噪声干扰信号时,通过极化测试仪可以测得干扰信号的极化数据,由操纵员或自动控制系统控制雷达天线改变天线极化方式,最大限度地抑制干扰信号,获得最大的信号干扰比。

此外,极化抗干扰技术还包括极化捷变、极化分集等,其基本原理都是通过对天线极化方向的调整抑制对干扰信号的接收。

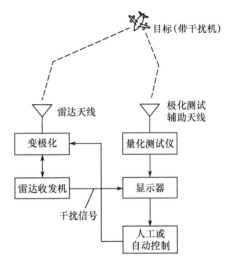

图4－2－19 极化抗干扰原理图

4.2.3 功率对抗技术

在电子防卫中,功率对抗是抗有源干扰特别是抗主瓣干扰的一个重要措施。通过增大雷达的发射功率、延长在目标上的波束驻留时间或增加天线增益,都可增大回波信号功率、提高接收信干比,有利于发现和跟踪目标。

功率对抗的基本方法包括:增大单管的峰值功率;采用脉冲压缩技术;功率合成;波束合成;提高脉冲重复频率。

一、增大单管峰值功率

增大单管峰值功率主要就是选用功率大、效率高的微波发射管。但是单管的峰值功率与波长有关,波长越短,峰值功率越小。而且,当发射管功率很大时,电源的体积增大,价格增加,还容易使传输线系统打火,所以增大单管功率受到了限制。

二、脉冲压缩

脉冲压缩的概念始于第二次世界大战初期,由于技术实现上的困难,直到20世纪60年代初脉冲压缩信号才开始应用于超远程警戒和远程跟踪雷达。70年代以来,由于理论上的成熟和技术实现手段日趋完善,脉冲压缩技术广泛运用于三坐标、相控阵、侦察、火控等雷达,从而明显地改进了这些雷达的性能。为了强调这种技术的重要性,往往把采用这种技术(体制)的雷达称为脉冲压缩雷达。

脉冲雷达所用的信号多是简单矩形脉冲。这时脉冲信号能量$E = P_t \tau$,P_t为脉冲功率,τ为脉冲宽度。当要求增大雷达探测目标的作用距离时,应该加大信号能量。增大发射机的脉冲功率是一个途径,但它受到发射管峰值功率及传输线功率容量等因素的限制。在发射机平均功率允许的条件下,可以用增大脉冲宽度τ的办法来提高信号能量。但脉冲宽度τ的增加又受到了距离分辨力的限制。距离分辨力取决于所用信号的带宽B。B越大,距离分辨力越好。对于简单矩形脉冲信号,信号带宽B和其脉冲宽度τ满足$B\tau \approx 1$的关系,τ越大,B越小,即距离分辨力越差。因此,对于简单矩形脉冲信号,提高雷达的探测距离和保证必需的距离分辨力这对矛盾是无法解决的。这就有必要去寻找和采用较为复杂的信号形式。

大时宽带宽积信号就是解决上述矛盾的合适信号。顾名思义,大时宽带宽积信号指的是脉冲宽度τ与信号带宽B的乘积远远大于1的信号,即$B\tau \gg 1$。在宽脉冲内采用附加的频率或相位调制就可以增加信号的带宽。接收时采用匹配滤波器进行处理就可将宽脉冲压缩到$1/B$的宽度。这样既可发射宽脉冲以获得大的能量,又可在接收处理后得到窄脉冲所具备的距离分辨力。因为在接收机内对信号进行了压缩处理,所以大时宽带宽积信号又称为脉冲压缩信号。

常用的大时宽带宽积信号主要有两种:一种是线性调频信号;另一种是相位编码信号。因为脉冲压缩的实质是匹配滤波处理,本节先讨论信号的匹配滤波器。然后分别讨论线性调频脉冲压缩及相位编码脉冲压缩技术的原理和实现问题。

(一) 匹配滤波器

早期雷达是通过观察显示器噪声背景中的信号,来判断目标是否存在并测量其参量。显然,增加信号峰值功率相对于噪声平均功率的比值(即增加信噪比),将有利于在噪声背景中把信号区分出来,也便于精确地测量信号参量。因此,自然地采用信噪比作为衡量接收系统性能的准则。这个准则在门限检测时也是适用的,当背景噪声是高斯分布时,信噪比的大小唯一地决定了在噪声背景中发现目标的能力。

匹配滤波器就是以输出最大信噪比为准则的最佳线性滤波器。下面给出白噪声背景下的匹配滤波器主要结论,推导的过程从略。

设线性非时变滤波器输入端为信号加噪声:

$$x(t) = s_i(t) + n_i(t) \quad (4-2-43)$$

其中,噪声为平稳白噪声,其双边带功率谱密度为

$$P_n(f) = \frac{N_0}{2} \quad (4-2-44)$$

而确知信号$s_i(t)$的频谱为

$$S_i(f) = \int_{-\infty}^{\infty} s_i(t) e^{-j2\pi ft} dt \quad (4-2-45)$$

则当滤波器的频率响应为

$$H(f) = k S_i^*(f) e^{-j2\pi f t_0} \quad (4-2-46)$$

时,在滤波器输出端能够得到最大信噪比。这个滤波器为最大信噪比准则下的最佳滤波器,常称为匹配滤波器。由式(4-2-46)知,匹配滤波器的频率特性与输入信号的频谱成复共轭。式中:k为常数;t_0为使滤波器物理可实现所附加的延时。

匹配滤波器输出端信号噪声功率比的最大值可求得为

$$d_{\max} = \frac{\text{输出信号峰值功率}}{\text{输出噪声平均功率}} = \frac{2E}{N_0} \quad (4-2-47)$$

式中:E为输入信号能量,且有

$$E = \int_{-\infty}^{\infty} |S_i(f)|^2 df = \int_{-\infty}^{\infty} s_i^2(t) dt \quad (4-2-48)$$

式(4-2-47)说明匹配滤波器输出端的最大信噪比只取决于输入信号的能量E和

输入噪声的功率谱密度 $\frac{N_0}{2}$，而与输入信号的形式无关。无论什么信号，只要它们所含能量相同，则在输出端能够得到的最大信噪比是一样的。差别在于所用匹配滤波器的频率特性应与不同信号的频谱相共轭。

由式(4-2-46)可得匹配滤波器的幅频特性和相频特性为

$$|H(f)| = k|S_i(f)|$$

$$\arg H(f) = -\arg S_i(f) - 2\pi f t_0$$

即滤波器幅频特性与输入信号幅频特性相同，而其相频特性与输入信号频谱的相频特性相反，并有一个附加的延时项。

下面从物理概念上来说明上式的含义。因为输入信号的各频率分量在某些频率上较强，在另一些频率上较弱，而噪声频谱假定是均匀的。滤波器对不同频率分量进行加权，使信号分量强的地方增益大，信号弱的地方增益小，结果在输出端相对地加强了信号而减弱了噪声的影响。

输入信号中各频率分量的相对相位是按照 $\arg S_i(f)$ 分布的，如果滤波器的相频特性 $\arg H(f)$ 正好和它相反，则通过此滤波器后，各频率成分的相位成为一致，只保留一个线性相位项。这表示这些不同频率成分在特定时间 t_0 全部同相相加，从而在输出端形成信号的峰值。而输入噪声和输出噪声各频率分量间的相位是随机的，在各瞬间呈杂乱状态，因此，滤波器的相频特性，并不改变其相位的随机性。

以上说明，可以用下列数学公式表示。

输入信号 $s_i(t)$ 的频谱为

$$S_i(f) = |S_i(f)|\exp(j\Phi_i(f)) \tag{4-2-49}$$

式中：$|S_i(f)|$ 为其振幅谱；$\Phi_i(f)$ 为其相位谱，得匹配滤波器频率响应($k=1$)为

$$H(f) = |S_i(f)|\exp(-j\Phi_i(f) - j\omega t_0) \tag{4-2-50}$$

匹配滤波器的输出信号为

$$s_0(t) = \int_{-\infty}^{\infty} S_i(f)H(f)\exp(j2\pi ft)df = \int_{-\infty}^{\infty}|S_i(f)|^2\exp(j2\pi f(t-t_0))df$$

或

$$s_0(t) = \sum_{K=-\infty}^{\infty}|S_i(K\Delta f)|^2 \Delta f \exp(j2\pi K\Delta f(t-t_0)) \tag{4-2-51}$$

$s_0(t)$ 可看作无穷正弦矢量的和，即

$$s_0(t) = \sum_{K=-\infty}^{\infty} a_K e^{j\Phi_K(t)} \tag{4-2-52}$$

式中：$a_K = \Delta f|S_i(K\Delta f)|^2$；$\Phi_K(t) = j2\pi K\Delta f(t-t_0)$。

如图4-2-20所示，当 $t \neq t_0$ 时，各矢量之间取向不一致；而当 $t = t_0$ 时，各矢量取向一致，使矢量和的长度 $s_0(t)$ 达到最大，从而使输出信号瞬时功率达到最大。

根据匹配滤波器的频率特性 $H(f)$，可求出其脉冲响应为

$$h(t) = \int_{-\infty}^{\infty} H(f)\exp(j2\pi ft)df = \int_{-\infty}^{\infty} S_i^*(f)\exp(j2\pi f(t-t_0))df =$$

$$\left\{\int_{-\infty}^{\infty} S_i(f)\exp(j2\pi f(t_0-t))\mathrm{d}f\right\}^* = s_i^*(t_0-t) \qquad (4-2-53)$$

此时,匹配滤波器的输出可由时域卷积的形式给出

$$s_0(t) = s_i(t)*h(t) = \int_{-\infty}^{\infty} s_i(u)h(t-u)\mathrm{d}u = \int_{-\infty}^{\infty} s_i(u)s_i^*(u+t_0-t)\mathrm{d}u$$
$$(4-2-54)$$

由于物理上存在的均是实信号,故满足 $s_i^*(t_0-t) = s_i(t_0-t)$,即匹配滤波器的脉冲响应为

$$h(t) = s_i(t_0-t) \qquad (4-2-55\text{a})$$

它是输入信号的镜像,并有相应的时移 t_0,如图 4-2-21 所示。

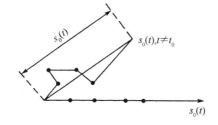

图 4-2-20 匹配滤波器对信号作用的矢量解释

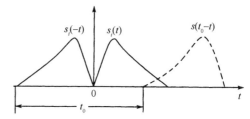

图 4-2-21 匹配滤波器的脉冲响应

对于一个物理上可实现的滤波器,其脉冲响应必须满足

$$h(t) = \begin{cases} s_i(t_0-t) & t \geq 0 \\ 0 & t < 0 \end{cases} \qquad (4-2-55\text{b})$$

由于输入信号在 $t<0$ 时,应满足条件 $s_i(t)=0$,即当 $t>t_0$ 时,应满足 $s_i(t_0-t)=0$,由此得出脉冲响应为

$$h(t) = \begin{cases} s_i(t_0-t) & 0 < t < t_0 \\ 0 & t < 0 \\ 0 & t > t_0 \end{cases} \qquad (4-2-55\text{c})$$

说明 $h(t)$ 只存在于时间间隔 $(0,t_0)$ 之间。如果信号存在于时间间隔 $(0,t_s)$ 内,为了充分利用输入信号能量,应该选择 $t_0 \geq t_s$,一般选择 $t_0 = t_s$。信号在 t_0 时刻前结束,即滤波器输出达到其最大输出信噪比 $\dfrac{2E}{N_0}$ 的时刻 t_0 必然在输入信号全部结束后,这样才可能利用信号的全部能量。

匹配滤波器的频率响应为输入信号频谱的复共轭。因此,信号幅度大小不影响滤波器的型式。当信号结构相同时,其匹配滤波器的特性亦一样,只是输出能量随信号幅度而改变。对只有时间差别的两信号,其匹配滤波器是相同的,只是在输出端有相应的时间差而已,这就是说匹配滤波器对时延信号具有适应性。但对于频移 ξ 的信号,匹配滤波器不具有适应性。由于其信号频谱发生频移,即

$$S_2(f) = S_i(f-\xi) \qquad (4-2-56)$$

则它的匹配滤波器频率特性不同于 $S_i^*(f)$。如果 $s_2(t)$ 的信号通过的 $H_i(f) = S_i^*(f)$ 滤波器,则各频率分量没有得到合适的加权,且相位也得不到应有的补偿,所以在输出端得不到信号的峰值。这就是说,匹配滤波器对于具有多普勒频移的信号,将会产生失配损失。

(二) 线性调频脉冲压缩

1. 基本概念

线性调频脉冲是一种良好的雷达信号,它具有较大的时宽带宽积。开始时人们用它来解决平均功率与距离分辨力的矛盾,现在人们把它作为抗干扰的一种有效手段。

雷达发射机发射宽脉冲线性调频信号(图 4 – 2 – 22),这样就加大了雷达平均发射功率。回波当然也是宽脉冲线性调频信号,若不加处理,则距离分辨力较差。当这种线性调频的宽脉冲信号经过压缩处理之后,将变成幅度较大的窄脉冲,于是上述矛盾就得到了解决。线性调频脉冲被压缩的过程如图 4 – 2 – 23 所示。设图中调频信号的频率是随时间线性增长的,若将这种信号经过一延迟网络,其延迟时间随频率升高而线性下降,则当上述线性调频脉冲进入该延迟网络时,线性调频脉冲将被压缩。根据网络延迟特性可知,先进入网络的是频率较低的信号,它的延迟时间较长,而后进入网络的信号频率较高,延迟时间较短,仿佛先进入网络的信号在网络中"等"后进入的信号,故网络输出信号是一齐涌出来的。当延迟网络设计合适时,线性调频脉冲经过这种延迟网络之后,宽脉冲被压缩为窄脉冲,且幅度变得较高。我们称这种延迟网络为脉冲压缩网络。

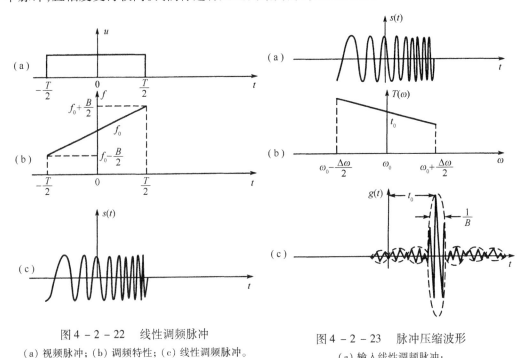

图 4 – 2 – 22 线性调频脉冲
(a) 视频脉冲;(b) 调频特性;(c) 线性调频脉冲。

图 4 – 2 – 23 脉冲压缩波形
(a) 输入线性调频脉冲;
(b) 网络延迟特性;(c) 压缩后输出。

由于网络的延迟特性 $T(\omega)$ 和相频特性有下列关系:

$$T(\omega) = -\frac{\mathrm{d}\varphi(\omega)}{\mathrm{d}\omega} \quad (4-2-57)$$

对于调频频率为 $\omega(t) = \omega_0 + \mu t$ 的信号,对应的压缩网络的延迟特性应为线性函数,并设它为:$T(\omega) = \dfrac{\omega_0 - \omega}{\mu} + t_0$,$t_0$ 的意义见图 4-2-23。于是得出压缩网络的相频特性:

$$\varphi(\omega) = -\int T(\omega)\mathrm{d}\omega = \dfrac{(\omega_0 - \omega)^2}{2\mu} - \omega t_0 \qquad (4-2-58)$$

以上粗略地讨论了线性调频脉冲的压缩原理和压缩网络的相频特性。压缩网络延迟时间特性 $T(\omega)$ 和频率成线性关系,压缩网络的相频特性和频率成平方关系。

2. 线性调频脉冲的匹配滤波器

1)线性调频脉冲的频谱

线性调频信号的频率变化规律为

$$\omega(t) = \omega_0 + \mu t \qquad |t| \leqslant \dfrac{T}{2} \qquad (4-2-59)$$

式中:μ 为调频斜率,其值为

$$\mu = \Delta\omega/T = 2\pi B/T \qquad (4-2-60)$$

式中:B 为线性调频信号的带宽;T 为脉冲宽度,所以时宽带宽积为 $D = TB$。

为了讨论方便,发射信号(或不考虑多普勒效应的回波信号)复数形式可写成下列形式:

$$s(t) = \begin{cases} A\exp\left[\mathrm{j}\left(\omega_0 t + \dfrac{1}{2}\mu t^2\right)\right] & -\dfrac{T}{2} \leqslant t \leqslant \dfrac{T}{2} \\ 0 & \text{其他} \end{cases} \qquad (4-2-61)$$

式中:A 为信号幅度,其频谱函数为

$$\begin{aligned} s(\omega) &= \int_{-\frac{T}{2}}^{\frac{T}{2}} A\exp\left[\mathrm{j}\left(\omega_0 t + \dfrac{1}{2}\mu t^2\right)\right]\exp(-\mathrm{j}\omega t)\mathrm{d}t = \\ &\quad A\int_{-\frac{T}{2}}^{\frac{T}{2}} \exp\left\{\mathrm{j}\left[(\omega_0 - \omega)t + \dfrac{1}{2}\mu t^2\right]\right\}\mathrm{d}t \end{aligned} \qquad (4-2-62)$$

经推导得

$$s(\omega) = A\sqrt{\dfrac{\pi}{\mu}}\exp\left(-\mathrm{j}\dfrac{(\omega_0 - \omega)^2}{2\mu}\right)\{(C(X_1) + C(X_2)) + \mathrm{j}(S(X_1) + S(X_2))\} \qquad (4-2-63)$$

式中:

$$X_1 = \sqrt{\dfrac{BT}{2}}\left(1 - \dfrac{2(f_0 - f)}{B}\right) \qquad (4-2-64\mathrm{a})$$

$$X_2 = \sqrt{\dfrac{BT}{2}}\left(1 + \dfrac{2(f_0 - f)}{B}\right) \qquad (4-2-64\mathrm{b})$$

$$C(X) = \int_0^X \cos\dfrac{\pi y^2}{2}\mathrm{d}y \qquad (4-2-64\mathrm{c})$$

$$S(X) = \int_0^X \sin\dfrac{\pi y^2}{2}\mathrm{d}y \qquad (4-2-64\mathrm{d})$$

为菲涅尔积分,它的数值在数学手册中的积分表上可以查到。菲涅尔积分具有以下特性:
$$C(-X) = -C(X), \quad S(-X) = -S(X)$$

将 $s(\omega)$ 写成振幅频谱和相位频谱,则

$$|s(\omega)| = A\sqrt{\frac{\pi}{\mu}} \{[C(X_1) + C(X_2)]^2 + [S(X_1) + S(X_2)]^2\}^{\frac{1}{2}} \quad (4-2-65a)$$

$$\Phi(\omega) = -\frac{(\omega_0 - \omega)^2}{2\mu} + \arctan\frac{S(X_1) + S(X_2)}{C(X_1) + C(X_2)} = -\frac{(\omega_0 - \omega)^2}{2\mu} + \theta_0 \quad (4-2-65b)$$

根据式(4-2-65a)和式(4-2-65b)可作出不同时宽带宽积的线性调频脉冲的幅频和相频特性曲线,如图 4-2-25 所示。

由图 4-2-25 和式(4-2-65a)、式(4-2-65b)可以看出线性调频脉冲的频谱有下列特点:

(1) 主要频谱分量集中在 $\omega_0 \pm \frac{\Delta\omega}{2}$ 的范围内($\Delta\omega = 2\pi B$),在远离中心频率的区域即频偏 $|f_0 - f| \gg \frac{B}{2}$ 时,频谱分量趋近于零。

(2) 当 BT 的值足够大时,$|s(\omega)|$ 接近矩形。

$$s(\omega) = A\sqrt{\frac{\pi}{\mu}} \{(0.5+0.5)^2 + (0.5+0.5)^2\}^{\frac{1}{2}} = A\sqrt{\frac{2\pi}{\mu}} \quad (4-2-66)$$

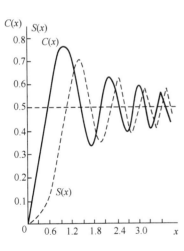

图 4-2-24 $C(X)$、$S(X)$ 和 X 的关系

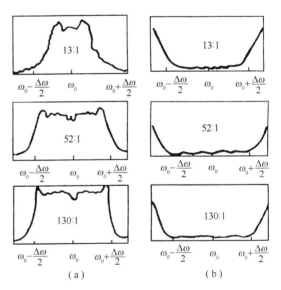

图 4-2-25 线性调频脉冲幅频和相频特性
(a)幅频特性;(b)相频特性。

(3) 当 BT 的值足够大时,

$$\frac{S(X_1) + S(X_2)}{C(X_1) + C(X_2)} \approx 1 \quad (4-2-67)$$

则式(4-2-65b)中第二项近似为常数,即 $\theta_0 \approx 45°$。

2) 线性调频信号通过匹配滤波器

根据匹配滤波器的理论,白噪声背景下线性调频脉冲的匹配滤波器的频率特性可写成下列形式:

$$H(\omega) = \begin{cases} kA\sqrt{\dfrac{2\pi}{\mu}}\exp\left\{j\left[\dfrac{(\omega_0-\omega)^2}{2\mu}-\theta_0-\omega t_0\right]\right\} & -\dfrac{\Delta\omega}{2}\leqslant\omega\leqslant\dfrac{\Delta\omega}{2} \\ 0 & \text{其他} \end{cases}$$

(4-2-68)

它和信号频谱共轭,中心频率为 f_0,滤波器带宽也为 $B=\dfrac{\mu T}{2\pi}$,其相频特性可写为

$$\varphi(\omega) = \dfrac{(\omega_0-\omega)^2}{2\mu}-\theta-\omega t_0 \tag{4-2-69}$$

由此可得该匹配网络的延迟特性为

$$T(\omega) = -\dfrac{\mathrm{d}\varphi(\omega)}{\mathrm{d}\omega} = -\dfrac{(\omega-\omega_0)}{\mu}+t_0 \tag{4-2-70}$$

可见它与基本概念中分析的压缩网络延迟特性是一致的,可见脉冲压缩网络,即为线性调频脉冲的匹配滤波器。

线性调频信号在经过匹配滤波器之后,输出信号的频谱为

$$G(\omega) = s(\omega)H(\omega) = kA^2\dfrac{2\pi}{\mu}\exp(-j\omega t_0) \tag{4-2-71}$$

输出信号为

$$g(t) = \dfrac{1}{2\pi}\int_{-\infty}^{\infty}G(\omega)\mathrm{e}^{j\omega t}\mathrm{d}\omega = \dfrac{1}{2\pi}\int_{\omega_0-\frac{\Delta\omega}{2}}^{\omega_0+\frac{\Delta\omega}{2}}kA^2\dfrac{2\pi}{\mu}\mathrm{e}^{j\omega(t-t_0)}\mathrm{d}\omega =$$

$$\dfrac{kA^2}{\mu}\dfrac{1}{j(t-t_0)}\left(\mathrm{e}^{j\left(\omega_0+\frac{\Delta\omega}{2}\right)(t-t_0)}-\mathrm{e}^{j\left(\omega_0-\frac{\Delta\omega}{2}\right)(t-t_0)}\right) =$$

$$\dfrac{kA^2}{\mu}\Delta\omega\dfrac{\sin\dfrac{\Delta\omega}{2}(t-t_0)}{\dfrac{\Delta\omega}{2}(t-t_0)}\mathrm{e}^{j\omega_0(t-t_0)} \tag{4-2-72}$$

取实部

$$g(t) = kA^2T\dfrac{\sin\dfrac{\Delta\omega}{2}(t-t_0)}{\dfrac{\Delta\omega}{2}(t-t_0)}\cos\omega_0(t-t_0) \tag{4-2-73}$$

输出信号 $g(t)$ 的包络为

$$u_0(t) = kA^2T\dfrac{\sin\dfrac{\Delta\omega}{2}(t-t_0)}{\dfrac{\Delta\omega}{2}(t-t_0)} \tag{4-2-74}$$

由上述公式可以看出：

（1）线性调频脉冲经过匹配滤波器（压缩网络）之后输出信号包络为辛克（Sic）波形，主瓣窄而高，集中了信号主要能量。除主瓣之外，还存在着旁瓣信号。旁瓣信号是不希望得到的，因为它会降低距离分辨力和增大虚警概率。

（2）若取峰值的 $-4\mathrm{dB}$ 处为脉冲宽度 τ_0，则 $\tau_0 = \dfrac{1}{B}$。因 $D = TB$，所以 $\tau_0 = \dfrac{T}{D}$。可见脉冲宽度被压缩了 D 倍，所以 D 又被称为压缩系数（或压缩比）。目前，脉冲压缩雷达的压缩比可做得非常大，这对提高发现概率和距离分辨力都有很大的好处。

（3）当 $t = t_0$ 时，脉冲出现最大值。峰值振幅为 kA^2T，与脉冲宽度成正比，而与信号的带宽 B 无关。这表明，输出最大信噪比仅取决于输入信号的能量与噪声功率的比值。可以证明，$\mathrm{SNR}_o = \dfrac{(kA^2T)^2}{\dfrac{1}{2\pi}\int_{-\Delta\omega/2}^{\Delta\omega/2}|H(\omega)|^2\dfrac{N_0}{2}\mathrm{d}\omega} = \dfrac{2A^2T}{N_0}$，该式表明对于拥有同样幅值和脉宽的简单脉冲和线性调频信号，其在匹配滤波器输出端的峰值能量相同，其输出信噪比也相同。

（4）从抗干扰角度来看，线性调频信号是通过增大发射能量（即平均功率或脉冲宽度）来实现功率对抗的。脉冲宽度 T 越大，经过匹配滤波器输出的信噪比越大，调频带宽 B 越大，经过压缩后的脉宽越小，距离分辨率越高。换个角度来看，脉宽为 T 的线性调频信号与具有相同距离分辨的脉宽为 τ_0 简单脉冲相比，经过匹配滤波处理后，可以得到 $D = TB$ 倍的信号处理增益。线性调频信号较好地解决了发射能量与分辨率之间的矛盾。

考虑到多普勒频移时，压缩网络的输出信号为

$$g(t_p) = \begin{cases} kA^2T(1-|t_p|/T)\dfrac{\sin\left[\dfrac{\omega_d+\mu t_p}{2}T(1-|t_p|/T)\right]}{\dfrac{\omega_d+\mu t_p}{2}T(1-|t_p|/T)}\cos\left(\omega_0+\dfrac{\omega_d}{2}\right)t_p & -T \leq t_p \leq T \\ 0 & \text{其他} \end{cases}$$

(4-2-75)

式中：$t_p = t - t_0$。可以看出，回波无多普勒频移时，其输出峰值出现在 t_0 处（$t_p = 0$），当存在多普勒频移时，峰值将发生偏移。图 4-2-26 给出不同多普勒频移的回波经过匹配滤波器归一化输出波形的包络，图中线性调频信号参数为：带宽 $B = 5\mathrm{MHz}$，脉冲宽度为 $10\mu\mathrm{s}$。可以看出，由于多普勒频移的影响，压缩后的脉冲幅值减小，宽度展宽，且峰值相对于无多普勒频移时的峰值产生了位移 t_p，其中 $t_p = \dfrac{f_d}{B}T$。这是由于具有多普勒频移的回波信号与匹配滤波器失配引起的。这就是所谓的距离多普勒耦合现象。

3. 旁瓣抑制

线性调频脉冲通过匹配滤波器后，输出压缩脉冲的包络变成辛克函数形状。第一旁瓣的峰值与主瓣峰值电平比为 $-13.2\mathrm{dB}$。其他旁瓣按 $1/x$ 的规律衰减，旁瓣零点间隔为 $1/B$。在多目标环境中，这些旁瓣会干扰和掩盖附近小目标的主瓣，引起目标丢失。为了提高分辨多目标的能力，应采用旁瓣抑制技术，通常采用加权技术抑制压缩脉冲的旁瓣。理

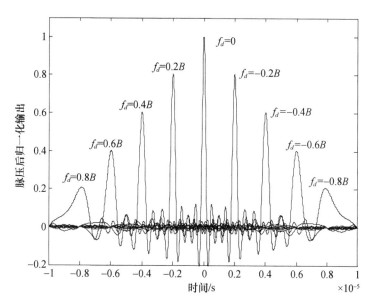

图 4-2-26 不同多普勒频移回波经过匹配滤波器后归一化输出波形的包络

论上,加权可在发射端进行,或在接收端进行,也可二者同时进行。但为了使发射机工作于稳定的最佳状态,加权一般不在发射端进行。加权方式包括频域幅度或相位加权、时域幅度或相位加权。目前应用最广泛的是在接收机的中频级采用频域幅度加权。

引入加权网络的实质是对信号进行失配处理,它使旁瓣压低,同时也会使主瓣降低、变宽。也就是说,旁瓣降低是以信噪比损失和距离分辨力变差为代价的。

由于信号波形和频谱的关系与天线口径面电流分布与远区场的关系有类似之处,所以对于压低天线旁瓣的加权函数,也适用于脉冲压缩波形的旁瓣抑制。通常把多尔夫 - 切比雪夫函数作为最佳加权函数,但这种函数实现比较困难。实际采用的加权函数可写成下面的通式

$$H(f) = K + (1-K)\cos^n\left(\frac{\pi f}{B}\right) \qquad (4-2-76)$$

当 $K=0, n=2$ 时为海明加权,它是泰勒加权的特例。当 $K=0, n=2、3、4$ 时,分别为余弦平方、余弦立方、余弦四次方加权。几种频域幅度加权特性见表 4-2-3。

表 4-2-3 几种频域幅度加权特性

	加权函数	基座高度 $H/\%$	信噪比损失/dB	-3dB 时主瓣宽度	旁瓣电平/dB	远旁瓣衰减率
1	均匀加权 $W_0(f)=\begin{cases}1 & |f|<\frac{B}{2}\\ 0 & |f|>\frac{B}{2}\end{cases}$	100	0	0.886/B	-13.2	6dB/倍频程
2	泰勒加权 $W_1(f)=W_0(f)$ $\left[1+2\sum_{m}^{n-1}F_m\cos\left(2\pi m\frac{f}{B}\right)\right]$	11	1.14	1.25/B	-40	6dB/倍频程

(续)

	加权函数	基座高度 $H/\%$	信噪比损失/dB	-3dB时主瓣宽度	旁瓣电平/dB	远旁瓣衰减率
3	海明加权 $W_0(f)\left[0.08+\cos^2\dfrac{f\pi}{B}\right]$	8	1.34	$1.33/B$	-42.8	6dB/倍频程
4	余弦平方加权 $W_0(f)\cos^2\dfrac{f\pi}{B}$	0	1.76	$1.46/B$	-31.7	18dB/倍频程

4. 线性调频信号的产生和处理

线性调频脉冲的优点之一,就是这种信号容易产生和处理。现在已经发展了许多新技术、新器件,用来产生和压缩线性调频脉冲。产生线性调频脉冲有两种方法,即无源法和有源法。早期有源法主要采用线性变化的电压去控制压控振荡器,产生所要求的线性调频脉冲,其方框图如图4-2-27(a)所示。目前,采用直接数字合成技术(DDS)产生线性调频信号。无源法则用脉冲展宽滤波器来产生调频脉冲,这是一种广泛使用的方法。

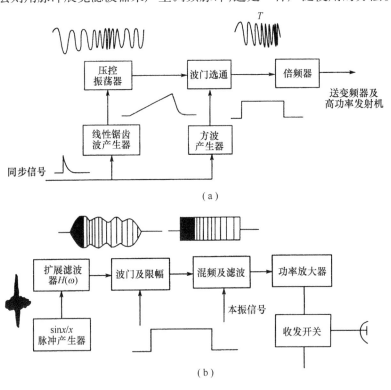

图4-2-27 线性调频脉冲产生方法
(a) 有源法;(b) 无源法。

设调频脉冲$s(t)$的频谱函数为$s(\omega)$,当压缩系数D很大时,其振幅频谱近似为矩形,相位频谱为$-\dfrac{(\omega_0-\omega)^2}{2\mu}+\theta_0$。这种信号的匹配滤波器就是压缩网络。如果传输网络的频率特性与信号频谱完全一致时,即$H(\omega)=s(\omega)$,那么这种网络的脉冲响应如何呢?由式

(4-2-77)可求出冲激函数 $\delta(t)$ 通过该传输网络后的脉冲响应为

$$h(t) = \frac{1}{2\pi}\int_{-\infty}^{\infty} H(\omega)e^{j\omega t}d\omega = \frac{1}{2\pi}\int_{\omega_0-\frac{\Delta\omega}{2}}^{\omega_0+\frac{\Delta\omega}{2}} s(\omega)e^{j\omega t}d\omega = s(t) \quad (4-2-77)$$

式(4-2-77)表明,该网络脉冲响应是一线性调频脉冲。这种与压缩网络有共轭特性的网络叫做扩展网络。

由上述分析可知,用一冲激函数 $\delta(t)$ 去激励上述扩展网络,就能得到线性调频脉冲信号。

由于产生冲激函数 $\delta(t)$ 比较困难,实际上用信号 $\Delta(t)$ 来激励

$$\Delta(t) = \frac{\sin\frac{\mu T}{2}t}{\frac{\mu T}{2}}\cos\omega_0 t \quad (4-2-78)$$

式中:ω_0 为扩展网络的工作频率。

$\Delta(t)$ 信号和脉冲压缩后的输出信号一样,在 $\omega_0 \pm \Delta\omega/2$ 带宽内具有均匀频谱,设其频谱 $S_\Delta(\omega) = A$,则在 $\Delta(t)$ 激励下,扩展网络的输出信号为

$$s_0(t) = \frac{1}{2\pi}\int_{-\infty}^{\infty} S_\Delta(\omega)H(\omega)e^{j\omega t}d\omega = As(t) \quad (4-2-79)$$

式中:$s(t)$ 为线性调频脉冲。

可以看出,在 $\Delta(t)$ 信号作用下,扩展网络也输出一线性调频脉冲。用这种方法产生线性调频脉冲的方框图如图 4-2-27(b) 所示。

无论是压缩网络还是扩展网络都是用对不同频率有不同延迟时间的色散延迟线实现的。"扩展"和"压缩"是相对于输入信号而言的。对于同一信号而言,两种网络的相频特性差一个负号,色散延迟特性的斜率相反。当线性调频脉冲的调频斜率 μ 变成 $-\mu$ 时,则原来的扩展网络就变成压缩网络了。

为了产生和使用方便,通常采用一种型号的色散延迟线,在雷达发射端作扩展网络,在接收端作压缩网络。这只要改变收、发端线性调频脉冲的调频斜率 μ 的正、负号即可。能使调频斜率 μ 反号的电路叫做旁频反转或边带倒置电路,实际上就是一个混频器,如图 4-2-28 所示。

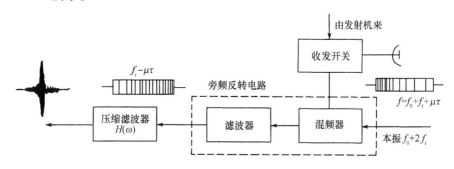

图 4-2-28 旁频反转电路($\mu < 0$)

旁频反转(边带倒置)的方法很多。例如:在发射端首先用无源法将辛克函数信号经匹配滤波器 $H(\omega)$(此处为扩展网络),形成线性调频信号,其频率为 $f_i + \mu t$。将该频率与 f_0

混频得到和频信号$(f_0+f_i+\mu t)$,放大后送至发射机发射。在不考虑多普勒效应时,接收端回波信号频率还是$f_0+f_i+\mu t$。该信号与频率为f_0+2f_i的本振信号混频并取差频,得到中频信号的频率为$f_i-\mu t$。于是接收端中频信号的调频斜率与发射端反号。若将该信号经过与发射端同一型号的匹配滤波器$H(\omega)$,就得到了中频脉冲压缩信号。因为,匹配滤波器$H(\omega)$对于$f_i-\mu t$的线性调频信号来说是一个压缩网络。经旁频反转之后,收、发端可以采用同一种型号的匹配滤波器,这无论对生产或使用都带来很大的方便。

对于大时宽带宽积信号的处理技术有三种,一是模拟处理,二是数字处理,三是声光处理。模拟处理中主要用色散延迟线,即延迟时间随频率变化。对于线性调频脉冲而言,延迟时间与频率成线性关系。声表面波器件(SAW)是一种良好的色散延迟线,其示意图如图4-2-29所示。图中基片为抛光了的压电晶体,在基片上用光刻法制成两对金属叉指形电极,称为叉指换能器,左边接信号,右边接负载。当交流信号输入时,由于压电效应,指条间产生形变,于是就产生与信号频率相同的超声波自左至右传播。叉指稠密区产生和接收高频波,稀疏区产生和接收低频波。恰当的设计叉指宽度和间隔,就能使不同频率的波传播不同的距离,以达到所要求的色散特性。接收端收到超声波后,又因压电效应将超声波还原成电信号。这种

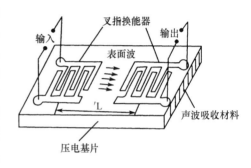

图4-2-29 SAW示意图

器件体积小、重量轻、成本低。在设计时可通过改变指条交叉长度来进行加权,以抑制压缩后的旁瓣。声表面波调频脉冲压缩滤波器的性能如下:中心频率500~1000MHz,带宽达500MHz,时宽达150μs,时间带宽积10~10000。

近年来,雷达信号数字处理十分流行。数字处理的优点是灵活性较强,最适合自适应系统。线性调频信号的数字匹配滤波器方框图如图4-2-30所示。

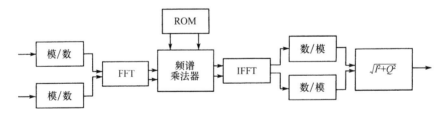

图4-2-30 数字脉压处理原理方框图

考虑到信号是频谱不对称的复调制信号,在零中频处理时,应采用正交双通道。雷达中频信号经两路正交相干检波,复调制信号被分解为实部I和虚部Q,经模/数转换变成数字信号之后,再经快速傅里叶变换,得到输入信号的离散频谱。将输入信号频谱与匹配滤波器的频率响应函数相乘,就得到输出信号的频谱。经过快速傅里叶反变换(IFFT)之后,就成为数字式输出信号,再由数/模转换变成模拟信号,即压缩后的信号。

图中匹配滤波器的频率响应函数由只读存储器(ROM)提供。当要求用幅度加权来压缩旁瓣时,只读存储器提供的频率响应则是匹配滤波器的频率响应函数与加权函数的乘积,改变ROM中存放的系数,就可以对不同的波形进行处理和加权。

(三) 相位编码脉冲压缩

将许多等幅、同宽、同载频的子脉冲,依次衔接成宽脉冲,每个子脉冲相位则是按相位编码来选择的,这种脉冲串称为相位编码脉冲。由于相位编码采用伪随机序列,所以也称为伪随机编码信号。当子脉冲的相位只取 0 和 π 两个值时,称为二相编码。除了二相编码之外还有多相编码。常用的二相编码信号包括巴克码、M 序列码、L 序列码和互补编码。下面我们着重分析巴克码和 M 序列码。

1. 巴克码的产生和压缩原理

巴克码是由试验得到的二相编码信号,经过压缩的波形即自相关函数为

$$R(\tau) = \sum_{i=1}^{N} a_i a_{i+\tau} = \begin{cases} N & \tau = 0 \\ 0 \text{ 或 } \pm 1 & \tau \neq 0 \end{cases} \quad (4-2-80)$$

可见它的主峰高度为 N(码数),旁峰为 1,它是一种优良编码。巴克码的数量较少,仅有表 4-2-4 所列的几种。

表 4-2-4 巴克码

码长	码 元	主旁瓣比/dB	码长	码 元	主旁瓣比/dB
2	+ -,(+ +)	8	7	+ + + - - + -	16.9
3	+ + -	9.5	11	+ + + - - - + - - + -	20.8
4	+ + - + (+ + + -)	12	13	+ + + + + - - + + - + - +	22.3
5	+ + + - +	14			

为了实际需要,人们把旁瓣峰值不大于 2~3 的码组作为推广的巴克码来用。

由匹配滤波器理论可知,对信号 $s(t)$ 的匹配滤波器的脉冲响应函数为 $h(t) = s(t_0 - t)$。对于七位巴克码,编码形式为 + + + - - + -,与之对应的匹配滤波器的脉冲响应函数如图 4-2-31 所示。

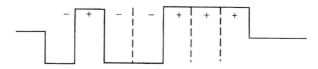

图 4-2-31 七位巴克码的匹配滤波器脉冲响应函数

对应的滤波器结构如图 4-2-32 所示。它是由延迟线、倒相器、加法器等组成的,每节延迟线的延迟时间等于子脉冲宽度 τ。七位巴克码经压缩网络后输出的压缩脉冲如图 4-2-33 所示。

中频巴克码是由视频巴克码对中频信号进行调制得到的。

2. M 序列码

M 序列又叫最长线性移位寄存器序列。M 序列码产生器是由移位寄存器和模二加法器(半加器)组成的。n 个移位寄存器产生的码长为

$$N = 2^n - 1 \quad (4-2-81)$$

四个移位寄存器可产生 $N = 15$ 位 M 序列。图 4-2-34 为其原理框图,图中移位寄存器的起始状态为 1000,在移位脉冲和模二加法反馈电路作用下,进行移位操作,X_1 输出即为 $N = 15$ 位 M 序列。其脉冲压缩波形如图 4-2-35 所示。

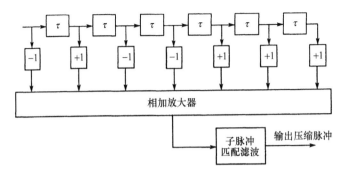

图 4-2-32 七位巴克码的匹配滤波器结构

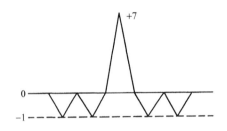

图 4-2-33 七位巴克码压缩波形

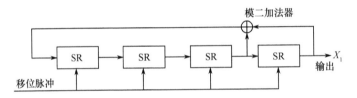

图 4-2-34 M 序列产生器

从移位寄存器的状态来看,M 序列码有周期循环的特性。连续周期的 M 序列码压缩后的主峰为 N,副峰平均值为 1(图 4-2-35(a))。对于非周期(单个)M 序列码,压缩波形如图 4-2-35(b) 所示,当 N 很大时,主旁瓣比趋近于 $\sqrt{N}$。

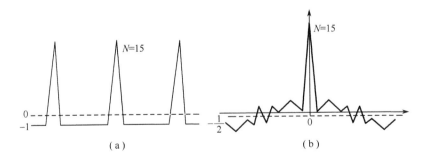

图 4-2-35 M 序列码压缩波形
(a) 周期 M 序列码压缩波形;(b) 非周期 M 序列码压缩波形。

移位寄存器反馈连接方式不同,能产生不同的序列。所以,同样数量的移位寄存器,因反馈连接方式不同,产生的 M 序列码也不同。

3. 相位调制及解调

相位调制是指对视频巴克码或 M 序列码进行二相调相,相位调制的方法有开关选通法、中频调相法和微波调相法三种。对于二相调相,开关选通法比较方便。图 4 – 2 – 36 是开关选通法相位调制原理方框图。图中频率合成器分两路输出,一路送到定时脉冲产生器,形成钟脉冲,在钟脉冲的作用下,伪码产生器产生巴克码或其他二相伪随机视频码。二相码的正、负极性脉冲分别控制门 1 和门 2 的通和断。频率合成器的另一端是高稳定正弦信号,它一路直接经射随器到控制门 1,另一路经倒相器、射随器加到控制门 2。于是在视频码的正脉冲期间门 1 通,未倒相的正弦波经门 1 加到合成器;反之,在负脉冲期间,倒相的正弦波经门 2 加到合成器,则合成器输出为所要求的相位编码调制信号。

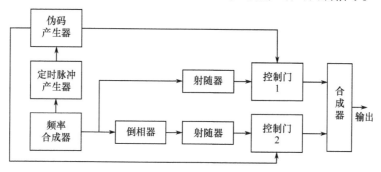

图 4 – 2 – 36 开关选通法相位调制原理图

相位编码信号的解调是指将相位编码信号解调成视频脉码信号。这种解调通常可通过相干检波来实现。相干检波器应当有与需检信号频率相同的基准信号。对于回波信号中的多普勒频移应设法进行补偿。在不考虑多普勒频移时,由于回波信号的高频相位是未知的,用一般相干检波器会产生信噪比的损失。为了减少这种损失,这里采用正交双通道检测。图 4 – 2 – 37 中,相干检波器的基准信号 $\cos 2\pi f_0 t$ 和 $\sin 2\pi f_0 t$ 分别送到 I、Q 两支路,两路输出的视频码经两套相同的脉冲压缩网络和滤波器,最后平方相加输出,得到脉冲压缩的波形。

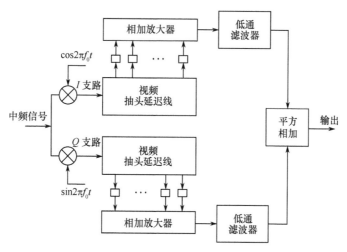

图 4 – 2 – 37 相位编码的正交双通道解调和脉冲压缩

以上分别介绍了线性调频和相位编码脉冲压缩的原理。在所有脉冲压缩技术中,线性调频是最早的和发展最成熟的一种,它可提高检测性能同时保持较高距离分辨力。由于它对多普勒频移敏感度低,通常用在警戒和监视雷达中。相位编码技术中,二相编码技术最为成熟,可获得极高的脉冲压缩比。由于编码的离散性质,使这些波形很容易产生而且灵活性大。可以用一组多普勒滤波器来获得精确的距离和多普勒信息,还可以和动目标显示(MTI)配合使用,以改善杂波中的可见度(SCV)。

三、功率合成技术

由于功率分配器和功率合成器是可逆的,在微波中用作功率分配的器件如图 4 – 2 – 38 所示环形桥和双 T 接头等,既可用作功率分配器,也能用作功率合成器,只要将输入和输出调换位置即可。

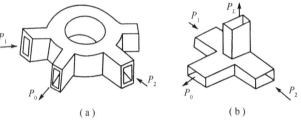

图 4 – 2 – 38　两路微波功率合成器

(a) 环形桥;(b) 双 T 接头。

若两路输入功率不相等,并存在相位差时,两路功率合成的功率损失与两路信号幅度比及相位差的关系曲线如图 4 – 2 – 39 所示。图中曲线对应的合成功率 P_0 与负载吸收功率 P_L 分别为

$$P_0 = \frac{1}{2}(P_1 + P_2) + \sqrt{P_1 P_2 \cos\theta} \tag{4-2-82}$$

$$P_L = \frac{1}{2}(P_1 + P_2) - \sqrt{P_1 P_2 \cos\theta} \tag{4-2-83}$$

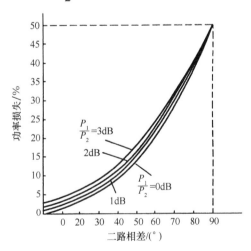

图 4 – 2 – 39　功率损失与两路幅度比及相位差的关系曲线

除了两路功率合成之外,还可以进行多路功率合成。多路功率合成可用许多两路功率合成器组合而成,也可以用 N 路合成器一次合成。图 4 – 2 – 40 中前级是两路功率分配,后

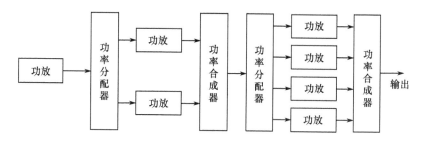

图 4-2-40 四路微波功率合成器

级是四路功率合成。

四、波束合成技术

功率合成就是将许多功率较小的波束合成一个波束,固态有源相控阵雷达就是应用功率合成的一个典型。它用许许多多个固态发射/接收模块,分别给天线阵列的各个阵元馈电,通过控制各个阵元辐射电磁波的相位,即可在空间形成一个能量很大的波束。

相控阵雷达除了具有增大发射功率的作用外,还可以形成多种不同形状的波束,并可根据需要随意改变这些波束的方向,具有很大的灵活性。从功能上说,可以边搜索、边跟踪、边进行火力控制,并可同时跟踪多批目标。从雷达防护的观点看,相控阵雷达还具有以下优点:扫描方式灵活多样、随机变化,扫描波束难以被对方侦察系统截获;具备自适应波束零点形成能力,能有效抑制某些方向上的支援式干扰;能自适应地在空间实现天线辐射信号能量的合理分配,即实现空间能量匹配;天线孔径大,雷达空间分辨力好,可抗分布式干扰;具备超低旁瓣天线的条件,抗旁瓣有源干扰性能好。

五、采用高重复频率的方法

发射脉冲的重复频率升高,可以增大其平均功率,但同时将使雷达单值测距范围下降,可以采用两种不同的脉冲重复频率解决这个问题。目前,脉冲多普勒雷达采用的是高重频体制,在提高发射平均功率的同时,需要解决脉冲测距模糊的问题。

4.2.4 频率选择技术

频率选择就是利用雷达信号与干扰信号频域特征的差别来滤除干扰。当雷达迅速地改变工作频率,跳出干扰频率范围时,就可以避开干扰。常用频率选择的方法有:选择靠近敌雷达载频的频率工作;开辟新频段;快速跳频;频率捷变;频率分集。

一、频率选择的一般方法

1. 选用靠近敌人雷达载频的频率

由于敌人无法对这一频率施放干扰,否则,自身雷达就不能正常工作,因此,能够达到避开干扰的效果。

2. 开辟新频段

雷达常用的频段有超短波、L 波段(22cm)、S 波段(10cm)、C 波段(5cm)和 X 波段(3cm)。常用雷达密集频段为 220MHz ~ 35GHz,敌方干扰机也重点针对这些频段实施干扰。如果雷达工作频率上超出了敌人干扰机的频率范围,雷达就不会受到干扰。

二、频率捷变技术

频率捷变雷达是一种脉冲载频在脉间(或脉组之间)做有规律或随机变化的脉冲雷

达。在第二次世界大战期间，为了躲避敌人的干扰及友邻雷达的相互干扰，就开始逐渐将固定频率的雷达改为可调频率的磁控管雷达。但是，最早的可调频率磁控管采用的是机械调谐机构。在20世纪50年代初，出现了用马达带动凸轮的机械调谐机构。但是这种旋转调谐控管用到雷达中，一开始就遇到了很大的技术困难，这就是如何使本振频率能够快速跟上调谐磁控管发射脉冲的频率，而且在发射脉冲之后保持高度的频率稳定。这个问题直到1963年才较成功地得到解决。到1965年，开始了全相参频率捷变雷达的研制。由于频率捷变雷达具有很强的抗干扰能力，相比固定频率的雷达在性能上又有一定的提高，在一些国家，不但将原有的雷达改装为频率捷变雷达，而且在新设计的雷达中也广泛地采用频率捷变体制。目前来看，频率捷变雷达已经成为军用雷达的一种常规体制。频率捷变技术有两种类型：一是采用捷变频磁控管的非相参型；二是利用频率合成技术的主振放大式的全相参型。本节首先讨论频率捷变雷达的性能，然后介绍相参频率捷变雷达及频率合成器工作原理，最后简单介绍一种自适应频率捷变雷达的原理。

（一）频率捷变雷达的性能

从抗干扰的角度来看，跳频的跨度（频差）越大、跳频速度越高，抗干扰效果越好，但由此带来的复杂性和实际条件的限制，使这两个指标不能做得很高。一般要求相邻脉间频差大于雷达整个工作频带的10%。与固定载频雷达相比，频率捷变雷达在性能上有所提高，并具有很强的抗干扰能力，现分别叙述如下。

1. 提高雷达作用距离

目标的雷达截面积对频率的变化与视角的变化都十分敏感。对于同样的视角，频率的极小变化就会引起有效反射面积的极大变化，如图4-2-41所示。复杂目标是由许多分布的大小形状有极大差别的小散射体组成，而雷达天线所接收到的信号是由这些散射体所反射的电波的矢量和。当雷达发射的频率变化时，由传播路径差而引起的相位差也随之不同，因而各散射体所反射电波的矢量和也就随着变化。

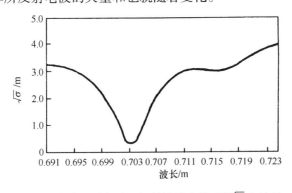

图4-2-41 一个大型喷气式飞机前端雷达截面积$\sqrt{\sigma}$和波长λ的关系

由于雷达截面积对频率的依赖关系，当雷达发射脉冲工作于跳频状态时，其每个回波的幅度将会有很大的变化。当频差较大时，所接收到的回波是脉间不相关的，即围绕其平均值而快速跳动。这样，频率捷变可以改变被检测目标和杂波背景的统计性质。假定感兴趣的目标回波信号是起伏的，其统计性质在波束扫描的驻留时间内是强相关的，当采用频率捷变信号时就能起到脉间去相关的作用。在单一频率照射下的目标起伏模型是swerlingⅠ或Ⅲ型，而在频率捷变情况下目标起伏模型就变成了swerlingⅡ或Ⅳ型，在同样的检测概率下，后者比前者需要的信噪比小，这就体现出了频率捷变的好处。

由图 4 - 2 - 42 可看出，当脉冲积累为 $N = 20, P_{fa} = 2 \times 10^{-5}, P_d = 90\%$ 时，要获得同样的作用距离，则在其他参数均相同情况下，采用固定频率的雷达需要的发射功率比采用频率捷变的雷达需要的发射功率大 7.5dB(6 倍)。若采用相同的发射功率，则频率捷变雷达的作用距离是固定频率时的 1.5 倍。当然在 $P_d < 33\%$ 时频率捷变雷达的检测性能还不如固定频率雷达，但这样低的检测概率是很少应用的。

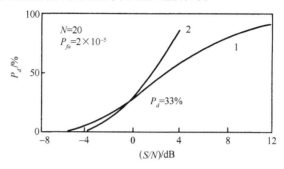

图 4 - 2 - 42　发现概率与信噪比的关系
1— 固定频率；2— 频率捷变雷达。

2. 提高跟踪精度

目标回波的视在中心的角度变化称为角闪烁，它表现为角噪声，会引起测角误差。角闪烁的大小与目标的尺寸、目标的视角、雷达的频率和伺服带宽等因素有关。这种视在中心角度的变化在固定频率的雷达中是慢变化的，形成的误差难以消除。

对于频率捷变雷达，每一脉冲的射频都不一样，由此引起目标视在中心的变化的速度加快，而视在中心的均值接近真值。这种闪烁的快变化成分是不能通过伺服系统的，因而频率捷变雷达能改善角跟踪精度。

频率捷变对单脉冲雷达角跟踪精度的改善是明显的，而对圆锥扫描的改善不太明显。其原因是频率捷变时圆锥扫描雷达的振幅起伏有所增大。图 4 - 2 - 43 和图 4 - 2 - 44 分

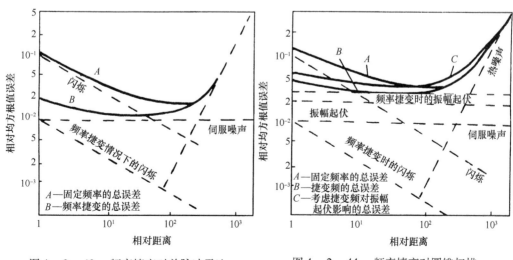

图 4 - 2 - 43　频率捷变对单脉冲雷达跟踪精度的影响

图 4 - 2 - 44　频率捷变对圆锥扫描雷达跟踪精度的影响

别示出了频率捷变对单脉冲雷达和圆锥扫描雷达的影响。图中横坐标是以某固定值归一化的距离(相对距离),纵坐标是以某固定值归一化的相对均方根值误差。

在较精密的单脉冲雷达中,闪烁误差是跟踪误差的主要限制。使用频率捷变技术可以改善系统的性能,但要求跳频跨度至少等于$\frac{150\text{m}/\mu\text{s}}{D}$(MHz)(其中 D 为目标纵深的尺度,单位为m),才会有明显的去相关作用。

频率捷变能减少低仰角跟踪时多路径效应引起的误差。地面或海面反射所引起的波束分裂,其最小点的角度位置是和雷达所用的工作频率有关的。改变工作频率就可以改变最小点的位置。因此,当雷达工作于频率捷变时,就可以使分裂的波瓣相互重叠,从而消除了波瓣分裂(多路径)的影响。这在采用计算机跟踪录取的雷达中,可以大大减小丢失目标的概率。

3. 改善角分辨力和距离分辨力

固定频率雷达观测两个尺寸相当的目标时,由于姿态不同,天线扫过目标时,一个目标可能反射一组强回波,而另一目标可能反射一组弱回波,脉冲积累后,两者幅度相差很大,因而不能分辨。当采用频率捷变以后,两目标的回波幅度随机起伏,所以积累以后有近似相等的幅度,因而可提高分辨力。

4. 消除二次(或多次)环绕回波

在很多地面雷达中(尤其是海岸警戒雷达),由于大气的超折射现象引起的异常传播,常会使雷达有极远的探测距离。这就使远距离的地物杂波或海浪干扰在第二次(或更多次)重复周期内反射回来。轻者会增加噪声背景,严重时甚至会淹没正常目标回波。但在频率捷变雷达中,第二次发射脉冲的载频与第一次的不同,当超量程的环绕回波返回时,接收机的频率范围已经改变。因此接收机不能收到这种信号,这就自然地消除了二次或多次环绕回波。但正是这个原因,频率捷变体制不能直接用到具有距离模糊的高重复频率的雷达中。

5. 提高抗干扰能力

提高雷达的抗干扰能力是采用频率捷变技术的最初出发点,也是促使现代雷达采用这一技术的重要原因之一。

1) 有效地对抗人为电子干扰

频率捷变雷达具有低截获概率特性,这就增加了侦察设备对其侦察的困难。由于侦察不到雷达的存在或测量的参数不准,就很难对其实施有效的干扰。

由于频率捷变技术对抗窄带瞄准式干扰特别有效,这就迫使敌方采用宽带阻塞式干扰,这样一来干扰能量就大大分散了,若要提高干扰效果,必须增大总的干扰功率。

对于强功率宽频带的阻塞式干扰,简单的跳频技术是无能为力的,但具有干扰频谱分析能力的自适应频率捷变雷达,可使雷达工作在干扰频谱的弱区,减小干扰的影响。

频率捷变雷达能抗跨周期回答式干扰,这是显而易见的,因为干扰机无法预知下一周期的雷达频率。

2) 避免雷达相互干扰

在雷达密集的环境,如舰艇上往往装有多部雷达,互相干扰是很严重的。当采用频率捷变体制时,各雷达接收到邻近雷达发射信号的概率极小,约等于雷达的工作带宽与捷变总带宽之比,基本上可以排除相互干扰。

3) 对海浪杂波的抑制能力

海面搜索雷达对贴近海面的小型目标的检测能力受到海浪杂波相关性的限制,采用脉间捷变频技术能降低这种相关程度,从而提高海面目标的检测能力。因此频率捷变体制也特别适用于机载或舰艇雷达,用以检测海面低空或海上目标。

频率捷变可以使相邻周期的杂波去相关。去相关后的杂波,其统计特性完全与噪声类似,因此,采用普通的非相参积累就可以实现提高信杂比的目的。

虽然频率捷变也会使目标回波去相关而变为快速起伏,但只要积累一定数目的回波后,目标的回波幅度逐渐趋近于其平均值,而杂波的方差却大为减小。

利用频率捷变抑制海浪杂波,虽然其效果不是最理想的(不如自适应动目标显示和脉冲多普勒体制),但由于海浪杂波强度通常比地物杂波弱很多,该体制仍可以大大提高对海上目标的检测能力。

以上分析了频率捷变对雷达性能的影响及其抗干扰性。除了上述优点之外,频率捷变雷达同单脉冲、脉冲压缩等体制兼容性较好。全相参频率捷变体制可以与动目标显示体制兼容,但非相参频率捷变体制与动目标显示体制难以兼容。

(二) 相参频率捷变

相参频率捷变雷达的发射脉冲载频与本振信号是由同一个稳定信号源产生的,二者之间保持严格的相位关系。由于全相参频率捷变雷达的工作频率可用数字技术来控制,它的捷变频有更大的灵活性,可以实现复杂规律的捷变和自适应捷变,同时也可以实现信号的相参处理。

相参频率捷变与非相参频率捷变相比,在技术上要复杂得多。相参频率捷变雷达采用主振放大式发射机,由于基准信号是由高稳定的晶体振荡器产生的,因此其发射信号具有较高的频率稳定度和相位稳定度。

在相参频率捷变雷达中,核心技术问题是频率合成问题。频率合成系统应能产生数目足够多的频率信号,对每个频率信号而言,频谱纯度都很高,并能以微秒级时间实现跳频。目前,主要有直接模拟频率合成技术、直接数字频率合成技术和间接频率合成技术三类频率合成技术。

1. 直接模拟频率合成技术

直接模拟频率合成是指用给定的基准频率,利用加、减、乘、除等手段,产生新的所要求频率的技术。实现频率的加、减,通常由混频器来完成;实现频率的乘、除,通常由倍频器和分频器来完成。这种方法得到的信号长期和短期稳定度高,频率变换速度快,但调试难度较大,杂散抑制不易做好。目前此法仍在一些雷达信号产生器中应用。

一种十进制开关选择法直接模拟频率合成器的例子如图 4-2-45 所示。

基准振荡器产生基准频率 f_r,它经谐波发生器后又经 10 个选频放大器,得到 10 种频率,加到开关矩阵。开关矩阵有 10 路频率输入和两路频率输出,它受数字指令控制,输出频率可能是 10 种频率中任意两个:f_m、f_n。f_m 经 1/10 分频成 $f_m/10$,再经滤波放大,与 f_n 混频得 $f_n + f_m/10$ 频率。由于 f_m 和 f_n 是基本频率中 10 次谐波的任意一次,最低为 $f_{0\min} = f_{n\min} + f_{n\min}/10 = f_r + 0.1f_r = 1.1f_r$,最高频率为 $f_{0\max} = f_{n\max} + f_{n\max}/10 = 10f_r + f_r = 11f_r$。间隔为 $0.1f_r$,共 100 个频率。当 f_0 频率低于雷达所需要的工作频率时,经倍频器倍频为雷达工作

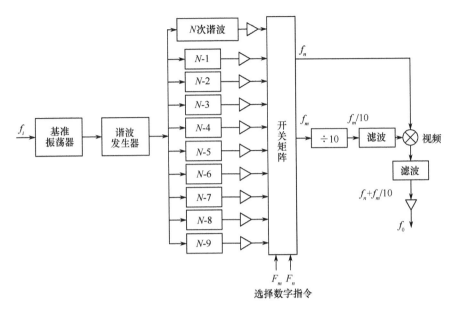

图 4-2-45 十进制开关选择法频率合成器

频率,再经放大链放大成大功率信号。

直接频率合成器的频率捷变时间主要取决于矩阵开关的响应时间。这个时间可以做得很短,约几微秒。

2. 直接数字频率合成(DDS)技术

20 世纪 70 年代以来,随着数字集成电路和微电子技术的发展,出现了一种新的合成方法——直接数字式频率合成。它从相位的概念出发进行频率合成,采用了数字采样存储技术,具有相位精确、频率分辨力高、转换时间短等突出优点,是新一代频率合成器,已经在军事和民用领域得到了广泛应用。

DDS 的原理框图如图 4-2-46 所示,它包含相位累加器、波形存储器、数模转换器、低通滤波器和参考时钟五部分。在参考时钟的控制下,相位累加器对频率控制字 K 进行线性累加,得到的相位码 $\phi(n)$ 对波形存储器寻址,使之输出相应的幅度码,经过数模转换器得到相对应的阶梯波,最后经低通滤波器得到连续变化的所需频率的波形。

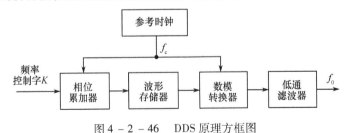

图 4-2-46 DDS 原理方框图

理想的正弦波信号 $s(t)$,可表示成

$$s(t) = A\cos(2\pi ft + \phi_0) \tag{4-2-84}$$

式(4-2-84)说明 $s(t)$ 在振幅 A 和初相 ϕ_0 确定后,频率由相位唯一确定:

$$\phi(t) = 2\pi ft \tag{4-2-85}$$

DDS 就是利用式(4-2-85)中 $\phi(t)$ 与时间 t 成线性关系的原理进行频率合成的,在时间 $t = T_c$ 间隔内,正弦信号的相位增量 $\phi(t)$ 与正弦信号的频率 f 构成一一对应关系,如图 4-2-47 所示。

$$f = \phi(t)/(2\pi T_c) \tag{4-2-86}$$

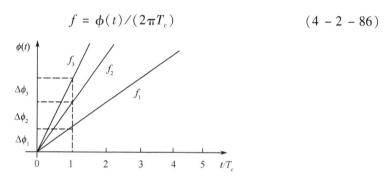

图 4-2-47 频率与相位增量之间的线性关系

为了说明 DDS 相位量化的工作原理,可将正弦波一个完整周期内相位 0 ~ 2π 的变化用相位圆表示,其相位与幅度一一对应,即相位圆上的每一点均对应输出一个特定的幅度值,如图 4-2-48 所示。

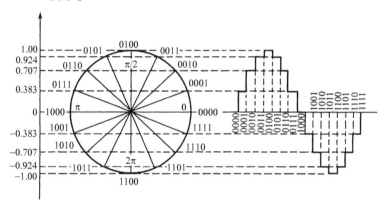

图 4-2-48 相位码与幅度码的对应关系

一个 N 位的相位累加器对应相位圆上 2^N 个相位点,其最低相位分辨力为 $\phi_{\min} = \Delta\phi = 2\pi/2^N$。在图中 $N = 4$,则共有 $2^4 = 16$ 种相位值与 16 种幅度值相对应。该幅度值存储于波形存储器中,在频率控制字 K 的作用下,相位累加器给出不同的相位码(用其高位作地址码)去对波形存储器寻址,完成相位—幅度变换,经数模转换器变成阶梯正弦波信号,再通过低通滤波器平滑,便得到模拟正弦波输出。

在图 4-2-46 所示方框图中的时钟电路是由一个高稳定的晶体振荡器产生的,用于提供 DDS 中各部件同步工作。频率控制字 K 送到 N 位相位累加器中的加法器数据输入端,相位累加器在时钟频率的作用下,不断对频率控制数据进行线性相位累加,当相位累加器累积满量时就会产生一次溢出,累加器的溢出频率就是 DDS 输出的信号频率。由此可以看出:相位累加器实际上是一个以模数 2 为基准、受频率数据控制字 K 而改变的计数器,它累积了每一个参考时钟周期 T_c 内合成信号的相位变化,这些相位值的高位对 ROM 寻址。在 ROM 中写入了 2^N 个正弦数据,每个数据有 D 位。不同的频率控制码 K,导致相位累加器的不同相位增量,这样从 ROM 输出的正弦波形的频率不同,ROM 输出的 D 位二进制数送到 DAC 进行 D/A 变换,得到量化的阶梯形正弦波输出,最后经低通滤波器滤除高频分量,平滑后得到模拟的正弦波信号。

波形存储器主要完成信号的相位序列 $\phi(n)$ 到幅度序列 $s(n)$ 之间的转化。从理论上讲,波形存储器可以存储具有周期性的任意波形,在实际应用中,以正弦波最具有代表性,也应用最广。

DDS 输出信号的频率与时钟频率以及频率控制字之间的关系如式(4-2-87)所示。

$$f_{\text{out}} = Kf_c/2^N \qquad (4-2-87)$$

式中:f_{out} 为 DDS 输出信号的频率;K 为频率控制字;f_c 为时钟频率;N 为相位累加器的位数。

由于 DDS 采用了不同于传统频率合成方法的全数字结构,因而具备许多直接式频率合成技术和间接式频率合成技术所不具备的特点。DDS 频率合成技术的特点如下。

1) 极高的频率分辨力

这是 DDS 最主要的优点之一,由式(4-2-87)可知,当参考时钟确定后,DDS 的频率分辨力由相位累加器的字长 N 决定。理论上讲,只要相位累加器的字长 N 足够大,就可以得到足够高的频率分辨力,可达微赫兹量级。当 $K = 1$ 时,DDS 产生的最低频率,称为频率分辨力,即

$$f_{\min} = f_c/2^N \qquad (4-2-88)$$

例如:直接数字频率合成器的时钟采用 50MHz,相位累加器的字长为 48 位,频率分辨力可达 0.18×10^{-6} Hz,这是传统频率合成技术所难以实现的。

2) 输出频率相对带宽很宽

DDS 的输出频率下限对应于频率控制字为 $K = 0$ 时的情况,$f_{\text{out}} = 0$ 即可输出直流。根据奈奎斯特定理,从理论上讲,DDS 的输出频率上限应为 $f_c/2$,但由于低通滤波器的非理想过渡特性及高端信号频谱恶化的限制,工程上可实现的 DDS 输出频率上限一般为

$$f_{\max} = 2f_c/5 \qquad (4-2-89)$$

因此,可得到 DDS 的输出频率范围一般是 $0 \sim 2f_c/5$。这样的相对带宽是传统频率合成技术所无法实现的。

3) 极短的频率转换时间

这是 DDS 的又一个主要优点,由图 4-2-46 可知,DDS 是一个开环系统,无反馈环节。这样的结构决定了 DDS 的频率转换时间是频率控制字的传输时间和以低通滤波器为主的器件频率响应时间之和。在高速 DDS 系统中,由于采用了流水线结构,其频率控制字的传输时间等于流水线级数与时钟周期的乘积,低通滤波器的频响时间随截止频率的提高而缩短,因此高速 DDS 系统的频率转换时间极短,一般可达纳秒量级。

4) 频率捷变时的相位连续性

从 DDS 的工作原理中可以看出,要改变其输出频率,是通过改变频率控制字 K 来实现的,实际上这改变的是信号的相位增长速率,而输出信号的相位本身是连续的,这就是 DDS 频率捷变时的相位连续性,图 4-2-49 所示是 DDS 频率变换过渡过程的示意图。

图4-2-49 DDS频率变换过渡过程

在许多应用系统中,如跳频通信系统,都需要在捷变频过程中保证信号相位的连续,以避免相位信息的丢失和出现离散频率分量。传统的频率合成技术做不到这一点。

5) 任意波形输出能力

根据奈奎斯特定理,DDS中相位累加器输出所寻址的波形数据并非一定是正弦信号的,只要该波形所包含的高频分量小于取样频率的一半,那么这个波形就可以由DDS产生,而且由于DDS为模块化的结构,输出波形仅由波形存储器中的数据来决定,因此,只需要改变存储器中的数据,就可以利用DDS产生出正弦、方波、三角波、锯齿波等任意波形。

6) 数字调制功能

由于DDS采用全数字结构,本身又是一个相位控制系统,因此可以在DDS设计中方便地实现线性调频、调相以及调幅的功能,可产生ASK、FSK、PSK、MSK的多种信号。

7) 工作频带的限制

这是DDS的主要缺点之一,是其应用受到限制的主要因素。根据DDS的结构和工作原理,DDS的工作频率显然受到器件速度的限制,主要是指ROM和DAC的速度限制。由目前的微电子技术水平,采用CMOS工艺的逻辑电路速度可达到60~80MHz,采用TTL工艺的逻辑电路速度可达到150MHz,采用ECL工艺的电路可达到300~400MHz,采用GaAs工艺可达到2~4GHz。所以,目前DDS的最高输出频率为1GHz以上。

8) 相位噪声性能

DDS的相位噪声主要由参考时钟信号的相位噪声和器件本身的噪声基底决定。从理论上讲,输出信号的相位噪声会对参考时钟信号的相位噪声有$20\lg(f_c/f_{out})$dB的改善。但在实际工程中,必须要考虑包括相位累加器、ROM和DAC等在内的各部件噪声性能的影响。

9) 杂散抑制差

由于DDS一般采用了相位截断技术,它的直接后果是给DDS的输出信号引入了杂散。同时,波形存储器中的波形幅度量化所引起的有限字长效应和DAC的非理想特性也都将对DDS的杂散抑制性能产生很大的影响。杂散抑制差是DDS的又一缺点。

另外,集成化、体积小、价格低、便于程控也是DDS的特点。

3. 间接频率合成技术

间接频率合成器也称为锁相频率合成技术。它是利用一个或几个参考频率源,通过谐波发生器混频和分频等产生大量的谐波或组合频率,然后用锁相环,把压控振荡器的频率锁定在某一谐波或组合频率上,由压控振荡器间接产生所需频率输出。这种方法优点是稳频和杂散抑制好,调试简便;缺点是频率切换速度比直接合成慢。

以锁相环为核心的频率合成器,除了锁相环之外,还有分频器、倍频器和混频器。这些部件根据需要,可置于锁相环之前,也可在反馈回路之中。图4-2-50是反馈回路中有分

频器的频率合成器。在反馈回路中,总分频次数为 NM,通过锁相环的作用,使鉴相器两输入信号的频率相等,因此输出频率为

$$f_x \frac{1}{M} \cdot \frac{1}{N} = f_s \qquad (4-2-90)$$

$$f_x = f_s MN \qquad (4-2-91)$$

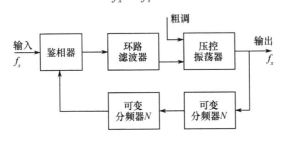

图 4-2-50 分频反馈锁相频率合成器

图 4-2-51 是另一种频率合成器,在锁相环的反馈回路中含有混频器。信号频率 f_s 经 M 次倍频后,再与 f_x 混频得出 $f_x - Mf_s$,再经可变分频器进行 N 次分频得 $(f_x - Mf_s)/N$,送至鉴相器。在锁相正常时,可求出输出频率 f_x。上述两种方法,当改变可变分频器的分频比 N 时,就能改变输出频率 f_x。由于锁相环有一定工作范围,所以需先进行粗调。

$$f_s = (f_x - Mf_s)/N \qquad (4-2-92)$$

$$f_x = (M+N)f_s \qquad (4-2-93)$$

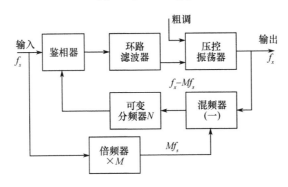

图 4-2-51 混频反馈锁相频率合成器

需要得到可变频率的数目较多时,可用多个锁相环级联。图 4-2-52 是三个锁相环级联的方框图。当各锁相环锁定正常时,各环频率关系分别为

$$\frac{f_x - f_3}{N_1} = f_s, \quad f_x = N_1 f_s + f_3 \qquad (4-2-94)$$

$$f_3 - M_1 f_s = \frac{f_2}{L_1}, f_3 = M_1 f_s + \frac{f_2}{L_1} \qquad (4-2-95)$$

$$\frac{f_2 - M_2 f_s}{N_2} = \frac{f_s}{L_2}, f_2 = M_2 f_s + \frac{N_2}{L_2} f_s \qquad (4-2-96)$$

结果得输出频率

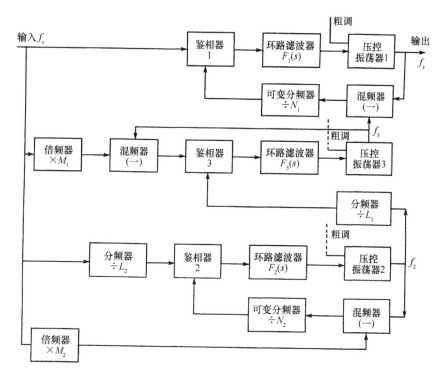

图 4-2-52 多环路锁相频率合成器

$$f_x = \left[(M_1+N_1)+\frac{1}{L_1}\left(M_2+\frac{N_2}{L_2}\right)\right]f_s \qquad (4-2-97)$$

当适当选择 M_1、M_2、N_1、N_2、L_1、L_2 的数值时,便能得到要求的输出频率值。

(三) 自适应频率捷变

前面讲的频率捷变是随机的或按某种规律来跳变的,但由于发射频率不是选在干扰弱区,所以雷达仍有受干扰的可能。如果干扰带宽占捷变带宽的 1/10,当等概率捷变频时,仍有 1/10 的时间受到干扰。

自适应捷变频中,雷达工作频率并不是盲目地乱变,而是根据干扰的频谱分布有目的地进行跳频。首先用侦察分析设备分析敌人干扰特性,主要是频谱,然后引导雷达工作频率跳到干扰频谱的空隙或弱区。此项任务至少要分三步来完成:首先要接收干扰并对其频谱进行分析,其次是进行门限判决找出干扰谱空隙和弱区,再次是通过逻辑控制电路控制频率合成器工作于相应的频率范围。一种自适应捷变频雷达方框图如图 4-2-53 所示。

图中宽带放大器对干扰信号进行放大。干扰频谱分析器类似于一般频谱分析仪,它像侦察接收机一样分为扫频式和并列通道式两种。扫频式是指用磁调滤波器(YIG)做成窄带滤波器,其中心频率可在测频范围内扫描,于是检波器输出的信号强弱反映了不同频率上干扰的强弱。这样就可由比较判决部件找出干扰谱的空隙和弱区。并列多通道式是采用并列滤波器组,它们的频率特性依次排列并覆盖要侦察分析的整个频段。各滤波器都接有检波记录、指示设备,其输出还送到比较判决部件。这两种方法中,前者简单,但速度慢;后者复杂,但速度快。若采用大规模微波集成电路,用并列多通道式,将得到满意的结果。

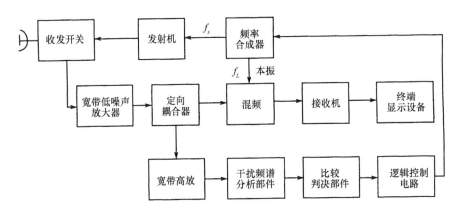

图 4-2-53 简单自适应频率捷变雷达

比较判决部件,类似于门限检测装置。干扰频谱分析器输出的电压实际上是代表干扰频谱的分布。首先对此电压进行时间采样,采样后与门限电平比较,超过门限就有脉冲输出,经过一定的时间 T,判别超出门限电平的脉冲数,就可以看出各频率上干扰的强弱。

根据各频率上干扰的强度,选择一个干扰最弱区域的频率,在逻辑控制电路中产生一定的指令码,控制频率合成器产生相应的发射频率和本振频率。

自适应频率捷变体制是雷达抗干扰的发展方向之一。

三、频率分集(Frequency Diversity)技术

频率分集是为完成同一个任务采用相差较大的多个频率,同时或近似同时工作的一种技术。频率分集可以采用由若干个雷达工作在不同频率上的这种形式,也可以是单个雷达系统采用多个不同频率的这种形式。

对于后一种形式,在同步脉冲的作用下,几个不同频率的雷达发射机,以一定间隔(或彼此衔接),产生等幅、等宽的高频强功率脉冲,经各自的带通滤波器进入高频功率合成器,经天线射向空间。天线形成几个不同频率的波束。这几个波束形状相近并重合在一起,也可以将几个波束自上而下地依次排列开,这样可减小盲区。接收时,天线将收到的目标回波信号送往高频滤波器,由高频滤波器按频率将信号分路并送入各自的接收通道,经高放、混频、中放、检波后将视频信号送入信号的组合逻辑电路。该电路对各路信号进行相应的时间延迟,使各路信号的到达时间相同,叠加后加到雷达终端。

与频率捷变雷达一样,频率分集雷达可以减小目标起伏的影响,从而增大雷达作用距离,提高发现概率和跟踪精度。

由于频率分集雷达能增加雷达总的发射功率,降低目标起伏对测角精度的影响,消除地面反射引起波瓣分裂的影响,从而显著地改善了雷达的工作性能,提高了雷达对目标的探测能力。同时,由于采用多部收发设备,还提高了雷达的可靠性。

在电子防护方面,由于频率分集雷达工作于多个不同的频率值,所以当敌方施放瞄准式干扰时,只能使其一路或几路通道失效,其他通道仍能正常工作。频率分集雷达还能迫使阻塞式干扰机加宽干扰频带,从而降低干扰的功率密度。然而,由于频率分集雷达是靠增加发射机和接收机的数量而形成不同载频的脉冲,其载频数不可能很多,所以其抗干扰性能的提高与频率捷变雷达相比是有限的。

4.2.5 接收机内抗干扰技术

接收机内抗干扰就是根据干扰与目标信号某些特性的差异,设法最大限度地抑制干扰,同时输出目标信号。目前,对于特定的干扰有许多种接收机内抗干扰技术,这里仅介绍几种基本的技术:脉冲串匹配滤波器、相关接收、脉冲积累、宽－限－窄电路、反距离波门拖引、恒虚警电路、雷达杂波图控制技术等。

一、脉冲串匹配滤波器

由上节匹配滤波器的定义可知:当滤波器的传输函数的频谱特性 $H(\omega)$ 和输入信号的频谱特性满足复共轭关系,即 $H(\omega) = KS^*(\omega)\mathrm{e}^{-\mathrm{j}\omega t_0}$ 时,滤波器输出最大信噪比 $2E/N_0$。

实际上,要做到使雷达接收机的传输函数 $H(\omega)$ 与信号频谱 $S(\omega)$ 完全匹配非常困难,所以接收机往往采用容易实现的与匹配滤波器近似的准匹配滤波器。这样,准匹配滤波器输出的信噪比就会出现损失(失配损失),使输出信噪比小于 $2E/N_0$。

对于线扫体制的雷达来说,接收的回波为一脉冲串波形。由于天线对目标扫描一次,能够形成若干个目标回波脉冲,并且这些脉冲还受到扫描天线方向图的调制,所以,其匹配滤波器的传输函数频谱应与这些脉冲串的频谱相匹配。由于回波脉冲数目较大时,信号频谱的能量主要集中在主瓣,而且 90% 以上的能量在 $1/\tau$ 内按重复频率 F_r 重复的主谱线内,如图 4－2－54 所示,因此,匹配滤波器为一套调谐于 F_r 整数倍的窄带滤波器组,这种滤波器称为梳齿状滤波器,如图 4－2－55 所示。由于信号能量的绝大部分几乎都能通过该滤波器,而干扰则大部分被抑制掉,所以梳状滤波器对信干比的改善效果非常明显。

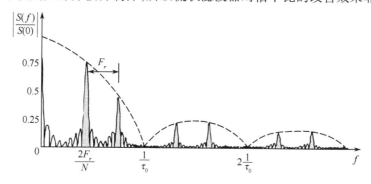

图 4－2－54 矩形视频脉冲串的频谱

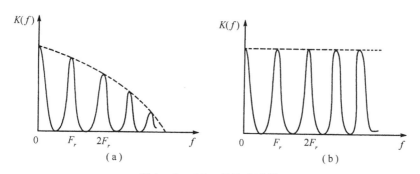

图 4－2－55 梳齿滤波器
(a)匹配梳齿滤波器;(b)普通梳齿滤波器。

二、相关接收

相关接收技术是利用信号与噪声的自相关函数的明显不同,在强噪声背景中提取出微弱的目标信号。实现相关接收需要计算相关函数,计算相关函数的设备称为相关器(或相关积分器),按相关器的输入信号不同,可以分为自相关器和互相关器两种。

自相关器的原理框图如图4-2-56所示,输入信号为目标回波与干扰的混和信号,即 $s_i(t) + n_i(t)$,经自相关器运算后输出为

$$R_x(\tau) = \int_{-\infty}^{\infty} [s_i(t) + n_i(t)][s_i(t-\tau) + n_i(t-\tau)]\mathrm{d}t =$$
$$R_{ss}(\tau) + R_{nn}(\tau) \qquad (4-2-98)$$

式中:$R_{ss}(\tau)$ 为目标信号的自相关函数;$R_{nn}(\tau)$ 为噪声的自相关函数。可以证明,当输入噪声为白噪声时,$R_{nn}(\tau)$ 为 δ 函数,而噪声为窄带高斯噪声时,其自相关函数为

$$R_{nn}(\tau) = \sigma^2 \frac{\sin\left(\frac{\Delta\omega\tau}{2}\right)}{\frac{\Delta\omega\tau}{2}} \cos\omega_0\tau \qquad (4-2-99)$$

显然,τ 越大,$R_{nn}(\tau)$ 就越小;当 τ 足够大时,$R_{nn}(\tau) \to 0$,$R_x(\tau) \approx R_{ss}(\tau)$。但 τ 不能过大,否则,$R_{ss}(\tau)$ 也将很小。综上所述,当 τ 选择适当时,自相关器的输出中仅有目标回波的自相关函数而消除了干扰。

互相关器的原理框图如图4-2-57所示,其输入有两路信号:一路为目标回波与干扰的混和信号,另一路为发射参考信号,经互相关器运算后输出为

$$R_x(\tau) = \int_{-\infty}^{\infty} s_i(t-\tau)[s_i(t) + n_i(t)]\mathrm{d}t = R_{ss}(\tau) \qquad (4-2-100)$$

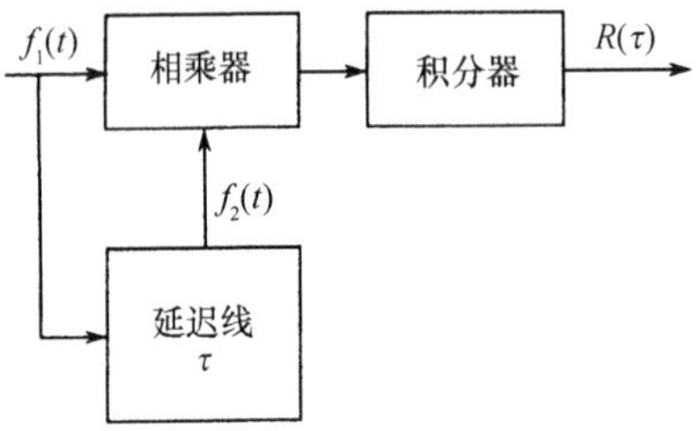

图4-2-56 自相关器 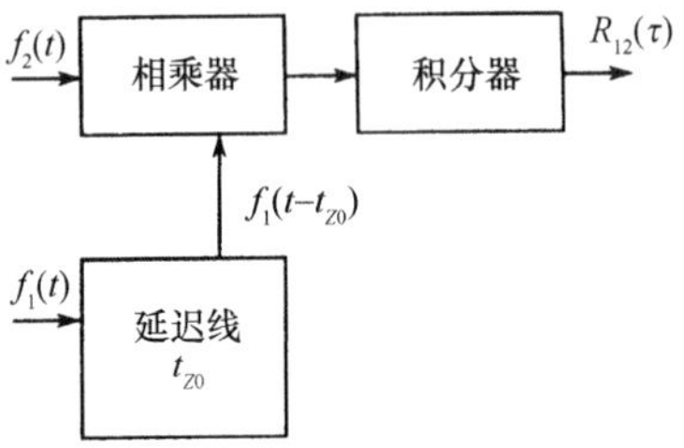　　　　图4-2-57 互相关器

不论是自相关器还是互相关器,其输出信号的信干比都有了明显的改善,尤其是当输入信干比较小时,其他抗干扰方法是很难达到这样的改善效果的。但是,自相关器与互相关器的抗干扰性能并不完全相同。从提高输出信噪比的角度看,互相关器比自相关器更加有效,并且输入信干比越小,互相关器的性能就越优越,如图4-2-58所示,这主要是因为在互相关器的输入信号中加入了没有噪声的发射参考信号。而从结构复杂性来看,自相关器则比互相关器要简单得多。

三、脉冲积累

一般雷达显示器都有脉冲积累作用。这是由于显示器有一定的余辉时间,加上人的眼睛有视觉暂留现象,同一目标的回波信号就以亮度的形式积累起来,因此,目标回波在显

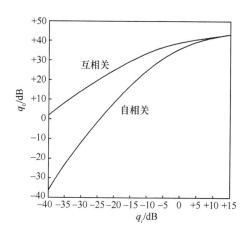

图 4-2-58 自相关器与互相关器对信干比改善的比较

示器上就呈现明亮而稳定的图像,而干扰(噪声或杂波)由于是随机起伏的,不会总在同一位置出现,亮度不能积累,就显得暗淡且随机闪烁,所以雷达显示器有提高信干比的作用。但是,显示器所能积累的脉冲数是很有限的,而且它也不可能与脉冲串的调制规律相匹配,因而显示器的积累效果是较差的。

积累可以在包络检波前完成,也可以在包络检波器以后完成。在包络检波前完成的积累称为检波前积累或中频积累;在包络检波器以后完成的积累,称为检波后积累或视频积累。信号在检波前积累时要求信号间有严格的相位关系,即信号是相参的,所以又称为相参积累。由于信号在包络检波后失去了相位信息而只保留幅度信息,所以检波后积累就不需要信号间有严格的相位关系,因此又称为非相参积累。

M 个等幅相参中频脉冲信号进行相参积累时,信噪比(S/N)可提高 M 倍(M 为积累脉冲数)。由于相邻周期的中频回波信号按严格的相位关系同相相加,积累相加的结果使信号幅度提高 M 倍,相应的功率提高 M^2 倍,而噪声是随机的,相邻周期之间的噪声不相关,积累是按平均功率相加而使总噪声功率提高 M 倍,因此相参积累的结果可以使输出信噪比(功率)改善为 M 倍。相参积累也可以在零中频上用数字技术实现,因为零中频信号保存了中频信号的全部振幅和相位信息。脉冲多普勒雷达的信号处理是实现相参积累的一个很好实例。

M 个等幅脉冲在包络检波后进行理想积累时,信噪比的改善达不到 M 倍。由于包络检波的非线性作用,信号加噪声通过检波器会发生相互作用,产生新的干扰频率分量,从而使输出信噪比减小。特别当检波器输入端的信噪比较低时,检波器输出端的信噪比损失更大。视频积累的信噪比改善在 M 和 $\sqrt{M}$ 之间,当积累数 M 很大时,信噪比的改善趋近于 $\sqrt{M}$。

虽然视频积累的效果不如相参积累,但由于其工程实现比较简单,因此在许多场合仍然使用它。

视频脉冲积累器分为正向延迟积累器(横向滤波器)和反馈延迟积累器两种。一种正向延迟积累器实现框图及其脉冲响应如图 4-2-59 所示。

视频脉冲积累既可用模拟电路实现,也可采用数字技术实现。二者的差别在于:采用

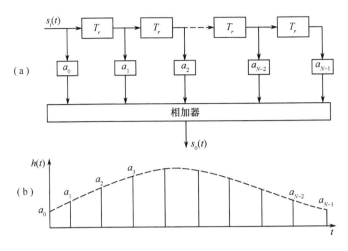

图 4 – 2 – 59　正向延迟积累器及其脉冲响应

移位寄存器(数字延迟线)代替了模拟延迟线,用乘法器代替加权放大器;而且采用数字积累时,常常与检测器连成为不可分割的整体,也称为积累检测器。

由于发射机频率和接收机本地振荡器频率的漂移,以及目标运动所产生的多普勒频移的影响,中频回波脉冲串中各个脉冲的频率和初相位都是不同的(不相干的)。如果将 M 个这样的不相干中频脉冲经延迟后加在一起,则可能互相抵消,根本积累不起来。因此,要进行中频脉冲积累,就必须保证各重复周期中频脉冲的频率和初相位保持严格一致,即要求中频脉冲是相干的,这就是进行中频脉冲积累必须满足的条件。

要满足相干的条件,首先必须使发射机频率和本地振荡器频率具有足够高的频率稳定度,或者使它们的差频保持高稳定度。同时要保证脉冲重复周期是中频振荡周期的整数倍。其次,必须对多普勒频移进行补偿,消除多普勒频移的影响。这是进行中频相干积累的一个关键技术问题,也是造成中频积累设备复杂的主要原因。

中频积累对雷达的收发系统有严格的相参性要求,因此实现技术要求较高。一种具有多普勒频率补偿的中频积累实现框图如图 4 – 2 – 60 所示。

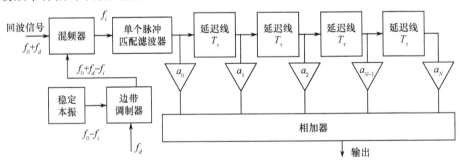

图 4 – 2 – 60　有多普勒补偿的中频脉冲积累器

四、宽 – 限 – 窄抗干扰电路

宽 – 限 – 窄电路就是在宽带中放后再与限幅器和窄带中放(与信号脉宽匹配)级联形成的电路,如图 4 – 2 – 61 所示。宽 – 限 – 窄电路是一种利用频域信号处理技术的抗干扰电路,主要用于抗噪声调频干扰和其他快速扫频干扰。

图 4-2-61 宽-限-窄电路组成

由于宽带中放带宽 B_1 很宽(即暂态响应时间很短),噪声调频干扰信号经宽带中放后变成一系列离散的随机脉冲。这样,抗噪声调频干扰的问题就变成了抗脉冲干扰的问题。而抑制离散调频干扰脉冲的最简便的方法就是对干扰信号进行限幅。采用双向硬限幅并将限幅电平设定在目标回波信号脉冲的幅度上,即可将干扰能量的很大一部分消除掉,使得限幅器输出端的信干比得到较大的提高。由于窄带中频放大器的带宽与目标回波信号的频谱宽度相匹配,所以目标信号能量能够无损失或损失很小地通过窄带中频放大器;而干扰脉冲的频谱较宽,通过窄带中放时一部分频率分量将被滤除,进一步提高了窄带中放输出端的信干比。宽-限-窄电路对噪声调频干扰和目标回波信号的处理过程如图 4-2-62 所示。

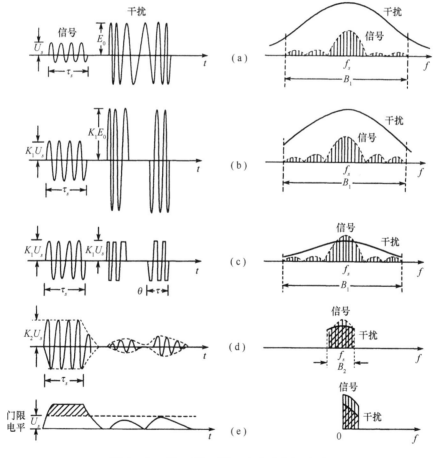

图 4-2-62 宽-限-窄电路各级波形

此外,未加宽-限-窄电路时,由于干扰信号比目标信号强很多,在检波器中将产生严重的强压弱现象,使检波器输出端的信干比进一步变坏;加了宽-限-窄电路后,检波器输入端的信干比接近于 1 甚至大于 1,检波器中就不会发生强干扰压制弱信号的现象,从而减小了检波器中信干比的损失。

五、反距离波门拖引

这是一种抗距离欺骗干扰的技术。反距离波门拖引（ARGPO）又称作反距离波门偷引（ARGS），有两种基本结构可以实现这种反干扰性能。第一种是基于对真实回波的前沿跟踪；第二种是对前和后波门进行不同的加权，从而使距离跟踪回路失去平衡。

在第一种结构中（图4-2-63），接收机采用宽-限-窄电路接收机或对数接收机。这样接收机具有较低的输出动态特性，可避免欺骗信号过大引起对真实信号的压制，或避免干扰对 AGC 电路的过大调整。接收机输出信号送到一个微分电路中，该电路实际上消除了超过某一预置值的所有信号后面的部分。如果雷达的脉冲重复频率是随机的或其发射频率是捷变的，可免受距离门前拖干扰的影响，因此这里只考虑距离门后拖干扰的情况。当真实回波和欺骗信号未分开时，微分电路的输出为真实回波的前沿部分（图4-2-63）；而当真实回波和欺骗信号分开时，由于距离门仍然套在回波信号的前沿上，所以它不会被干扰信号拖走。

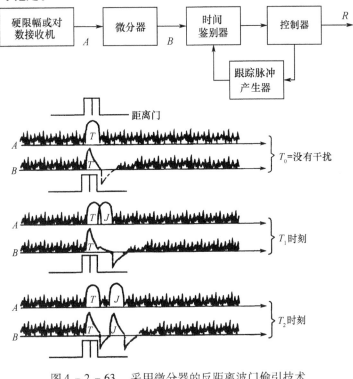

图4-2-63 采用微分器的反距离波门偷引技术

在第二种结构（图4-2-64）中，接收机采用宽-限-窄电路接收机或对数接收机，以避免欺骗信号过大引起对真实信号的压制。前波门的加权值比后波门的大，这就造成距离门前移，此时根据波门中心测得的距离比实际距离近，但减小值是一个确定值，可以进行补偿。由于距离波门的前移，所以距离跟踪系统不受后拖欺骗干扰的影响。

在两种结构中，跟踪回路的时间常数应适当设计，以确保波门速度不会显著改变。有时，在噪声干扰的情况下，雷达可以有意缩小跟踪回路的频带，这样就可在信号干扰比较小的情况下完成对目标距离的跟踪。

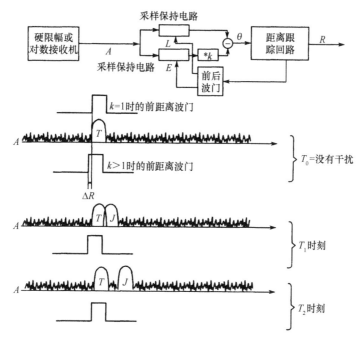

图 4-2-64 前后波门采用不同加权值的反距离波门偷引技术

如果将频率捷变和反距离门拖引技术相结合,雷达将具有很强的抗距离欺骗干扰的能力。

值得指出的是:对于速度欺骗干扰,可以采用类似的波门保护或多波门技术进行反干扰。对于具有距离和速度跟踪支路的现代雷达可以采用双重跟踪处理技术对付距离或速度欺骗干扰。

六、恒虚警率(CFAR)处理技术

恒虚警率处理是指在噪声和外界干扰强度变化时使雷达虚警概率保持恒定的一种技术措施。在自动检测系统中,采用恒虚警率处理技术可使计算机不致因干扰太强而出现饱和;在人工检测雷达中,恒虚警率处理技术能在强杂波干扰下,实现显示器画面清晰、便于观测。因此,恒虚警率处理技术不仅是计算机化雷达中处理杂波干扰的一个重要途径,而且也是改进现有常规雷达使之在强杂波干扰下仍能工作的一个有效方法。

目前常用的恒虚警率处理方法可分为慢门限恒虚警率处理和快门限恒虚警率处理两大类,二者又可分为模拟式和数字式两种。模拟式 CFAR 设备量小,但性能较差;数字式 CFAR 设备量较大,但性能较好。

慢门限恒虚警率处理是一种对接收机内部噪声电平进行恒虚警率处理的电路。内部噪声随着温度、电源等因素而改变,其变化是缓慢的,调整门限的周期可以比较长(如 0.5s),所以叫做慢门限恒虚警率处理。这种恒虚警率处理电路实际上是对噪声取样,产生可自动调整的门限电平,根据噪声电平的高低调整第一门限的门限电平,达到恒虚警率的目的,其组成框图如图 4-2-65 所示。

接收机输出的视频信号送至幅度量化器,与门限电平 E_0 比较后,输出二进制序列。控制电路在雷达工作的休止期(或工作逆程)将控制信号送至存储器,使存储器可以接收量

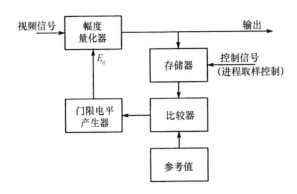

图 4-2-65 慢门限恒虚警率处理的组成方框图

化器输出的脉冲。由于在休止期中没有目标回波,超过门限电平 E_0 的脉冲都是由噪声产生的,这些脉冲的数目代表了噪声电平的高低。经过若干个休止期的积累,把存储的脉冲数与代表了允许噪声电平的参考值进行比较,比较以后形成一个可以说明当前的噪声电平是超过允许值还是低于允许值的差值,再利用这个差值去控制门限电平产生器获得新的门限电平 E_0,即可达到恒虚警率的效果。

快门限恒虚警率处理是针对杂波的工作环境而设置的。与噪声性质不同,杂波具有一定的区域性,并且强度大、变化快,要达到恒虚警率必须对门限进行快速的调整,所以称为快门限恒虚警率处理。

一种典型的快门限恒虚警率处理电路是对邻近单元进行平均恒虚警率处理,其组成框图如图 4-2-66 所示。图中的延迟单元(抽头延迟线或移位寄存器)中储存了 N 个距离单元(典型值 $N=16$ 或 32)的视频信号,中心的距离单元是被检测单元,左右两边各有 $N/2$ 个距离单元为参考单元,对 N 个参考单元的输出 x_i 求和取平均,即可得到杂波平均值的估计值:

$$\hat{E}(x) = \frac{1}{N}\sum_{i=1}^{N} x_i \qquad (4-2-101)$$

被检测单元的输出 x_o 除以平均值的估计值,完成归一化处理 $x_o/\hat{E}(x)$。显然,经过归一化处理后的输出与杂波强度无关,达到了恒虚警率的效果。

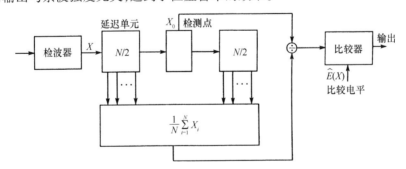

图 4-2-66 临近单元平均恒虚警率处理的组成方框图

快门限恒虚警率处理电路主要适用于处理强度不同的平稳瑞利分布的噪声,即在已知平稳噪声的概率密度分布的条件下才具有恒虚警作用。实际上,大多数干扰杂波是非平稳的,各距离单元杂波强度不同。当检测单元位于强杂波区时,邻近单元的估计值可能偏低,使虚警概率增大;当检测单元位于弱杂波区时,邻近单元的估计值可能偏高,使发现概率降低。为此,应根据杂波的实际情况来选择参考单元的数目 N,尽量做到参考单元里的杂波相对平稳。由于气象、箔条和海浪杂波干扰是连片的,比较符合瑞利分布规律且基本平稳,因此在这些干扰背景中检测目标时,应用快门限恒虚警率处理电路能收到良好的效果。

在现代雷达中,一般同时设有慢门限 CFAR 和快门限 CFAR,根据干扰环境的变化而自动转换。

七、雷达杂波图控制技术

雷达杂波图是把雷达所要监视的空域按方位和距离划分成若干单元,在每一个单元中存储地物回波幅度的平均值,这样形成以雷达站为中心的地物杂波图。平面位置显示器上能够看到的杂波图像如图 4 – 2 – 67 所示,为了把相应的杂波信号有序地存储起来,需要把所需监视范围(一般为动目标显示范围)划分成若干个方位—距离单元,一般在方位上以 $\Delta\theta$ 为单位(最小为天线波束宽度)对全方位进行均匀划分,在距离上以 ΔR 为单位(最小为压缩后的一个脉冲宽度对应的距离),将所需监视的距离均匀等分,这样整个所需监视范围分成了许多扇面区,每一个扇面区就是一个方位—距离单元。对应每一个方位—距离单元设置一个存储器,将出现在该单元内的杂波幅度的平均值以数字的形式存储起来。常用的存储方法是实测法,即根据实际接收到的杂波信号自动制作杂波图。

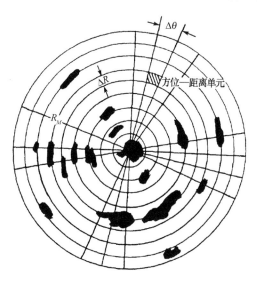

图 4 – 2 – 67　杂波图的方位—距离单元划分

雷达杂波图分为静态杂波图和动态杂波图。静态杂波图是指杂波在一个天线旋转周期内"制成"后连续使用下去,不再更新的杂波图。显然,这种杂波图不能适应杂波环境的较快变化。动态杂波图则能在天线旋转周期内随时反映杂波环境的变化,因此,动态杂波图需要间隔一定时间后重新制作,以便实时进行更新。

利用雷达杂波图可以实现许多功能。例如:在一个天线旋转周期内实测得到的杂波图,可以在下一周期及后续更多周期做灵敏度控制信号,因为杂波值的大小恰好与高频信号在进入高放前需要的衰减量成正比,所以存储器中的杂波值可直接用来控制某种电调衰减器,使强杂波在进入高放前就得到衰减,保证高放工作线性放大状态;另外,若在一定的方位角范围内,杂波值的总数超过了某一规定的门限值,就让杂波图存储器送出一个控制信号,把低波束通道断开,高波束通道接通。利用杂波图可以产生非均匀杂波环境下的恒虚警检测门限,克服常规临近单元平均恒虚警处理的不足;可利用杂波图实现自动增益控制(AGC),确保中频放大器工作处于线性状态;利用杂波图还可检测切向飞行或低速目标,以及作为正常视频(MTI 视频)的选通信号等。

由于雷达杂波图的杂波单元数很多,要将各个单元杂波的幅度信息进行存储,就需要大量的存储器,而且在杂波图更新的过程中运算量很大,所以雷达杂波图较难实现。随着超高速大规模集成电路和大容量存储器的迅速发展,雷达杂波图的实现变得相对容易了。近年来,很多新研制的空中情报雷达都采用了雷达杂波图控制技术。

4.2.6 动目标处理技术

军用雷达要探测和跟踪的目标通常具有一定的运动速度,而目标周围的地物、海浪、云雨或敌方施放箔条等能对雷达形成很强的杂波背景干扰,使处于强杂波背景下的运动目标显示不清晰甚至被淹没,雷达很难检测目标。动目标信号处理技术就是利用目标与背景干扰物之间运动速度的差异,将固定或缓慢运动背景杂波干扰抑制掉。

由于目标与背景干扰物相对雷达的运动速度不同,使得目标回波与干扰杂波的多普勒频率不同,因此可以通过检测回波信号的多普勒频移取出运动目标信号,抑制背景杂波干扰。

动目标信号处理技术主要可以分为动目标显示(MTI)技术、动目标检测(MTD)技术和脉冲多普勒(PD)技术。脉冲多普勒雷达是应用动目标检测技术具有抗强杂波背景干扰的新型雷达。这种雷达具有脉冲雷达的距离鉴别力和连续波雷达的速度鉴别力,有更强的杂波抑制能力,因而能在较强的杂波背景中分辨出动目标回波。这种雷达明显地提高了从运动杂波中检测目标的能力,不仅广泛应用在机载雷达中,也在新型地面雷达中得到应用。

一、脉冲多普勒雷达的特点及其应用

(一)脉冲多普勒雷达的特点

脉冲多普勒雷达与动目标显示雷达都是以目标多普勒频移信息为基础的脉冲雷达。一般说,脉冲多普勒雷达有如下三个特点。

1. 足够高的脉冲重复频率

为了在频域上能区分杂波和运动目标,并且能够单值测量目标速度,脉冲多普勒雷达通常选用足够高的脉冲重复频率,但此时会产生距离测量的模糊。

为保证单值测速的要求,应满足关系式

$$f_{d\max} \leqslant \frac{1}{2}f_r \tag{4-2-102}$$

式中:$f_{d\max}$ 是目标相对于雷达的最大多普勒频移;f_r 是雷达的脉冲重复频率。

为保证单值测距的要求应满足

$$t_{d\max} \leqslant T_r \qquad (4-2-103)$$

式中:$t_{d\max}$为目标回波相对于发射脉冲的最大延迟;T_r为雷达脉冲重复周期。

要同时保证单值测速和单值测距,应满足关系式

$$f_{d\max} t_{d\max} \leqslant \frac{1}{2} f_r T_r \qquad (4-2-104)$$

在绝大多数机载下视雷达中式(4-2-107)是不能满足的,因而测速和测距总有一维是模糊的。

下面举例来说明这一点。对于机载下视雷达,特别是战斗机雷达,考虑到体积、重量的限制,通常都选用较高的频段,如 X 波段。以典型的数据计算,设雷达的波长 λ = 3cm,目标与雷达的相对速度为 4000km/h,若保证测速不模糊,按式(4-2-102)计算 f_r 应大于 148kHz,但此时不模糊测距范围大约只有 1km,显然,大于 1km 的目标,距离测量值是模糊的。若保证 60km 范围内测距不模糊,则脉冲重复频率要低于 2.5kHz,此时目标径向速度大于 67.5km/h 时,其速度测量值是模糊的,显然径向速度为 4000km/h 的目标,其速度测量值是模糊的。对于机载平台,脉冲重复频率的选择是一个很重要的问题。为了有效滤除杂波,同时能够单值测速,脉冲多普勒雷达通常选择高脉冲重复频率(HPRF)的波形,此时会产生测距模糊,但可以采用一些解模糊的方法确定真实的目标距离。对于不同的战术应用,也可以选择低脉冲重复频率(LPRF)或中脉冲重复频率(MPRF)的波形。低脉冲重复频率波形是一种没有测距模糊但存在测速模糊的波形,主要适用于需要目标距离信息而不需要目标速度信息的情况,机载雷达可在搜索模式下使用低脉冲重复频率波形对地平线以上的空中目标进行探测和测距,此时,不存在杂波或杂波强度很小。中脉冲重复频率波形兼具高重频和低重频的优点和缺点,能够提供折中的整体探测性能,但这种波形既存在测距模糊又存在测速模糊,可以通过一些解模糊的方法加以解决。

2. 能实现对脉冲串频谱中单根谱线的多普勒滤波

在脉冲多普勒雷达中,运动目标回波为一相参脉冲串,其频谱为辛克包络的一组离散谱线,谱线的位置相对发射信号频谱具有对应目标多普勒频率的位移。这种离散谱线是由于脉冲串对连续波信号调制引起的。对于连续波信号,其频谱只有一根谱线。因此,从提取多普勒信息的角度来说,相参脉冲串中的一根谱线就含有目标检测所需的多普勒信息了。此时,如果用一个窄带滤波器,只对一根谱线进行滤波,则不但可以滤出多普勒信息,同时能够抑制杂波中的大部分能量,具有很好的滤除杂波的性能。当用窄带滤波器滤出回波的一根谱线时,相当于把脉冲串信号变成了连续波信号,即失掉了脉冲串调制信息,此时,该信号失去了回波所携带的距离信息。为了获得距离信息,应在多普勒窄带滤波之前用一组距离波门(对应不同的距离)对回波信号进行选通(选择),即通过某个距离波门选通后的信号若存在多普勒信息,则表明对应该距离波门处存在有目标回波,这样便实现了多普勒和距离的联合检测。由于目标的多普勒频率在滤波和检测之前是未知的,因此,必须用一组窄带滤波器对处于发射频谱两根谱线之间的范围进行滤波。通常取靠近载波中心(或零中频)的一段频谱,如 $f_0 - f_r/2 \sim f_0 + f_r/2$ 或 $f_0 \sim f_0 + f_r$,进行多个相邻窄带滤波器的滤波。早期的多普勒滤波器组大多使用模拟滤波器在中频频段来实现,目前,通常使用快速傅里叶变换在零中频来实现。

由于近年来数字技术的飞跃发展,给技术实现带来了更大的可能性,从而大大提高系

统的可实现性。性能良好的脉冲多普勒雷达,改善因子至少能够达到50~60dB。脉冲多普勒雷达具有对目标信号单根谱线进行滤波的能力,因而还能提供精确的速度信息,这是脉冲多普勒雷达的一个显著优点。

3. 采用主振放大式发射机

只有发射相参脉冲串才可能对处于模糊距离的目标进行多普勒信号处理;只有发射相干脉冲串才有可能进行中频信号处理。因此,脉冲多普勒雷达通常采用栅控行波管或栅控速调管作为功率放大器的主振放大式发射机。由它产生相参脉冲串,而不像一般动目标显示雷达那样可以用磁控管单级振荡式发射机。此外,脉冲多普勒雷达要求发射信号具有很高的稳定性,包括频率稳定和相位稳定。发射系统采用高稳定度的主振源和功率放大式发射机,保证高纯频谱的发射信号,尽可能减少由于发射信号不稳而给系统带来附加噪声和由于谱线过宽而使滤波器频带相应加宽。

从上述可以看出脉冲多普勒雷达的高性能是以较高的技术要求为前提的,它主要要求:产生极高频谱纯度的发射信号;大线性动态范围的接收机;先进的信号处理技术等。

应当注意的是,脉冲多普勒雷达与动目标显示雷达之间的区别不是绝对的,随着技术的发展两者的区别将越来越不明显。例如:为了提高动目标显示雷达的质量,有的已采用高稳定度的主振放大式发射机,信号处理也加装有窄带滤波器组;脉冲多普勒雷达为适应战术应用的需要,也可以选用中等脉冲重复频率等。

(二) 脉冲多普勒雷达的应用

脉冲多普勒雷达原则上可用于一切需要在地面杂波背景中检测运动目标的雷达系统中。目前典型的应用,如表4-2-5所示的几个方面,如机载预警、机载截击、导弹寻的、地面制导雷达和气象等。

表4-2-5 脉冲多普勒雷达的应用和要求

雷达应用	要 求	复杂性
机载预警	探测距离远;距离数据精确	能允许有复杂的设备
机载截击	具有中等的探测距离和粗略的距离精度	允许有中等的复杂程度
导弹寻的	可以不需要真实的距离信息	对振动和复杂性有严格限制
地面制导雷达	探测距离远,通常无距离模糊	能允许有复杂的设备
气象	速度和距离分辨力高	中等复杂程度

二、机载下视雷达的杂波谱

脉冲多普勒雷达实质上就是利用运动目标回波与杂波在频谱上的差别,抑制杂波提取运动目标信息。从原理上讲,脉冲多普勒雷达相当于一种高精度、高灵敏度和多个距离通道的频谱分析系统。所以研究脉冲多普勒雷达首先应研究信号与杂波频谱的特性。

(一) 目标的多普勒频移

设雷达站装在固定的平台上,目标相对于雷达站的径向速度为 v_{r0},雷达接收信号相对于发射信号的多普勒频移为 $f_d = 2v_{r0}/\lambda$。对于机载雷达,考虑到目标与雷达的相对速度,$f_d = 2(v_{r0} + v_{T0})/\lambda$,式中: v_{T0} 为载机速度在视线方向投影。图4-2-68显示出了多普勒频移与目标相对速度的关系,图中 λ 为参变量。

(二) 机载下视雷达的杂波谱

这里的杂波频谱是指机载雷达下视时,通过雷达天线主瓣和旁瓣进入接收机的地面或海面反射回波的频谱。由于机载雷达设在运动的平台上,它与固定目标之间有相对运动。对于不同的固定反射物,因其与雷达的相对速度不同将会产生不同的多普勒频移。

1. 天线主瓣杂波

天线方向图采用针状波束时,主瓣照射点的位置不同,反射点有不同的相对速度。如图4-2-69所示,可求出杂波多普勒频移和主瓣位置的关系。

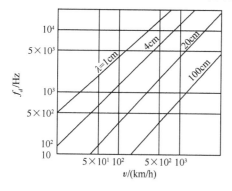

图4-2-68 多普勒频移与目标
相对速度的关系

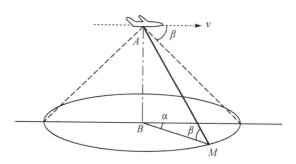

图4-2-69 波束照射点和机载雷达
的相对径向速度

设载机等高匀速直线飞行,速度为v,波束视线与载机速度矢量之间的方位角为α,垂直面内的俯角为β,则反射点M的相对速度为

$$v_r = v\cos\alpha\cos\beta \qquad (4-2-105)$$

反射点的多普勒频移为

$$f_{dMB} = \frac{2v_r}{\lambda} = \left(\frac{2v}{\lambda}\right)\cos\alpha\cos\beta \qquad (4-2-106)$$

事实上,天线波束总有一定宽度,雷达在同一波瓣中所收到的杂波是由不同反射点反射回来的,因而它们的多普勒频偏也不同,也就是说,主瓣杂波谱具有一定的频带宽度。

设天线波瓣在水平面内的宽度为θ_α,由于θ_α引起的主瓣杂波多普勒频带宽度可近似表示为

$$\Delta f_d \approx |\partial f_d/\partial\alpha| \Delta\alpha = |(2v/\lambda)\cos\beta\sin\alpha| \theta_\alpha \qquad (4-2-107)$$

式(4-2-107)表明由θ_α引起的主瓣杂波多普勒频带随着天线扫描位置的不同而改变。当天线波束照射正前方,$\alpha=0$时,由于θ_α引起的主杂波频谱宽度趋于零。而当$\alpha=90°$时,频谱宽度最宽,可用$|\Delta f_d|_{max} = \frac{2v_r}{\lambda}\theta_\alpha$来估计最坏情况下的主杂波频谱宽度。频带的包络取决于天线波束的形状,波束中心所对应的杂波强度最大。

天线在进行方位搜索时主瓣方位波束宽度和仰角波束宽度都会引起杂波频谱展宽。俯仰波束宽度引起的杂波谱展宽较小,而且天线方位扫描角越大,其展宽越小;方位波束宽度引起的展宽比较大,且随着天线方位扫描角增大而增大。下面的例子可以更清楚地说明这一点。设方位角和仰角波束宽度分别为θ_α、θ_β,且$\theta_\alpha = \theta_\beta = 4°$,波长$\lambda = 3$cm,飞机水平飞行速度$v = 300$m/s,天线以仰角$\beta = 6°$进行方位扫描,则可得表4-2-6所示的杂波谱展宽随方位扫描角变化而变化的情况。

由表4-2-6可看出方位波束宽度引起的杂波谱展宽比仰角波束宽度引起的杂波谱展宽变化大得多,只是在小方位角范围内($\alpha < 6°$),仰角波束宽度引起的杂波谱展宽才大于方位角引起的展宽。因此,研究波束宽度引起的谱线展宽,往往只考虑方位波束宽度的影响。

当天线在铅垂面内具有宽波束时(图4-2-70),随着电波的传播,地面反射点的位置由近而远地改变,从而引起杂波的多普勒频移在重复周期内按一定规律变化。

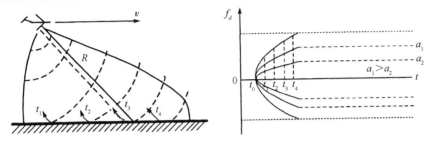

图4-2-70 波瓣在铅垂平面内较宽时,重复周期内地物干扰回波多普勒频移的变化曲线

当$t < t_0 = \frac{2h}{c}$(h为目标高度)时,最近的地杂波尚未返回。t_0时刻收到的高度线杂波,其多普勒频偏为零(设飞机为水平直线飞行)。当t增大时,电波照射到地面的倾斜角β增大,因而其回波的多普勒频率值增加,极限为$f_{d\max} = \frac{2v}{\lambda}\cos\alpha$。脉冲雷达工作时,在各时刻收到的地杂波是$\tau/2$范围内各反射单元的杂波的合成,因而占有更大的频带。

表4-2-6 主杂波多普勒中心频移和杂波谱线的展宽

方位角 α	主杂波频率 f_{dMB}/Hz	θ_β 引起的主杂波谱展宽 Δf_d/Hz	θ_α 引起的主杂波谱展宽 Δf_d/Hz
0°	19890	146	0
6°	19781	145	145
30°	17226	126	694
60°	9945	73	1203
90°	0	0	1389

可以看出,当天线波束照射到正前方时,主瓣杂波谱的展宽主要由不同距离段反射多普勒频率的差别引起。

2. 旁瓣杂波

由天线旁瓣所产生的地杂波与地面性质、天线旁瓣的形状及位置均有关系。照射到地面的旁瓣可能在任一方向,因而照射点与雷达相对径向速度的最大可能变化范围为$-v_{rm}$到$+v_{rm}$,由此引起的杂波多普勒频移的范围为$-\frac{2v_{rm}}{\lambda}$到$+\frac{2v_{rm}}{\lambda}$。

3. 高度线杂波

当旁瓣垂直照射机身下地面所引起的地杂波称为"高度线杂波"。当飞机做水平飞行时,高度杂波频谱的中心频率为f_0,即没有多普勒频移。由于旁瓣有一定的宽度,故高度杂波也占有相应的频宽。因为距离近,高度杂波虽由旁瓣产生,但较一般旁瓣杂波的强度大。

由发射机泄漏所产生的干扰和高度杂波具有相同的频谱位置。

运动目标回波的频移随着目标与雷达间相对径向速度的不同而改变。对于迎面而来的目标,与雷达之间的相对径向速度往往大于飞机速度 v,因此其回波的多普勒频移比各类杂波大,其频谱处于非杂波区。有时(如载雷达的飞机追击目标)目标回波的多普勒频移较小,使其回波频谱落入杂波区,这时回波就必须具有足够的能量才可能从杂波中检测出来。目标回波的频谱也具有一定宽度,因为通常目标都是复杂反射体,而且当天线扫描时,照射到目标的时间是有限的。图 4-2-71 画出了机载相参脉冲雷达地杂波和目标回波的频谱结构。在脉冲工作时,频谱结构按重复频率 f_r 周期出现,因此只画出了 f_r 附近一个重复频率范围内的情况。

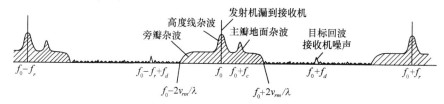

图 4-2-71　机载相参脉冲雷达地杂波和目标回波频谱结构

因为频谱按重复频率 f_r 周期出现,如果 f_r 选得过小而使 $f_r < \frac{2v}{\lambda}$,则相邻的旁瓣杂波谱将产生重叠,使整个目标的检测均在较强的杂波背景上进行,不利于区分目标。

三、典型脉冲多普勒雷达的组成和工作原理

(一) 典型脉冲多普勒雷达的组成

典型脉冲多普勒雷达的组成如图 4-2-72 所示,在这一框图中包括搜索和跟踪两种状态。搜索状态,在单边带滤波器以前用距离门放大器将接收机分成 N 个距离通道,每一距离通道分别处理来自不同距离分辨单元的目标回波信号。距离选通波门的宽度一般与脉冲宽度相等,这样距离通道的数目应为 $T_{rmin}/\tau = N$,式中:T_{rmin} 为最小重复周期(考虑采用多重复频率判距离模糊时重复频率的最小值),τ 为距离分辨单元对应的时宽(通常是发射脉冲的宽度)。每一距离门放大器依次由毗邻的距离波门分别控制。每一距离通道的信号处理包括单边带滤波器、主杂波跟踪滤波器、窄带滤波器、检波和非相参积累及转换门限检测装置等。搜索状态的系统组成,可以不包括框图中右下方的速度跟踪环、角跟踪环和距离跟踪环。跟踪状态的系统组成,可以不包括窄带滤波器组、检波和非相参积累、转换门限等搜索通道中的设备。为简便起见,图 4-2-72 中将跟踪通道和搜索通道画在一起,应注意识别。

(二) 典型脉冲多普勒雷达

1. 收发转换开关

收发转换开关与一般脉冲雷达的作用相同,但在脉冲多普勒雷达中,由于脉冲重复频率很高,要求转换及恢复时间很短,一般放电管已不能满足要求,通常需采用铁氧体环流器之类的快速开关。

2. 天线系统

从机载雷达的杂波频谱可以看出,由于天线旁瓣产生的频谱很宽,如果信号处于旁瓣杂波区,检测将发生困难。因此,PD 雷达要求天线应具有低旁瓣性能。

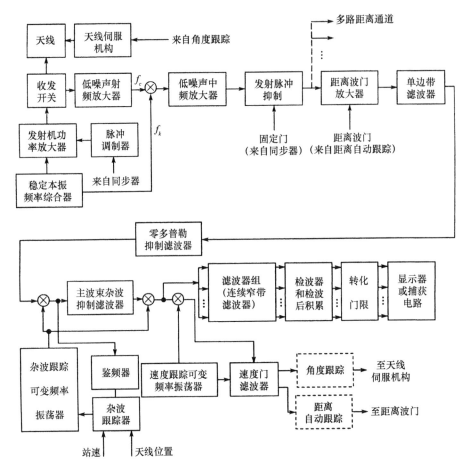

图 4-2-72 典型脉冲多普勒雷达的组成

3. 发射系统

为了发射相参脉冲,输出足够的峰值功率和获得低噪声性能,PD 雷达多采用行波管—速调管或行波管—正交场放大器组成的功率放大链。

为给混频器提供本振信号和给相参振荡器提供相位基准信号,早期的脉冲多普勒雷达采用晶体管倍频的本地振荡器,近年来也采用变容二极管倍频器、阶跃二极管倍频器及甘氏振荡器作为本振微波功率源。

4. 接收系统

脉冲多普勒雷达可用于对单目标和多目标搜索及跟踪,因此需要多路接收机,比一般脉冲雷达要复杂得多。此外,接收机要采用线性放大,因为主杂波可能比热噪声高 90dB(一般回波信号只比热噪声高 10dB 左右),因此要求接收机动态范围大,线性性能好,否则将会出现交叉调制,使信号频谱展宽,滤波器输出信杂比变坏。

接收机还包括许多关键电路,如发射脉冲的抑制电路、距离波门放大器、单边带滤波器、主杂波抑制电路、多普勒滤波器组、检波积累及门限电路等。

(1) 距离波门。由于 PD 雷达采用单边带滤波器,它的带宽大约等于重复频率 f_r。回波信号通过单边带滤波器以后近似为单一频率的连续波,实际上由于窄带滤波器有一定带宽,输出信号的带宽接近谱线宽度的倒数,因而破坏了原来脉冲信号的距离信息。为了测距的需要,必须在单边带滤波器前(即中放部分)加距离选通,根据距离选通来识别目标的距离。此外距离选通还可以抑制距离波门以外的接收机噪声和干扰。由于雷达重复频率很高,每一发射脉冲的杂波可在相继的几个重复周期内出现,这样就产生了杂波重叠。杂波在时间上几乎是均匀的,加有距离选择以后,可以抑制距离波门以外干扰。距离波门的宽度根据鉴别力和系统要求来确定,一般与发射脉冲的宽度为同一数量级。

距离波门的数量根据雷达应完成的功能而定,对于搜索雷达,若距离量程为20km,每一距离波门的宽度相当于400m,则距离波门数应为50,即需距离通道为50路。对于跟踪雷达为了消除距离模糊要采用多个脉冲重复频率或对多目标进行边扫描边跟踪,距离通道也需要多路,至少是所需跟踪目标的数目,但比搜索雷达少许多。

(2) 发射脉冲抑制。由于收发转换开关通断比有限,发射脉冲仍有泄漏。为降低发射机泄漏功率,使发射机边带噪声不致降低接收机的性能,可采用射频和中频组合消隐,即采用附加时间波门抑制的方法。这时为防止波门谐波处于多普勒带通滤波器(单边带滤波器)中,需采用平衡波门电路,同时使中频通带和脉冲重复频率同步,从而使脉冲重复频率的谐波全部落在通带的有用部分以外。

例如:中频为30MHz,脉冲重复频率为110kHz,则由于波门产生的第272次谐波是29.92MHz而273次谐波是30.03MHz,处在单边带滤波器的有用通带以内,见图4-2-73,这样就形成干扰。适当选择重复频率和中频可以使波门谐波处在通带以外。

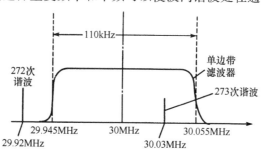

图4-2-73 波门谐波与单边带滤波器

(3) 单边带滤波器。单边带滤波器的带宽大约等于雷达重复频率,单边带滤波器的中心处于中频中心频率附近。单边带滤波器将信号频谱截取一段,使信号与杂波谱单值化,以便对主杂波进行单根谱线的滤波。若无单边带滤波器,则主杂波滤波器必须是频域中的周期滤波器。

单边带滤波器用以滤除回波信号中重复频率的各次谐波,一般只保留固定目标和运动目标的中心频率的谱线,即只保留目标回波的一根谱线,而滤除其余谐波成分的所有谱线,这时它的输出信号将比输入信号展宽。单边带滤波器的通带范围为$f_0 - \dfrac{f_r}{2} \sim f_0 + \dfrac{f_r}{2}$或根据需要加以偏移。

此外,采用单边带滤波器,便于主杂波滤波等信号的处理在中频进行,避免视频处理时检波器引起的频谱折叠,这样可使信噪比或信杂比提高3dB。

(4) 零多普勒抑制滤波器。这里所说的零多普勒抑制滤波器,实际上是对准中心频率的滤波器,主要是要消除高度杂波。由于高度杂波处于杂散的旁瓣杂波之中,幅度可能比旁瓣杂波大许多。其频带比较窄,可用单独的抑制滤波器将其消除。因为这个杂波在频率上是比较固定的,故滤波器不需对杂波跟踪。这个滤波器还可以进一步消除发射机泄漏的影响。

如果在滤波器组之前动态范围足够大,那么也可以不用专门的零多普勒抑制滤波器,而只需要在安排多普勒滤波器组时空开这一段范围即可。

(5) 主杂波抑制滤波器。主杂波可能比热噪声强 70~90dB,必须加以抑制。按照色噪声背景下匹配滤波器的理论,在对信号的谱线进行匹配滤波以前,需要经过频率响应为 $H_c(f)$ 的滤波。若忽略热噪声和旁瓣杂波的影响后,$H_c(f)$ 为

$$H_c(f) = \frac{1}{C_b(f)} \qquad (4-2-108)$$

式中:$C_b(f)$ 为主杂波功率谱。

所以 $H_c(f)$ 应是主杂波功率谱的倒置滤波器。由于主杂波谱线的位置是移动的,所以主杂波频率与雷达平台速度 v、天线扫描角位置 (α,β) 有关。如果采用频率固定的滤波器,则必须对主杂波谱进行变换并锁定,锁定在主杂波抑制滤波器的凹口之中,即主杂波抑制通常采用主杂波跟踪滤波器实现,图 4-2-74 就是它的开闭环组合系统。无论是开环还是闭环都是用误差电压 u_{MB} 控制压控振荡器,使压控振荡器的输出频率跟随主杂波频率的变化而变化,以补偿输入信号中的主杂波频率 f_{dMB},经混频后把主基波频率锁定在主杂波滤波器凹口的中心频率 f_0 上,以便抑制主杂波。开环误差电压是按式(4-2-106),根据已知雷达平台速度 v 和天线扫描角 (α,β) 计算而得,它的作用是使起始的 f_0 在鉴频器通带之内,以便闭环跟踪系统能正常工作,使主杂波频率精确地锁定在额定的某一中频 f_0 上。为了便于测量目标实际频率,主杂波抑制滤波器后的混频器将频谱恢复到原来的位置上。

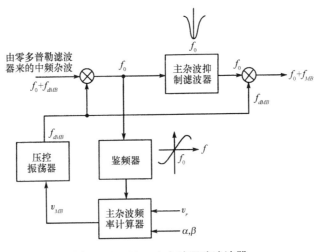

图 4-2-74 主杂波跟踪滤波器

(6) 多普勒滤波器组。多普勒滤波器组是脉冲多普勒雷达的关键组成部分之一。它的作用不仅是为了测速,而且是为了提高杂波下可见度和噪声背景下的检测能力。它是一种白噪声下的匹配滤波器,相当于对 n 个脉冲的相参积累。输入信号和杂波经 $H_c(f)$ 滤波以

后,需对信号的谱线进行白噪声背景下的匹配滤波。

由于信号的谱线位置是未知的,为了检测任意速度的目标谱线,需要采用毗邻的窄带滤波器组,它们覆盖目标可能出现的整个频率范围。设单边滤波器的带宽为f_r,窄带滤波器带宽取$\frac{f_r}{n}$,则滤波器的数目M为

$$M = f_r / \frac{f_r}{n} \approx n \qquad (4-2-109)$$

即:每一距离通道应用n个窄带滤波器的滤波器组。早期多采用晶体滤波器、陶瓷滤波器和机械带通滤波器作为窄带滤波器。目前已采用光学傅里叶变换、有源滤波器、数字滤波器或 Chirp 变换等构成窄带滤波器组。由于计算机的发展,在数字处理系统中,可用 FFT 实现窄带滤波器组的功能。

若雷达重复频率为 20 kHz(中等重复频率),窄带滤波器带宽为 300 Hz,则窄带滤波器组的数目

$$M = \frac{20000}{300} \approx 66 \qquad (4-2-110)$$

考虑到窄带滤波器应有一定的重叠,这时需要的窄带滤波器的数目应加大 40%,约为 96。

(7) 检波和检波后积累。对于中等脉冲重复频率或高脉冲重复频率的脉冲多普勒雷达都存在距离模糊的情况。为了排除距离模糊的情况,往往需要采用两种以上的脉冲重复频率,如采用三种重复频率。这样天线波束在目标上的驻留时间内,雷达收到的脉冲数,需要分成三组,每组称为一帧,每帧采用一种重复频率,帧内的N个脉冲进行相参积累,帧间经检波以后采用非相参积累。这时由于信噪比较高,故非相参积累与相参积累的效果很接近。

(8) 转换门限。转换门限的作用对n个距离通道中每一距离通道所含的M个频率通道(多普勒滤波器组含M个窄带滤波器)的输出进行顺序检测。并建立自动恒虚警门限。通常以被检测通道的邻近频率通道的平均输出作为恒虚警的自动门限。

综上所述,脉冲多普勒雷达接收机系统是一个复杂的信号处理系统,在这一系统中包括对发射机泄漏和高度杂波的抑制,单边带滤波和主杂波抑制,窄带滤波器组,视频积累和恒虚警检测,而且接收机是多路的,更增加了其复杂性。

单边带滤波器、零多普勒滤波器、主杂波滤波器及窄带滤波器组相对于回波信号与杂波谱的关系如图 4-2-75 所示。

5. 速度跟踪、距离跟踪和角跟踪

单目标的速度跟踪与连续波系统相似,可采用单通道的速度跟踪滤波器,而单目标的角度跟踪可采用圆锥扫描或单脉冲体制。在脉冲多普勒雷达中实现单脉冲角跟踪技术要求较高,这是因为单脉冲所需要的多路接收机(典型的是三路接收机),其增益和相位要求一致。由于在这些接收机通道中每一路都含有复杂的杂波抑制滤波器,它们的带宽很窄,通常是多极点的滤波器。由于这些多极点的杂波抑制滤波器具有很陡的相位频率特性。因此,做到三路相位一致技术难度较大。采用圆锥扫描或顺序波瓣进行角跟踪则不存在多通道之间相位一致的问题,因而较容易实现。

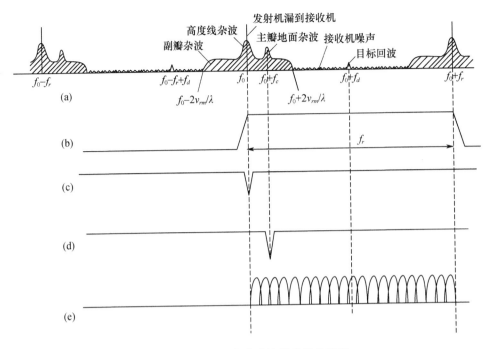

图4-2-75 各种滤波器的相对关系
(a) 回波信号与杂波的频谱；(b) 单边带滤波器特性；(c) 零多普勒滤波器特性；
(d) 主杂波滤波器特性；(e) 窄带滤波器组特性。

距离跟踪类似于典型脉冲多普勒雷达的距离跟踪，不同的是在典型脉冲多普勒雷达中波门选通是在视频部分完成的，而脉冲多普勒雷达的距离选通是在中频部分完成的，且距离自动跟踪必须在速度跟踪之后进行。由图4-2-72可知，脉冲多普勒雷达距离跟踪和角跟踪是以速度跟踪为前提的，角跟踪又是以距离跟踪为前提的，只有实现了速度跟踪和距离跟踪以后才能实现角跟踪。能同时实现速度跟踪、距离跟踪、角跟踪（方位和仰角都实现跟踪）的系统称为四维分辨系统，具有四维分辨能力的系统可以在时间、空间和速度上分辨各类目标的回波信号。

四、脉冲多普勒体制的抗干扰特点

1. 脉冲积累抗有源干扰

从时域观点出发，多普勒滤波器组可以用多个FIR横向滤波器来实现，这就相当于对回波信号进行了相参脉冲积累，积累个数为处理脉冲个数N，因此，脉冲多普勒处理对有源干扰的信干比的改善为N倍。

2. 速度特性可以有效滤除杂波，提高对无源干扰的抗干扰能力

由于采用了多普勒滤波器组，每个信号只通过一个窄带滤波器。由于滤波器的带宽很窄，可以有效滤除地杂波和气象杂波干扰，信杂比改善可以达到70dB以上。

3. 距离和速度矩阵可以有效识别距离或速度欺骗干扰

脉冲多普勒距离和速度处理过程如图4-2-76所示。每个重复周期可以划分为L个距离波门，将N个接收回波排列在一起，对应每一个距离波门的信号（慢时间信号）进行FFT运算，等效于多普勒滤波器组滤波，得到了对应每一个距离波门的频谱图，这样，就可构成一个距离—速度矩阵图，如图4-2-76右图所示。

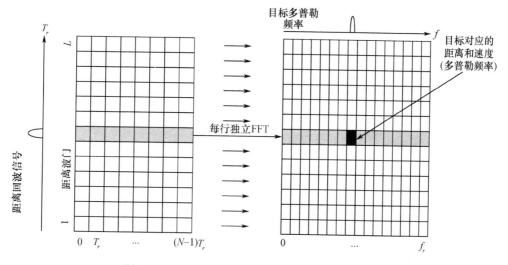

图4-2-76 脉冲多普勒距离和速度处理原理图

由此可知,脉冲多普勒处理可以得到目标的距离和速度信息,经过门限检测后,就可以确定目标的距离—速度坐标。

由于目标距离和速度是相关的,即 $v_r = \frac{\partial R}{\partial t} = \frac{\lambda f_d}{2}$,当敌方施放距离欺骗或速度欺骗干扰时,将不满足这一关系。因此,根据距离—速度矩阵中的目标速度位置变化是否满足上述关系,就可以有效识别距离或速度欺骗干扰。

【例题】雷达参数设置如下:载波6GHz,脉冲宽度1μs,脉冲重复频率10kHz,处理脉冲个数128个。有一个目标距离在9km,速度为100m/s,该目标分别施放了速度欺骗干扰和距离欺骗干扰,假设速度欺骗干扰为距离9km,速度为200m/s,距离欺骗干扰为距离10km,速度为100m/s,求经过脉冲多普勒处理后的结果。

【解】根据上述条件,采用Matlab仿真,得到脉冲多普勒处理后的结果如图4-2-77所示。由此可见,三个目标可以清晰分辨出来,对多次回波的观测,利用距离和多普勒固有关系进行判断,就可以区别出真目标和欺骗干扰。

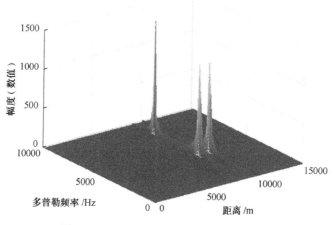

图4-2-77 脉冲多普勒处理后的结果

263

4.2.7 战术抗干扰措施

雷达抗干扰除了技术措施外,还有战术抗干扰措施,主要包括以下内容。

一、消灭干扰源

使用火炮、飞机、导弹等一切常规火力杀伤武器摧毁干扰源是最彻底的抗干扰手段,也可以用反辐射导弹攻击干扰辐射源。

二、将各种型式多种波段的雷达合理地组成雷达网

由于不同型式雷达的工作体制、频率、极化、信号参数等都不相同,并且占据了较大的空域,因而不可能同时受到敌方严重的干扰。将这些雷达合理地组成雷达网,可以利用网内不受干扰或只受到轻微干扰的雷达提供的数据来发现、跟踪目标,以此实现强干扰下对敌方目标的探测、跟踪与攻击。显然,雷达网中必须配备有可靠的通信设备、精确的坐标转换系统以及高效率的指挥控制系统。

三、与光学、红外设备和激光雷达配合使用

光学设备具有不受电磁干扰、不受消极干扰、不受地面多路径影响、测量精度高等优点。当雷达受到严重干扰时,将这些设备与雷达配合使用,就可以利用光学设备完成目标跟踪和导弹制导任务。光电设备的缺点是作用距离较近且容易受气象条件的影响。

四、采用被动式雷达定位与双(多)基地雷达

由于被动雷达本身不辐射信号,而是利用敌方目标上的雷达、通信、导航、干扰等设备辐射的电磁波实现对目标的定位和跟踪。被动雷达常用单脉冲体制实现对目标的角度跟踪,采用多站无源时差或方位测量定位法确定目标的距离。被动雷达是一种非合作工作方式,其工作完全依赖于目标上无线电设备的电磁辐射信号。

双(多)基地雷达采用收、发基地分置,利用接收基地接收目标对发射信号的侧向散射波来确定目标的位置。由于接收基地不辐射电磁波,处于隐蔽位置,通常不会受到强烈的电磁干扰。

五、操作抗干扰

当雷达受到严重干扰时,雷达自动检测、自动跟踪和数据处理系统可能会处于瘫痪状态。而雷达的抗干扰电路是针对某些特定干扰设计的,当干扰形式改变时,这些反干扰电路就不起作用甚至会起相反的作用。在复杂的干扰环境下,训练有素的操纵员却能改变操作程序,充分利用人的判别力来发现和跟踪目标,使雷达在一定程度上能正常工作。因而,严格训练操作人员的操作技能,不断研究在各种干扰环境下的操作方法是非常重要的。

4.2.8 雷达智能化抗干扰技术

面对日益复杂的电磁干扰环境,雷达需要寻找新的途径和方法。为了抑制各种杂波和干扰,提高雷达在复杂环境中对目标的检测性能,智能化是雷达的一个发展方向。实际上,雷达抗干扰中的许多自适应技术,如天线自适应抗干扰技术、自适应频率捷变技术、自适应变极化技术等具有一定的"智能化"成分,但这种智能化是针对某些特定的干扰场景。随着智能化技术的不断发展,雷达抗干扰的智能化程度将不断提高,最终达到较为完善的程度。智能化抗干扰技术是一种新技术,许多理论和技术正在研究之中,本小节仅对一些基本概念做简要介绍。

一、从自适应处理技术到认知雷达

传统的自适应处理技术,如旁瓣对消技术、自适应滤波技术、空时二维处理等都是对接收信号进行处理的,而发射信号固定不变,这种处理方式是一种"部分"认知处理方式。自适应频率捷变技术是一种根据敌方干扰频谱自适应寻凹载频捷变的抗干扰技术,可以看作是一种初级的智能化抗干扰技术。

目前,智能化是雷达抗干扰技术的一个发展方向。美国是最早将人工智能引入自适应雷达领域的国家,美军方资助开展了多项与人工智能有关的智能化雷达研究项目,表4-2-7给出了部分自适应雷达研究的项目。

表4-2-7 美国开展自适应雷达研究的部分项目

研究机构	项目名称	关键技术
AFRL	基于全美地形数字地图的空时自适应处理	基于知识的波形分集、匹配照射
DAPAR	波形捷变感知项目	自适应波形设计
AFOSR	全谱域自适应波形设计	快速变极化波形捷变

2006年Haykin教授在IEEE SPM上发表一篇文章,对认知雷达这一概念进行详细阐述,之后认知雷达引起了雷达界的广泛关注。由于其具有智能性质,认知雷达也可称为智能化雷达。

认知雷达通过与电磁环境不断地交互而理解环境并适应环境,形成一个发射—接收—发射的闭环系统。认知雷达能够适应环境使得雷达系统各方面的性能得到提高,同时,发射波形不断自适应地调整,也降低了雷达信号被敌方截获的能力。

二、智能化雷达抗干扰基本组成及原理

智能化雷达抗干扰系统(也可称为认知雷达抗干扰系统)能够不断地感知周围的干扰环境,利用它与环境不断交互时得到的知识,不断地调整它的接收机和发射机,自适应地避免或消除干扰并有效探测目标。系统主要由干扰侦察接收子系统、分析与评估子系统、抗干扰策略形成子系统、可重构雷达子系统、动态知识库子系统等部分组成,如图4-2-78所示。

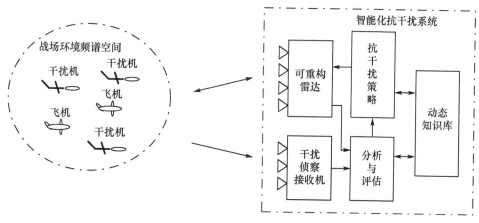

图4-2-78 智能化雷达抗干扰系统功能框图

1. 智能化干扰侦察系统

随着雷达对抗战场上干扰设备的种类、数量的逐渐增加,电磁干扰环境的复杂性增

加、变化速度加快,采用固定工作模式的雷达对时变电磁干扰环境的适应性也越来越差,雷达要实现智能化首先必须获取全面的战场环境电磁干扰参数,才能采取措施有效应对复杂时变电磁干扰。

智能化干扰侦察接收系统的任务是对干扰环境的认知,即对敌方的干扰信号进行侦察,获取对方的干扰参数,以便识别干扰类型,分析干扰策略和态势,这是智能化雷达抗干扰系统的基础。由于电子干扰设备在频率上都占据了多个倍频程,在空间上覆盖较大的空域,是典型的空域、频域宽开设备,干扰环境感知系统需要具有宽频带、广空域的覆盖能力以及快速分析的能力。干扰信号特性主要有能量分布、时频特征、辐射源方向、调制形式、极化方式等。通过测量获得各类参数,在时域、频域、空域和统计域提取干扰信号的特征参数或统计参数。

2. 对干扰分析与态势评估系统

对干扰环境实时分析、判断与态势评估是智能化抗干扰技术的一项重要内容。在获得干扰的特征参数后,利用干扰知识库的知识,可对干扰或信号样式进行快速、准确地识别,通过干扰或信号识别结果,结合知识库判断出辐射源信息,可对敌方战术意图进行自动分析,进而对整个战场态势进行评估。

干扰侦察系统的智能化技术主要体现在以下方面。

(1) 对干扰样式的分析和识别。

传统的对干扰样式的分析和识别是通过与已知干扰类型模板的比对得到的。可将接收到的干扰信号分为噪声调频干扰、噪声调幅干扰、调制脉冲、同频异步脉冲、卷积干扰、转发噪声脉冲、旁瓣连续波和旁瓣稀疏脉冲干扰等类型。

采用认知的方法可以通过神经网络、聚类等智能化方法,通过大量干扰特征样本的学习,快速准确地识别出干扰类型和样式。除了对已知的电磁干扰特征进行感知和分析外,还要对未知的电磁干扰环境进行测量、分析与识别。干扰识别与分类可为干扰抑制提供先验信息,不同的干扰类型可以采用不同的干扰抑制技术进行抑制。

(2) 对干扰态势的评估。

传统的抗干扰系统中并没有对干扰的态势进行评估,但是对复杂的干扰环境,特别是对多干扰环境和多干扰类型,需要对干扰态势进行评估。可以采取人工智能的方法如专家支持系统等对干扰态势进行评估,为抗干扰策略的形成提供基础数据。

3. 抗干扰效果评估

传统的雷达设备中,抗干扰策略与资源调度都是人工事先设计好并固化在设备中的,而智能化抗干扰设备是边学习边对抗,不断完善对抗策略,不断优化对抗资源调度方法,使对抗策略与对抗资源调度最佳化。

智能化抗干扰技术的核心就是抗干扰效果评估与抗干扰策略的形成,只有不断进行抗干扰效果评估和不断进行抗干扰策略的调整,才能不断适应复杂多变的干扰环境,最终达到最佳的抗干扰效果。因此,各种抗干扰措施采用之后,需要及时获取抗干扰处理效果,以便及时调整抗干扰措施。抗干扰效果评估的结果是抗干扰智能决策的输入或前提条件,经过人工智能方法处理,应用知识库的知识,调度先进处理算法,做出抗干扰决策,进而分配系统资源,形成抗干扰处理方案。这种智能化决策能够实现波形优化,合理调配抗干扰资源,实现有效的目标探测。

抗干扰效果的评估准则有：功率准则、信息准则、受欺骗概率等多种。评估时需要综合雷达多个部分的信号数据和干扰数据，根据一定的准则，使用干扰效果评估数据库中的信息，运用智能化的方法进行综合判断。

从雷达系统的角度来看，抗干扰评估可以在两个层次上进行：一是从大的策略和方法上进行评估，以便采取相应的空域、频域、时域、波形域等抗干扰策略；二是从技术层面进行评估，比如采用波束自适应抗干扰策略后，其内部的参数要根据实时接收到的干扰，计算干扰的协方差矩阵，采取优化的算法调整相应的雷达参数，达到最优的抗干扰效果。

4. 雷达抗干扰策略形成子系统

根据干扰的类型和态势分析结果，结合抗干扰效果评估结果，需要采用有效的抗干扰策略。目前在空域、频域、时域、波形、专项抗干扰抑制等方面，有几百项抗干扰措施。对于某种干扰，可能存在一种有效抗干扰措施，也可能存在多种有效抗干扰措施，而对于某种抗干扰措施，可能对一种干扰措施有效，也可能对几种干扰都是有效的。这种多对多的关系，使得干扰抑制手段的选取变得十分复杂。通常来讲，应该结合雷达当前工作方式与作战意图等多种因素，运用智能化的算法优选一种反干扰手段或几种抗干扰组合手段，达到最佳的抗干扰效果。

5. 可重构雷达子系统

为了有效抗干扰，智能化雷达抗干扰系统要求雷达的载频、带宽、脉宽、调制方式、重复周期以及极化形式等参数可以灵活改变，需要发射端具备各种雷达波形参数的快速捷变能力，后续处理也要求具有高的自由度，要求单元或子阵数字化接收、频域信道化、正交极化接收。因此智能化雷达抗干扰系统相比传统雷达具有更高的要求，它需要具有足够丰富的硬件资源，以实现阵面单元数、通道个数、通道带宽、信号参数等多个维度的灵活配置，并支持雷达抗干扰资源的调度。具体来说，发射端自由度体现在宽频带天线、可重构的 T/R 单元、灵活的发射波形、可变的极化方式，以自适应控制发射信号。由于多个通道复用天线单元，需要天线阵元具备灵活的波束形成能力。接收端需要具有通道自适应重构能力，并有足够的信号处理资源和能力。

6. 动态知识数据库子系统

动态知识数据库是智能化雷达抗干扰系统的重要组成部分。根据雷达抗干扰的需要，其知识库应该是一个分层次的数据库。

如何建立、应用、更新知识库是智能化抗干扰关键技术之一。随着雷达与干扰信号样式以及干扰与反干扰措施的日趋多样，雷达与干扰双方形成了博弈关系。因此，利用知识库信息有助于形成科学有效的抗干扰决策。知识库应该包含干扰样式库、发射波形库、策略库和措施库等。干扰样式库中包含了各种先验干扰样式的特征，波形库中包含待选用的各类波形，策略库包含针对各种干扰态势最佳的处理策略，措施库中包含各种反干扰处理算法等。

知识库是一个动态更新的知识库，通过对战场变化态势及处理措施的记录，不断对抗干扰处理结果进行评估，更新知识库的内容。

三、智能化雷达抗干扰技术的特点

1. 智能化雷达抗干扰系统是一个大闭环调整与自适应调整结合的综合系统

从大的环路来看，智能化雷达抗干扰系统是一个具有反馈功能的动态闭环系统：它是一个由发射—环境—接收—发射组成的动态闭环反馈系统,也可以用 OODA 环理论进行描述。在知识辅助处理的基础上,接收机把对环境及相关信息的估计和判断返回给发射机,完成具有循环特性的闭环反馈功能,达到有效抗干扰的目的。从小的环路上看,某一个自适应处理技术可以实现局部的最优抗干扰效果,如天线自适应抗干扰技术等。

传统的自适应频率捷变技术是智能化抗干扰的一种基本型。侦察接收机通过接收干扰信号,测量出干扰的功率谱分布,在先验知识库的支持下自适应调整发射机的载频或波形,使雷达工作在干扰功率谱最弱的地方。当干扰频谱发射变化后,侦察接收机测量新的干扰频谱,再进行发射机频率或波形的调整,直到雷达能够正常接收目标信号,并跟踪目标为止。如果采用人工智能算法,则可以通过学习、类人脑的分析和判断,更好地调整发射机频率或波形或其他参数,以便有效检测出目标。

传统的杂波图自适应对消技术也是认知抗消极干扰的一种基本型。雷达在探测中,可以记录相应角度和距离上的杂波,当雷达扫描一遍后,便记下周边环境的数据,然后在以后的不断扫描中,在环境中某些位置区域中出现目标时,通过与过去数据的比较便可以判断出目标的存在。传统的目标检测方法是通过 CFAR 处理后与门限比较得到的,区域 CFAR 可以认为是一种自适应杂波处理的方法。如果采用人工智能算法,则可以通过学习、类人脑的分析和判断,更好地检测出目标。

认知雷达技术与自适应雷达技术有相同的地方也有不同的地方,主要区别分析如下。

(1) 在以前的雷达设计中,"自适应"都是针对接收机的,而在认知雷达中,自适应功能将被加入到发射机中去。同时,雷达还能不停地学习如何应对广阔区域内不同大小的目标。

(2) 自适应是一种部分域寻优的算法,根据信号处理和控制理论,雷达不会保存每次扫描的所有数据,而是采用状态—空间模式,递归升级环境的状态参数,这个过程是必须的,因为环境的变化是没有规律的。对状态的递归升级是应对无规律变化的方法,与自适应是同一个意思,而认知是一种经过全局判断并寻找全局最优的算法。

(3) 认知雷达技术需要有一个大量数据集的学习过程,采用的是人工智能的方法,而自适应是一种参数寻优的过程,采用的是最优化的算法。

2. 智能化抗干扰与智能化干扰之间进行的是一场智能博弈

传统雷达与电子干扰是一对矛盾的对立统一体,认知雷达与认知干扰是智能化条件下的一对矛盾统一体。对抗双方都有一定的智能,一方要抗干扰,更有效地利用频谱,更有效地获得目标信息;另一方要实施干扰,破坏雷达发现和跟踪目标的能力,这种对抗本质上是攻防双方在电磁频谱上的博弈,智能化使双方博弈进入到一个新阶段。

智能干扰与抗干扰博弈的特点如下。

(1) 双方是一个以获取对方信息为前提的博弈。

认知雷达需要获取干扰的信息,经过智能化处理才能够得到有效的抗干扰策略,同样认知干扰需要获得雷达的信息,经过智能化处理才能够得到有效的干扰策略,双方的对抗各以获得对方的信息为前提,因此,信息的侦察、效果评估和威胁态势评估在双方的博弈中具有重要的作用。

(2) 双方是一个拼资源的博弈。

在智能化雷达抗干扰与智能化干扰的博弈中,由于都具有智能算法和智能特性,因此,双方博弈的成败取决于各自的资源与智能的算法。双方的资源主要包括功率范围、频段范围、波束范围、波形等,看谁的资源丰富,谁获胜的可能性就大,另外,智能的算法也是一个重要的资源,"谁的心眼越多",谁获胜的概率就更大一些。

(3)双方是一个拼时间拼响应速度的博弈。

雷达电子对抗中的一个重要制胜因素就是时间和响应速度。比如:雷达频率捷变时,干扰反应快的话,可以及时发出干扰,如果反应慢的话,干扰发出去的时候,雷达已经捷变到其他频率,这时干扰就失去了作用。因此,智能干扰与抗干扰一个重要因素是硬件的速度和软件的效率,哪一方的反应速度快,哪一方就在博弈中占据优势。

3. 动态知识数据库是智能化处理的重要组成部分

实现智能化需要一个学习的过程,实现该过程需要有大量的训练样本,这就要求系统必须具备动态更新的知识库,用于存储训练样本和知识。

通过外界干扰电磁信号的激励与训练,自动建立与干扰场景及其干扰状态变化的动态知识库,以及相应的抗干扰措施数据库,以便在智能化处理的过程中适时地进行调用和处理。可以说,动态知识数据库是智能化处理的重要组成部分,没有动态知识数据库,智能化是不可能实现的。

4. 系统具有宽开特性、硬件具有高速处理能力

传统意义上,雷达一般都是一个窄带系统,但是智能化雷达逐渐向空域、频域全面宽开的方向发展。因为要实现对电磁环境的全面感知,更好地实现目标探测与跟踪,这就需要接收设备在宽广的空间与频谱进行监视与接收。为了在寻找到的"频谱空洞"上进行工作,同样要求发射及天线设备也能在宽广的空间与频谱进行自适应的电磁辐射。所以今后电子设备的宽开将不再是侦察和干扰设备所独有的特点,智能化雷达也将具有全面宽开的特性,这将带来新的雷达体系结构上的变化。

智能雷达抗干扰系统必须具备两个方面的能力,即硬件能力和软件能力。其中,硬件能力即系统需要具备足够的自由度以获取并处理信息,软件能力即系统需要具备先进的信息处理方式以实现雷达信号处理的算法。

四、一个智能化雷达抗干扰系统的具体例子

图4-2-79给出了一个智能化雷达抗干扰系统的具体例子,它由干扰环境感知、抗干扰效果评估、抗干扰智能决策与资源调度、抗干扰措施执行(资源可重构系统)、动态知识数据库等部分组成,其中T/R阵列表示由多个发射和接收模块组成的阵列,R阵列表示多个接收模块组成的阵列。

其简要工作过程如下。

干扰环境感知系统接收来自宽带侦察接收系统和雷达接收通道的干扰信息,对干扰空间维、时间维、频率维和时频维等特征进行综合特征提取,对干扰信号分类并对干扰环境进行综合分析。其信息一路送抗干扰效果评估系统,另一路送抗干扰决策形成系统。

抗干扰效果评估系统从干扰环境感知获得干扰的类型、样式、强度、特点、威胁程度等,同时从雷达接收通道中获得回波信号及干扰通过接收机后的干扰参数,根据抗干扰评估准则,用智能化的处理算法并利用动态知识数据库中的数据得到雷达实时的抗干扰效果的评估结果。

抗干扰决策形成系统根据实时得到的抗干扰效果的评估结果,利用动态知识数据库

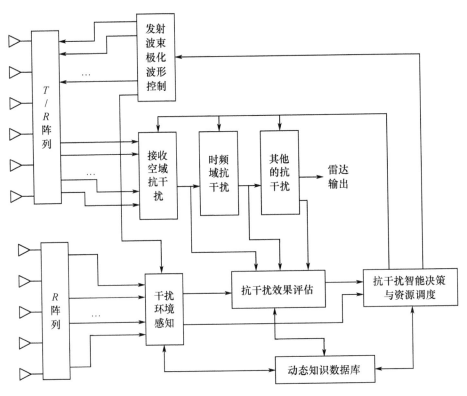

图 4-2-79 一个智能化雷达抗干扰系统的具体例子

中的数据,同时运用智能化博弈决策算法,给出最佳的抗干扰策略和抗干扰措施及具体参数。

之后,通过抗干扰资源调度系统,启动雷达系统各方面的资源,执行抗干扰措施。这种措施可以是单项措施,也可是组合措施。包括空域、频域、功率域、波形域、信号处理域的抗干扰算法等。

当采取了这些抗干扰措施后,敌方可能采取新的干扰样式,此时需要对抗干扰效果进行实时评估,然后对抗干扰措施进行智能化决策,采取具有针对性的抗干扰措施,这种过程循环进行,直到雷达完成工作任务为止。

4.3 导弹系统抗干扰

4.3.1 制导系统概述

导弹是攻击目标的有效武器,对于一般防空导弹系统来说,有目标探测和跟踪系统、导弹发射系统、导弹跟踪系统、计算机系统、弹上无线电控制和自动驾驶仪系统以及引信与战斗部。此外,还有指挥控制系统。武器系统的精度和命中率是由各个系统来保证的,这些系统中无论哪一个工作不正常,都不能保证顺利地完成使命。敌方为了不被攻击,通常对目标探测和跟踪系统、导弹跟踪系统、弹上无线电控制和引信系统施放各种无线电干扰。

目标探测和跟踪系统就是一部精密跟踪雷达,其抗干扰的一般原理在前面已经进行了讨论。

一、制导系统的类型

根据攻击对象和技术条件不同,制导系统可分为四种。

(一)自主制导系统

自主制导系统用于攻击固定目标,其主要控制信号不依赖于目标和指挥站,而是由弹上仪器测量地球和宇宙空间的物理特性来控制导弹的飞行轨迹。如采用惯性制导、天文制导和地图匹配制导等。

(二)遥控制导系统

采用遥控制导系统时,导弹的控制信号由导弹外部的制导站发出,通常可以分为波束制导和指令制导两种形式。战术导弹(苏联的SM-2、SM-3和美国的奈克-Ⅱ等)常用指令制导方式。在指令制导系统中,首先由制导站对目标和导弹进行跟踪并测定出它们的相对位置,再由计算机根据不同的引导方法产生控制指令发给导弹,导弹根据控制指令修正弹道飞向目标。指令制导系统框图如图4-3-1所示。

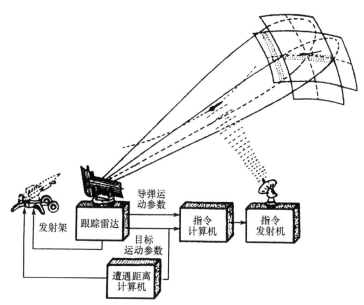

图4-3-1 指令制导系统方框图

(三)自寻的制导系统

这种制导系统的弹上设备直接感受目标辐射和反射的各种电磁波(如无线电波、红外线、可见光等)来测量目标和导弹的相对位置并形成控制信号,控制导弹自动飞向目标。它可攻击固定目标,也适合攻击活动目标。根据目标信号来源,可分为主动式、半主动式和被动式等自寻的系统。

(四)复合制导系统

采用两种以上制导方式称为复合制导,许多新型战术导弹都采用复合制导。对于某些地空导弹来说,中制导采用遥控制导,而末制导则采用自寻的制导或TVM制导方式。

有关自主制导系统的干扰与反干扰问题,本书不予讨论,但反干扰的一般原理是适用的。我们将着重讨论遥控制导系统中的指令制导抗干扰问题。

二、敌方对制导系统的干扰

敌方对整个指令制导系统的干扰包括以下四个方面。

(一) 对目标探测系统的干扰

目标探测系统是制导雷达的主要组成部分,其任务是发现目标,并能够实现对攻击目标的选择、跟踪和坐标测量等,所以对雷达的干扰手段全部适用于目标探测系统。

(二) 对导弹应答支路的干扰

在指令制导系统中,对于导弹的跟踪和坐标测定通常不是利用导弹产生的回波,而是依赖导弹应答机产生的应答脉冲。这主要是因为导弹的有效散射面积小,速度快,导弹的回波幅度小、起伏大,直接利用导弹的回波既不能满足截获的可靠性也不能满足制导系统要求的跟踪精度。应答脉冲是在地面站发出的询问脉冲触发下产生的,通过这样的一问一答,地面制导站能测量出导弹的距离和角度坐标。显然,敌方要干扰导弹的坐标跟踪系统,就应该对制导站向导弹发出的询问脉冲或导弹向地面站发出的应答脉冲实施干扰。

(三) 对控制指令的干扰

目标探测系统测得的目标坐标和导弹坐标跟踪系统测得的导弹坐标都送到计算机,计算机根据引导方法以及目标和导弹的位置坐标计算出控制导弹飞行的指令,即控制指令。指令发射系统将指令信号发往导弹,控制导弹飞向目标。显然在指令发往导弹的过程中,敌人可对指令信号施放无线电干扰,当控制指令受到干扰时,导弹将失控而无法命中目标。

制导站发往导弹的指令,除了控制指令,还有接通导弹引信电路的指令以及让导弹立即爆炸的"即爆"指令。

通常,将由导弹发往制导站的信号通道称为下行通道,对该通道的干扰称为对导弹下行通道的干扰;将由地面制导站发往导弹的各种信号通道称为上行通道,对该通道的干扰称为对导弹上行通道的干扰。

(四) 对引信的干扰

引信分触发引信和非触发引信两种。触发引信是在导弹碰击目标时或穿入目标后,才引爆战斗部的。非触发引信是当导弹接近目标时,在目标附近起爆的引信。非触发引信主要有无线电引信和红外引信两种。对无线电引信实施干扰,使引信提前起爆,将使导弹不能命中目标。

综上所述,只要构成导弹制导系统的目标探测系统、导弹询问和回答信号、控制指令、引信等部分中有一个部分被干扰,整个制导系统将被干扰而无法命中目标。设目标探测系统被干扰的概率为 P_T,导弹回答信号被干扰的概率为 P_A,控制指令接收机被干扰的概率为 P_C,引信被干扰的概率为 P_F,则整个制导系统被干扰的概率 P_S 为

$$P_S = 1 - [(1-P_T)(1-P_A)(1-P_C)(1-P_F)] \qquad (4-4-1)$$

式中:假定 P_T、P_A、P_C、P_F 是相互独立的。设 $P_T=0.3, P_A=P_C=0.2, P_F=0.3$,则

$$P_S = 0.5968 \qquad (4-4-2)$$

以上数字表明,制导系统比一般雷达受到干扰的概率要大得多。因此,制导系统的抗干扰问题,显得尤其重要。

4.3.2 导弹下行通道抗干扰

导弹下行通道是指导弹应答脉冲的信号通路。下行通道受有源干扰的可能性较大,常见的干扰有欺骗式干扰、脉冲干扰、噪声干扰包括宽带阻塞干扰或扫频干扰,而后两种干扰同时还将干扰目标探测系统和导弹应答接收系统。

一、一般抗干扰措施

导弹下行通道抗干扰的实质是提高应答信号与干扰功率的比值,采取的一般措施有:增大应答功率,提高应答天线方向性,减小信号接收机带宽,减小火焰衰减,使干扰极化失配等,其中减小接收机带宽应保证信号不出现失真。

在导弹飞行起始段,导弹距离雷达站的距离(R_a)比离干扰机的距离(R_J)小很多($R_a \ll R_J$),这时导弹应答信号的能量占有很大的优势。随着导弹接近目标(R_a 趋向于 R_J),应答信号能量上的优势就逐渐减小。因此,增大应答功率是比较有效的反干扰手段,而且比雷达增大发射功率得到更多的好处。因为雷达接收的目标回波是经过双程衰减,而接收的应答信号仅经单程衰减。但是必须注意,由于增大了应答功率,在导弹飞行的起始段,很容易使导弹接收机过载。所以,在增大导弹应答功率的同时,要加强导弹接收机的抗过载措施。

提高应答天线的方向性是另一种抗干扰措施。由于导弹在飞行过程中姿态不断地变化,故天线的方向图不能太窄,否则会接收不到信号或使接收信号变弱。而且,由于导弹体积限制了天线尺寸,获得窄波束也是相当困难的。

二、消除火焰对电波的影响

由于高温会引起气体的电离,所以,导弹发动机喷出的炽热燃气火焰成为一种游离电子密度很大的电离气体。对于电磁波来说,电离气体呈现出半导体介质的性质,即具有一定的相对介电常数 ε' 和电导率 ρ'。由于电离气体有一定的电导率,所以电磁波穿过时必然会损耗一部分的能量。而且,由于火焰的介电常数和电导率与空气的不同,当电磁波照射到它与空气的界面时,还会产生反射现象。

实验证明:火焰对电磁波的反射作用很微弱,所以实际中可以不考虑火焰对电磁波反射的影响,而只考虑火焰对电磁波的衰减作用。火焰对电波的衰减 $\gamma = -\delta l$ 通常用 dB 数来表示,δ 为电磁波的吸收系数,l 为平均行程。例如:某固体火箭发动机的吸收系数 $\delta = 0.3 \text{dB/cm}$,当平均行程 $l = 1\text{m}$ 时,$\delta = 30\text{dB}$,这就相当于电磁波的功率衰减了 1000 倍。实验还证明,火焰对 3~10cm 波段的电磁波衰减最为严重,而对米波、分米波的衰减比较弱。

火焰对电磁波的另一个影响是使电磁波受到杂乱调制。由于发动机喷出的火焰并不均匀,使得电离密度杂乱变化,对电磁波的衰减呈起伏特性,所以造成火焰对电磁波的杂乱调制,其调制频谱在 100~200MHz 范围。

减小火焰影响的方法有如下几种。

(1) 避开火焰对电波吸收最强的波长;

(2) 减小火焰的游离电子密度,在燃料中加入能迅速消除气体电离的物质,如四乙基铅;

(3) 尽量避免电磁波穿过火焰。若使火焰不直接从导弹尾部喷出,火焰不在导弹尾部天线和制导站之间,就可避免火焰对电波的影响。但燃气从侧旁喷出,发动机效率会大大下降,而且结构也复杂。减小电磁波穿过火焰的另一种方法是对有一定航路角的目标进行射击时,如制导站一直位于目标左侧,则导弹尾部天线也安在左侧,这时电磁波穿过的火焰最少,其示意图如图4-3-2所示。

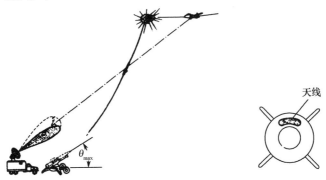

图4-3-2　减小火焰影响的天线安装

三、抗假截获

导弹在发射之后并不是马上就对其进行控制,而是先"自由"飞行一段,直到导弹应答信号被制导雷达截获之后才能控制导弹。在干扰条件下,如果制导雷达在没有截获导弹应答信号之前截获了干扰信号,就叫作假截获。这将使整个制导系统的工作遭到破坏。因此,抗假截获是导弹下行通道抗干扰的首要任务。抗假截获的一般方法就是提高信干比。下面,主要介绍几种对抗假截获的特殊方法。

（一）选择截获电路接通的时机

由于导弹应答器在"自由"飞行阶段并不工作,因此,在导弹未到控制的截获距离时,使截获电路处于不工作状态,则干扰就无法进入。所以,选择导弹刚到截获距离之时接通截获电路,就能大大减小出现假截获的可能性。为了提高截获系统工作的可靠性,还应当留有一定提前量。

（二）速度选择

由于导弹是从制导站发射以一定的速度由近及远飞行,所以导弹应答信号中也含有这种由近及远的信息且速度有相应的范围。无论是欺骗干扰还是其他干扰都不能完全模拟这种速度信息。用速度选择的方法,将应答信号与干扰区分开来,可以防止出现假截获。除了自动截获之外,还可以考虑用人工方法确认是应答信号,然后实行手控截获。

（三）辅助截获

利用导弹尾部喷出火焰的特征,用红外装置进行辅助截获和跟踪,或用电视装置进行辅助截获和跟踪,有助于避免出现假截获。

四、跟踪系统选择

通常当导弹离制导站比较近时,导弹应答信号比较强,干扰机要用压制性干扰来压制导弹应答信号比较困难。然而在制导过程中,尤其是制导的末段,随着导弹远离制导站,应答信号的能量优势逐渐下降,干扰就可能破坏跟踪系统的正常工作。因此,合理选择跟踪系统的传递函数,如选择具有速度记忆能力的二阶无静差系统能起到一定的抗干扰作用。现代自动控制系统由于有计算机的参与,其抗干扰性能得到了提高。

五、编码应答信号

为了提高应答信号的抗干扰性,可对应答信号进行脉冲编码。由于编码的规律是保密的,敌方不易模拟,有助于提高系统的抗干扰性。例如:对应答信号进行二相巴克编码,其抗干扰性将有较大提高。

此外,由于应答信号是导弹直接发送回来的,消极干扰仅对信号起衰减作用,干扰作用不明显。

4.3.3 导弹上行通道的抗干扰

在指令制导中,为确保导弹沿着基准弹道飞向目标,制导站须不断地向导弹发送使导弹做俯仰和偏航运动的控制指令来修正弹道误差,有时还要发送使引信开始工作的指令。为了测定导弹的空间坐标,制导雷达还要不断地向导弹发送询问信号。为了提高命中率,制导站还能同时引导几发导弹攻击一架或一批目标。为了用一个信道把检测信号以及多种指令信号发送给导弹,制导站通常采用多路传输的方法完成这一任务。

用一个信道传输多种信息的理论是多路传输理论,它是遥控、遥测技术中的重要课题。为了汇合和分离多路无线电信号,通常对各路信号进行调制,使各路信号具有不同的特征,以便划分通路。根据划分通路的方法不同,无线电多路传输可分为频分制、时分制、码分制三种。

频分制多路传输是按各个信号不同频带来划分通路。时分制多路传输是在对信号进行脉冲调制(幅度、脉宽或脉位)的基础上,按各路信号特定的作用时间划分通路。前者按频率区分信号,后者按时间区分信号。码分制多路传输是按不同的脉冲码组来划分通路的,由于信号编成密码,所以传输可靠性较高,抗干扰能力较强,目前在指令制导系统中被广泛采用。

针对指令脉冲编码的干扰有两种:一种是阻塞式干扰,另一种是瞄准式干扰。阻塞式干扰是用连续噪声或杂乱脉冲对指令编码脉冲进行干扰,对指令信号进行压制,使译码电路工作困难或产生假指令信号。根据干扰强度的不同,阻塞式干扰可以分为低电平干扰和高电平干扰。低电平干扰主要使脉冲位置发生抖动,对指令进行抑制,使有些信号不能被译码。高电平干扰除了能对指令进行抑制外,还能产生假码。瞄准式干扰是在获得了指令编码参数、次序和重复周期的基础上,产生与之类似的假编码并按适当的次序发射出去,造成指令传输的混乱,破坏整个制导系统的工作。

因此,导弹上行通道抗干扰的基本措施如下。

(1) 提高信干比。提高信干比是抗干扰的通用手段,同样也适用于对抗导弹上行通道的干扰。

(2) 防止高电平或瞄准式编码干扰。对于制导系统中副载频、编码结构、工作状态要绝对保密,做好反侦察工作。编码形式和结构还应经常变换。

(3) 改善编码结构,采用抗干扰编码。

(4) 降低天线旁瓣,特别是后瓣电平。

(5) 在译码器前加装脉宽鉴别电路。

随着数字技术的发展,在很多制导系统已采用数字指令多路传输。关于无线电多路传输中的数字原码和数字调制,参见数字通信原理有关内容。为了提高数字指令的抗干扰性能,可采用数字抗干扰编码。纠错编码(也称差错控制)是一种有效的抗干扰编码方式,这种编码属于信道编码。

信道中的噪声或杂乱脉冲群将会造成信息传输出现错误,由于噪声类干扰是随机、不相关的,使得信道因干扰而出现的错误也是随机的、离散的、不相关的,这种错误称为随机错误。如果错误之间具有相关性,即错误"成群"地出现,这种错误称为突发错误。随机错误与突发错误混在一起的错误称为混合错误。纠错编码就是根据错误性质设计的能纠正上述三种错误的编码。

纠正错误的方法有三种,第一种为反馈纠错。首先发送端发送能发现错误的码,接收端根据该码的编码规则检查收到的编码信号有无错误,一旦发现有错误,就通过反馈信道发出询问信号,要求发送端重发。发送端接到询问信号后,重发出现传输错误的那部分信息,以达到纠正错误的目的,反馈纠错的框图如图4-3-3所示。第二种纠错方法称为前向纠错或自动纠错。发送端除了发送信息码元之外,还发出与原码有某种关系的多余的监督码,接收端收到这些监督码后,不仅能通过纠错译码器自动地发现错误,而且能自动地纠正传输中出现的错误。将图4-3-3虚线部分除去后的部分就是前向纠错的方框图。第三种纠错方法对于少量错误采用自动纠错,对于严重错误采用反馈纠错的混合纠错法。指令制导系统的指令传输多采用前向纠错法,即自动纠错法,很少用反馈纠错。

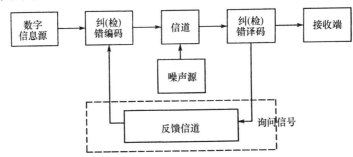

图4-3-3 纠(检)错码原理方框图

4.3.4 引信抗干扰

引信是引爆导弹战斗部的装置。引信的种类很多,导弹上用的多数是无线电引信,或称为雷达引信。导弹的雷达引信实际上也是一部雷达,具有雷达的特征。引信装置的简单功能图如图4-3-4所示,由雷达引信发射机、发射天线、接收天线、接收机、信号处理和引爆装置等几部分组成。

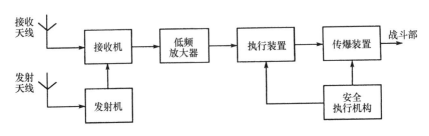

图4-3-4 雷达引信功能方框图

引信雷达与一般雷达相比主要有以下不同：作用距离短，引信雷达与目标之间距离长则数百米，短则几米，使得目标的反射信号很强，而且在这种情况下，不能再将目标看成是点目标，目标的姿态等因素变化将引起较大的角噪声和多普勒闪烁；作用时间短，导弹的雷达引信是以高速飞向目标的，加之距离极近，因此引信雷达作用时间非常短暂，通常为几秒甚至千分之几秒，这就要求系统有快速信号处理能力并与制导站恰当配合；体积小、重量轻和工作可靠，因为引信雷达装在弹头上，对体积、重量的限制非常严格。此外，由于引信是引爆战斗部的，因此引信的可靠性非常重要。引信雷达属一次性使用装置，其成本应适当。

随着电子对抗技术的发展，引信面临无线电干扰的严重威胁。敌方对无线电引信进行有效的干扰必须具备两个条件：一是掌握无线电引信的工作参数；二是要有相应的产生干扰信号的发射机。因此，为了提高引信的抗干扰性，必须对无线电引信的各种参数严格保密。

引信抗干扰是制导武器抗干扰的重要组成部分，是从事制导和引信工作必须研究的重要课题。由于引信本身就是一部雷达，所以雷达抗干扰的方法都适用于引信。目前引信抗干扰主要有以下具体措施。

（1）空域措施。采用极化选择抗干扰。

采用定向启动，即引信只能由某一视角范围内的信号启动，其他方向的干扰不能启动引信。

（2）频域措施。

采用频率捷变体制或采用新的频段。

（3）波形设计。早期的引信多用连续波多普勒引信（如"SAM－2"），后来生产的导弹引信采用了复杂波形，如"SAM－3"导弹采用超外差式脉冲雷达引信，具有定向、测距能力，且弹片飞散方向受地面制导站的控制。为提高信号的抗干扰性，可对信号进行复杂调制、伪随机编码，也可以采用脉冲多普勒雷达引信和噪声雷达引信。

（4）信号处理。目前引信在信号处理上采用许多新技术，把引信和导引头结合在一起，组成半主动式由数字计算机控制的截击引信，充分利用了引信信号和制导信息，提高了抗干扰能力。

（5）采用其他体制的引信。如美制新型"响尾蛇"导弹 ALM－9L 采用的是激光、雷达和计算机相互配合的引信，除了具有较强的抗干扰能力外，还能把破片精确地投向引信所指的方向。

导弹支路抗干扰问题，实际是讨论制导系统中除目标探测系统之外其他系统所涉及的干扰及其对抗的问题。有些问题本身就是一门学科或技术，如信号多路传输问题、纠错编码问题、引信等。这一节所述内容，只能作为入门的向导，为以后继续学习者提供帮助。研究导弹支路抗干扰问题时，还应当包括对导弹各种制导方法抗干扰问题的分析。例如：在干扰环境下采用跟踪干扰源的自寻的系统或者用红外自寻的系统将能提高系统的抗干扰能力。目前很多制导系统采用了复合制导方式，中制导用指令制导，末制导用主动寻的或半主动寻的。在"爱国者"制导过程中，采用了 TVM（target-via-missile）技术，就是雷达在跟踪导弹的同时，还照射目标，目标反射波由导弹接收并发往地面站，由地面计算机产生实时控制指令再发至导弹，作为自动驾驶仪的输入信号。这样就把雷达和制导系统有机地联系在一起,对攻击较远距离的目标和提高雷达的抗干扰性能有较大的益处。

总之,导弹支路抗干扰问题是一个非常重要的问题,必须认真对待。

4.4 雷达对抗反辐射导弹技术

目前,反辐射导弹(ARM)以其催毁性的"硬"杀伤手段,对军用雷达构成了严重的威胁,造成雷达等辐射源的永久性破坏。因此,在 ARM 威胁日益严重的情况下,能够有效地对抗反辐射导弹(AARM)的攻击,不仅关系到雷达站作战效能正常发挥,而且关系到提高雷达的生存力。

雷达反摧毁技术主要分为三大类,第一类是使反辐射导弹的导引头难于截获和跟踪目标雷达;第二类是干扰反辐射导弹导引头的跟踪并使反辐射导弹不能命中目标雷达;第三类是及时发现并拦截摧毁反辐射导弹。

4.4.1 抗反辐射导弹的总体设计

雷达总体设计中,应把提高雷达抗反辐射导弹能力作为主要技术设计内容。雷达总体抗反辐射导弹设计包括:工作频段选择,低截获概率技术和双(多)基地雷达体制选用以及提高雷达机动能力设计等方面。

一、选择雷达工作频段

选择 30~1000MHz(即 VHF 和 UHF)频段或毫米波频段的雷达(辐射器)具有良好的抗反辐射导弹性能。

(一)选用低频段提高雷达抗反辐射导弹的性能

ARM 导引头通常用 4 个宽频带接收天线单元组成单脉冲测向系统。为了有足够高的测向精度,一般要求天线孔径尺寸大于 3~4 个工作波长,至少要大于半个波长。当天线孔径尺寸为半个波长时,其波瓣宽度 θ 约为 $80°$,而测向精度约为 θ 的 $1/15 \sim 1/10$,即 $6° \sim 8°$。如果 θ 再增大,ARM 的导引精度就会低到难以命中目标雷达的程度。显然,要让 ARM 工作在低频段,就必须加大天线孔径尺寸。然而,ARM 的弹径限制住了其天线的尺寸。例如,"哈姆"导弹的弹径为 25cm,其最低工作频率为 1.2GHz。如果进一步考虑到实际安装的尺寸会更小一些,因此"哈姆"导弹的最低工作频率(据报道)为 2GHz(其他型号 ARM 的弹径也大致如此)。所以,ARM 很难攻击低频段(低于 GHz)工作雷达,除非利用低频段雷达辐射信号的高次谐波。

雷达为了获得足够高的测角精度和角度分辨力,要求天线孔径与波长之比足够高,采用低频段会使雷达天线尺寸非常庞大。例如:要求波束宽度 $\theta = 3°$,如果雷达的工作频率 $f = 600\text{MHz}$,那么天线孔径尺寸约为 12m,这将使雷达的机动性变差、造价提高。随着数字波束形成技术和高分辨率空间谱估计技术的发展,在天线物理尺寸不大的情况下,使雷达具有足够高的测角精度和角分辨力的技术问题可逐步得到解决。

此外,即使 ARM 能在低频段工作,但由于地面镜面反射对低频段辐射信号形成比较强的多路径效应,使得能在此频段工作的 ARM 的瞄视误差较大,ARM 的测向瞄视中心也会偏离雷达天线,不会有良好的对雷达攻击性能。

雷达工作于米波段或分米波段时,一方面具有良好的 AARM 性能,另一方面还具有较好的探测隐身目标(飞机)能力。

（二）毫米波段的选用

目前广泛装备的 ARM，最高工作频率一般低于 20GHz(仅达 Ku 频段)。因此，工作于毫米波段雷达具有 AARM 的能力。毫米波雷达由于具有天线孔径小、波束窄、空间选择能力强、测角精度高、提取目标速度信息能力强、体积小、重量轻、机动性好等特点，使毫米波雷达不仅具有良好的抗反辐射导弹性能，还具有较好的抗有源干扰能力，并具有很强的探测来袭的 ARM 的能力。

虽然新型 ARM 工作频率提高到了 40GHz，但由于毫米波雷达具有了窄波束、超低旁瓣天线、对 ARM 自卫告警能力强以及机动性好等优点，仍是雷达 AARM 设计值得选用的工作频段。

然而，毫米波辐射信号传播衰减大，只适用于作用距离不远的跟踪、照射雷达。

二、雷达反 ARM 技术措施

在 ARM 发射攻击雷达之前，一般要由载机的侦察系统或 ARM 接收机本身对将攻击雷达的信号进行侦察(即搜索、截获、威胁判断、锁定跟踪)。与此同时，受攻击的雷达或专用于 ARM 告警的雷达也在对 ARM 载机和 ARM 进行探测。若雷达能在 ARM 侦察到雷达信号之前或在 ARM 刚发射时探测到 ARM 载机，则能赢得较长的预警时间，或者发射防空导弹摧毁 ARM 载机，或者及早采取其他有效的措施对付 ARM。

针对 ARM 侦收和处理信号方面的弱点，雷达在频域、时域和空域采取有效的对抗措施，可使 ARM 难以截获和锁定跟踪雷达的辐射信号(反侦察)。雷达低截获概率技术的采用，既使雷达具有良好的主动探测 ARM 能力，又使雷达信号隐蔽、具有反侦察能力。

雷达抗反辐射导弹的有效技术措施主要有四项技术。

（一）采用大时宽带宽乘积的信号

大时宽带宽乘积信号(脉冲压缩雷达信号)，能在雷达发射脉冲功率不变的条件下，大大地增加作用距离，同时保持雷达的高距离分辨力。现代雷达的压缩比(时宽带宽积)能做到大于 30dB，如此高的压缩比是在雷达对自身发射的信号匹配接收情况下获得的。而 ARM 在侦察接收时，无法预知雷达复杂的信号形式，只能进行非匹配接收(采用幅度检测与非相参积累方式)，信号处理作用远远小于匹配接收方式，使得 ARM 侦收雷达信号距离减小，有可能在 ARM 侦察机截获雷达信号之前，雷达就已探测到 ARM 载机。雷达为了防止 ARM 侦察机对其信号进行匹配接收，必须使信号结构不为 ARM 侦察系统预先获知，因此，信号形式必须复杂多变，最好采用伪随机编码信号。

（二）在空域进行低截获概率设计

采用窄波束、超低旁瓣天线，并且天线波束随机扫描，能够提高雷达 AARM 的能力。

天线波束越窄，扫描搜索时停留 ARM 载机上的时间越短，加上波束随机扫描，使 ARM 载机或 ARM 本身接收系统侦收和处理信号就越困难。地面制导雷达波束应避免长期停留照射目标飞机，防止目标飞机上的 ARM 迎着主波束进行远距离攻击。

现装备的许多雷达，旁瓣电平比主瓣仅低 20～30dB，而现代 ARM 接收机的灵敏度足够高，使得 ARM 能沿旁瓣(包括背瓣)对雷达进行有效的攻击。将雷达相对旁瓣电平降至 -40～-50dB(达到低和超低旁瓣电平)，可使 ARM 难以在规定的距离截获或跟踪锁定旁瓣辐射的信号，大大提高雷达抗反辐射的导弹能力。

(三) 雷达诸参数捷变

ARM 侦察接收系统通常利用雷达载频、重复频率、脉冲宽度等信号参数来分选、识别、判定待攻击的雷达信号。若上述各参数随机变化,即载频捷变,重复频率随机抖动,脉宽不断变化,则 ARM 接收系统就难以找出雷达信号特征,很难在复杂、密集的信号环境中侦察并锁定跟踪这样的雷达信号。

(四) 雷达发射信号时间可控制和发射功率管理

让雷达间歇发射,发射停止时间甚至大于工作时间几倍,即便 ARM 接收机从雷达旁瓣侦收信号也时隐时现,使 ARM 难以截获和跟踪雷达信号。

根据需要设定雷达发射机功率,在满足探测和跟踪目标要求的条件下,应尽量压低发射功率,实行空间能量匹配,从而避免 ARM 侦察接收系统过早截获到雷达信号。

让搜索雷达在最易受 ARM 攻击方向上不发射信号,形成几个"寂静扇区",也是一种利用发射控制能力对付 ARM 的措施。

当发现 ARM 来袭时,立即关闭雷达发射机,改由光学设备对目标进行探测与跟踪。同时,雷达利用其他雷达送来的目标信息(如友邻低频段边搜索边跟踪雷达传来目标坐标信号)对目标进行静默跟踪。一旦目标飞临该雷达最有利工作空域,突然开机捕获跟踪目标并迅速发射导弹攻击目标,在目标机发射 ARM 之前将其击落。

三、提高雷达的机动能力

提高雷达的机动能力,也是一项对抗 ARM 措施。ARM 攻击的雷达目标,常常以自身电子情报(ELINT)或电子侦察活动提供的雷达部署情报为依据。如果防空导弹制导站雷达设置点固定不变或长期不动,其受到 ARM 攻击的危险就很大。所以,雷达应能在短时间拆卸、转移和架设,具有良好的机动性。

四、采用双(多)基地雷达体制

把雷达发射系统与接收系统分开放置,两者相隔一定距离协同工作,就构成了双(多)基地雷达。

把发射系统放置于掩体内,或放置在 ARM 最大攻击距离之外的地方,将一部或多部具有高角分辨力接收天线的接收机设置在前沿(构成双或多基地雷达)。因为接收机不辐射电磁波,对 ARM 来说工作是寂静的,因而它不受 ARM 攻击。此外,如果把发射系统置于在高空巡航的大型预警飞机或卫星上,也可免受一般 ARM 的攻击。

虽然双(多)基地雷达在收、发系统间配合(如通信联络、收发天线协同扫描、高精度时间同步等)方面存在着技术困难,但随着技术的发展,这些困难将得到较好地解决。而且,双(多)基地雷达在探测隐身飞机方面也有较强的能力。

4.4.2 对 ARM 的告警、诱偏和摧毁

一、探测和告警

对攻击飞行中的 ARM 进行探测和告警,是采用各种技术和战术措施抗击 ARM 的前提。与常规飞机相比,ARM 具有雷达截面积比较小、朝向雷达飞行的径向速度高(通常马赫数大于2),且总在载机前方(靠近目标雷达)等特点,因此,在目标雷达上看到的 ARM 反射回波的多普勒频率较高、迅速接近雷达、信号弱而稳定且在载机回波之前。ARM 探测装备的设计,充分利用了 ARM 回波的这些特征。ARM 探测、告警装置

可分为两类,一类是在原有雷达上加装探测、告警支路,另一类则是设计专用 ARM 告警雷达。

（一）在原有雷达上加装 ARM 来袭监视支路

利用 ARM 回波信号多普勒频率较高,一个目标信号分离成两个,且其中一个迅速接近雷达的特点,在雷达上加装 ARM 回波信号识别电路。

当雷达跟踪或边搜索边跟踪某目标时,一旦发现该目标回波分离成两个信号,且其中之一具有较高的多普勒频率时,信号识别电路即发出告警信号,令发射机关高压,或启动对应的手段抗击 ARM。对 ARM 监视、告警的电路既可装在制导雷达上供自卫用,也可装在搜索雷达上,使其在搜索和跟踪过程中发现 ARM,并向友邻雷达发出 ARM 袭击的告警信号。

（二）专用的 ARM 告警雷达

雷达自身的 ARM 监视支路只能监视主瓣方向来袭的 ARM,难以监视旁瓣方向来袭的 ARM,且对于无多目标跟踪能力的雷达,如果监视了 ARM 就要丢掉跟踪的目标,搜索雷达难于监视顶空 ARM 的袭击。因此,对 ARM 告警的最佳方案是使用专用的 ARM 告警雷达。

ARM 专用告警雷达应采用低频段、毫米波段或低截获概率技术,避免自身受到 ARM 的攻击。作为告警雷达,对其定位等精度要求不高,只要求比较粗略地指示出 ARM 的方向和距离,但要求有全向(半球空间)指示和跟踪能力,以便指挥 ARM 诱偏系统工作或引导火力拦截系统攻击 ARM。

二、对 ARM 的诱偏

在雷达附近设置对 ARM 有源诱偏装置,是一项有效对抗反辐射导弹的措施。

ARM 主要是依据要攻击雷达信号的特征(如载频、重复频率、脉宽等)锁定跟踪目标,若有源诱饵辐射的信号特征与雷达信号的相同,其有效辐射功率足够大,在远区与雷达同处一个 ARM 天线角分辨单元之内,就有可能把 ARM 诱偏到两者的"质心",甚至是远离雷达和诱饵的其他地方,以保护制导雷达。

通常,ARM 从雷达旁瓣方向进行攻击,因而诱饵的有效辐射功率(ERP)应比旁瓣有效辐射功率略高一些。

ARM 导引头通常设计成锁定在雷达探测脉冲前沿、后沿或中间脉冲取样上,一旦获得探测信号,ARM 的导引头产生制导命令,引导 ARM 自动瞄准辐射源。假如只有一个雷达在以探测脉冲形式辐射 RF 信号,那么导引头就对探测脉冲串中各相继脉冲的前沿或后沿或中间脉冲进行取样,以便产生制导指令使 ARM 瞄准雷达。

为了提高雷达受 ARM 攻击时的生存能力,希望将诱饵安置在所要保护的雷达附近,距离雷达数百米远,诱饵之间距离取决于战术应用,使攻击中的 ARM 制导系统瞄准到位置与雷达分开的视在源上。来自诱饵的射频信号产生合成的覆盖脉冲遮盖住雷达天线旁瓣产生的探测脉冲(在功率幅度和时间宽度上均遮盖)。如此,来袭 ARM 的制导系统就不能用探测脉冲的前沿、后沿或中间脉冲取样得到制导指令。同时,几个诱饵脉冲遮盖探测脉冲的位置随机"闪烁"变换,从而使 ARM 制导系统接收信号方向"闪烁"。由于这种"闪烁",引起 ARM 的瞄准点偏离,因而也就阻止了 ARM 去瞄准雷达或任何一个诱饵。图 4-4-1 为一种有源诱饵抗反辐射导弹的部署示意图,图 4-4-2 为一种诱饵与雷达

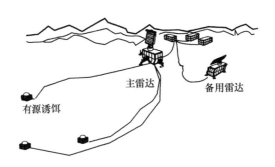

图 4-4-1　有源诱饵抗反辐射导弹的部署示意图

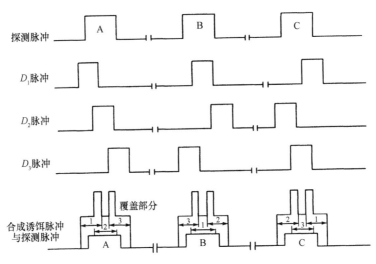

图 4-4-2　诱饵与雷达信号到达 ARM 处的时序关系

信号到达 ARM 处的时序关系。

由图 4-4-1 可见：三点诱饵系统（1 站、2 站和 3 站）布置在雷达附近的不同位置上，每个诱饵通过数据链与雷达相连。雷达是传统的脉冲雷达，它辐射具有预定频率的探测脉冲，照射到来袭的 ARM 上。雷达中有一个同步器控制发射机产生探测脉冲，经天线辐射出去。同步器还产生供各诱饵用的控制信号，以便按图 4-4-2 所示程序产生诱饵脉冲（具有预定频率）。

雷达中的同步器用来提供触发脉冲馈给发射机和各个诱饵站。触发脉冲的位置在图 4-4-2 中四个波形的前沿位置（未单独画出）。为了使 ARM 无法攻击某一个诱饵，三个诱饵的时序设计成交替变化的时序如表 4-4-1 所示。

表 4-4-1　三个诱饵的时序表

探 测 脉 冲	预触发脉冲	中间触发脉冲	后触发脉冲
A	01	02	03
B	03	01	02
C	02	03	01

"预触发脉冲"指的是在探测脉冲之前出现的触发脉冲;"中间触发脉冲"是指在探测脉冲发射期间出现的触发脉冲;"后触发脉冲"则是指恰好在探测脉冲后沿之前出现的触发脉冲。

图 4-4-2 最下面的波形显示出了到达 ARM 处三个合成覆盖脉冲和探测脉冲的关系。观察波形可得出如下结论:①每个合成覆盖脉冲均遮盖了相应的探测脉冲;②合成覆盖脉冲的幅度通常总是大于相应的探测脉冲;③每个合成覆盖脉冲均不同于另外两个合成诱饵脉冲,即具有交替性。

可以看到,到达 ARM 处的各个探测脉冲和相应的诱饵脉冲之间的传播延时之差取决于 ARM 相对于雷达和各诱饵的仰角和方位角。然而,即使不同触发脉冲的出现时间是未加调整的,只要各诱饵(1站,2站,3站)与雷达距离较近,且诱饵脉宽足够,该传播时间差的任何可能的变化都将小于各个探测脉冲与任何一个诱饵脉冲之间的重叠时间。因此,不管 ARM 从什么方向飞临雷达,所有由 ARM 导引头接收的探测脉冲都会被合成脉冲所遮盖。而且,不管 ARM 制导系统是跟踪接收到的脉冲串的前沿还是后沿,ARM 制导系统处理的只是脉冲 D_1,D_2 和 D_3。换句话说,不论 ARM 导引头使用的是前沿跟踪器还是后沿跟踪还是中间脉冲取样器,所得到的制导指令都将把 ARM 引向某个与雷达相距一定距离的地方。而且,该弹着点也不会在诱饵站处,因为在导弹攻击的末段,其制导系统的动态响应范围会被超出。

诱饵系统中诱饵的数目可以根据经费的许可适当增加,诱饵的数量越多,对抗 ARM 的效果会更好。

三、对 ARM 的摧毁

除了用诱偏等干扰、欺骗手段对抗反辐射导弹外,还可采用硬杀伤手段摧毁反辐射导弹。硬摧毁实现有两种途径:一是防空火力对载机进行拦截,在其未发射 ARM 之前就将其击毁;二是对来袭 ARM 进行有效的拦截硬摧毁。目前对付反辐射导弹的硬杀伤武器有定向能武器(包括激光武器、高能微波武器、粒子束武器等)、防空导弹和高炮等。

用高能激光武器摧毁 ARM,如美国 TRH 公司的氟化氘化学激光器反导系统可严重毁伤 4km 距离导弹的整流罩,能严重破坏 10km 距离的光学系统。

高能微波武器其功率极高,能够烧毁或破坏导引头中的微电子设备,使其无法对辐射源进行跟踪而失效。此外,超高功率还能迅速触发反辐射导弹的引信或弹药,使其提前在目标外爆炸,或直接烧毁弹体。

火炮密集阵是用于拦截导弹的一种近距离防空手段,它也是一种拦截反辐射导弹的有效方法。美海军"费兰克斯"20mm 机炮近距武器系统,是一种行之有效的阵地防御系统,用于保护陆基雷达一类的高价值系统免遭反辐射导弹的攻击。系统改进后安装在牵引车上,系统由脉冲多普勒雷达、20mm 机炮及其架座、电子辅助设备、控制台、电源等组成,可自动执行目标搜索、截获、跟踪、威胁评估和目标测距、测速、测角等功能。机炮射速为 300 发/s,可形成一个扇面的"弹雨",摧毁反辐射导弹。除此之外,系统还能摧毁来袭的巡航导弹和低空飞机。

4.4.3 抗反辐射导弹的系统对抗措施

以上各项 AARM 措施都是针对 ARM 制导技术存在的弱点提出来的。实际上,ARM

技术正在不断地发展,20世纪80年代后,智能化技术、复合制导体制在ARM上得到广泛应用,ARM技术已发展到了一个新阶段。目前,采用单一的AARM措施已不能十分可靠地保护昂贵的制导雷达。为此,应采用系统工程方法,研究ARM攻击的全过程。针对ARM攻击前、后各阶段分层采用综合措施,用系统对抗的方法防护、摧毁ARM的攻击。

一、ARM攻击的全过程

如前所述(参照3.5节相关内容),ARM攻击辐射源的过程可以分为:发射前侦察、锁定跟踪阶段,点火发射阶段,ARM高速飞行攻击阶段和末端攻击阶段等四个阶段。

第一阶段是ARM发射前侦察、锁定跟踪阶段。通常,ARM载机上装有侦察、告警系统,用于在复杂的电磁信号环境中不间断地侦收所要攻击的雷达信号,将实时收到的信号与数据库储存的威胁信号数据进行对比、判断,选定出需要攻击的对象并测定其方位,把ARM接收系统的跟踪环路锁定在待攻击的雷达参数上。若载机无专用雷达信号侦察设备,则由ARM接收机自己完成上述工作。

第二阶段是ARM点火发射阶段,即ARM对雷达攻击的开始阶段。其特点是ARM与载机分离,加速向雷达接近。

第三阶段是ARM高速直飞攻击阶段。其特点是ARM速度很高,而且现代ARM还能在雷达关机的条件下进行记忆跟踪。

第四阶段是开启ARM引信,对雷达发起最后攻击的阶段。

二、对付ARM的系统对抗措施

依据ARM各阶段的特点,分别采取相应的系统对抗措施。

(一) 在ARM侦察阶段

导弹武器系统采取的主要措施是提高各辐射源的隐蔽性,使ARM无法对辐射源信号进行锁定和跟踪,具体措施如下。

(1) 雷达制导站采用低截获概率技术;

(2) 雷达发射控制,隐蔽跟踪,随时应急开关发射机,有意断续开机等;

(3) 雷达同时辐射多个假工作频率,形成使对方难以准确判断的密集信号环境;

(4) 雷达组网,统一控制开启关闭时间,信息资源共享,形成密集和闪烁变化的电磁环境;

(5) 应用双(多)基地雷达体制,让高性能的接收系统不受ARM攻击且有效地工作;

(6) 对电站等热辐射源进行隐蔽、冷却或用其他措施防护,防止红外寻的ARM攻击;

(7) 防止敌方预先侦知雷达所在地和信号形式。

(二) ARM点火攻击阶段

ARM的点火攻击阶段同时也是导弹武器系统对ARM进行探测、告警和采取反击措施的准备阶段。武器系统在此阶段采取的对抗措施如下。

(1) 在雷达上增设对高速飞行ARM来袭的监视支路,获得预警时间;

(2) 配置专用探测ARM的脉冲多普勒雷达,监视和测定ARM,发出告警,为武器系统抗击ARM提供预警,并能对"硬"杀伤武器进行引导;

(3) 充分利用雷达网内其他雷达以及C^3I系统提供的ARM告警信息。

（三）在武器系统发现 ARM 来袭后的防护阶段

武器系统发现 ARM 来袭后便进入防护 ARM 的第三阶段，其主要战术、技术措施如下。

（1）雷达紧急关机，用其他探测和跟踪手段（如光学系统）继续对目标进行探测或跟踪；

（2）开启 ARM 诱偏系统，把 ARM 诱偏到远离雷达的安全地方；

（3）多部雷达组网工作，它们具有精确的定时发射脉冲和相同的载频，其发射脉冲码组（脉冲内调制）具有正交性，各雷达的发射脉冲具有较大重叠，造成 ARM 选定跟踪困难，或使方位跟踪有大范围的角度起伏；

（4）减小雷达本身热辐射、工作频带外的辐射和寄生辐射，防止 ARM 对这些辐射源实施跟踪；

（5）用防空导弹拦截 ARM。

（四）在 ARM 临近制导雷达的最后攻击阶段

这一阶段雷达受到威胁的程度最高，所采取的措施主要是干扰 ARM 的引信和直接毁伤 ARM，具体措施如下。

（1）干扰 ARM 引信，使其早爆或不爆；

（2）施放大功率干扰，使导引头前端承受破坏性过载，造成电子元件失效，使 ARM 导引系统受到破坏；

（3）利用激光束和高能粒子束武器摧毁 ARM；

（4）利用密集阵火炮，在 ARM 来袭方向上形成火力墙；

（5）投放箔条、烟雾等介质，破坏 ARM 的无线电引信、激光引信和复合制导方式（激光、红外和电视等），用曳光弹作红外诱饵。

ARM 的系统对抗过程和相应的措施可概括在表 4-4-2 中。

表 4-4-2 系统对抗 ARM 的过程与措施表

ARM 攻击阶段	对雷达侦察、锁定跟踪	点火、加速	高速直飞	末端攻击
AARM 阶段	反侦察	探测、告警、防御准备	防御、反击	拦截杀伤
AARM 措施	（1）低概率截获技术 （2）低频段（米波、分米波）和毫米波段采用 （3）雷达组网，隐蔽跟踪 （4）双（多）基地雷达体制 （5）光电探测与跟踪 （6）提高机动性	（1）雷达附加告警支路 （2）ARMPD 雷达（专门用于探测 ARM 的脉冲多普勒雷达） （3）雷达组网后 ARM 信息利用，或 C^3I 系统其他信息	（1）紧急关机 （2）诱偏系统开启 （3）雷达组网，同步工作 （4）反导导弹（防空导弹） （5）减小雷达站热辐射和寄生辐射，带外辐射	（1）对引信干扰 （2）大功率干扰 （3）密集火炮阵 （4）激光与高能粒子束武器 （5）烟雾、箔条和曳光弹

4.5 雷达反隐身技术

20世纪80年代末期,隐身技术进入了实用阶段,多种隐身飞行器已在军事技术先进的国家中服役,对防空系统构成了极大的威胁。雷达隐身技术的发展必然带动雷达反隐身技术的迅速发展,目前,提出了多种反隐身的技术途径,有些技术已经实现,有些技术尚处于研究阶段。

雷达反隐身技术是一门多学科的综合技术,其技术实现途径主要集中在两个方面:一是抑制隐身效果,在空域、频域、信号域等方面采用新体制或新技术使隐身飞行器的雷达截面积不至于显著降低;二是提高现有雷达的探测能力,使雷达能够在所需距离上探测到较小雷达截面积的目标。在实际应用中,这两方面的措施往往是交叉、复合使用的。

4.5.1 频域扩展反隐身技术

从隐身技术的物理可实现性和研制成本来看,雷达隐身不可能是全频段的。目前,雷达隐身的频段主要集中在 1~20GHz 范围内,主要针对 S、C、X、Ku 波段的探测和跟踪雷达。在这个频段之外,雷达隐身的效果大大降低。从反隐身的角度出发,将雷达工作频率扩展到非隐身频段,可使目标的雷达截面积显著增大,从而具有较好的反隐身效果。

一、米波超分辨雷达

现有的隐身飞机对于波长较长的波段,隐身效果较差,其主要原因如下。

(1)米波雷达的工作频率通常为 30~300MHz,当米波雷达照射目标时,在镜面反射和爬行波之间会发生谐振现象,形成较强的反射回波尖峰,通常米波 RCS 要比微波 RCS 大几十倍甚至几百倍。分析表明,对于典型隐身目标 F-117A,在厘米波段(S、C、X、Ku)其 RCS 值为 $0.03 \sim 0.05 m^2$;在分米波低频段(UHF)约为 $0.2 \sim 0.34 m^2$;在米波段约为 $0.4 \sim 2.8 m^2$。试验也表明,处于谐振区的目标 RCS 可以比光学区提高 10~20dB。

大多数作战飞机的特征尺寸都在几米到几十米的范围内,当雷达的工作波长与飞机的特征尺寸相当时,就会产生谐振效应,使隐身飞机回波大大增强。寻找适当的频率点,使其工作频率接近目标谐振频率,是米波雷达实现反隐身的关键之一。

(2)对于采用涂敷吸波材料进行隐身的飞机,为了有效吸收雷达入射波,涂层厚度一般大于入射波长的 1/10。要有效地对米波段雷达进行隐身,其涂层厚度至少要达到 0.1~1m 的数量级。对于隐身飞机,要涂这样厚的涂敷吸波材料实际上是不可能的,因此涂敷吸波材料对米波谐振雷达是失效的。

米波雷达是一种有前途的反隐身技术。但米波雷达具有体积大、分辨力差、精度低、易受外部干扰等缺点。以往的米波雷达常常只用作情报雷达,承担远程警戒任务。防空导弹武器系统的制导雷达往往在精度和体积上有较高要求,必须解决分辨力差、精度低、易受外部干扰等问题。将现代空间谱估计理论引入米波雷达是一种新的解决方案,通过应用空间谱估计的适用算法,空间分辨力能提高到波束半功率宽度的 1/10~1/20。

国外对米波反隐身技术进行了大量的研究,俄罗斯国家防空系统已经开始部署米波反隐身数字相控阵雷达,据报道 Nebo-U 米波反隐身雷达的距离分辨力为 400m,角度分辨力为 0.4°,雷达以 10r/min 或 20r/min 的速度旋转,可提供 360°全方位覆盖。

二、毫米波雷达

毫米波雷达通常工作在 35~300GHz 范围内,具有波束窄、角分辨力高、频带宽、隐蔽性好、抗干扰能力强、体积小、重量轻等特点,主要适用于近程精确跟踪雷达和"发射后不管"的主动式导弹导引头。

隐身技术所采用的雷达波吸收材料涂层有一定频率范围,在毫米波段,其隐身效果大大降低。由于工艺复杂、技术条件要求高,在毫米波段采用介质涂层吸波材料进行隐身的技术难度大。另外,隐身飞机的机体不可能做成理想光滑和连续表面,用毫米波雷达照射目标时,目标表面的不平滑部位和缝隙都会产生电磁波散射,而且目标的边缘衍射和尖端绕射效应会显著增强,导致其 RCS 增大。

目前国外大力发展毫米波段雷达和导引头。据报道,美国空军已计划为"爱国者"防空导弹安装 35GHz 的毫米波雷达导引头。

三、激光雷达与红外探测

激光雷达是利用激光对隐身目标进行探测与搜寻的装置,它工作在红外和可见光波段。由于隐身目标目前主要针对雷达波段采取隐身措施,它们对可见光和接近可见光的波段没有明显的隐身效果,再加上激光雷达具有波长短、波束窄、定向性强、测量精度高、分辨力高等特点,对目标具有识别、姿态显示等功能,因此激光雷达能有效地探测隐身目标。

激光雷达还可通过探测隐身飞机尾部喷出的大量的碳氢化合物尾焰气流来跟踪隐身目标。例如:F-117A 隐身战斗机和 B-2 隐身轰炸机等,在飞行时其尾部喷出的含有碳氢化合物的强尾焰气流密度将大大超过背景大气密度 100 倍,这就给激光探测隐身目标提供了物理基础。

尽管隐身飞机采取了一些红外隐身技术措施,但高速目标红外散射是现实存在的,操作员无法随意控制红外的辐射及散射,因而利用高灵敏度的红外探测设备仍有可能发现隐身飞机。

4.5.2 空域扩展反隐身技术

隐身飞机的隐身重点放在鼻锥方向 ±45° 范围内,其次考虑侧面和尾部,顶部采取的隐身措施通常较少。基于这一现实情况,可以采用空域扩展方法进行反隐身。

一、双(多)基地雷达

双(多)基地方式主要利用大双基地角时隐身飞行器非后向散射雷达截面增大的弱点进行反隐身,其探测目标的原理示意图如图 4-5-1 所示。

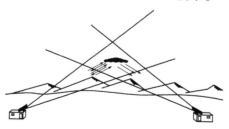

图 4-5-1 双基地雷达探测目标示意图

双(多)基地 RCS 存在前向散射区,这一区域主要指双基地角大于135°的区域。在该区域中,双基地 RCS 比单基地 RCS 增大很多。当 $\beta = 180°$ 时,双基地 RCS 达到最大。此时目标的前向散射 RCS 用 σ_F 表示,即

$$\sigma_F = 4\pi A^2/\lambda^2 \qquad (4-5-1)$$

式中:A 为目标在入射方向上的截面积或投影面积;λ 为波长。

目标可以是光滑的简单形状,也可以是复杂形状。目标可以是反射型的,也可以是吸收型的,或者是两者的组合,只要目标的投影面积处于发射波束的截面之中。

目标产生前向散射效应的机理可用巴比涅(Babinet)原理加以说明。巴比涅原理最初是作为一个光学原理来应用的,后来被引进了电磁场理论,用于说明偶极子与缝隙天线具有相同的辐射方向图。

图4-5-2给出了巴比涅原理应用于前向散射的情况。不透明面积为 A 的"偶极子"目标和与其互补的透明面积为 A 的"缝隙"目标分别由互为共轭的辐射源照射,这里,"共轭源"定义为相对原来源极化方向旋转90°的辐射源。接收机置于目标的另一边,双基地角为 $\beta = 180°$。偶极子目标表示在发射—接收路径上截面积为 A 的真实目标,而缝隙目标表示该路径上的巴比涅模型,即孔径面积为 A 的真实缝隙目标。根据巴比涅原理,当受互为共轭的辐射源照射时,这两个目标的前向散射的方向图是相同的。此时,缝隙目标"接收"到的功率正比于缝隙的截面积 A,而它的"再辐射"功率则正比于缝隙天线的增益 $G(G = 4\pi A/\lambda^2)$。因此,接收机处的功率正比于 $A \cdot G = 4\pi A^2/\lambda^2$,这就是式(4-5-1)中的 σ_F。当 $\beta < 180°$ 时,随着 β 的减小,目标的前向散射面积将减小。这种结果是由于缝隙天线辐射方向性引起的。由于偶极子目标代表的是真实目标的情况,巴比涅原理就直观地解释了复杂目标前向散射面积增大的机理。

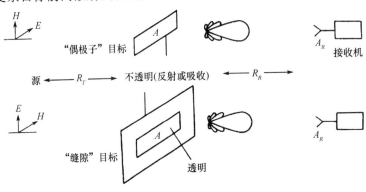

图4-5-2 说明前向散射的巴比涅模型

图4-5-3给出了一个8°圆锥体,底面直径35mm,波长 $\lambda = 17.9$mm,在双基地角分别为180°和70°情况下,以测试转台角为函数的双基地雷达截面积的测量数据。该测量是在微波暗室用缩比目标进行的,测试模型支撑在一个聚苯乙烯塑料转台上。图4-5-3中雷达截面积用 λ^2 进行了归一化,横坐标为转台角,它表示双基地角平分线方向与测试转台基准方向的夹角。

由图4-5-3可以看出:双基地角为180°情况下的双基地雷达截面积数值较大,且随不同转台角变化的范围较小,仅7dB。而双基地角为70°情况下的双基地雷达截面积数

值较小,但随不同转台角变化的范围较大,最大差值超过30dB。

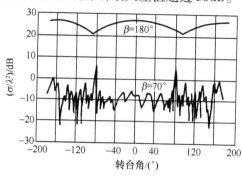

图4-5-3 圆锥体双基地雷达截面积的测量结果

实现双(多)基地雷达,必须解决时间同步、角度同步、相位同步等问题。例如:假设发射和接收系统均采用高增益、窄波束,为了实现有效探测,两部天线必须同时指向目标,因此,必须解决空间同步和数据率低的问题。

二、天基/空基雷达探测系统

隐身飞机主要是防御前下方雷达的探测,其上方的隐身能力较弱,有时在顶部甚至做出牺牲,如B-2发动机尾喷口经导流板向上喷出。这样就可以从其上方实施俯视探测,由于下视目标的雷达截面积较大,从而容易发现隐身飞机。将雷达安装在卫星、飞机、飞艇、气球、无人机等空中平台上,只要高度高于隐身飞机,从上方进行探测,就可有效探测到隐身飞机。

预警机及具有下视能力的飞行器一般都有探测隐身目标的能力。例如:美国E-3A预警机装备有下视能力的脉冲多普勒雷达,能在严重的地面和海面杂波环境中探测和跟踪低空目标,能够对数百个目标进行处理和显示,具有探测隐身目标的能力。

将各种电、光探测设备(雷达、红外探测器等)安装在诸如卫星、飞船之类的空间平台上,不仅进一步扩展了视场,而且也提高了预警能力。将合成孔径雷达安装在卫星上,能高分辨力地探测和识别伪装及隐身目标。导弹预警卫星不仅能探测到导弹的发射,而且能发现隐身飞机发动机的微弱尾焰。

三、天波超视距雷达

这是一种空间扩展和频域扩展相结合的反隐身技术。天波超视距雷达工作在米波波段(3~60MHz),能对700~5000km范围内的目标进行探测、跟踪。它将大功率电磁波向电离层发射,电磁波受电离层折射后,照射到远区相应的地域、海域,若在照射区域内出现目标就会产生雷达散射波,其中一部分沿原路径再次通过电离层折射回雷达接收机,从而构成一个探测目标的超视距雷达系统。

超视距雷达反隐身原理如下。

(1)在超视距雷达频率范围内,雷达工作波长较长,大部分隐身飞机尺寸及其主要结构特征均与其波长接近或小于其波长,属于或接近谐振区的散射体,其RCS大于光学区的RCS。

(2)隐身用的吸波材料对波长较长的电磁波不起作用或效果较差。

(3)超视距雷达发射的电磁波经电离层折射后,自上而下地照射目标,像机载预警雷达俯视工作方式一样,正好对准当前隐身飞行器赋形设计最薄弱的环节,而这个方向上目标的隐身效果较差。

天波超视距雷达是探测隐身目标的有效手段之一,但存在天线庞大、分辨力低的缺点。例如:美国20世纪80年代生产的AN/FPS-118雷达工作频率为5~28MHz,作用距离2880km,距离分辨力20~30km,角分辨力0.2°~0.3°,收发天线阵长度2.4km,高41m。

天波超视距雷达在技术实现方面仍有一些课题需要深入研究,例如:如何有效地从地杂波、海杂波或不稳定电离层反射的杂波中识别出返回的目标信号,如何利用先进的信号处理及计算机技术来提高雷达的方位分辨力,如何提高对舰船等慢速目标的检测能力及干扰背景下的目标检测能力等。

4.5.3 提高现有雷达潜能的反隐身技术

由雷达方程可知,雷达隐身在雷达方程中的直接体现是雷达截面积的减小。为了弥补目标RCS的减小所造成的探测距离的损失,可以通过提高发射能量、提高天线的增益、采用功率合成技术和大压缩比脉冲压缩技术、提高接收机的灵敏度、利用目标的相位信息和极化信息、增加积累时间、采用先进的信号处理技术等措施提高传统雷达探测隐身目标的能力。

1. 提高功率孔径积

近20年来,雷达的功率孔径积已提高了一个数量级,随着大功率固态器件的应用,制导雷达的功率还有很大潜力。随着低旁瓣天线水平的提高,天线孔径也应合理增大,因此大功率孔径积与低截获概率的功率管理能够做到相互兼容。

固体有源相控阵雷达将多个发射单元的功率在空间合成,形成高能脉冲,提高了功率孔径积,因而具有探测隐身目标的潜力,是新一代雷达的发展方向之一。

2. 提高发射信号的时间带宽积

提高相参体制发射信号的时间带宽积对反隐身、反低空突防及抗干扰都有利。目前,雷达信号的带宽已经扩展到了4GHz,信号带宽的增大,意味着雷达径向分辨力的提高。具有高径向分辨力是制导雷达的发展方向,它能有效地反隐身、抗低空环境杂波和提高目标识别能力。

3. 增加相参处理的脉冲数

采用相参积累方式可以显著提高雷达探测目标的能力,而且参与相参处理的积累脉冲数越多,雷达探测隐身目标的能力就越强。

4. 弱信号检测技术

提高雷达在杂波和干扰背景中对微弱目标信号的检测能力,可提高雷达的反隐身能力。这方面还有很大的发展潜力,需要采用现代信号处理技术,研究出各种弱信号检测的适用算法。

5. 双频段和复合制导

目前,先进的导弹已经开始采用主动导引体制,主动导引头反隐身技术是防空武器系统反隐身的重要方面。由于隐身技术主要频段范围为3~20GHz,因此在导弹末制导雷达上增添35~94GHz的毫米波传感器,或者增添红外、可见光与激光探测器,都能提高制导系统的反隐身能力,同时也有益于抗干扰和反低空突防。

4.5.4 其他新体制反隐身技术

一、雷达组网与数据融合技术

隐身飞机的外形隐身主要是改变了电磁波的散射方向,只能在机头前方一定角度范围内将雷达 RCS 减小几个数量级而产生"隐身"效果,在大角度范围内 RCS 的减弱有限或并无减弱,其侧向 RCS 比迎头方向增大 20dB 左右。另外,隐身目标在几个常用频段上具有较好的隐身效果,其他频段隐身效果较差。利用隐身飞机的这些弱点,可以综合采用多种手段达到反隐身的目的。

先进的雷达组网技术是探测隐身飞机的有效手段之一。雷达组网可以有情报雷达组网、制导雷达组网、多谱传感器组网、混合组网等方式。

将各种工作频率的情报雷达联网,网中雷达从各个不同视角观测目标,多站信息融合实现空间分集。在情报雷达组网技术中,米波雷达本身就具有良好的反隐身能力,因此要解决米波雷达分辨力低、抗干扰能力弱等缺点,发挥其在组网反隐身中的优势。

制导雷达是高分辨力、高精度的雷达设备,以这种雷达为主体可构成制导雷达组网系统,它所获取的目标信息将具有高的准确性、连续性和高数据率,能可靠地提供地空导弹武器系统所需的射击诸元和目标跟踪信息。数据融合是制导雷达组网反隐身课题中的关键技术之一。

多谱传感器组网是把多种雷达侦察、通信侦察、红外和激光等电子侦察与光电侦察传感器集成在一起,构成从射频到光电的全电磁频谱综合探测系统。通过多传感器信息融合,把来自各传感器的信息进行综合、过滤、相关和合成,构成更完整、更全面和更有用的信息内容,从而提高对隐身目标的截获、识别和定位能力。

混合组网将空间部署(地面、飞机和卫星)的不同体制(单基地、双基地、多基地)、不同工作频率的雷达站进行组网,各站获取的信息通过网络传输给数据处理中心,由数据处理中心统一处理。混合组网系统可从不同空域、不同频域多次对目标进行探测,利用空间分集、频率分集等优势,发现和识别各种隐身目标,从而扩大雷达探测隐身目标的区域,提高其跟踪能力。

二、无源雷达

无源雷达本身不发射电磁波,而是利用空中已有的其他非合作辐射源作为目标的照射源。无源雷达主要有两种工作方式。

(1) 如果隐身目标上装备有源雷达或通信设备,无源雷达就可以通过跟踪这些无线电信号得到目标的位置、速度信息等;

(2) 如果隐身目标没有装备有源雷达,或者雷达不开机,通信设备也处于静默状态,可以利用隐身目标对其他无线电信号的反射信息进行探测和定位。利用地面广播电台、电视台、运动或固定平台上的雷达、广播、通信、GPS 卫星等作为照射源,无源雷达接收这些信号的直达波和目标的反射波,利用时间差等信息,通过计算得到目标的位置、速度等信息。

任何一架飞机都会产生几种反射模式,无源雷达正是通过寻找这些反射,确定目标的方位,并在三维电子地图上标绘出其位置。无源雷达具有空域和频域反隐身的特征,可探测到隐身目标前向、侧向或向上的散射信号。目前国内外已经研发了多种无源雷达型号。无源雷达是一种具有反隐身潜力的新体制雷达。

三、超宽带雷达和冲激雷达

有载波的超宽带雷达,如大时宽带宽积的超宽带雷达,目前已有很大进展,可以获得几厘米的径向高分辨力,可用于反隐身、成像制导与目标识别诸方面。

冲激脉冲雷达(Impulse Radar)是指无载频的极窄脉冲雷达,可将其视为正弦波信号雷达的一个特例,其发射脉冲为一极窄脉冲(p秒级),瞬时带宽具有极宽的频谱(0~15GHz),其低频部分具有米波反隐身雷达的性能,并能使雷达吸波材料的吸波性能变差。由于冲激脉冲雷达在反隐身及电子战方面的巨大应用潜力,世界军事强国不惜投入大量人力、物力、财力进行深入研究。

冲激雷达的主要问题是发射脉冲的功率有限、效率较低,因此雷达作用距离受到限制。研制大功率无载波发射机是实现冲激雷达的关键技术之一。

四、谐波雷达

人们在研究雷达技术时发现,雷达波照射到金属目标上时,除了散射基波外还散射谐波能量,即入射频率的谐波信号,而雷达波照射到大多数自然物体包括植物、大地和海洋等,只产生反射回波,不产生谐波再辐射。谐波雷达就是根据这种物理现象研制的接收金属目标谐波能量的雷达。隐身飞行器虽然采用了雷达吸波材料,但作为金属目标,当它受到雷达波照射时仍会产生谐波再辐射。因此,谐波雷达也是一种具有反隐身潜力的新体制雷达。

隐身技术的发展对现代防御体系构成了极大威胁和挑战,引起世界各国军界和科技界的高度重视,各种反隐身技术的研究纷纷开展起来。隐身与反隐身属于一对矛盾的两个方面,既相辅相促又相生相克。在目前隐身和反隐身技术的较量中,隐身技术已经发展到较高水平,给反隐身技术带来了相当大的难度。许多国家已投入大量的人力、物力及财力对隐身与反隐身技术进行探索与研究。从某种意义上来说,没有不能对雷达隐身的飞机,同样也没有反不掉的隐身飞机。隐身与反隐身将在矛盾斗争中不断发展,其攻防对抗将是未来高技术战争中的一个重要战场,隐身与反隐身技术仍将是21世纪国际上研究与探索的重要课题。

4.6 雷达反低空突防技术

低空突防是一种利用地球曲率和地形起伏造成的遮挡、雷达低空探测盲区、地(海)杂波干扰等有利条件,来躲避对方雷达探测系统和防空火力的进攻性方法。从电子战观点出发,低空突防可以认为是一种消极干扰背景下的进攻性军事行动。以战斗/轰炸机、巡航导弹和直升机为主要代表的低空航空兵器,具有低空飞行气动布局、先进的导航/制导技术和隐身技术等,低空突防能力强,对防空系统造成了严重影响和威胁。雷达反低空突防已经成为亟待解决的难点问题。

目前,反低空突防目标探测技术措施主要有平台升空探测预警技术、低空目标探测技术、超视距雷达技术等几方面。

4.6.1 平台升空探测预警技术

鉴于地球曲率和遮挡限制了直视距离,增加雷达探测距离和预警时间的有效手段就是提高雷达监视平台的高度,发展空中平台监视系统。目前国外一些国家正在大力发展空中平台监视系统,主要包括星载雷达监视系统、空中预警机系统、系留气球载雷达系统、飞艇载雷达监视系统等。

1. 预警机雷达

预警机是装有远距离搜索警戒雷达、敌我识别/二次雷达、电子对抗、通信和导航、综合显控及指挥控制等系统的作战支援飞机,用于搜索、监视、跟踪和识别空中和海上目标。现代预警机不仅能及早地发现和监视从 300~600km 以外各个空域入侵的空中目标,而且还能引导和指挥己方战斗机进行拦截,所以又称预警指挥机,它是空中的指挥所,是现代高技术局部战争中争夺制空权的重要手段之一。预警机系统的核心是机载预警(AEW)雷达。这种雷达以高空飞行的飞机为平台,克服了地球曲率的影响,具有可视距离远、可检测远程低空飞行目标的优点,同时还具有很强的机动灵活性。

预警机的发展已有 70 余年历史,至今,已先后发展了三代空中预警机。第一代预警机始于 1945 年,美国海军把当时较先进的 AN/APS-20 警戒雷达安装到 TBM-3W 小型飞机上,成为机载预警系统的雏形。最早使用的预警机,只有预警功能而无指挥能力,预警机也仅仅是相当于把地面雷达天线升高,而且采用的是普通脉冲雷达,下视能力很差,一般只能用于杂波强度比较弱的海上,担负有限的警戒任务。第二代预警机始于 20 世纪 60 年代末至 70 年代中期。随着微电子和微波技术的迅速发展,预警机的机载雷达采用机载动目标显示或脉冲多普勒体制,性能有很大提高,具有良好的下视能力。预警机的功能由单纯预警发展到可同时对多批目标实施指挥引导,成为高机动的空中预警指挥系统。这一代较典型的预警机有美国的 E-3A、E-2C,苏联的图-126、A-50 等。第三代空中预警机,其突出的特点是雷达采用先进的相控阵天线取代了笨重的背负式旋转天线,从而改善了载机的气动外形,减小了天线的重量和体积,提高了天线性能,增加雷达探测距离。如美国的 E-8"联合星"飞机、瑞典的 Saab-340 预警机和以色列的"费尔康"预警机等。

随着战争环境的变化,机载预警雷达面临着高技术条件下电子战的严峻挑战。目前,它面临许多急需解决的特殊问题,比如:增强下视探测能力;提高先敌发现能力的问题;对特殊目标(隐身飞机、隐身巡航导弹、武装直升机)的有效检测问题;抗干扰问题;对抗反辐射导弹提高生存能力的问题等。因此,要求未来的预警雷达探测低空小目标的能力更强、机动性能更好,信息传输和处理能力更快,以适应未来各种复杂的电磁环境。

新一代预警飞机采用先进的相控阵雷达,与现役预警飞机(采用旋罩天线雷达)相比,具有可靠性高,自适应能力强,抗干扰能力强以及具有增程探测能力和可同时执行多种任务的特点。这些新型的相控阵雷达预警机将在未来的战场上发挥重要作用。同时,世界各国也在积极对现役预警机进行改进,以适应未来战争的要求。

机载合成孔径成像(SAR)和地面慢速运动目标检测(GMTI)技术是提高机载雷达空地性能的两个主要方面,是新一代预警机雷达发展的关键技术。采用干涉动目标检测技术和先进的空时自适应处理技术,是实现机载预警雷达检测地面慢速目标的有效技术途径。

由于机载预警雷达下视工作及雷达平台的运动效应,使得杂波强度大大增大(在丘陵和山区地带,杂波强度可达 60~90dB),杂波谱大大扩展,而且杂波环境是极度非均匀、非平稳的,因此,有效地抑制地(海)面杂波,是机载预警雷达下视工作的难题,但又是必须要解决的问题。传统的空时级联信号处理是对杂波在空、时二维上的投影分别进行滤波处理,检测低空动目标的效果较差。空时自适应信号处理(STAP)是新一代高性能预警机雷达抑制地(海)面杂波、提高下视能力的先进技术。空时自适应信号处理就是设法沿杂波的二维分布形成滤波器凹口,从而大大提高整个区域内的改善因子。STAP理论与技术的研究已进行了30多年,近年来逐步在实际的系统中得到应用,并不断地进行技术改进和提高。

2. 气球载雷达

气球载雷达系统的研制和应用是最近30多年才开始活跃起来的。气球载雷达系统由系留气球系统和球载雷达组成。

(1) 系留气球系统。系留气球系统作为雷达升空平台,由球囊、球载辅助设备、系留缆绳、地面控制设备等组成。

系留气球(也称浮空器)是升空平台的主体。它由一个具有柔性结构的囊体组成,里面分割成几个舱室,充满氦气,以获得浮力。为了减少空气气流的影响,气球设计成飞艇形状,使其能在空中稳定悬留。另外,系留气球还包括充满空气的固定尾翼、保护雷达用的防风罩和一个内部小气囊,后者充有适量空气以保持气动外形。囊体外有多个连接加强片,用来固定缆绳。有的气球表面还装有避雷的探针。对系留气球的要求除能稳定地悬挂雷达载荷外,还要求能抗紫外线辐射、耐老化、气密性好。

近年来,随着技术的进步,人们已能生产出适用于高空性能要求的高级气球材料,掌握了提炼氦气的方法,使系留气球的研究和应用得以顺利开展,目前系留气球的尺寸已做到长约20～70m,直径为8～12m,工作高度为700～4500m。

(2) 气球载雷达。雷达是系留气球的有效载荷,被悬挂于气球下方的雷达罩内,其基本组成与一般的防空情报雷达相同。对它的主要要求是:具有良好的下视探测能力,能在强地、海杂波背景中发现目标,可靠性高,体积小,重量轻,耗电少。

与地面雷达和其他空中平台相比,系留气球载雷达系统具有以下特点:

(1) 覆盖面积大。一个悬浮在3000m高空的大型系留气球监视系统对飞行高度为340m的目标,雷达发现距离约为300km,整个雷达的覆盖区域为28250km^2(这相当于13部同类地面雷达的覆盖面积),即使是悬浮在700m高空的小型系留气球载雷达系统也具有4部同类地面雷达的覆盖面积。

(2) 低空探测性能好。气球载雷达具有抗强地杂波和气象杂波的能力,能有效地检测超低空飞行的小型毒品走私飞机和海面的小舰只,并具有探测隐身目标的潜力。

(3) 寿命长。系留气球的工作寿命一般可达7～10年。

(4) 可用性好。系留气球有良好的稳定控制设备和高强度的系留缆索,能经受12级大风,有完善的避雷措施和快速回收装置。

(5) 费用少。不管是研制费、采购费还是维修费,与其他空中平台系统相比要低得多,一般仅为预警机的1/10。

(6) 载荷能力强。由于舱体体积大、起吊能力强,气球上装载的大口径天线雷达系统可以提供较大的探测距离。

气球载雷达的主要缺点如下。

(1) 规模比较大,机动转移较困难。

(2) 生存能力受到一定限制。气球载雷达悬停于空中,难以隐蔽和防护。实战时需要予以保护。

4.6.2 低空目标探测技术

1. 动目标探测技术

雷达要反低空突防目标,需要克服地面(或海面)的强杂波影响,把被地物杂波(或海浪杂波)所淹没的目标回波从杂波中提取出来。对于地面雷达来说,雷达与地物之间没有相对运动,而目标回波的相位与杂波回波的相位不同,利用这个差异,可用动目标显示或动目标检测技术,消除杂波,把目标提取出来;对于机载雷达,情况就要复杂一些,因为雷达处于运动状态,与地物之间有相对运动,也会引起地物回波相位变化,产生多普勒频移,但可利用目标回波产生的多普勒频率与地物回波产生的多普勒频率的不同,采用多普勒滤波技术(脉冲多普勒技术)滤除杂波,把目标提取出来。

综上所述,为了有效地探测运动目标和抑制各种不同的无源杂波干扰,雷达通常利用目标的多普勒频移,通过动目标显示技术、脉冲多普勒处理技术、动目标检测技术来提取运动目标的信息。

2. 低空补盲探测技术

为了有效地对付低空突防武器的突然入侵,各国多年来投入大量人力和物力研制成功了各种先进的地面低空监视雷达,即低空补盲雷达系统。

低空补盲雷达需要建立合理的探测覆盖区域:一般二维探测在方位上为窄波束,仰角上为余割平方波束;而近年来研制的低空补盲雷达,采用超余割平方波束,这种波束形状下边沿陡峭平直,能进一步减少地物和海杂波的影响,提高了低空探测性能。新型天线采用理想的图钉型方向性天线,通过能量管理后能在仰角上形成电扫描超余割平方覆盖区域。这样,不仅可以提高测角性能和抗干扰性能,还具有 -30dB 的旁瓣,这对于从强杂波背景中提取低空突防目标信息是非常有利的。

低空补盲雷达的主要特点如下。

(1) 反地杂波性能强。一般都采用先进的动目标检测技术。

(2) 机动能力强。可以用多种方式快速机动部署。

(3) 抗干扰性能强。采用包括宽带、捷变频、低旁瓣等多种技术来提高抗干扰能力。

(4) 高可靠性、可维护性。保证雷达能在各种环境下可靠地工作。

(5) 具有组网能力。低空补盲雷达有较强的通信传输能力,可将获取的目标数据及时传输给友邻雷达及指挥控制系统。

低空补盲雷达在设计时应考虑以下内容。

1) 威力设计

对于单一用途的低空补盲雷达,一般在垂直方向上设计成余割平方形的威力覆盖,高度在 3000~7000m。对于高低空兼顾的低空雷达,高度覆盖可设计在 10000m 以上。设计低空补盲雷达的难度在于降低搭地的能量,这可用架高天线、加大天线垂直面的尺寸来提高波束下边沿的斜率,但又与空域和机动性矛盾,因此要折中选取。

2) 反杂波性能

低空探测的主要问题是地(海)杂波干扰,要去掉这种干扰,除提高垂直波束下边沿的斜率来减小搭地能量外,较先进的办法是采用动目标检测和脉冲多普勒技术来提高反地杂波性能。为减少杂波的进入,采用宽带脉冲压缩信号将回波脉冲压成窄脉冲,也是很好的技术途径。

3）阵地选择

雷达波束搭地会使垂直波瓣分裂,影响观测目标的连续性。为了克服这个缺点,无论是哪种低空雷达,都要精心选择阵地,获得最好的低空性能。

4.6.3 超视距雷达技术

超视距雷达可有效增加探测距离和预警时间。超视距雷达主要有天波超视距雷达、地波超视距雷达和微波超视距雷达,其工作原理和特点有所不同,下面分别简要介绍。

1. 天波超视距雷达

天波超视距雷达利用电离层折射特性来提高探测距离(比普通微波雷达的探测距离大5~10倍,可达3000~4000km),且采用俯视探测方式,使低空飞行目标难以利用地形遮挡逃脱雷达的视线。该系统直接向电离层发送大功率电波,电波受电离层折射后到达远区的地面或海面,照射到相应的一大块地域或海域,在照射区内出现的任何目标均会产生雷达回波,其中一部分能量沿原路径再次通过电离层折射回雷达接收机,从而构成一个能够探测直视距离以外目标的超视距雷达系统,如图4-6-1及图4-6-2所示。

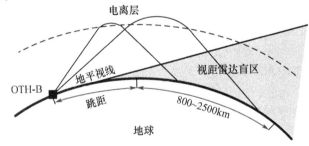

图4-6-1 天波超视距雷达电波传输路径

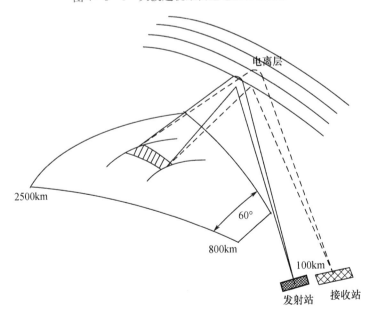

图4-6-2 天波超视距雷达探测原理

天波雷达系统通常包括检测目标子系统、电离层自适应诊断子系统和自适应频率检测子系统。工作频率通常在 5~28MHz 范围内,一般采用收发分置的方式工作。发射阵长度为 200~800m,发射平均功率为 100~400kW,接收阵长度为 1000~3000m,检测飞机的积累时间为 1~20s,检测舰船的积累时间为 10~60s。

为适应电离层传播特性,超视距雷达是通过改变工作频率实现距离步进完成整个距离覆盖,在方位上采用相控阵技术实现波束扫描。为了达到 2000~3000km 的作用距离,雷达必须具有 200~300kW 的平均发射功率,为了获得这么大的平均发射功率,通常采用调频连续波信号,这样对其他高频用户的干扰会比相同平均功率的脉冲雷达小得多,因此它的兼容性好,环境污染小。

采用连续波信号后,为了使发射和接收天线相隔离,必须将雷达的收发系统分置两地,即采用双基地体制,发、收双站一般相距 50~100km,这就要求发、收之间实现精确定时和相位同步。双站的定时和时间同步采用长波授时台或全球定位系统授时信号;双站的相位同步分别选用铷原子频标,铷钟具有长稳和短稳同时兼优的特点,两原子钟的高频率稳定性提供了两站信号相位的相干性,并使这种相干性长期保持。双站的铷钟又分别用来同步或锁定各自的本地振荡源,实现全系统频率源的准相干。条件许可时,也可采用有线光缆设备实现两站间的全相干处理与数据通信。

2. 地波超视距雷达

由于陆地和淡水的电导率太低,传播能量衰减较大,一般情况下难以实现地波超视距探测。只能在海面用 HF 低频段、垂直极化波工作时,可以实现超视距目标探测,因而地波超视距雷达又称为对海 HF 地波超视距雷达。

地波超视距雷达发射的电磁波以绕射方式沿地面(或海面)传播,其探测距离一般为 200~400km,它不但能探测海面目标,还能监视低空和掠海飞行的目标,如图 4-6-3 所示。

图 4-6-3 地波雷达传播路径

地波雷达根据所处的平台位置可分为岸基地波雷达与舰载地波雷达。地波雷达一般由两个系统组成,一是目标探测系统,它是地波雷达的主要系统;二是频率监测系统。地波雷达工作的电磁环境很差,尤其是夜间,所以地波雷达需配备频率自动监控系统以选出"寂静"频率,使雷达工作频率避开干扰。目前,同时探测海面及低空目标的地波超视距雷达工作频率范围为 2~14MHz,其中 3~5MHz 主要用于探测海面目标,8~14MHz 用于探测空中目标。

地波雷达可对指定海区实施全天候连续监视,及时发现作用范围内的海面舰船和空中运动目标,测定距离、方位和径向速度,并进行目标的航迹处理,但距离和角度测量分辨率较低,可大致给出目标的属性特征。除了军事应用外,它还是进行海上交通管理和保护领海资源的一种经济有效的海域监控设备。

用地波超视距雷达方程推算雷达的作用距离时,需要知道垂直极化的短波在海面传播路径中的衰减情况,主要包括电波沿海面绕射时的能量衰落及海上风浪引起的附加损耗。

(1) 电波绕射的能量衰落。电波在海表面传播时的绕射能量损耗,与海面的电导率和介电常数有关。就极化方式而言,水平极化的单程衰减量要比垂直极化高几十分贝,因此地波超视距雷达均采用垂直极化方式工作。另外,传播能量的衰落随着频率的升高而加大,随着距离的变远而增加。在 2~10MHz 内,当距离小于临界距离(100~172km)时,衰落比较平缓;当距离达到临界距离时,衰落比较急剧。在标准海面条件下,若固定传播距离为 300km,则双程能量衰落在 2~4MHz 范围内为 -10dB/1.5 倍频程;在 5~10MHz 内为 -40dB/1.5 倍频程。从能量衰落的角度来考虑,短波超视距雷达的工作频率宜选择短波波段的低端。

(2) 风浪附加损耗。风浪附加损耗比较复杂,它与工作频率、海态和传播距离等因素有关。它会随着频率的升高、海风的加大和传播距离的增长而急剧增加。根据实验测试结果,在 6 级海情(风速为 30kn)海面,300km 传播距离上的双向风浪附加损耗在 3MHz 时小于 0.5dB,5MHz 时小于 6dB,20MHz 时小于 28dB。从这方面考虑,短波超视距雷达的工作频率也宜选在低端。

地波超视距雷达的主要应用有以下几方面。

(1) 海面及海上低空警戒。岸基或舰载地波雷达克服了地球曲率所造成的低空及海面监视限制,为探测海面舰船及海上低空飞机、掠海导弹及隐身目标提供了良好的手段。目前,担负岸对海及重要海区警戒任务的地波超视距雷达,将逐步取代一批作用距离受视距限制的岸对海常规微波雷达,扩大海上作战半径,满足现代战争对海上情报保障的需求。

(2) 为反舰导弹提供预警与目标指示。随着现代远程反舰导弹武器的发展,敌我双方交战的空间大大增加。目前,远程反舰导弹的射程已达数百千米,中程反舰导弹的射程也达到 200km 以上,但是常规舰载微波雷达的直视距离受到地球曲率的限制,只能达到 40~50km。水面舰艇仅在视距范围内实施导弹攻击,不仅难以发挥导弹射程远的特长,而且可能遭到敌方导弹的先行攻击。

舰载地波超视距雷达除具有岸基地波雷达优点外,更突出的优势在于灵活机动。舰载地波雷达作为舰载武器的预警与目标指示装备,可为舰载武器提供更多的预警时间,为舰载导弹超视距作战能力的充分发挥提供重要支撑与保证。另外,舰载地波雷达可作为通用意义上的海上移动预警平台,为执行任务的舰队提供警戒与超视距目标指示,可提高舰队的海上自卫与生存能力。

3. 微波超视距雷达

由于微波频段的电磁波波长较短,沿着地球表面绕射传播时损耗极大,因此一般情况下,工作于几百兆赫至几十吉赫频段上的微波雷达在探测低空和海上目标时,受到地球曲率的限制,只能探测到电磁波直线传播(也称为视距传播)范围内的目标。但在实际使用微波雷达进行目标探测的过程中,人们经常会观测到电磁波出现"超视距"(非直线)传播的"异常"现象。借助于这种异常传播途径,微波雷达在许多情况下可以探测到地平线以下的、远超出电波直线传播范围的海上目标。例如:在印度洋的某些海域,工作在较高频段的微波雷达经常可以探测到远远超出视距范围的海上和超低空飞行目标。这种情况通常被认为是出现了"大气波导"现象。在某个区域产生大气波导时,该区域上空的大气折射率随高度的变化正好满足了一些特定的条件,使雷达辐射出的电磁波陷落到某一层大气中,并在该层大气的上下两个层面之间向远处传播。这种情况,有些类似于电磁波在金属波导中的传播,因此被称为大气波导传播。由于大气波导是环绕地球表面的大气对流层的一部分,因此电磁波在大气波导中传播时,可以克服地球曲率的影响,以较小的损耗传播到很远的距离。大气波导现象可以出现在陆地上,但更常见于海上。出现在陆地上的大气波导大多属于"悬浮波导",一般距离地面较高,波导层较厚。海上较为常见且持续时间较长的大气波导现象,则属于海洋表面的"蒸发波导",这类大气波导通常紧贴海洋表面,比较容易利用。

另一种实现微波超视距传播的途径,是利用大气对流层中的非均匀结构对电磁波的前向散射效应。在入射角比较小的情况下,通过大气对流层散射的传播路径,陆上和海上的微波信号可以到达几百千米以外的地方。

由于大气对流层的介电特性随时间和空间而变化,在对流层中无线电波的传播过程与在自由空间中不一样,传播路径会发生弯曲,传播速度异于真空中的光速,从而产生电波的大气折射效应。

对流层的底层大气,尤其是海面上低空大气的温度、湿度的急剧变化,经常会使某一高度范围内大气折射率随高度的变化梯度显著超过正常值,导致在其间传播的雷达电磁波信号脱离正常的视线传播轨道,在垂直方向上沿着某条向地面弯曲的路径传播。这种情况被称为"超折射"。当传播路径弯向地面的曲率超过地球表面曲率时,"超折射"效应就会导致电磁波的"陷落",形成环绕地球表面的大气波导传播现象,使在海面上工作的微波雷达可以探测到视距以外的海上目标。电磁波在大气对流层中不同的传播路径如图4-6-4所示。

微波雷达利用上述大气波导传播条件和大气对流层散射传播路径,可以有效地探测到远距离的超低空飞行和海上目标,实现超视距探测。利用大气波导传播效应探测目标的场景如图4-6-5所示。

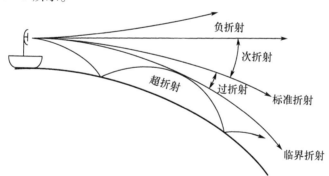

图4-6-4 不同层折射率对应的不同传输路径

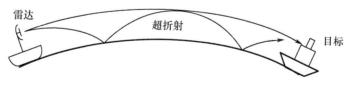

图4-6-5 利用大气波导传播探测目标

实际的海上探测试验结果表明,通过对贴近海面的大气波导层的有效利用,工作在较高频段的微波雷达可以在100~300km的距离上,探测到各种类型的舰船目标。

习题与思考题

1. 电子战的三个组成部分都包含哪些内容,三者之间有何内在的联系?
2. 归纳总结电子战与信息战和指挥控制战的关系,并说明电子战与电磁频谱战之间的关系。
3. 用关系图归纳总结雷达电子战的主要内容及其包含的主要技术。
4. 分别画出雷达系统和雷达侦察系统的组成框图,说明雷达系统与雷达侦察系统在设备组成方面有何异同?并说明两者获取信息的对象和过程有何不同?
5. 某瞬时测频接收机的测频范围为 $1 \sim 8\text{GHz}$,检波后的视频带宽为 10MHz,检波前的噪声系数为 6dB,检波前增益为 0.2,检波器及视放相关常数 $A = 10^{13}$。试求其切线信号灵敏度。如果在检波前加装增益为 50dB、噪声系数为 6 的射频放大器,则其切线信号灵敏度有什么变化?
6. 已知某超外差接收机与射频调谐晶体视频接收机的组成分别如下图(a)和(b),其中的滤波器均为无源网络,试求它们的切线信号灵敏度。

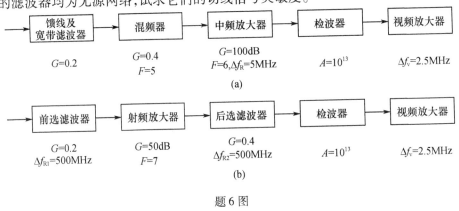

题 6 图

7. 某导弹快艇的甲板距水面高度为 1m,雷达截面积为 400m^2,侦察天线架设在艇上 10m 高的桅杆顶端,$G_r = 0\text{dB}$,接收机灵敏度为 -40dBm。试求该侦察机对下面两种雷达作用距离的优势 r:

(1)海岸警戒雷达,频率为 3GHz,天线架设高度为 310m,天线增益为 46dB,发射脉冲功率为 10^6W,接收机灵敏度为 -90dBm;

(2)火控雷达,频率为 10GHz,天线架设高度为 200m,天线增益为 30dB,发射脉冲功率为 10^6W,接收机灵敏度为 -90dBm。

8. 已知敌舰载雷达的发射脉冲功率为 $5 \times 10^5\text{W}$,天线增益为 30dB,高度为 20m,工作频率为 3GHz,接收机灵敏度为 -90dBm。我舰装有一部侦察告警系统,其接收天线增益为 10dB,高度为 30m,接收机灵敏度为 -45dBm,系统损耗为 13dB。我舰的水面高度为 4m,雷达截面积为 2500m^2,试求:

（1）敌我双方的告警距离；

（2）如果将该雷达装在飞行高度为1000m的巡逻机上，敌、我双方的告警距离有什么变化？

（3）如果将告警系统装在飞行高度为1000m的巡逻机上，敌、我双方的告警距离有什么变化？

9. 某侦察卫星的飞行高度为850km，下视侦察天线增益为10dB，工作频率为5GHz，系统损耗为9dB；若被侦察的雷达发射脉冲功率为5×10^4W，平均旁瓣电平为-15dB。试问在旁瓣侦察的条件下，应如何要求侦察接收机的灵敏度？

10. 某侦察飞机距离某雷达200km，侦察天线增益为10dB，系统损耗为9dB；若地面雷达发射脉冲功率为50kW，工作频率为5GHz，波束宽度为6°，天线增益为36dB。当侦察飞机处于雷达旁瓣40°方向，求此种情况下侦察接收机正常接收需要的灵敏度为多少？（计算旁瓣增益时k取0.1）

11. 试比较纯信道化接收机、频带折叠信道化接收机、时分制信道化接收机的优缺点。

12. 若有12个混频器、中放、本振和检波器组，试设计一个三级分频的2~4GHz的频带折叠信道化接收机，并求一输入频率为2.45GHz的信号的频率估值，并画出信号经过的路径。

13. 若瞬时测频接收机的单值测频范围为5GHz，设微波延迟线中的电磁波传播速度为2.9×10^8m/s，求延迟线的长度应为多少？如果相位测量分辨力为22.5°，此时的频率测量分辨力为多少？

14. 现有一个由三路鉴相器并行工作的数字式瞬时测频接收机，其测频范围是2~6GHz，每路量化器为5bit，相邻通道鉴相器的延时比为$n = T_{i+1}/T_i = 8(i = 1, 2, 3)$，试求其频率分辨力。

15. 总结和比较搜索式接收机、瞬时测频接收机、信道化接收机的特点，并指出其应用场合。

16. 一个脉宽为T的中频脉冲信号，其中频率为$f_i = 30$MHz，根据奈奎斯特采样定律，采样频率应为多少？

17. 已知接收回波中频信号为$s(t) = \cos(2\pi f_1 t) + \cos(2\pi f_2 t)$，其中$f_1 = 30$MHz，$f_2 = 40$MHz，信号持续时间$1\mu$s，采样频率为100MHz，用Matlab中的FFT语句编程计算该信号的频谱，并画出频谱图，若信号持续时间为10μs时，再画出其频谱图，并比较两个频谱图的差异，说明其原因。

18. 某雷达侦察设备采用全向振幅单脉冲—相邻比幅法测向，天线方向图为高斯函数。试求：

（1）由电压失衡、波束宽度误差和波束安装误差所引起的三项系统测向误差是否与信号的到达方向有关，为什么？

（2）对于一个六天线系统，波束交点损耗为3dB，如果上述三项误差分别为2dB、7°、1.5°，试分析系统总的测向误差在哪个方向最小？在哪个方向最大？其误差值分别为多少？

（3）在上述同样条件下，如果采用四天线，波束交点损耗仍为3dB，则最小、最大系统误差方向有什么变化？误差数值又为多少？

19. 某雷达侦察设备采用全向振幅单脉冲—全方位比幅法测向，天线方向图为高斯函数。试求：

（1）在波束交点损耗分别为 1dB 和 3dB 条件下，在 15°、25°、35°、45° 方向上，四天线系统和六天线系统的理论测向误差；

（2）对于交点损耗为 1dB 的六天线系统，如果各信道的误差分别如下表所示，试求该设备在 15°、35° 方向上的系统测向误差。

误差项	天线 0	天线 1	天线 2	天线 3	天线 4	天线 5
通道失衡 /dB	0	2	2	−2	−2	0
波束宽度 /(°)	−3	−6	+2	0	+1	−5
安装误差 /(°)	1.5	0	−1.5	−1	1	1.5

20. 某侦察设备工作波长为 10cm，拟采用双基线相位干涉仪测向，其瞬时测量范围为 −30°～+30°，相邻基线比为 8。

（1）试求其可能使用的最短基线长度；

（2）如果实际采用的短基线长度为 8cm，试求短、长基线在 −30°、−20°、−10°、0°、+10°、+20°、+30° 方向上分别测出的相位差 $\Delta\phi_S$、$\Delta\phi_T$；

（3）如果长、短基线对 $[0,2\pi]$ 相位区间的量化位数为 3bit，其中短基线构成高 3bit 方向编码，长基线构成低 3bit 方向编码，试求其在上述方向上测得的 6bit 方向编码。

21. 已知平面上两侦察站 A、B 的位置如题 21 图所示，测得的角度分别为 30°、115°，波束宽度均为 10°，两站距离为 20km，试求交点中心 E 的位置 (x,y)，测向定位模糊区域的面积 A。

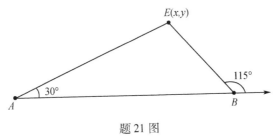

题 21 图

22. 已知极坐标平面上 A、B、C 三侦察站的位置分别为：$(5\text{km},0°)$、$(5\text{km},90°)$、$(5\text{km},180°)$，某信号到达三站的时间差分别为：$t_A - t_B = -12.645\mu\text{s}$，$t_A - t_C = -28.8585\mu\text{s}$，

（1）试求该信号源的平面位置；

（2）如果增设一站 $D(5\text{km},270°)$，时差 $t_A - t_D = 22.963\mu\text{s}$，再求该信号源的平面位置；

（3）如果由于时间测量误差，$t_A - t_B = -12.6\mu\text{s}$，$t_A - t_C = -28.8\mu\text{s}$，$t_A - t_D = 23\mu\text{s}$ 求此时的定位误差。

23. 从干扰机位置、能量、干扰样式等方面，总结 SOJ、ESJ、SSJ、SFJ 的特点。

24. 某机载干扰机的干扰发射功率为 500W，干扰发射天线增益为 20dB，圆极化，在距敌雷达 100km 处的作战飞机后方以噪声调频干扰敌雷达。每架作战飞机的雷达截面积为 $5m^2$。雷达的发射脉冲功率为 5×10^5W，收发天线增益为 35dB，波长为 10cm。

(1) 如果敌雷达为固定频率，有效干扰所需的 $K_j = 5$，试求该干扰机可以有效掩护作战飞机的最小干扰距离；

(2) 如果敌雷达为频率捷变，有效干扰所需的 $K_j = 200$，试求该干扰机可以有效掩护作战飞机的最小干扰距离；

(3) 如果该干扰飞机可与作战飞机一起编队飞行，并盘旋于距敌雷达 20km 处，有效干扰所需的 $K_j = 500$，试求该干扰机可以有效掩护作战飞机的最小干扰距离；

(4) 如果该干扰位于作战飞机上，有效干扰所需的 $K_j = 500$，试求该干扰机可以有效掩护作战飞机的最小干扰距离；

(5) 如果是发射功率为 10W、发射天线增益为 3dB 的投掷式干扰机，距敌雷达 5km，位于作战飞机前方，有效干扰所需的 $K_j = 5$，试求该干扰机可以有效掩护作战飞机的最小干扰距离。

25. 已知我雷达的发射脉冲功率为 100kW，收发天线增益为 38dB，波束宽度为 3°，线极化，压制系数 $K_j = 10$；敌方作战飞机的雷达截面积为 $5m^2$。

(1) 敌作战飞机自携式机载干扰机的发射功率为 100W，天线增益为 10dB，圆极化，试求我雷达探测敌方作战飞机的烧穿距离？（极化系数取为 0.5）

(2) 如果敌方使用发射功率为 10W、天线增益为 3dB、圆极化的投掷式干扰机，投放到距我雷达 2km 的上空，敌作战飞机及干扰机与我雷达连线的夹角为 30°，如题 25 图所示，试求我雷达对敌作战飞机的烧穿距离？（计算旁瓣增益时 k 取 0.1，极化系数取为 0.5）

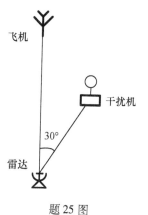

题 25 图

26. 某机载自卫干扰机采用转发式干扰，最小干扰距离为 1km，收发天线圆极化，增益为 10dB，系统损耗为 10dB，波长为 3cm，所需压制系数 $K_j = 10$，飞机自身的雷达截面积为 $10m^2$，雷达的发射脉冲功率为 10^5W，收发天线增益为 35dB。试求干扰机的发射功率和干扰系统的转发增益。

27. 某防空雷达的发射脉冲功率为 10^6W，收发天线增益为 40dB，工作频率为 3GHz。重型轰炸机的雷达截面积为 $50m^2$，采用导前飞行 3km 的无人驾驶干扰飞机进行掩护，干扰机采用圆极化，发射功率为 15W，发射天线增益为 5dB，有效干扰所需的 $K_j = 10$。

(1) 试求干扰飞机可掩护目标的最小距离；

(2) 如果该干扰机为引导式干扰，应如何要求它的引导时间？

28. 某大型水面舰艇的雷达截面积为 $25000m^2$，敌轰炸瞄准雷达的发射信号功率为 10^5W，收发天线增益为 30dB，工作频率为 10GHz。舰载自卫干扰机采用圆极化、噪声调频干扰时所需的压制系数 $K_j = 100$，若要求最小干扰距离达到 1km，则需要产生多大的有效干扰功率？

29. 用 Matlab 编程画出均值为 0、方差为 σ^2 的正态分布的噪声波形，其中，$\sigma^2 = 1, 10, 100$，并通过数据处理画出其统计分布图。

30. 噪声调幅干扰中起遮盖作用的主要是旁频功率,但旁频功率仅为载波功率的一小部分,请说明如何才能提高噪声调幅干扰中的旁频功率,并分析其原理。

31. 设压控振荡器的调频斜率 $K_{FM} = 1\text{MHz/V}$,当不考虑调制过程中的损失时,欲得到 3dB 干扰带宽 80MHz,求调制正态噪声的功率。如果被干扰接收机的带宽为 $\Delta f_r = 2\text{MHz}$,试选择调制噪声的带宽,并计算此时的有效调频指数。

32. 调制噪声 $U_n(t)$ 为正态分布噪声,带宽为 20MHz,$\sigma_n = 1$,载频 $f_j = 100\text{MHz}$,$U_0 = 1$,$\varphi = 0$,用 Matlab 编程,画出调制噪声波形、调制噪声功率谱、噪声调幅干扰波形及噪声调幅干扰功率谱。改变 σ_n 的值,观察噪声调幅干扰功率谱的变化情况。

33. 调制噪声 $U_n(t)$ 为正态分布噪声,带宽为 25MHz,$\sigma_n = 1$,载频 $f_j = 100\text{MHz}$,$K_{FM} = 50\text{MHz/V}$,$U_0 = 1$,$\varphi = 0$,用 Matlab 编程,画出噪声调频干扰波形与噪声调频干扰功率谱。改变 K_{PM} 值,观察噪声调频干扰功率谱的变化情况。

34. 调制噪声 $U_n(t)$ 为正态分布噪声,带宽为 30MHz,$\sigma_n = 1$,载频 $f_j = 100\text{MHz}$,$K_{PM} = 4\text{rad/V}$,$U_j = 1$,$\varphi = 0$,用 Matlab 编程,画出噪声调相干扰波形与噪声调相干扰功率谱。改变 K_{PM} 值,观察噪声调频干扰功率谱的变化情况。

35. 分析同步脉冲、异步脉冲干扰及噪声干扰在 A 式和 P 式显示器上的干扰画面。

36. 通常用什么参数衡量压制性干扰的效果?衡量欺骗性干扰效果的参数有哪些?简述这些评估指标的含义。

37. 简述欺骗性干扰的作用原理及与遮盖性干扰的区别,比较质心干扰、假目标干扰和拖引干扰的特点,说明为什么欺骗干扰大多用于目标的自卫干扰。

38. 已知飞机的飞行速度为 300m/s,与雷达视线的夹角为 30°,距雷达的距离为 100km,如题 38 图所示。雷达工作频率为 6GHz,求飞机飞行了 1min 后的距离和多普勒频率。

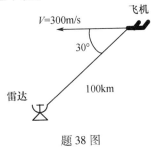

题 38 图

39. 某作战飞机装载有距离欺骗干扰机,已知威胁雷达可跟踪径向速度为 1500m/s 的高速目标,最大跟踪距离为 30km,AGC 系统的响应时间为 0.5s,脉冲重复周期为 0.3ms,目标丢失后等待 20 个脉冲重复周期再转入搜索,火力系统的有效射程为 20km,杀伤半径为 100m。

(1) 试设计距离波门拖引干扰的各时间参数与拖引速度;

(2) 如果飞机本身以径向速度 500m/s 接近雷达,干扰机要对雷达形成一个以径向速度 500m/s 背离雷达运动的拖引假目标,则应如何选择收到雷达信号后进行干扰的拖引函数;

(3) 如果雷达的载频和脉冲重复周期是非常稳定的,能否实现距离波门的前拖干扰?如何设计此时的拖引干扰时间和参数?

40. 两个干扰源对单脉冲跟踪雷达实施非相干干扰,两干扰源之间距离为 1km,干扰源中心距雷达 20km,当两干扰源的功率比分别为 1,0.7,0.5 时,求跟踪雷达稳定跟踪时的波束指向角。

41. 某飞机两翼展为 30m,正面相距单脉冲雷达 10km,采用相干干扰,到达雷达天线口面的干扰信号相位差为 180°,功率比为 0.95,试求其对雷达角跟踪所造成的角度误差。

42. 某雷达工作频率为 3GHz,可检测和跟踪径向速度为 -1000~1000m/s、加速度为 $2g$ 的目标,AGC 电路等的响应时间为 0.5s。

(1) 如果忽略干扰机与雷达之间的运动,要形成一径向速度为 300m/s 接近雷达运动的假目标,则应如何设计干扰信号的多普勒频移?

(2) 如果干扰机与雷达之间已有 100m/s 的径向运动,要形成一径向速度为 300m/s 接近雷达运动的假目标,则应如何设计干扰信号的多普勒频移?

(3) 试确定对该雷达进行速度波门拖引干扰时间和拖引函数。

43. 拖曳式有源电子干扰诱饵有何特点?试分析其作战应用场合和干扰施放的时机及样式。

44. 灵巧式干扰的主要优势在哪里?实现灵巧式干扰的前提是什么?

45. 雷达线性调频信号起始频率为 100MHz 的调制噪声,脉宽为 $2\mu s$,调频带宽为 10MHz。干扰机接收到雷达信号后,采用噪声调相信号对其进行时域卷积后直接转发。噪声调相信号参数如下:调制噪声为窄带正态分布噪声,带宽 = 20MHz,$\sigma_n = 1$,载频 f_j = 100MHz,$K_{FM} = 4$rad/V,$U_0 = 1$,$\varphi = 0$。用 Matlab 编程,求卷积后的时域干扰波形和经过匹配滤波后的信号与干扰波形图。

46. 小型空射诱饵有什么特点?试设计一种小型空射诱饵的战术应用场景和具体方案。

47. 正交数字存储与单通道数字存储各有什么优缺点?举例说明数字射频存储器的特点?

48. 某收发信机的空间距离为 100m,同频、同极化收发,发射功率为 10W,接收机灵敏度为 -80dBm。

(1) 该设备应达到的收发隔离度为多少?

(2) 如果收发天线在相互方向的增益各为 -15dB,能否满足收发隔离的要求?

49. 智能化雷达干扰系统主要由哪些部分组成?为何说智能化雷达干扰系统是一个闭环调整自适应系统?

50. 为了在空中形成一箔条干扰走廊掩护飞机突防,试计算箔条的抛撒密度和每包箔条的箔条根数。已知雷达的波长 $\lambda = 3$cm,脉冲宽度 $\tau = 2\mu s$,波束宽度 $\theta_\alpha = 2°$、$\theta_\beta = 10°$,压制系数 $K_j = 2$,雷达距干扰走廊的平均距离为 $R = 50$km,飞机的有效反射面积 $\sigma = 5$m²。

51. 采用角反射器保护某地面目标,假设雷达波长 $\lambda = 3$cm,压制系数 $K_j = 2$,目标有效面射面积 $\sigma = 500$m²。试设计采用三角形、圆形和方形角反射器的尺寸。

52. 根据图 3-5-2 被动导引头的基本组成,归纳总结其工作过程,并分析去交错的工作原理。

53. 雷达隐身的主要技术途径有哪些?实现这些途径的主要关键技术有哪些?请用图表归纳总结。

54. 已知雷达对 RCS 为 100m² 目标的探测距离为 120km,若该目标 RCS 分别缩减为 10m²、0.1m²、0.001m² 时,求雷达对目标的探测距离分别降为多少?若一距离为半径的圆表示探测区域,此时探测区域面积分别下降了多少?

55. 已知雷达对 RCS 为 5m² 飞机的作用距离为 100km,而该飞机上携带有侦察接收机,侦察接收机对该雷达的侦察距离为220km,请问该雷达的截获因子为多少? 如果要求截获因子小于1,雷达可以采取哪些技术措施?

56. 写出模糊函数定义式,请说明该函数的物理意义? 模糊图、模糊度图是如何定义的,两者之间有何关系?

57. 推导单载频脉冲信号(式(4-2-9))的模糊函数表达式,画出其模糊度图,表明参数并说明其含义。

58. 画出单载频矩形脉冲、单载频矩形脉冲串、线形调频矩形脉冲的模糊度图(标明参数),并分析它们的距离分辨率、速度分辨率与脉冲参数之间的关系。

59. 雷达天线技术指标主要有哪些? 为了利于反侦察和抗干扰,对雷达天线技术指标有什么要求? 请分析其原因。

60. 天线为何可以看成是一个空间滤波器? 为了对抗分布式无源干扰和旁瓣点源干扰,应分别采用何种形式的空间滤波器?

61. 已知雷达天线的方位波束宽度为$1°$,俯仰波束宽度为$10°$,发射脉冲宽度为$1\mu s$,分别距离为50km和100km处的分辨体积单元为多少?

62. 设一维相控阵天线的阵元数为$N=16$,阵元间距为$d=\frac{\lambda}{2}$,画出波束指向为$0°$时的天线方向图。当阵列采用chebwin(切比雪夫窗)和hanning(汉宁窗)加权时,画出波束指向为$0°$时的天线方向图。请比较三组曲线主瓣宽度和旁瓣电平情况。

63. 天线可以看成是一个空间滤波器,何谓天线峰值滤波器? 何谓天线零值滤波器? 分别说明这两种空间滤波器适用于对抗何种干扰?

64. 旁瓣消隐、旁瓣对消有何区别? 分别说明它们的特点和适用情况?

65. 根据图4-2-15给出的方框图和矢量图总结旁瓣对消的基本原理和工作过程。

66. 旁瓣对消、天线自适应抗干扰技术有何异同? 归纳总结各自的优缺点。

67. 何谓电磁波的极化? 极化系数是如何定义的? 根据图4-2-19给出的方框图,说明极化抗干扰的工作原理。

68. 写出匹配滤波器时域和频域输出表达式,说明为什么要有一个延迟项t_0?

69. 设信号的复包络为

$$u(t) = \begin{cases} \dfrac{1}{T} & |t| \leq \dfrac{T}{2} \\ 0 & |t| > \dfrac{T}{2} \end{cases}$$

求对应该信号的匹配滤波器的脉冲响应、频率响应和输出波形。

70. 设接收的回波信号为

$$S(t) = U_m \cos\left(2\pi f_0 t + \frac{1}{2}\mu t^2\right)$$

其中,脉冲宽度$T=25\mu s$,中频$f_0=3GHz$,调频带宽$B=5MHz$,求

(1) 压缩后的峰值振幅和脉冲宽度;

(2) 当目标径向速度$v=1000m/s$时,求压缩后的峰值振幅及峰值位置偏移。

71. 设色散延迟网络的带宽为8MHz,$\omega_0=30MHz$,延迟特性为

$$T(\omega) = 10^{-12}(\omega_0 - \omega) + t_0$$

画出在 $\delta(t)$ 作用下输出信号的波形表达式并写出其表达式。

72. 考虑一个带宽为 $B=1\text{MHz}$,脉冲宽度为 $100\mu s$ 的 LFM 的信号。假设收到一个由 20km 真实距离目标的回波,目标运动引起的多普勒频为 1kHz,10kHz,请问用匹配滤波器输出峰值测得距离与真实目标距离之差分别为多少?

73. 巴克码是如何定义的?画出 11 位巴克码匹配滤波器的结构图及输出波形,计算其主旁瓣峰值功率比。

74. 画出 $N=7$ 的 M 序列码产生器方框图,并列出各移位寄存器的输出波形和总输出波形。

75. 指出频率捷变对雷达检测性能有何影响,并说明其主要原因。

76. 锁相环与 AFC 有何区别?为什么说锁相环可以看作窄带滤波器?

77. 直接数字频率合成器(DDS)时钟频率 f_c 为 10MHz,累加器的位数 N 为 4,频率控制字 K 分别为 1 和 2,分别画出相位码和幅度码之间的对应关系图,并标明时间轴上的具体数值。

78. 设直接数字频率合成器(DDS)时钟频率 f_c 为 30MHz,累加器的位数 N 为 8,频率控制字 K 分别为 1、5、9,试求:

(1)经过低通滤波器输出信号的频率分别为多少?

(2)该 DDS 的频率分辨力(输出信号的最小频率间隔)和输出信号的最高频率分别为多少?

(3)如果将累加器的位数 N 提高到 16,则 DDS 的频率分辨力有什么变化?

79. 设中心频率为 3000MHz,产生 100 个点频、点频间隔 10MHz,中频 35MHz,设计一个间接频率合成器。

80. 根据图 4-2-53 给出的方框图,说明自适应频率捷变雷达的工作原理和工作过程,并指出实现自适应抗干扰的前提是什么?

81. 已知某雷达单个脉冲工作时的作用距离为 60km,如果采用相参中频脉冲积累方式,积累脉冲数 $N=20$,此时雷达的作用距离能提高到多少?如果采用视频脉冲积累,要达到中频积累时的作用距离,积累的脉冲个数应为多少?

82. 恒虚警率处理的目的是什么?慢门限和快门限恒虚警处理电路各适用于什么场合?

83. 根据图 4-2-62 给出的波形和频谱图,分析宽-限-窄电路能抗噪声调频干扰原理,并说明各参数的选择原则。

84. 考虑一个简单脉冲串信号,脉冲个数为 $M=30$,脉冲宽度 τ 为 $1\mu s$,脉冲重复周期 T_r 为 $50\mu s$。请问这个波形的距离分辨率、多普勒分辨率、无模糊测距范围以及无模糊多普勒测量范围分别是多少?

85. 智能化抗干扰技术的基本思路是什么?为什么说智能化抗干扰与智能化干扰之间进行的是一场智能博弈?

86. 指令制导系统的抗干扰主要考虑哪些方面?主要抗干扰技术有哪些?请用列表归纳总结。

87. 雷达对抗反辐射导弹的技术途径和战术措施有哪些,其依据是什么?请用图表归纳总结。

88. 雷达对抗隐身技术主要有哪些技术途径？实现这些途径的主要关键技术有哪些？请用图表归纳总结。

89. 从雷达方程出发,分析各参量的变化对目标探测距离的影响,并指出雷达反隐身可能采取的技术措施。

90. 推导双基地雷达作用距离方程,用 Matlab 画出基线距离为 40km、$(R_1 R_2)_{max} = 20^2, 30^2, 40^2 km^2$ 时的作用距离曲线(卡西尼卵形线),其中 R_1 为发射基地到目标的距离,R_2 为接收基地到目标的距离。

91. 简述影响低空目标探测的主要因素有哪些？说明提高低空目标探测能力应该从几个方面来考虑？其关键技术有哪些？

92. 为了提高雷达探测低空目标的能力,低空补盲雷达采用了哪些与常规雷达不同的技术？在应用的过程中应注意哪些问题？

参 考 文 献

[1] 赵国庆,等. 雷达对抗原理[M]. 西安:西安电子科技大学出版社,2012.
[2] 张永顺. 现代雷达体制[D]. 西安:空军导弹学院,1995.
[3] 钱逢安,等. 雷达抗干扰[D]. 西安:空军导弹学院,1982.
[4] 林象平. 电子对抗原理[M]. 北京:国防工业出版社,1982.
[5] 杨振起,张永顺,等. 双(多)基地雷达系统[M]. 北京:国防工业出版社,1998.
[6] 彭望泽. 防空导弹武器系统电子对抗技术[M]. 北京:宇航出版社,1995.
[7] Curtis S D. Electronic warfare in the information age[M]. New York:Artech House Inc,1999.
[8] Filippo N. Introduction to electronic Defence system[M]. Second edition. New York:Artech House Inc,2001. 8.
[9] 周文瑜,焦培南,等. 超视距雷达技术[M]. 北京:电子工业出版社,2008.
[10] Lothes R N. Radar vulnerability to jamming[M]. New York:Artech House Inc,1990.
[11] August G J. Radar Electronic Warfare. American Institute of Aeronautics and Astronautics Inc,1987.
[12] Dennis D V. Electronic warfare receiving System[M]. New York:Artech House Inc,1993.
[13] 司锡才,等. 宽频带反辐射导弹导引头技术基础[M]. 哈尔滨:哈尔滨工程大学出版社,1996.
[14] 费元春,等. 宽带雷达信号产生技术[M]. 北京:国防工业出版社,2002.
[15] 张考,等. 军用飞机生存力与隐身设计[M]. 北京:国防工业出版社,2002.
[16] 张国权. 制导雷达低频反隐身采用超分辨技术探讨[J]. 航天电子对抗. 2006,22(4):8-10.
[17] David A. EW101:A First Course in Electronic Warfare[M]. 王燕,朱松,译. 北京:电子工业出版社,2009.
[18] David L A. EW102:A Second Course in Electronic Warfare[M]. 朱松,王燕,译. 北京:电子工业出版社,2009.
[19] 阿尔弗雷德·普赖斯. 美国电子战史. 第三卷[M],总参四部,译. 北京:解放军出版社,2002.
[20] 张永顺,童宁宁,龙戈农,等. 雷达电子对抗[M]. 西安:西北工业大学出版社,2019.
[21] 孙国至. 电子战[M]. 北京:军事科学出版社,2009.
[22] 周光霞,王菁,赵鑫. 美军赛博空间发展动向及启示[J]. 指挥信息系统与技术,2015,6(1):1-5.
[23] 许抗,胡德峰,顾敏民. 电子战先锋——美军"舒特"攻击系统[J]. 国防,2010(8):76-78.
[24] 邱洪云,陈政,彭焰,等. 进攻性赛博武器——舒特系统与网络支撑环境[J]. 空间电子技术,2014,(1):123-127.
[25] 罗金亮,王雷,杨健,等. 美"电磁频谱战"作战概念解析[J]. 中国电子科学研究院学报,2016,11(5):474-477.
[26] 游屈波,吴耀云,王松煜,等. 对抗"低-零功率"电磁频谱战技术需求分析[J]. 电子信息对抗技术,2019,34(04):60-64.
[27] 谭雪平. 电磁战:决胜灰色地带的利刃[N]. 中国国防报,2018-12-06(003).
[28] James Tsui B. Microwave Receivers with Electronic Warfare Applications[M]. New York:Wiley,1986.
[29] 闻军会,赵国庆. 数字测频算法研究[J]. 雷达与对抗,2002(4):24-29.
[30] Poisel R A. Antenna Systems and Electronic Warfare Applications[M]. New York:Artech House,2012.
[31] 王永良,陈辉,彭应宁,等. 空间谱估计理论与算法[M]. 北京:清华大学出版社,2004.
[32] 王佩,仇兆扬,祝俊,等. 雷达信号侦收自主处理结构分析[J]. 电子信息对抗技术,2016,31(5):25-29+40.
[33] 王利伟,朱晓丹,王建,等. 人工智能在电子侦察中的应用分析[J]. 航天电子对抗,2018,34(2):29-32.
[34] 倪丛云,黄华. 认知电子战系统组成及其关键技术研究[J]. 舰船电子对抗,2013,36(3):32-35+87.
[35] 沈华,王鑫,戎建刚. 基于DRFM的灵巧噪声干扰波形研究[J]. 航天电子对抗,2007(1):62-64.
[36] 金伯珊,王春阳,等. 灵巧干扰及其对抗技术的研究现状与展望[J]. 舰船电子对抗,2013,36(5):11-14+19.
[37] 宫健,金虎兵,郭艺夺. 一种多域复合调制的雷达灵巧干扰新方法[J]. 雷达科学与技术,2016,14(2):117-120.

[38] 于天超,赵杨. 微型空射诱饵作战使用研究[J]. 飞航导弹,2017(6):42-44,89.
[39] 陈美杉,曾维贵,王磊. 微型空射诱饵发展综述及作战模式浅析[J]. 飞航导弹,2019(3):28-33.
[40] 尹航,郭谡,温超然,等. 美微型空射诱饵武器发展分析与应对策略[J]. 空天防御,2019,2(3):84-90.
[41] 晁娇. 多目标DJS干扰波形的合成技术研究[D]. 西安:西安电子科技大学,2017.
[42] 张春磊,杨小牛. 认知电子战与认知电子战系统研究[J]. 中国电子科学研究院学报,2014,9(6):551-555+562.
[43] 周波,戴幻尧,等. 基于"OODA环"理论的认知电子战与赛博战探析[J]. 中国电子科学研究院学报,2014,9(6):556-562.
[44] 王沙飞,李岩,等. 认知电子战原理与技术[M]. 北京:国防工业出版社,2018.
[45] 贾鑫,朱卫纲,曲卫,等. 认知电子战概念及关键技术[J]. 装备学院学报,2015,26(4):96-100.
[46] 崔积丰,胡富增. 基于模式识别的自适应有源干扰策略研究[J]. 舰船电子工程,2018,38(10):104-106+178.
[47] 戴幻尧. 认知电子战的关键技术发展动态与分析. 飞航导弹[J],2014(9):57-60.
[48] 魏钢. F-22"猛禽"战斗机[M]. 北京:航空工业出版社,2008.
[49] 杨伟. 美国第四代战斗机:F-22"猛禽"[M]. 北京:航空工业出版社,2009.
[50] 朱和平. 21世纪综合电子战系统[M]. 北京:军事科学出版社,2004.
[51] 杨曼,沈阳. 美军空中电子攻击体系研究[J]. 电子信息对抗技术,2010,25(4):12-16.
[52] 夏辉. 美军舰载电子战飞机综述. 电子信息对抗技术,2014,29(6):19-22.
[53] 刘篪,符新军. 先进机载反辐射导弹综述及发展趋势. 飞航导弹,2016,(6):43-29.
[54] 曲长文,苏峰,等. 反辐射导弹对抗技术[M]. 北京:国防工业出版社,2012.
[55] Peebles P Z Jr. Radar Principles[M]. New York:Wiley. 1998.
[56] Richards M A. Fundamentals of Radar Signal Processing [M]. Second edition. New York: McGraw-Hill Education,2014.
[57] 贡德,王峰,雷志勇. 基于认知原理的机载雷达抗干扰技术研究. 中国电子科学研究院学报,2013,8(4):368-372.
[58] 高烽. 雷达导引头概论[M]. 北京:电子工业出版社,2010.
[59] 王小谟,张光义. 雷达与探测[M]. 2版. 北京:国防工业出版社,2008.
[60] 马井军. 低空/超低空突防及其雷达对抗措施[J]. 国防科技,2011,32(3):26-35.
[61] 周豪,胡国平,师俊朋. 低空目标探测技术分析与展望[J]. 火力与指挥控制,2015,40(11):5-9.
[62] 朱和平,沈齐,等. 现代预警探测与监视系统[M]. 北京:电子工业出版社,2008.

内 容 简 介

  本书全面系统地阐述了雷达电子战三个方面的基本内容,即雷达电子支援、雷达电子攻击和雷达电子防护。雷达电子支援的理论和技术主要包括雷达侦察基本概念、侦察的作用距离、雷达信号频率的测量、雷达方向侦察的方法和技术、雷达定位的方法和原理、雷达信号的分选和处理等;雷达电子攻击的基本原理和技术主要包括对雷达电子攻击的基本概念、干扰方程、对雷达的有源干扰、对雷达的无源干扰、对雷达的杀伤性压制、对雷达的隐身技术等;雷达电子防护基本原理和技术主要包括雷达反侦察、雷达抗干扰技术、导弹武器系统抗干扰技术、雷达对抗反辐射导弹技术、雷达反隐身原理、雷达反低空突防技术等。

  本书是在第 2 版的基础上修编而成的,介绍了雷达电子战的基本理论和技术以及该领域的一些最新发展。概念清晰,内容完整,技术实用,可供雷达工程、电子对抗工程等本科专业作为教材使用,也可供相关专业研究生和从事雷达电子对抗的科技人员作为参考书。